计算机类技能实战系列丛书

计算机“十四五”精品教材

Photoshop 快速入门案例教程

主　编　冯　艳　曹　昱　陈　中

副主编　舒舰瑶　姜述艳　朱　博　李前慧　龚永华

哈尔滨工程大学出版社
Harbin Engineering University Press

内 容 简 介

本书共12个项目，主要包括Photoshop的基本操作，选区的创建与编辑，文字处理，图像色彩与色调的调整，图像的修复、修饰与擦除，图像的绘制与填充，图层的应用与管理，路径的创建与应用，蒙版的编辑与应用，通道的编辑与应用，滤镜的应用以及综合实战。

本书既可作为职业院校相关专业的教材，也可作为有一定图像处理基础但想灵活使用Photoshop提升专业技能的读者自学使用。

图书在版编目（CIP）数据

Photoshop 快速入门案例教程 / 冯艳，曹昱，陈中主编. -- 哈尔滨 : 哈尔滨工程大学出版社，2024. 8.

ISBN 978-7-5661-4556-7

Ⅰ. TP391.413

中国国家版本馆 CIP 数据核字第 2024BH6336 号

Photoshop 快速入门案例教程

Photoshop KUAISU RUMEN ANLI JIAOCHENG

策划编辑 张林峰

责任编辑 张林峰

出版发行 哈尔滨工程大学出版社

社　　址 哈尔滨市南岗区南通大街145号

邮政编码 150001

发行电话 0451-82519328

传　　真 0451-82519699

经　　销 新华书店

印　　刷 三河市中晟雅豪印务有限公司

开　　本 787 mm×1 092 mm　1/16

印　　张 19

字　　数 486 千字

版　　次 2024年8月第1版

印　　次 2024年8月第1次印刷

书　　号 ISBN 978-7-5661-4556-7

定　　价 72.80 元

http://www.hrbeupress.com

E-mail:heupress@hrbeu.edu.cn

前　言

党的二十大报告提出，“建设现代化产业体系。坚持把发展经济的着力点放在实体经济上，推进新型工业化，加快建设制造强国、质量强国、航天强国、交通强国、网络强国、数字中国”。

Photoshop 是 Adobe 公司推出的重量级图形图像处理软件，其功能强大、操作方便，是现在使用范围最广泛的平面图像处理软件之一。Photoshop 以其良好的工作界面、强大的图像处理功能以及完善的可扩充性，成为图像处理人员、平面广告设计人员、网络广告设计人员、数码照片处理人员、影楼后期修片人员、动漫设计人员等的必备工具。

为了帮助广大读者快速掌握 Photoshop 图像处理技术，我们特别组织专家和一线骨干老师编写了《Photoshop 快速入门案例教程》一书。本书主要具有以下特点：

（1）全面介绍了 Photoshop 软件的基本功能及实际应用，以各种重要技术为主线，并对每种技术中的重点内容进行详细介绍。

（2）运用项目任务的写作手法和写作思路，使读者在学习本书之后能够快速掌握软件操作技能，真正成为 Photoshop 图像处理的行家里手。

（3）以实用为教学出发点，以培养读者实际应用能力为目标，通过手把手地讲解图像处理过程中的要点与难点，使读者全面掌握 Photoshop 图像处理知识。

本书共 12 个项目，主要包括 Photoshop 的基本操作，选区的创建与编辑，文字处理，图像色彩与色调的调整，图像的修复、修饰与擦除，图像的绘制与填充，图层的应用与管理，路径的创建与应用，蒙版的编辑与应用，通道的编辑与应用，滤镜的应用以及综合实战。

本书由冯艳（重庆电讯职业学院）、曹昱（重庆电讯职业学院）、陈中（重庆电讯职业学院）担任主编，由舒舰瑶（重庆电讯职业学院）、姜述艳（重庆电讯职业学院）、朱博（重庆电讯职业学院）、李前慧（重庆电讯职业学院）、龚永华（赣州师范高等专科学校）担任副主编。本书的相关资料和售后服务可扫封底的微信二维码或登录 www.bjzzwh.com 下载获得。

本书既可作为职业院校的教材，也可作为有一定图像处理基础但想灵活使用 Photoshop 提升专业技能的读者自学使用。

本书在编写过程中难免有疏漏和不当之处，敬请各位专家及读者不吝赐教。

编　者

目　录

项目 1　Photoshop 的基本操作

项目概述

Photoshop 是 Adobe 公司推出的重量级图像处理软件之一，它集图像扫描、编辑修改、图像制作、广告创意、图像输入与输出于一体，深受广大平面设计人员和电脑美术爱好者的青睐。本项目主要讲述 Photoshop 工作界面、图像文件的基本操作、图像文件大小的调整、图像文件的裁剪与变换、图像文件的恢复与还原。

项目目标

- 了解 Photoshop 的工作界面。
- 掌握图像文件的基本操作、图像文件大小的调整。
- 掌握图像文件的裁剪与变换、恢复与还原。

素质目标

- 培养学生创新思维能力和健康的审美意识，提高其作品的艺术欣赏水平。
- 带领学生体验 Photoshop 基本操作，理解 Photoshop 图形图像处理的意义。

任务 1　Photoshop 工作界面

TASK 任务概述

启动 Photoshop 程序，打开一个图像文件，即可看到 Photoshop 的工作界面，主要由菜单栏、工具属性栏、工具箱、图像窗口、状态栏和面板等组成，如图 1-1 所示。本任务主要介绍 Photoshop 的工作界面。

下面对 Photoshop 工作界面中的各个组成部分进行简单介绍。

- **菜单栏：**包含 11 个菜单命令，利用这些菜单命令可以完成对图像的编辑、调整色彩和添加滤镜特效等操作。
- **工具属性栏：**工具属性栏位于菜单栏的下方，主要用于修改各种工具的参数属性。在工具箱中选取要使用的工具，然后根据需要在工具属性栏中进行参数设置，最后使用该工具对图像进行编辑和修改。当然，也可以使用系统默认的参数设置。

图 1-1 工作界面

- **工具箱**：包含多个工具，利用这些工具可以完成对图像的各种编辑操作。
- **图像窗口**：显示当前打开的图像。
- **状态栏**：可以提供当前文件的显示比例、文档大小和当前工具等信息。
- **面板**：面板是 Photoshop 中一种非常重要的辅助工具，主要功能是帮助用户查看和编辑图像，默认位于工作界面的右侧。

任务重点与实施

1.1.1 工具箱

工具箱是 Photoshop 中盛放工具的容器，其中包含各种选择工具、绘图工具、颜色工具，以及更改屏幕显示模式工具等，用于对图像进行各种编辑操作。在默认状态下，Photoshop 的工具箱位于程序窗口的左侧，如图 1-2 所示。

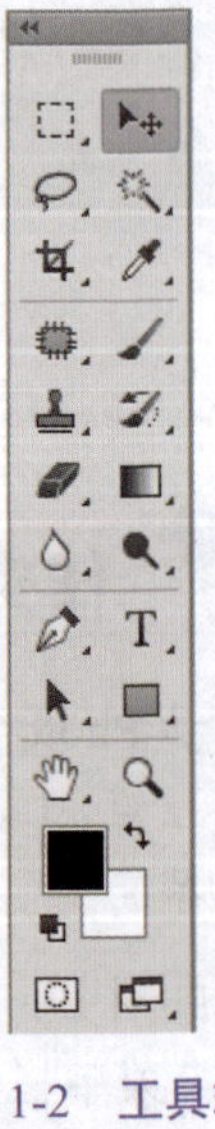

图 1-2 工具箱

1．选择工具

如果要选择工具箱中的工具对图像进行编辑，只需单击工具箱中该工具的图标即可。一般来说，可以根据工具的图标判断选择的是什么工具。例如，画笔工具的图标是一个画笔形状，钢笔工具的图标是一个钢笔形状。当将鼠标指针放置于工具图标上时，系统将显示该工具的名称及操作快捷键，如图 1-3 所示。按工具名称后面提供的快捷键，也可以选择该工具。

2．显示隐藏工具

在工具箱中，许多工具的右下角都带有一个图标，表示该工具为一个工具组，其中还有被隐藏的工具。按住该工具图标不放或在其上右击，即可显示该工具组中的所有工具，如图 1-4 所示。显示出隐藏的工具后，再将鼠标指针移到要选择的工具图标上，单击即可将其选中。

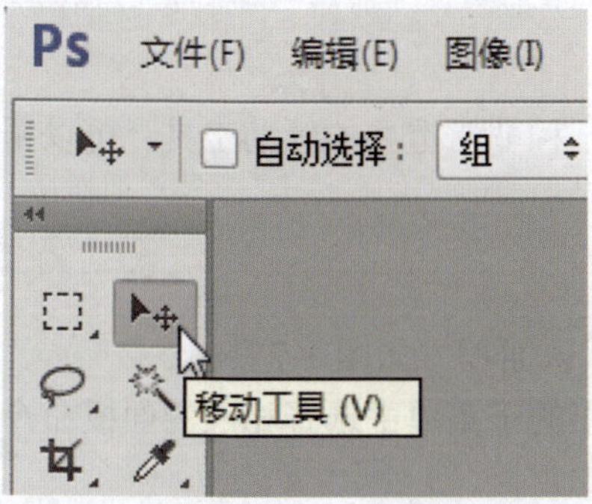

图 1-3　选择工具

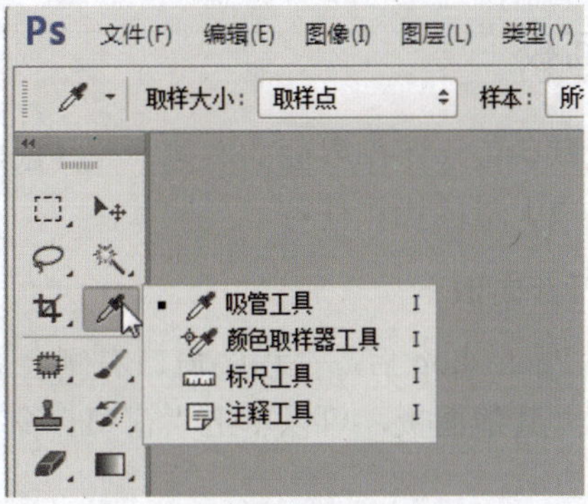

图 1-4　显示隐藏工具

1.1.2　工具属性栏

工具属性栏位于菜单栏的下方，主要用于设置工具的参数属性。一般来说，先在工具箱中选择要使用的工具，然后根据需要在工具属性栏中进行参数设置，最后使用工具对图像进行编辑和修改即可。

每种工具都有其对应的工具属性栏。当选择不同工具时，工具属性栏的选项内容也会随之发生变化。如图 1-5 所示分别为选择矩形选框工具时的属性栏和选择仿制图章工具时的属性栏。

矩形选框工具属性栏

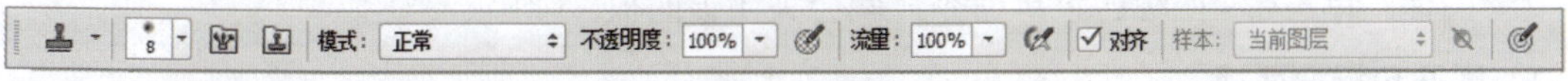

仿制图章工具属性栏

图 1-5　工具属性栏

默认情况下，工具属性栏在菜单栏的下方，将鼠标指针放在工具属性栏左侧的处，按住鼠标左键并拖动，即可改变工具属性栏的位置。可将其放置在窗口的任意位置，如图 1-6 所示。

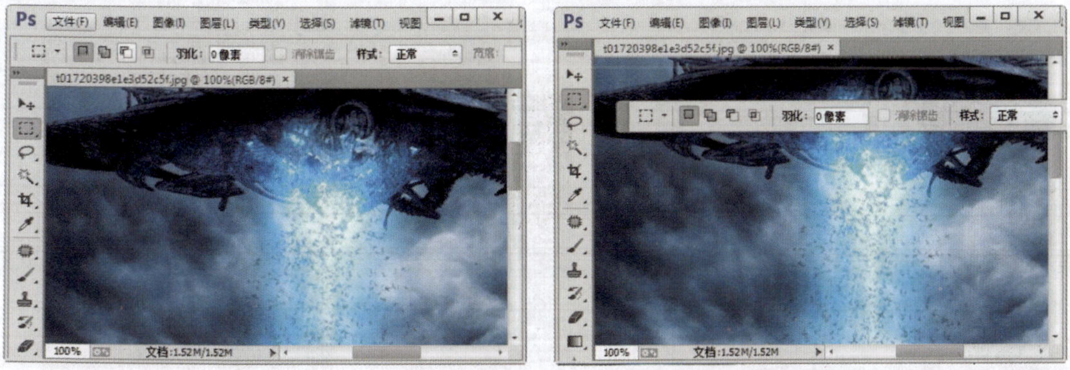

拖动前　　拖动后

图 1-6　移动工具属性栏

1.1.3 面板

面板默认位于工作界面的右侧，是 Photoshop 中一种非常重要的辅助工具，可以帮助用户快捷地完成大量的操作任务。

1. 打开面板

启动 Photoshop 后，在程序窗口右侧会显示一些默认面板，如图 1-7 所示。

要打开其他面板，可以单击“窗口”命令，在弹出的子菜单中选择相应的面板命令即可，如图 1-8 所示。

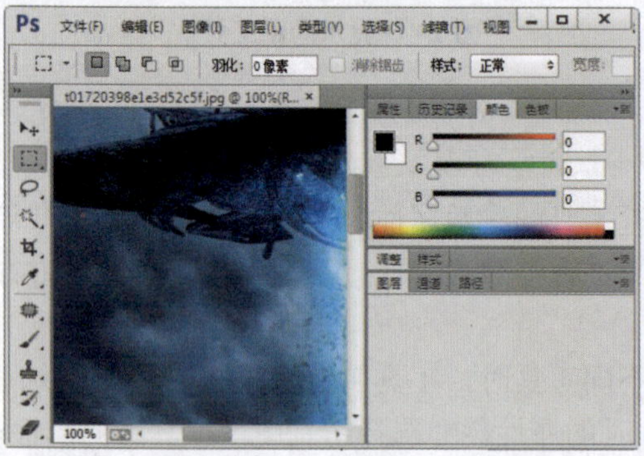

图 1-7 默认面板

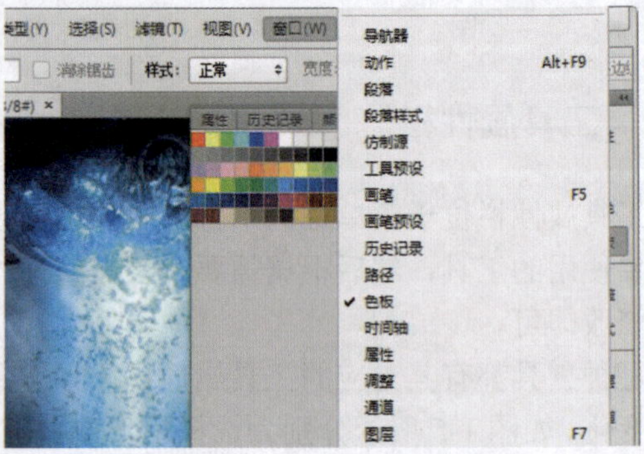

图 1-8 单击“窗口”命令

如果面板在 Photoshop 程序窗口中已经打开，则在“窗口”菜单中对应的菜单项前面会显示一个✔图标。单击带✔图标的菜单命令，就会关闭该面板。

2. 展开和折叠面板

在默认打开的面板中，有的处于展开状态，有的处于折叠状态。在展开面板的右上角单击▸▸按钮，可以折叠面板，如图 1-9 所示。当面板处于折叠状态时会显示为图标状态，且将鼠标指针移到其中一个面板图标上时可以显示该面板的名称，如图 1-10 所示；同理，单击面板右上角的◂◂按钮，可以再次展开面板，如图 1-11 所示。

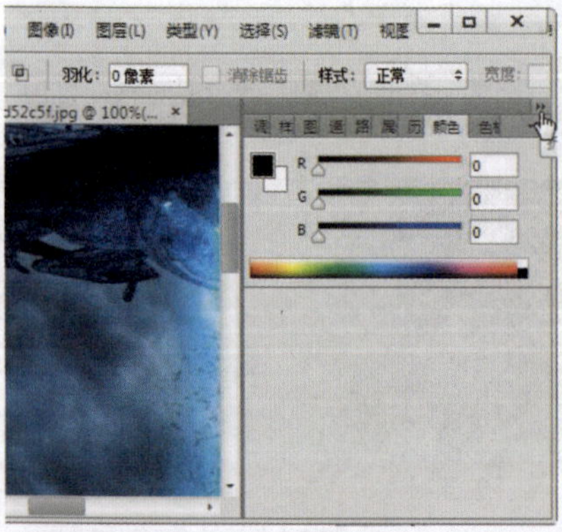

图 1-9 单击▸▸按钮

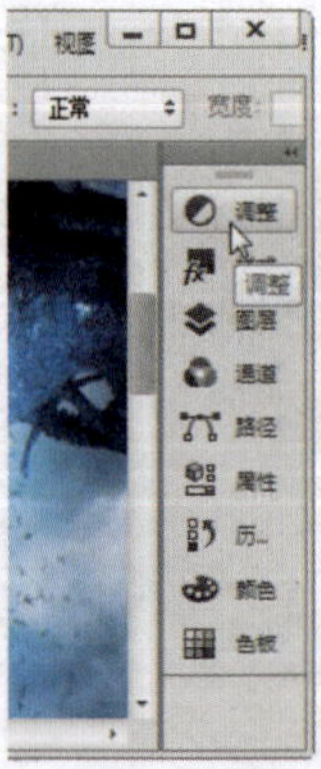

图 1-10 折叠面板

图 1-11 展开面板

3. 分离与合并面板

在 Photoshop 中，默认由多个面板组合在一起组成面板组。将鼠标指针移到某个面板的名称上，按住鼠标左键并将其拖到窗口的其他位置，可以将该面板从面板组中分离出来，成为浮动面板，如图 1-12 所示。

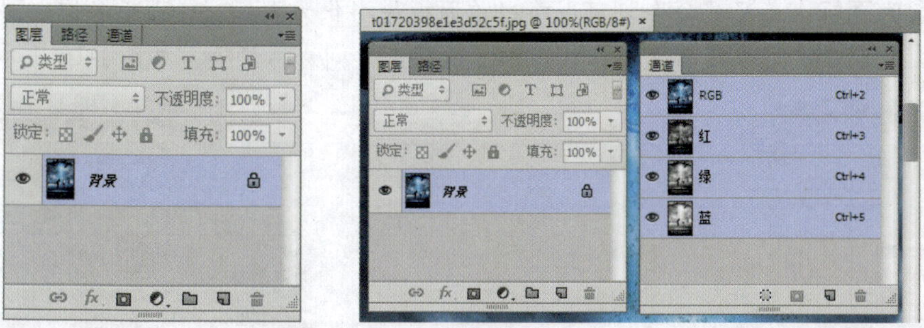

图 1-12　分离面板

若将鼠标指针移到面板的名称上，按住鼠标左键，将其拖到另一个面板上，当两个面板的连接处显示为蓝色时，可以将该面板放置在目标面板中，如图 1-13 所示。

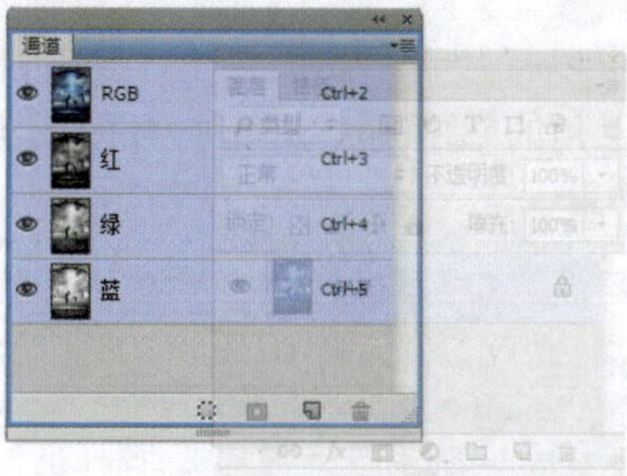

图 1-13　合并面板

4．最小化和关闭面板

如果要对面板进行最小化和关闭操作，可以利用鼠标的右键快捷菜单来完成。右击面板名称或右侧的灰色空白部分，将弹出一个快捷菜单，如图 1-14 所示。

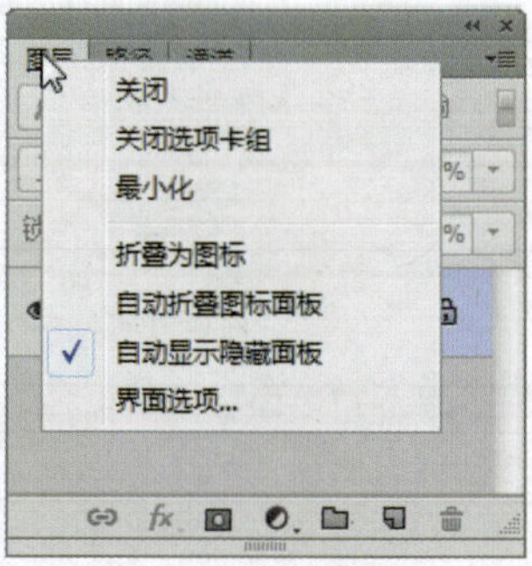

图 1-14　快捷菜单

其中的命令含义如下。

- **关闭**：选择该命令，可以将面板关闭。单击面板右上角的“关闭”按钮，也可以关闭面板。
- **关闭选项卡组**：选择该命令，可以将当前面板所在的面板组关闭。

➢ **最小化：**选择该命令，可以将当前面板最小化，如图 1-15 所示。还可以双击选项卡名称，将面板最小化；单击选项卡名称，将面板最大化。

➢ **折叠为图标：**选择该命令，可以将当前面板最小化为图标。在面板名称上面深灰色的空白处双击，可以在面板图标状态和面板状态之间进行切换，如图 1-16 所示。

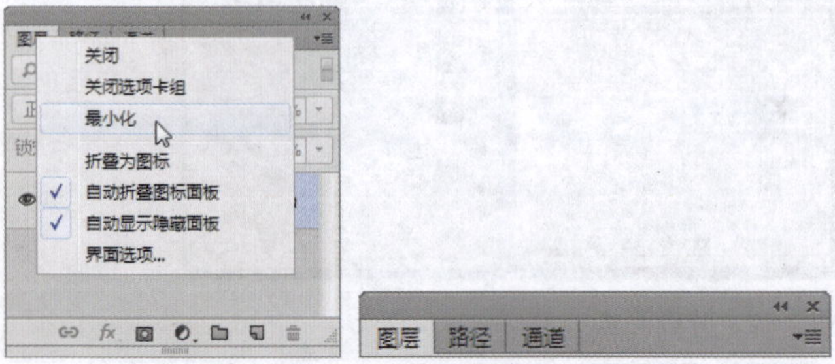

图 1-15　最小化面板

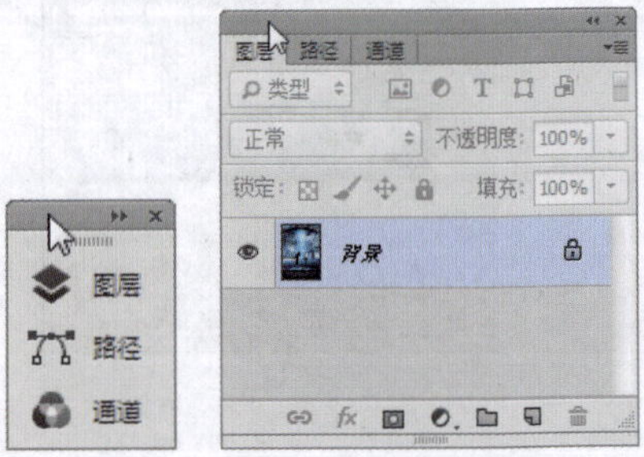

图 1-16　切换面板状态

5．面板菜单

单击面板右上角的按钮，可以打开一个面板菜单，其中包含了与当前面板相关的各种命令。例如，单击“图层”面板右上角的按钮，即可打开面板菜单，如图 1-17 所示。

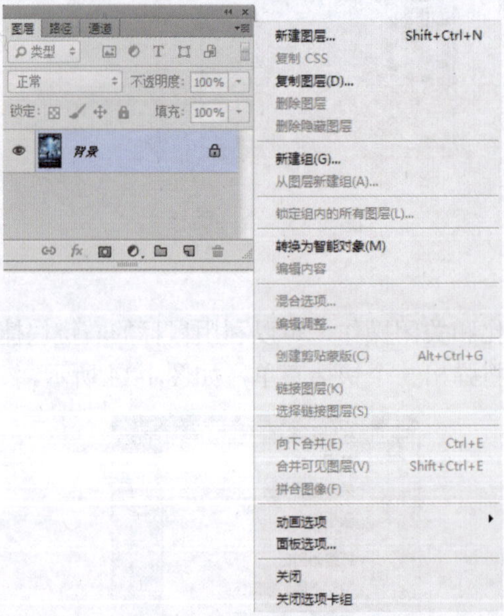

图 1-17　面板菜单

1.1.4　状态栏

状态栏位于图像窗口的底部，可以显示图像的视图比例、当前文档的大小、当前使用的工具等信息，极大地方便了用户查看图像信息。在状态栏左侧的显示比例窗口中输入数值后按【Enter】键确认，可以改变图像的显示比例，如图 1-18 所示。

单击右侧的按钮，弹出一个显示文件信息的下拉菜单，从中可以选择显示文件信息，也可以选择显示文档尺寸、暂存盘大小、当前工具等，如图 1-19 所示。

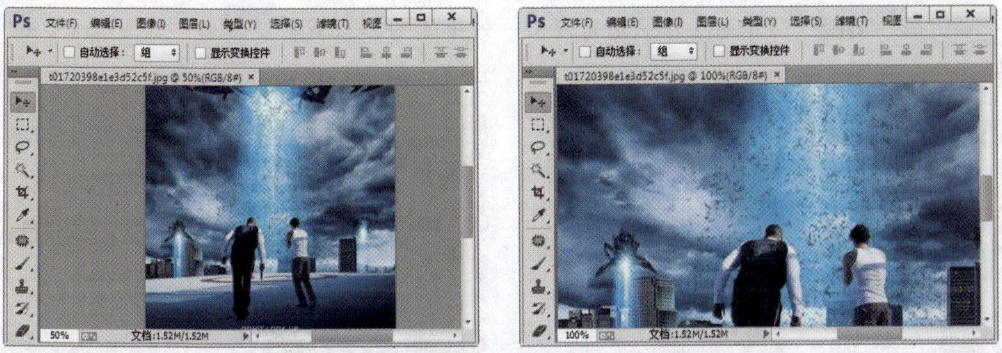

图 1-18　修改窗口显示比例

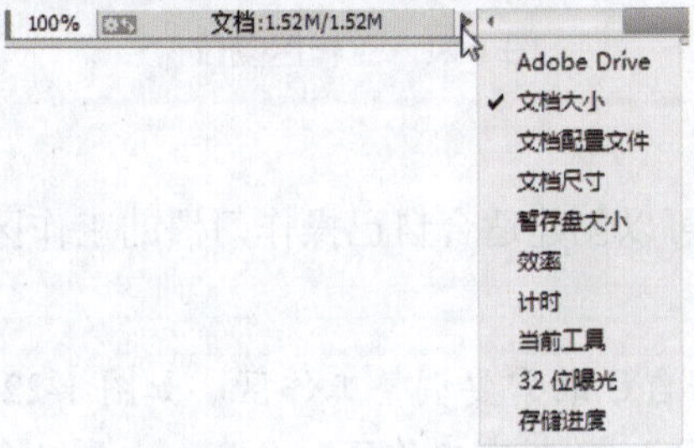

图 1-19　查看文件信息

1.1.5　预置与自定义工作区

在 Photoshop 中，工作区是指文档窗口、工具箱、菜单栏和面板的排列方式。为了适应不同的工作需求，用户可以根据自身需求预置或自定义不同的工作区。

1．预置工作区

Photoshop 预置了一些常用的工作区模式，用户可以在菜单栏中单击“窗口”|“工作区”命令，在弹出的子菜单中进行选择，如图 1-20 所示。

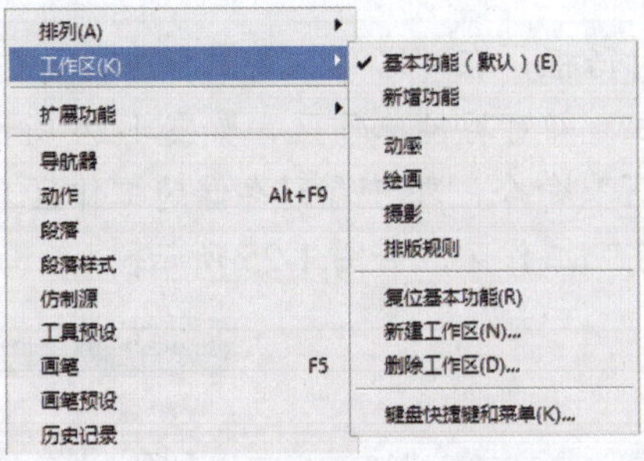

图 1-20　“工作区”菜单

不同的工作区有着不同的特点，选择适合自己的工作区模式，可以让 Photoshop 更好地为使用者服务。

当选择了一种工作区后，操作过程中难免会对当前工作区进行调整，即改变文档窗口、工具箱、菜单栏或面板的位置，此时可以使用菜单中的复位工作区命令来将工作区恢复到初始状态。例如，当前选择的是设计工作区，操作过程中对工作区进行了变动，此时可以使用菜单栏中的“复位基本功能”命令对工作区进行复位，效果如图 1-21 所示。

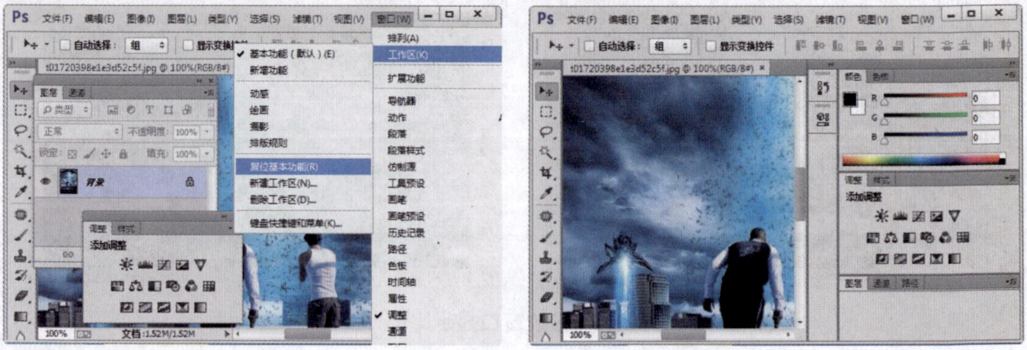

图 1-21　工作区复位

2. 自定义工作区

在图像处理过程中，用户可以创建适合自己操作习惯的工作区，以满足自己的操作需求。自定义工作区的方法如下。

Step 01　启动 Photoshop，根据自己的需要调整工作区，如图 1-22 所示。

Step 02　单击“窗口”|“工作区”|“新建工作区”命令，如图 1-23 所示。

图 1-22　调整工作区

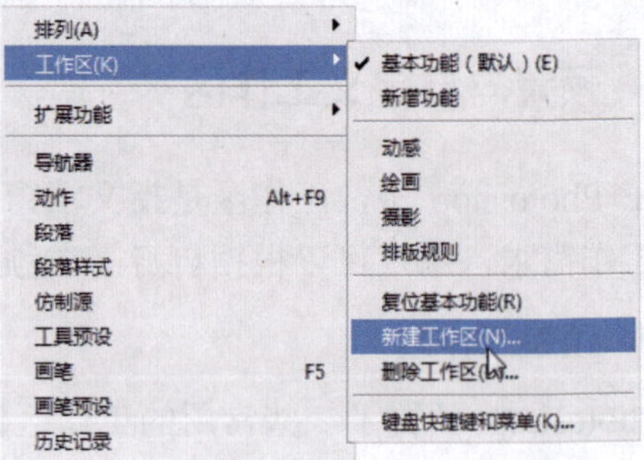

图 1-23　单击“新建工作区”命令

Step 03　弹出“新建工作区”对话框，在“名称”文本框中为自己的工作区命名，如“调色”，然后单击“存储”按钮，即可存储工作区，如图 1-24 所示。

Step 04　单击“窗口”|“工作区”命令，即可看到存储的工作区名称，此后就可以利用该菜单直接选择创建的“调色”工作区，如图 1-25 所示。

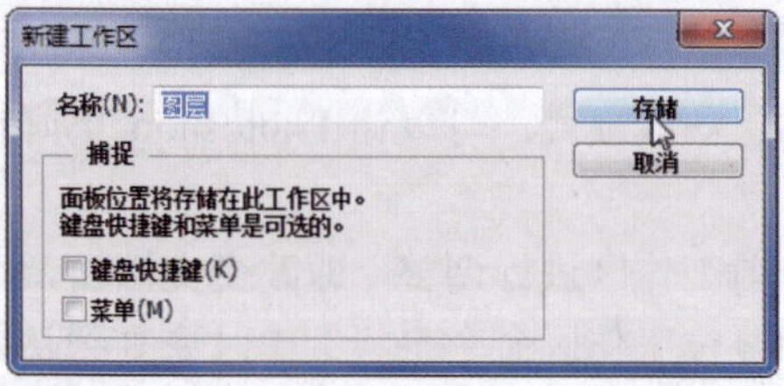

图 1-24　“新建工作区”对话框

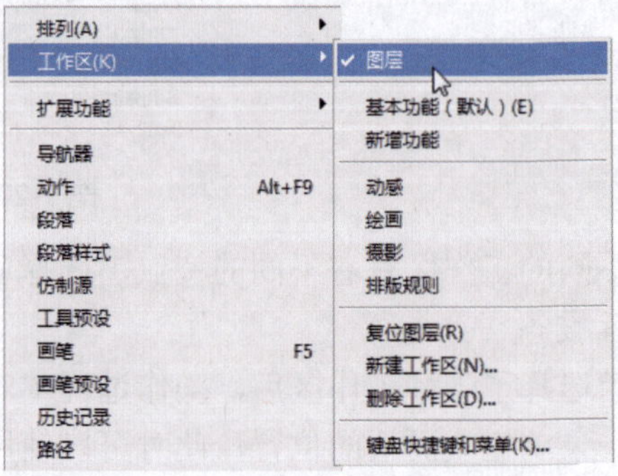

图 1-25　单击“工作区”命令

任务 2　图像文件的基本操作

任务概述

与其他软件一样，在 Photoshop 中新建、打开、保存和关闭图像文件是最基本的操作。本任务主要介绍这些基本操作的方法。

任务重点与实施

1.2.1　图像文件的新建

单击“文件”|“新建”命令，弹出“新建”对话框，如图 1-26 所示。在该对话框中输入新图像的名称，并设置图像的大小、分辨率、颜色模式和背景内容，然后单击“确定”按钮，即可新建一个图像文件。

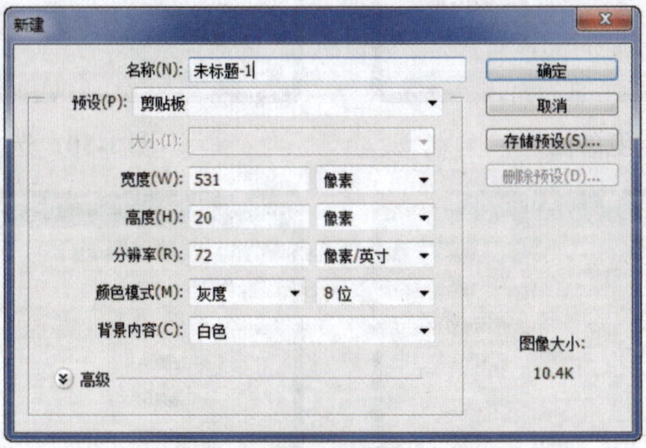

图 1-26　图像文件的新建

在“新建”对话框中，各主要选项的含义如下。

- **名称**：用于设置新文件的名称。可以使用默认的文件名称，也可以输入新的名称。创建文件后，名称会显示在图像窗口的标题栏中。在保存文件时，文件的名称也会显示在存储文件的对话框中。
- **预设**：用于选择软件预设的选项，如图 1-27 所示。选择一个预设后，可以在“大小”下拉列表框中选择图像的大小。例如，选择“照片”选项后，可以在“大小”下拉列表框中选择预设的照片大小，如图 1-28 所示。
- **宽度和高度**：用于设置图像的宽度和高度。在选项右侧的下拉列表框中可以选择一种单位，如图 1-29 所示。
- **分辨率**：用于设置图像的分辨率大小。在文件的宽度和高度不变的情况下，分辨率越高，图像就越清晰。在右侧的下拉列表框中可以选择分辨率的单位，如图 1-30 所示。
- **颜色模式**：用于设置图像的颜色模式，如图 1-31 所示。
- **背景内容**：用于设置新建图像后文档背景的颜色，如图 1-32 所示。

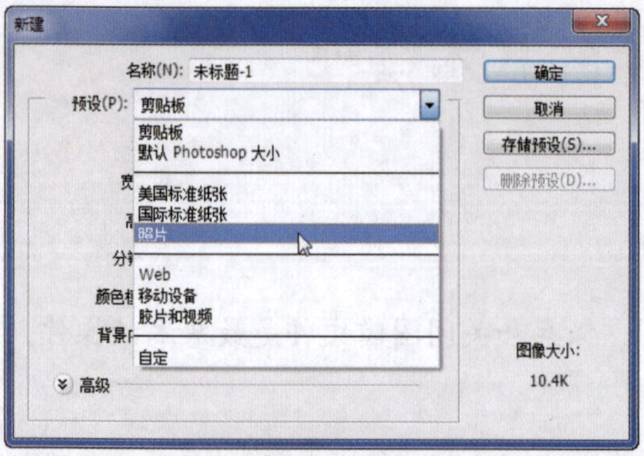

图 1-27 选择预设选项

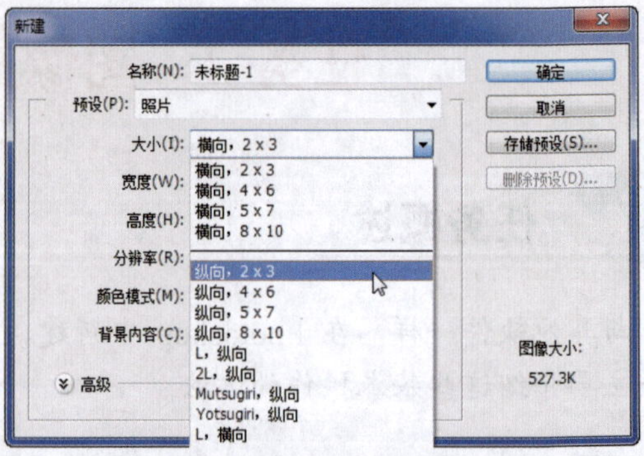

图 1-28 选择预设照片大小

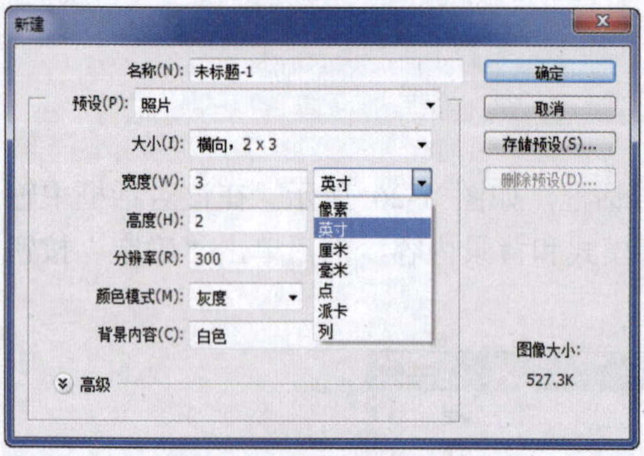

图 1-29 选择宽度单位

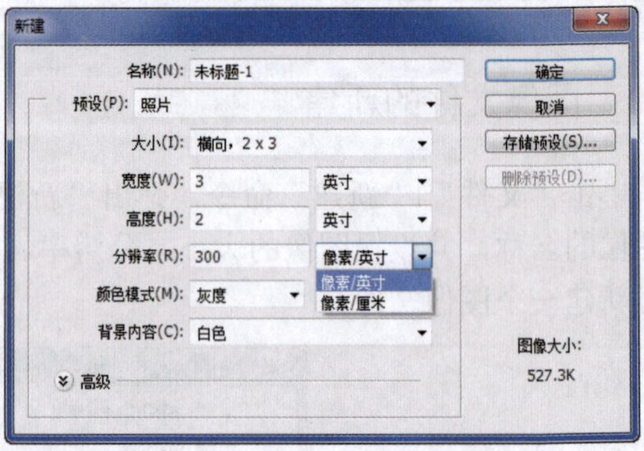

图 1-30 选择分辨率单位

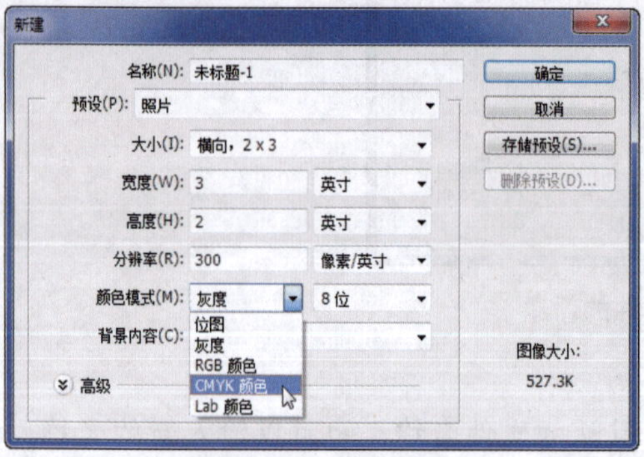

图 1-31 选择颜色模式

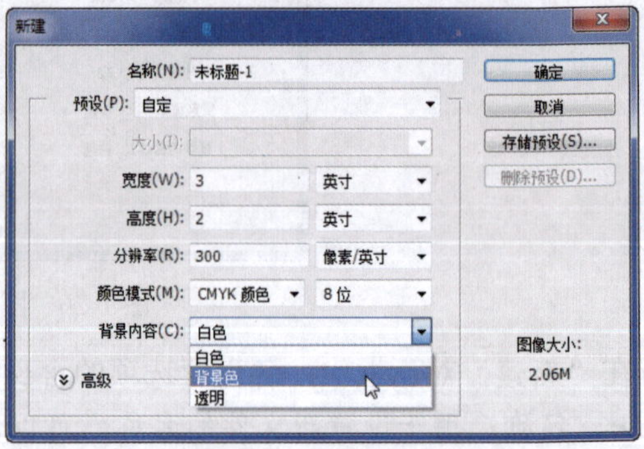

图 1-32 选择背景内容

1.2.2 图像文件的打开

在 Photoshop 中要编辑图像文件，应先将其打开。下面介绍几种最常用的打开图像文件的方法。

1. 使用“打开”命令打开图像文件

单击“文件”|“打开”命令，弹出“打开”对话框，选择要打开的文件，单击“打开”按钮，或直接双击该图像文件，即可将其打开，如图 1-33 所示。在“打开”对话框中，各选项的含义如下。

➢ **查找范围**：在该下拉列表框中可以选择图像文件所在的文件夹。

➢ **文件名**：显示当前所选择图像文件的名称。

➢ **文件类型**：在该下拉列表框中可以选择文件的类型，默认为“所有格式”。选择某一文件类型后，该对话框中将只显示该类型的文件。

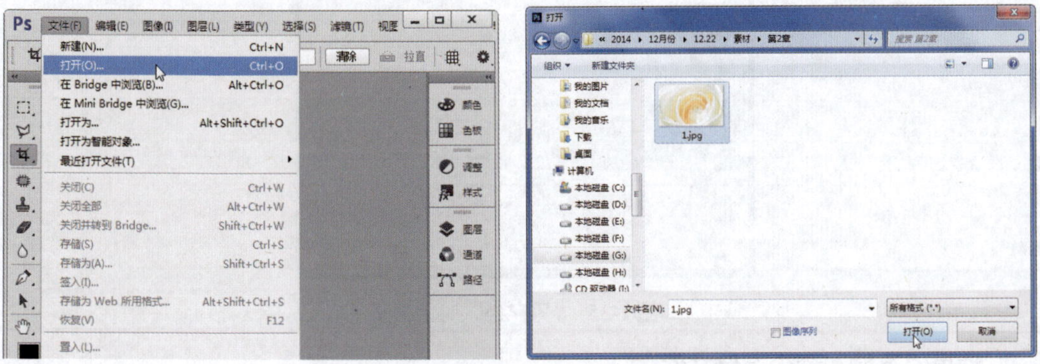

图 1-33　使用“打开”命令打开图像文件

2．使用“打开为”命令打开图像文件

单击“文件”|“打开为”命令，弹出“打开”对话框。使用“打开”命令可以打开所有Photoshop 支持的文件，而使用“打开为”命令则只能打开“文件类型”下拉列表框中选择的文件格式一致的文件，否则不能打开，如图 1-34 所示。

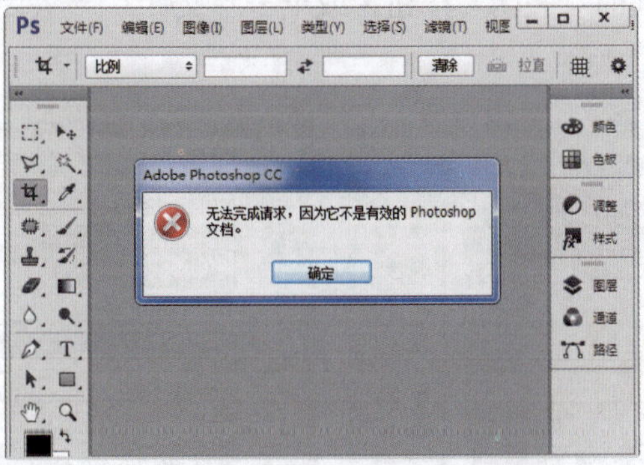

图 1-34　不能打开与文件格式不一致的图像文件

1.2.3 图像文件的保存

对图像文件进行各种编辑操作以后，需要对其进行保存。在 Photoshop 中，提供了几个用于保存文件的命令，可以根据自己的需要进行选择。

1．使用“存储为”命令保存文件

一个新建从未保存过的文档，要使用“存储为”命令进行存储，步骤为：单击“文件”|“存储为”命令，弹出“另存为”对话框，如图 1-35 所示。在“另存为”对话框中，各选项的含义如下。

➢ **保存在**：用于设置图像文件的保存路径。

➢ **文件名**：用于设置文件要保存为的名称，默认情况下为“未标题 -1”。

➢ **保存类型**：用于设置图像文件的保存格式，默认情况下为 PSD 格式。

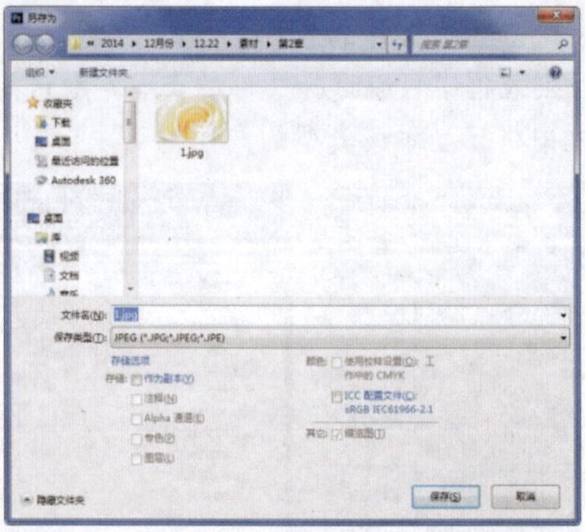

图 1-35 “另存为”对话框

2. 使用“存储”命令存储文件

如果是打开一个已经保存过的文件进行编辑，要保存这次进行的操作，可以单击“文件”|“存储”命令，此时将直接保存所做的修改，而不再弹出对话框。

1.2.4 图像文件的关闭

单击图像窗口标题栏上的“关闭”按钮 × 或单击“文件”|“关闭”命令，均可关闭图像文件，如图 1-36 所示。

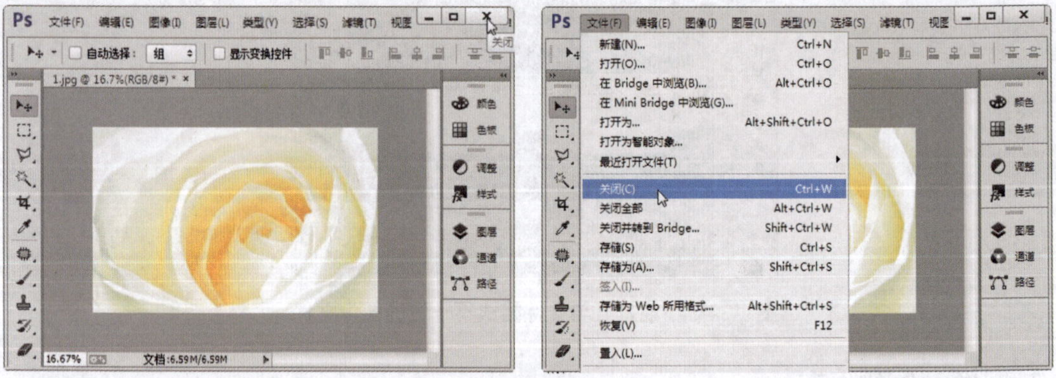

图 1-36 关闭图像文件

任务 3 图像文件大小的调整

任务概述

调整图像大小包括修改图像的大小和调整画布大小，主要是通过“图像”菜单中的命令完成的。本任务主要介绍如何使用“图像大小”命令调整图像大小，如何使用“画布大小”命令调整画布大小，并通过实例介绍如何使用“画布大小”命令为图像添加边框。

任务重点与实施

1.3.1 使用“图像大小”命令调整图像大小

图像的大小和图像的像素与分辨率有着密切的关系。使用“图像大小”命令可以调整图像的像素大小和分辨率，从而改变图像的大小。

单击“图像”|“图像大小”命令或按【Alt+Ctrl+I】组合键，弹出“图像大小”对话框，如图1-37所示。在该对话框中，各选项的含义如下。

- **尺寸**：单击▣按钮并选择度量单位，即可更改像素尺寸的度量单位。
- **宽度和高度**：通过更改“宽度”和“高度”的数值来设置图像的像素数量。
- **分辨率**：在该选项区中可以设置图像的打印分辨率。
- **重新采样**：选中该复选框，可以更改图像大小或分辨率及按比例调整像素总数；取消选择该复选框，可以更改图像大小或分辨率而又不更改图像中的像素总数。
- **“重新采样”**下拉菜单中包含多个选项，如图1-38所示。

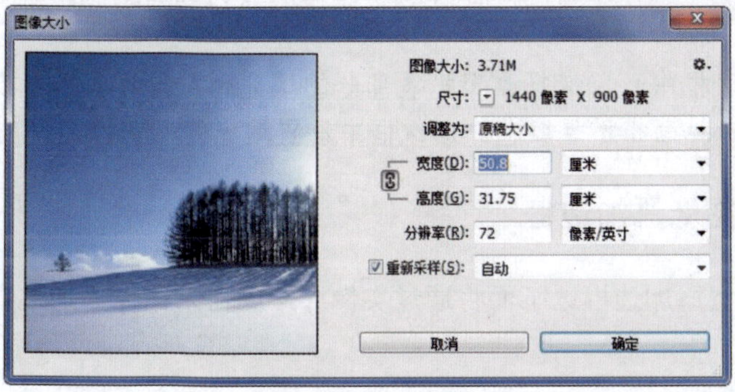

图1-37 “图像大小”对话框

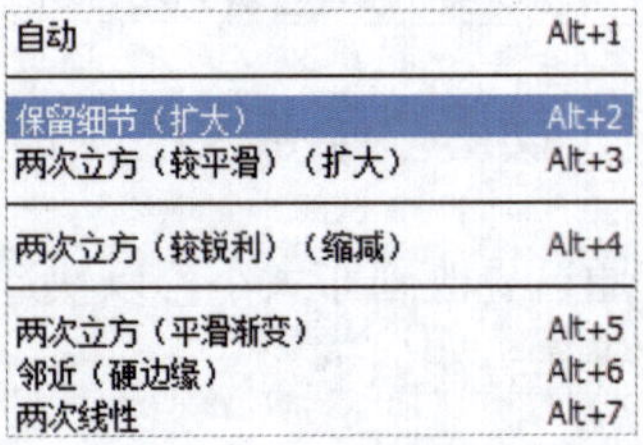

图1-38 重新采样选项

- **自动**：选择该方法，Photoshop会根据文档类型是放大还是缩小文档来选取取样方法。
- **保留细节（扩大）**：选择该方法，可以在放大图像时使用“减少杂色”滑块消除杂色。
- **两次立方（较平滑）（扩大）**：是一种基于两次立方插值且旨在产生更平滑效果的有效图像放大方法。
- **两次立方（较锐利）（缩减）**：是一种基于两次立方插值且具有增强锐化效果的有效图像减小方法。此方法在重新取样后的图像中保留细节。如果使用“两次立方（较锐利）”，会使图像中某些区域的锐化程度过高，可尝试使用“两次立方”。
- **两次立方（平滑渐变）**：是一种将周围像素值分析作为依据的方法，速度较慢，但精度较高。“两次立方”使用更复杂的计算，产生的色调渐变比“邻近”或“两次线性”更为平滑。
- **邻近（硬边缘）**：是一种速度快但精度低的图像像素模拟方法。该方法会在包含未消除锯齿边缘的插图中保留硬边缘并生成较小的文件。该方法可能产生锯齿状效果，在对图像进行扭曲或缩放时，或在某个选区上执行多次操作时，这种效果会变得非常明显。
- **两次线性**：是一种通过平均周围像素颜色值来添加像素的方法，该方法可生成中等品质的图像。

1.3.2 使用“画布大小”命令调整画布大小

画布是指绘制和编辑图像的工作区域。如果希望调整画布的尺寸，可以使用“画布大小”命令进行调整。单击“图像”|“画布大小”命令，将弹出“画布大小”对话框，如图 1-39 所示。在“画布大小”对话框中，各选项的含义如下。

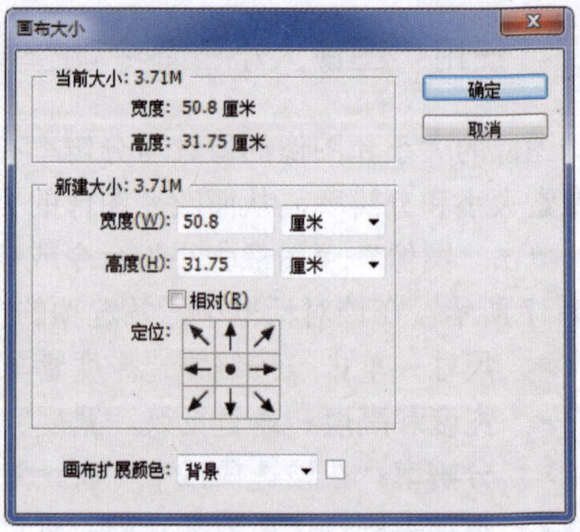

图 1-39 “画布大小”对话框

- **当前大小**：显示的是当前画布的大小。
- **新建大小**：用于设置新画布的大小。
- **相对**：选中该复选框，在指定新画布的大小尺寸时，在现有的画布大小上进行增减操作。输入的数值为正，则增加画布大小；输入的数值为负，则减少画布大小。
- **定位**：在确定更改画布大小后，单击该选项区中的方形按钮，可以设置原图像在新画布中的位置。
- **画布扩展颜色**：在该下拉列表框中可以选择画布扩展部分的填充色，也可直接单击其右侧的颜色块，在弹出的“选择画布扩展颜色”对话框中设置填充的颜色。

1.3.3 使用“画布大小”命令为图像添加边框

通过更改画布大小可以快速为图像添加边框。下面将通过实例介绍如何为图像添加边框，具体操作方法如下。

Step 01 单击“文件”|“打开”命令，打开“素材文件\项目 1\2.jpg”文件，单击“图像”|“画布大小”命令，如图 1-40 所示。

Step 02 弹出“画布大小”对话框，选中“相对”复选框，设置各项参数，然后单击“确定”按钮，如图 1-41 所示。

图 1-40 单击“画布大小”命令

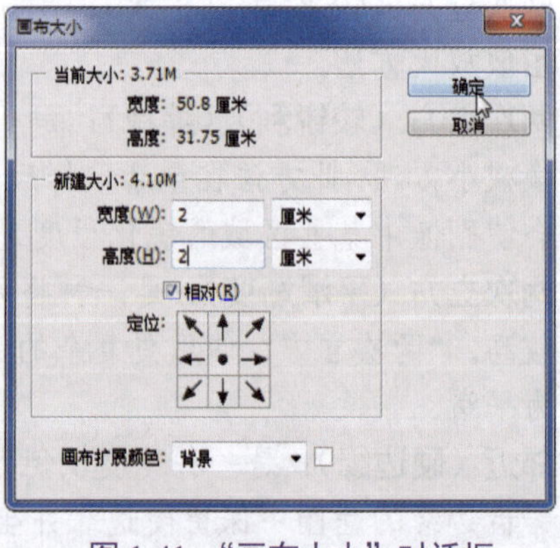

图 1-41 “画布大小”对话框

Step 03 此时，即可查看更改画布后的图像边框效果，如图 1-42 所示。

图 1-42　查看图像边框效果

任务 4　图像文件的裁剪与变换

任务概述

在进行图像处理时，往往需要裁剪图像，以删除多余的部分。在使用 Photoshop 对图像进行编辑的过程中，常常需要对图像进行一些变换与变形操作，这样才能满足设计中的各种需求。本任务主要介绍在 Photoshop 中图像的裁剪和变换的操作方法。

任务重点与实施

1.4.1　图像文件的裁剪

在 Photoshop 中，使用裁剪工具裁剪图像是最常用、最方便的一种方法。选择工具箱中的裁剪工具，其工具属性栏如图 1-43 所示。

图 1-43　裁剪工具属性栏

- 比例：等比例裁切菜单，内置了从 1:1 方形尺寸到常用的 3×2、4×3、4×5、5×7 等常用照片尺寸。
- ：在数值框中输入所需的数值，可以创建固定比例的裁剪框。单击按钮，可以实现宽度和高度数值的互换。
- 拉直：单击该按钮，通过在图像上画一条线来拉直该图像。
- ：设置裁剪工具的视图选项。
- ：创建裁剪区域以后，单击按钮可以设置其他裁剪选项，如图 1-44 所示。

  使用经典模式：选中此复选框，可移动并旋转裁剪框，而非图像（没有裁切预览）。

  显示裁剪区域：选中此复选框，可使裁剪框位于画布中央。

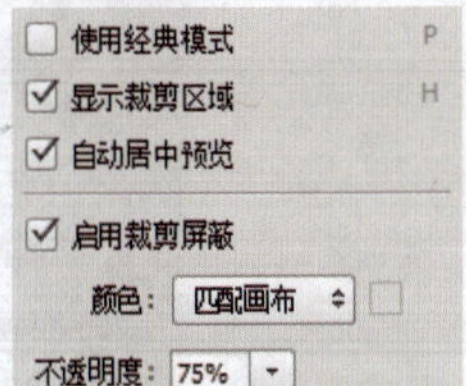

图 1-44　裁剪选项

自动居中预览：选中此复选框，可显示位于裁剪框外部的图像部分。

启用裁剪屏蔽：用于屏蔽裁剪区域。选中该复选框，“颜色”色块和“不透明度”数值框为可用状态，即可设置裁剪区域阴影的颜色和不透明度；取消选择该复选框，“颜色”色块和“不透明度”数值框不可用，裁剪区域外阴影的颜色和不透明度与原图像一致，不发生任何变化。

颜色：用于设置裁剪区域阴影的颜色。

不透明度：为裁剪区域颜色阴影设置不透明度。

➢ **删除裁剪的像素**：用于设置保留还是删除裁剪框外部的像素数据。

选择裁剪工具后，将鼠标指针移到图像中，按住鼠标左键并拖动，此时图像中将出现一个带有 8 个控制柄的裁剪框。在裁剪框内双击鼠标左键或按【Enter】键确认，即可得到框内的图案，如图 1-45 所示。

图 1-45　裁剪图像

创建裁剪框后，将鼠标指针移到裁剪框的控制点上，当指针变成↔、↕或↘形状时按住鼠标左键并拖动，可以调整裁剪框的范围大小，如图 1-46 所示。

图 1-46　调整裁剪框范围

移动鼠标指针到裁剪框内，当指针呈▶形状时，拖动鼠标可以移动裁剪框的位置，如图 1-47 所示。

图 1-47　移动裁剪框位置

移动鼠标指针到裁剪框外，将鼠标指针放在裁剪框的控制点上，当指针呈⤴形状时拖动鼠标，即可旋转裁剪图像，如图 1-48 所示。

图 1-48　旋转裁剪图像

1.4.2　图像文件的变换

1．使用“变换”命令变换图像效果

单击“编辑”|“变换”菜单下的命令，可以对图像进行各种变形操作，如图像的缩放、旋转、斜切和透视等，如图 1-49 所示。

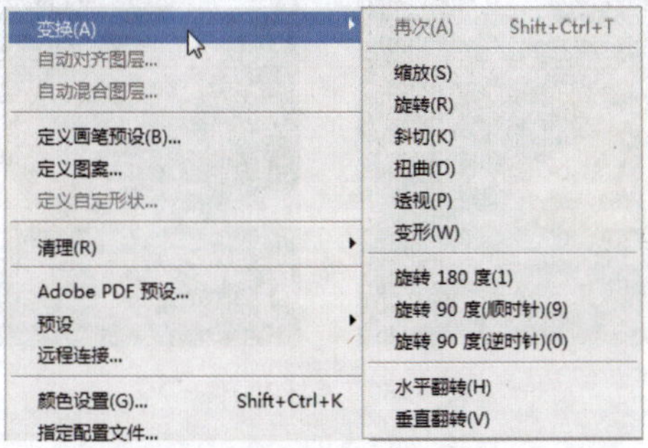

图 1-49　“变换”命令

（1）图像的缩放。单击“编辑”|“变换”|“缩放”命令，弹出变换控制框。将鼠标指针放在变换控制框的控制点上，当指针呈↘形状时按住鼠标左键并拖动，即可对图像进行缩放操作，如图 1-50 所示。

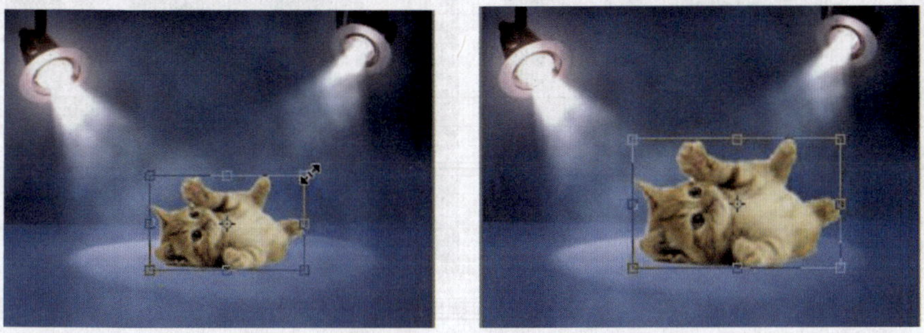

图 1-50　缩放图像

若按住【Shift】键拖动控制点，可等比例缩放图像；按【Shift+Alt】组合键，可以中心等比缩放图像，缩放完毕后按【Enter】键确认，即可完成变换操作。

（2）图像的旋转。单击“编辑”|“变换”|“旋转”命令，弹出变换控制框。将鼠标指针放在变换控制框外，当指针呈↷形状时按住鼠标左键并拖动，即可对图像进行旋转操作，如图 1-51 所示。

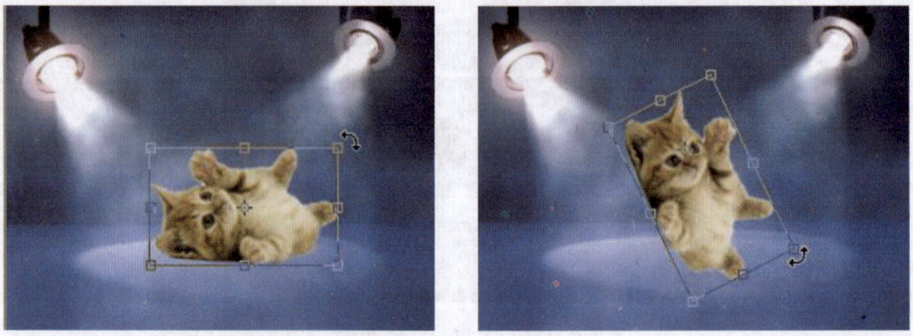

图 1-51　旋转图像

（3）图像的斜切。单击“编辑”|“变换”|“斜切”命令，弹出变换控制框。将鼠标指针放在变换控制框外，当指针呈▷形状时按住鼠标左键并拖动，即可对图像进行斜切操作，如图 1-52 所示。

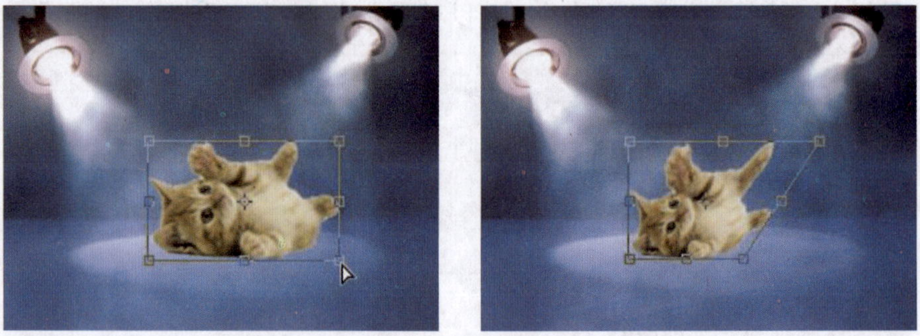

图 1-52　斜切图像

（4）图像的扭曲。单击“编辑”|“变换”|“扭曲”命令，弹出变换控制框。将鼠标指针放在变换控制框外，当指针呈▷形状时，按住鼠标左键并拖动变换控制框的 4 个角点，即可对图像进行扭曲操作，如图 1-53 所示。

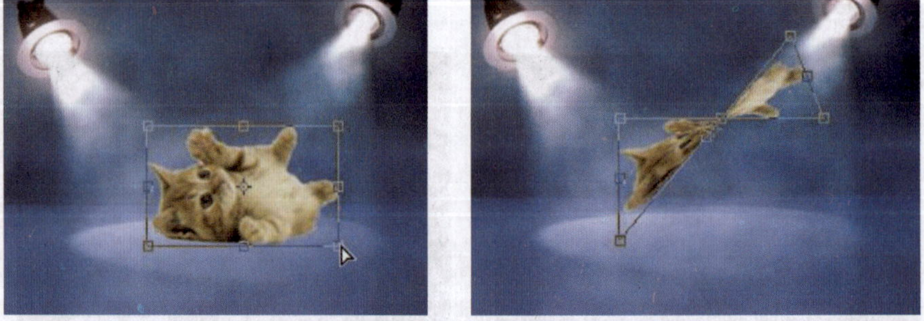

图 1-53　扭曲图像

（5）图像的透视。单击“编辑”|“变换”|“透视”命令，弹出变换控制框。将鼠标指针放在定界框的任意一角上，在进行拖动时拖动方向上的另一个角点会发生相反的移动，得到对称的梯形，从而得到图像的透视变形效果，如图 1-54 所示。

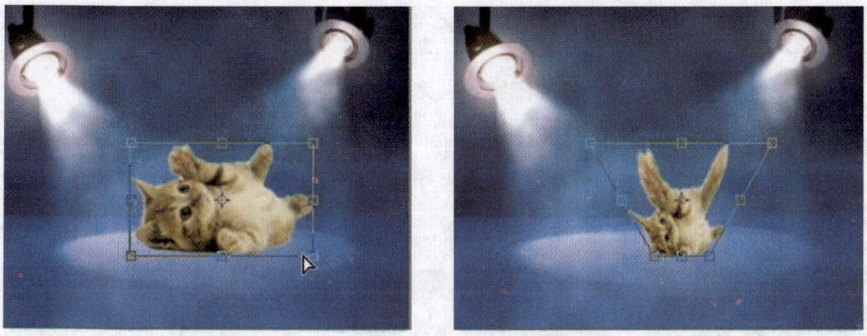

图 1-54　图像透视

（6）图像的变形。单击“编辑”|“变换”|“变形”命令，将出现一个 3×3 的变形框。拖动边框中的任何一个控制点都可以进行图像变形操作，如图 1-55 所示。

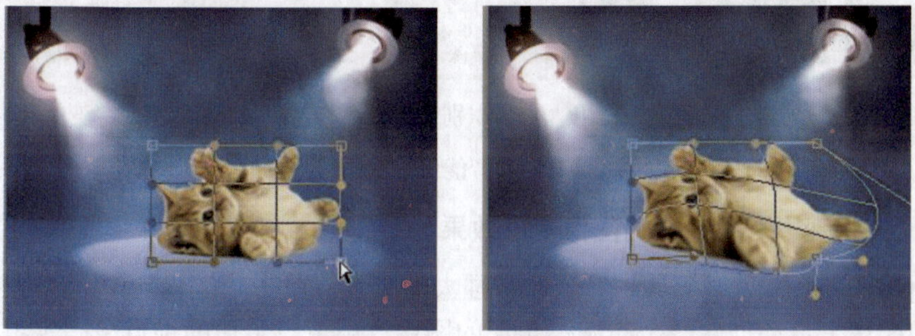

图 1-55　图像变形

（7）水平翻转和垂直翻转。单击“编辑”|“变换”|“水平翻转”命令，可以将图像进行水平翻转；单击“编辑”|“变换”|“垂直翻转”命令，可以将图像进行垂直翻转，如图 1-56 所示。

翻转前　　水平翻转　　垂直翻转

图 1-56　翻转图像

除此之外，还可以使用“自由变换”命令变换图像效果。单击“编辑”|“自由变换”命令或按【Ctrl+T】快捷键，弹出边界控制框。拖动该控制框的控制点，可以进行图像的缩放、旋转和移动等操作；或在调出变换控制框后右击，利用弹出的快捷菜单也可进行缩放、斜切、扭曲、透视和变形等操作。

2．使用“内容识别比例缩放”命令智能保护图像

使用内容识别功能，在调整图像大小时能够智能地保留重要区域，使其不发生变形。单击“编辑”|“内容识别比例”命令，此时的工具属性栏如图 1-57 所示。

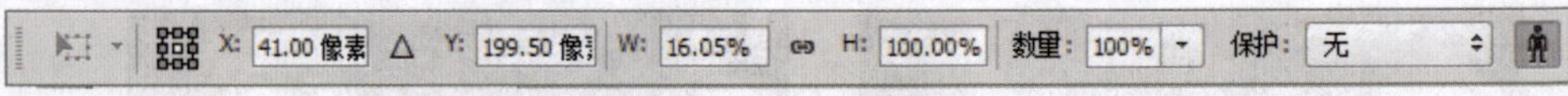

图 1-57 “内容识别比例”功能属性栏

图 1-58 所示为原图像、使用“内容识别比例”命令与使用“变换”命令的对比效果，可以看出后两者的图像画面都变窄了，但使用“内容识别比例”命令的图像部分却没有发生变形。除此之外，单击属性栏中的“保护肤色”按钮，在变换时会自动对人物的肤色部分进行保护。

原图像　　使用“内容识别比例”命令　　使用“变换”命令

图 1-58 智能保护图像

3. 使用“操控变形”命令打造图像变形效果

Photoshop 中的操控变形工具是一个非常强大的工具。单击“编辑”|“操控变形”命令，将会在操作的图像上自动创建一个布满三角形的网格，用黄点黑边的锚点来固定特定的位置。当将鼠标指针指向一个锚点时，它就会变为中间带黑点的控制点，拖动这个控制点即可改变物体的形象，就好像操作木偶一样。

打开一个图像文件，单击“编辑”|“操控变形”命令，在图像的关键点上单击即可添加图钉，此时操控变形工具属性栏如图 1-59 所示。

图 1-59 操控变形工具属性栏

➢ **模式**：选择“正常”默认模式，变形效果准确；选择“刚性”模式，变形效果精确；选择“扭曲”模式，可以在变形的同时创建透视效果，如图 1-60 所示。

“刚性”模式　　“正常”模式　　“扭曲”模式

图 1-60 选择操控变形模式

➢ **浓度**：用于设置网格的浓度，以及控制变换的品质，如图 1-61 所示。

“较少点”浓度　　“正常”浓度　　“较多点”浓度

图1-61 设置网格浓度

➢ **扩展：**用于扩展或收缩变换的区域。设置的数值越大，变形网格的范围也相应地扩大，如图1-62所示。

扩展10像素　　扩展0像素　　扩展-5像素

图1-62 设置扩展区域

➢ **显示网格：**切换显示或隐藏网格。

➢ **图钉深度：**用于设置图钉的深度，解决重叠问题。选择一个图钉，单击按钮，可以将图钉向前移动；单击按钮，可以将图钉向后移动。

➢ **旋转：**选择“自动”选项，即默认旋转；选择“固定”选项，可对图像进行准确的旋转，在其右侧的文本框中输入旋转角度数值即可，如图1-63所示。

旋转0度　　旋转50度　　旋转-5度

图1-63 设置旋转角度

4. 使用“再次”命令重复变换图像

在Photoshop中可以先复制一个图像，然后单击“编辑”|“变换”|“再次”命令或按【Ctrl+Shift+T】组合键，可以对当前图像进行变换。还可以按【Ctrl+Shift+Alt+T】组合键复制当前对象，并对其执行最近一次的变换操作，如图1-64所示。

原图像

复制原图像

使用“再次”命令

使用【Ctrl+Shift+Alt+T】组合键

图 1-64　重复变换图像

任务 5　图像文件的恢复与还原

任务概述

在编辑图像的过程中，难免会出现一些错误或不理想的操作，此时就需要进行编辑操作的撤销或状态的还原。本任务主要介绍图像文件恢复与还原编辑的操作方法。

任务重点与实施

1.5.1　使用菜单命令还原操作

单击“编辑”|“还原”命令，可以撤销最近一次对图像所做的操作。撤销之后，单击“编辑”|“重做”命令，可以重做刚刚还原的操作。需要注意的是，由于操作的不同，菜单栏中“还原”和“重做”命令的显示略有不同，如图 1-65 所示。

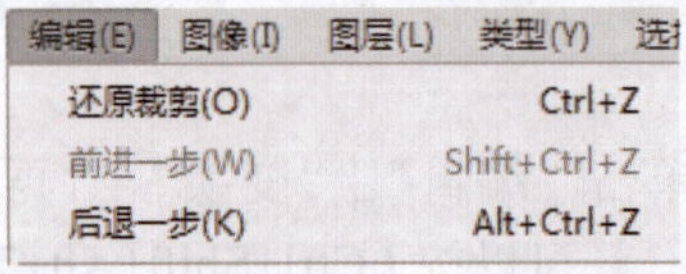

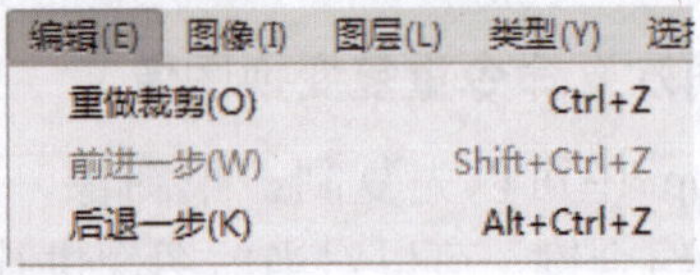

图 1-65　还原和重做命令

按【Ctrl+Z】组合键，可以在“还原”和“重做”操作之间进行切换。如果要还原和重做多步操作，可以使用菜单中的“前进一步”和“后退一步”命令，也可以使用【Shift+Ctrl+Z】和【Alt+Ctrl+Z】快捷键进行操作。

1.5.2　使用“历史记录”面板恢复操作

“历史记录”面板主要用于记录操作步骤，一个图像从打开后开始，对图像进行的任何操作都会记录在“历史记录”面板中。使用“历史记录”面板可以帮助使用者恢复到之前所操作的任意一个步骤。

单击“窗口”|“历史记录”命令，即可打开“历史记录”面板，如图 1-66 所示。

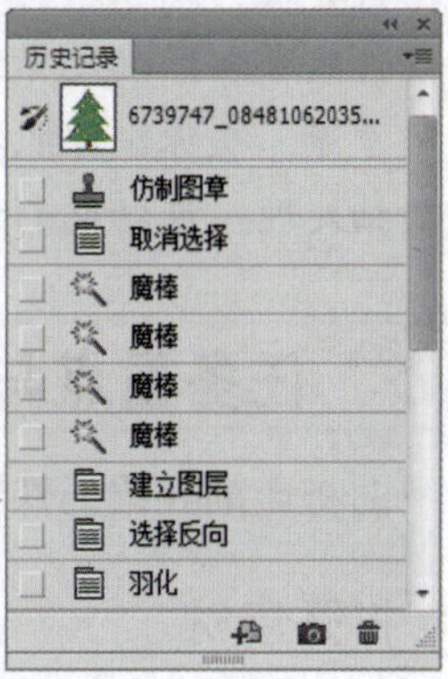

图 1-66　“历史记录”面板

在该面板中，各选项的含义如下。

- **设置历史记录画笔的源**：单击该按钮，当其变为形状时，表示其右侧的状态或快照将成为使用历史记录工具或命令的源。
- **快照**：快照的作用是无论以后进行多少步操作，只要单击创建的快照，即可将图像恢复到快照状态。
- **历史记录状态**：其中记录了从打开图像开始用户对图像所做的每一步操作。
- **“从当前状态创建新文档”按钮**：单击该按钮，将从当前选择操作步骤的图像状态复制一个新文档，新建文档的名称以当前的步骤名称来命名。
- **“创建新快照”按钮**：单击该按钮，可以为当前选择步骤创建一个快照。
- **“删除当前状态”按钮**：单击该按钮，可以将当前选中的操作及其以后的所有操作都删除。

除此之外，还可以单击“编辑”|“首选项”命令或按【Ctrl+K】组合键，弹出“首选项”对话框，在“性能”选项中更改存储历史记录的步数，如图 1-67 所示。

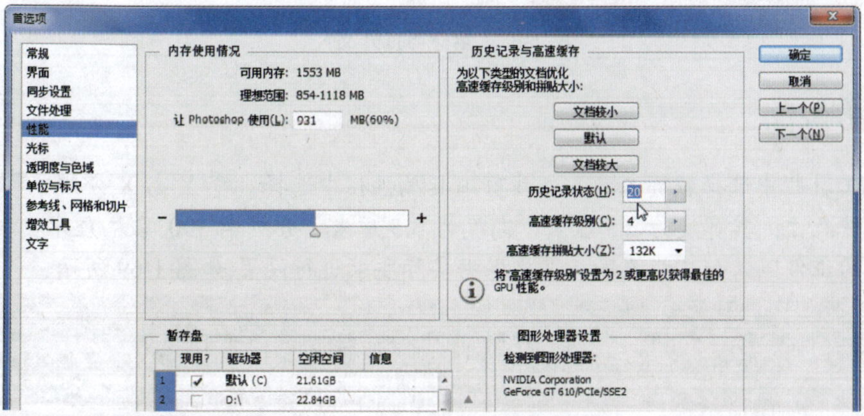

图 1-67　“首选项”对话框

任务 6　实战应用：制作证件照

任务概述

用 Photoshop 制作证件照，可以解决传统证件照拍摄过程中存在的局限性，如背景单一、服装不符要求、尺寸不符合标准等问题。通过专业的 Photoshop 技术，能够提供个性化、高质量的证件照服务，满足不同需求和审美偏好。可以根据需求，定制证件照的背景颜色、服装样式、尺寸等，确保证件照符合各类证件的使用要求。利用 Photoshop 软件的强大功能，对照片进行精细处理，包括色彩调整、细节修复、背景替换等，确保输出高质量的照片。

任务重点与实施

下面将详细介绍证件照制作的具体操作方法。

1.6.1 打开素材

通过快捷键【Ctrl+O】打开要制作的照片，如图 1-68 所示。

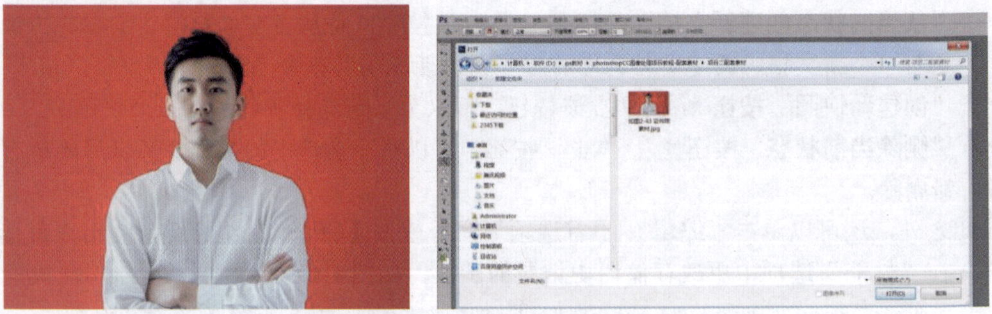

图 1-68　素材与打开文件

1.6.2　裁剪照片

Step 01 在工具栏中选择裁剪工具，在裁剪工具属性栏中选择“宽 X 高 X 分辨率”，设置一寸证件尺寸：其宽度为 2.5 厘米，高度为 3.5 厘米，分辨率 300 像素/厘米，对于其他尺寸的证件照，如二寸照等，需要根据实际要求进行设置,如图 1-69 所示。

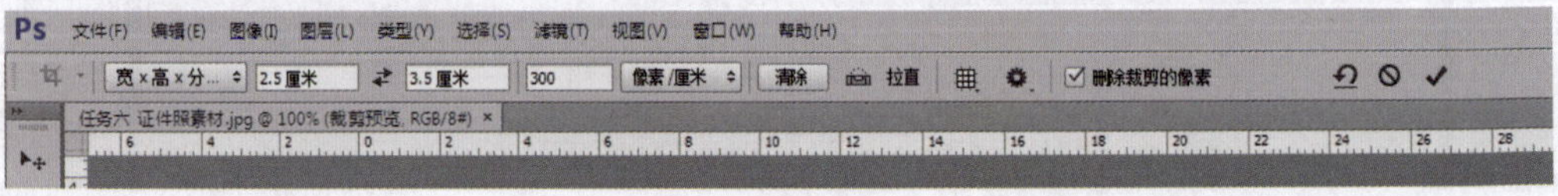

图 1-69　裁剪文件

Step 02 在画面中拖动裁剪框，框选出需要剪切保留的位置（使人物居正中），然后按上面的“✓”确认剪裁，使用裁剪工具（L）来调整照片的构图时，确保头部和肩膀按照证件照要求合适地放置，如图 1-70 所示。

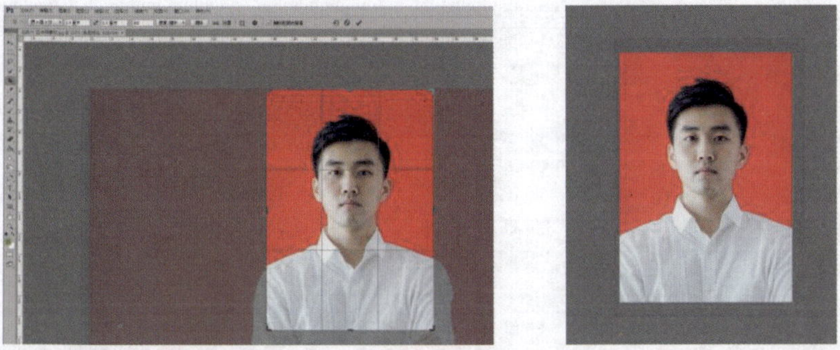

图 1-70　裁剪文件

1.6.3　调整照片

Step 01　如果背景是其他颜色，使用快速选择工具（W）或者套索工具（L）来选择人物背后的背景。一旦背景被选定，可以删除它，并将其替换为单色背景，通常是红色或蓝色背景，如图 1-71 所示。

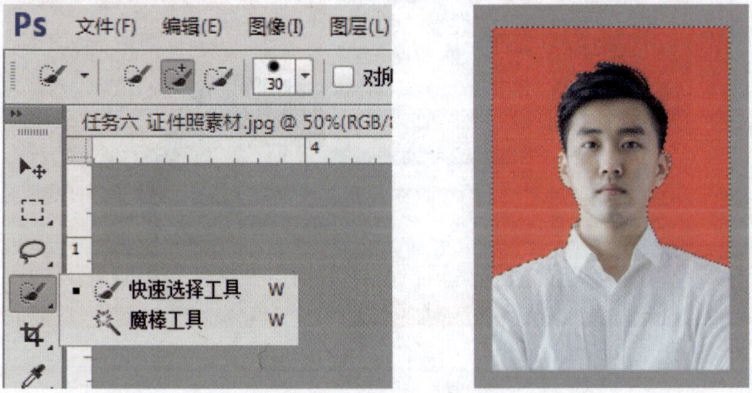

图 1-71　调整背景

Step 02　使用修复工具，如修补工具（J）来去除皮肤瑕疵或衣服上的污点，如图 1-72 所示。

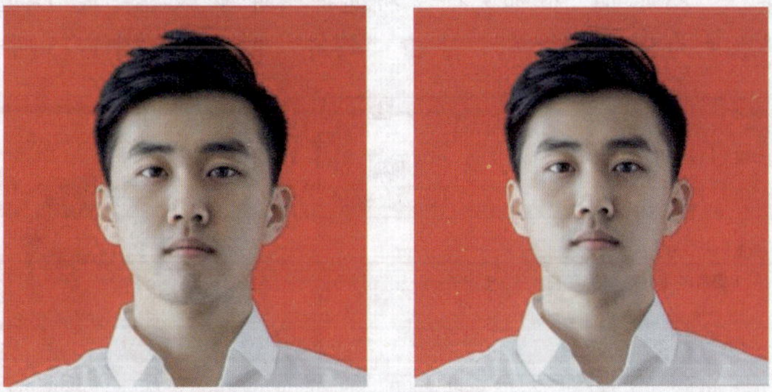

图 1-72　修复瑕疵

Step 03　利用调整层，如亮度/对比度、色阶或曲线来改善照片的总体曝光和色彩平衡，使用色相/饱和度来微调肤色，如图 1-73 所示。

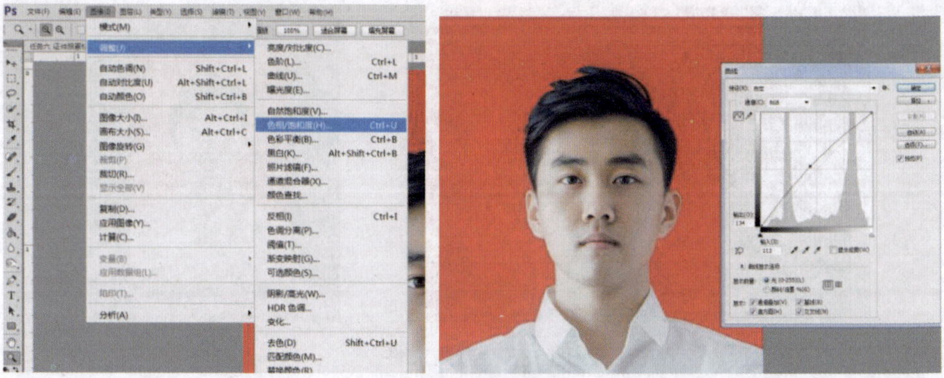

图 1-73　调整照片

Step 04 在完成所有编辑后，使用锐化滤镜如“锐化边缘”来增强照片细节，使面部特征清晰可见，如图 1-74 所示。

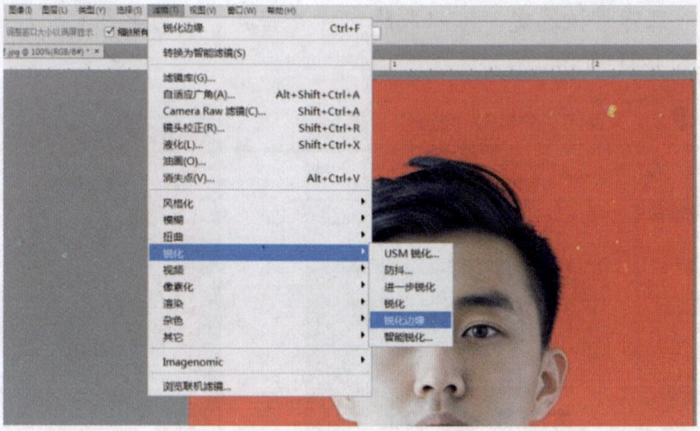

图 1-74　锐化边缘

1.6.4　添加白边

Step 01 选择菜单栏“图像”|“画布大小”勾选“相对”，设置高度 0.4 厘米、宽度 0.4 厘米，画布扩展颜色为背景“白色”，点击“确定”按钮，如图 1-75 所示。

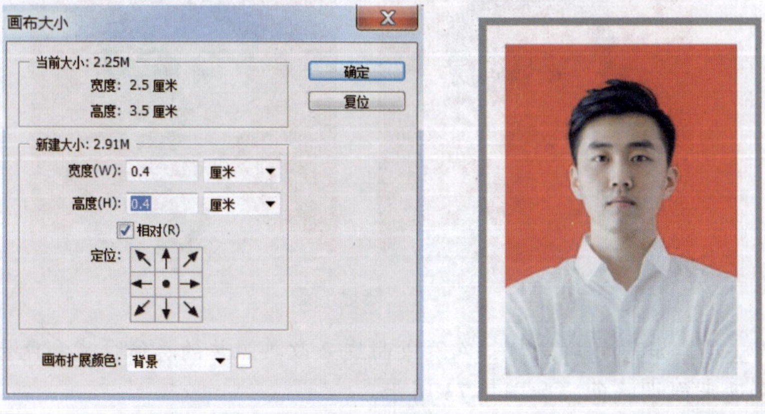

图 1-75　添加白边

Step 02 转到“文件”菜单，选择“另存为”，以证件照所需的格式保存图片，一般为 JPG 或 PNG。在制作证件照时，每个国家和每种类型的文档都可能有不同的特定要求，包括背景色、光线要求、面部表情和照片尺寸。

1.6.5　定义图案

选择菜单栏“编辑”|“定义图案”，确定，如图 1-76 所示。

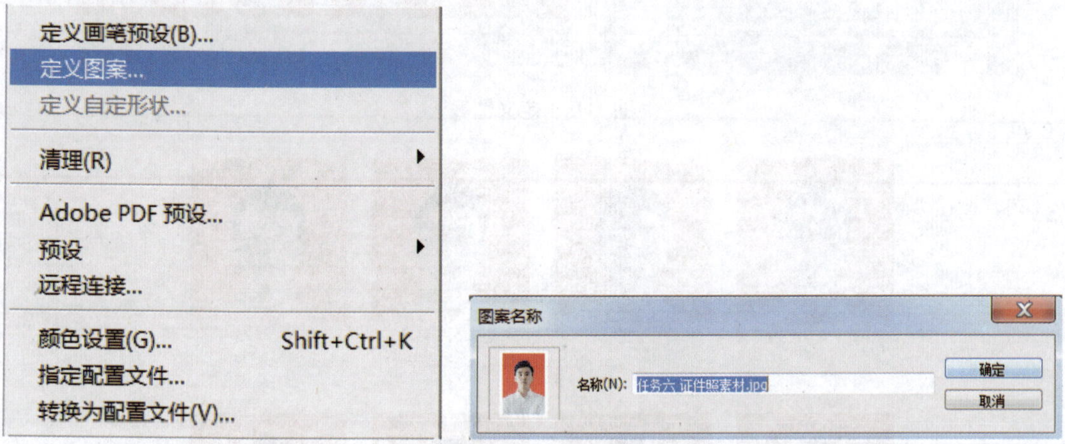

图 1-76　定义图案

1.6.6　定义图案

Step 01 新建画布宽度 11.6 厘米、高度 7.8 厘米，分辨率 300 像素/厘米，背景为白色，确定，如图 1-77 所示。

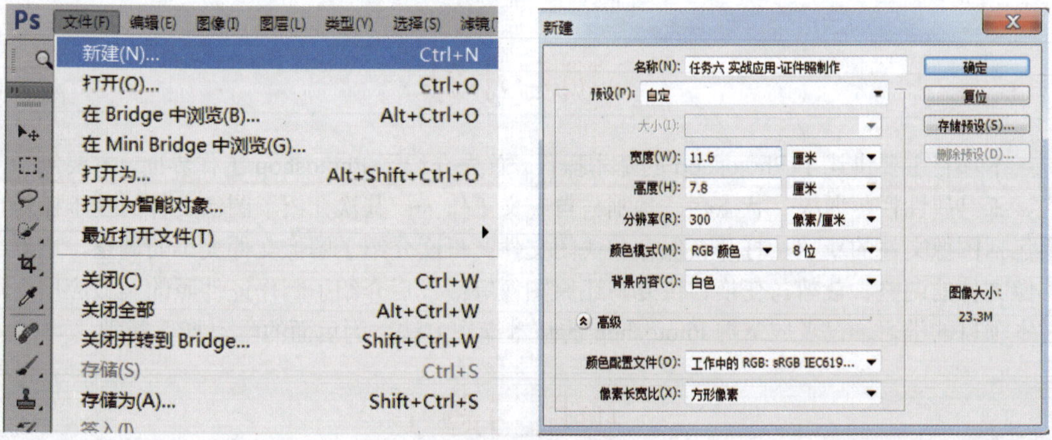

图 1-77　新建文档

Step 02 工具栏中选择“油漆桶”，菜单栏中选择“图案”，选中刚定义的证件照图案，在画布中单击，如图 1-78 所示。

最终定稿如图 1-79 所示。

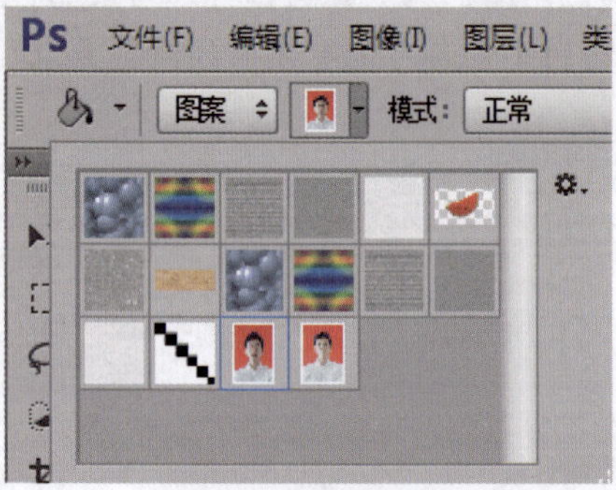

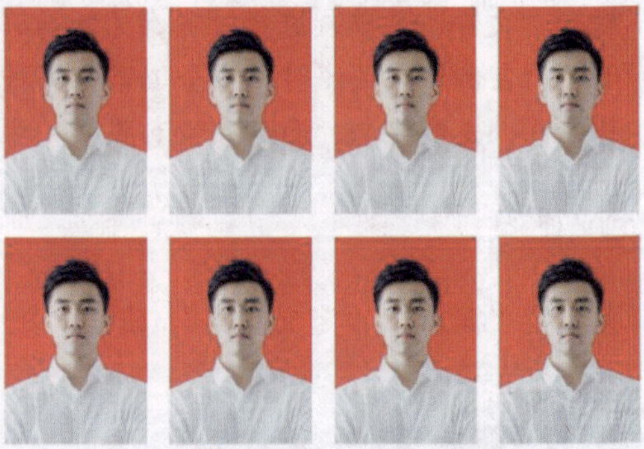

图 1-78 定义图案

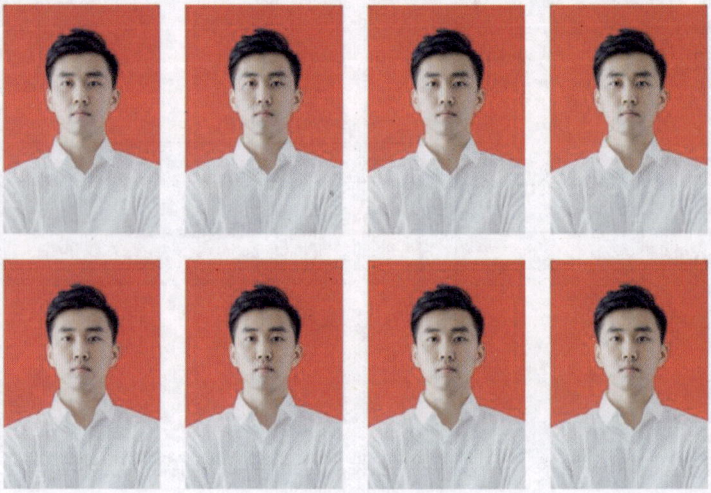

图 1-79 最终效果图

项目小结

本项目主要讲述了 Photoshop 的基本操作。首先介绍了 Photoshop 工作界面，主要包括工具栏、工具属性栏、面板、状态栏、预制与自定义工作区；其次介绍了图像文件的基本操作，主要包括图像文件的新建、打开、保存和关闭文件；再次介绍了图像文件大小的调整，主要包括图像文件的调整、裁剪与变换、恢复与还原图像等；最后介绍了制作证件照的实战应用。通过对本项目的学习，读者应掌握 Photoshop 的基本操作方法，为后面的学习打下基础。

项目习题 1

通过运用本项目所学的知识，首先调整图像的大小，然后将多余部分裁剪掉，为其添加白色边框，最后练习将“背景”图层转换为普通图层，然后变换图像。

操作提示：

① 单击“文件”|“打开”命令，打开“素材\项目 1\练习.jpg”文件，如图 1-80 所示。

② 单击“图像”|“图像大小”命令，在弹出的对话框中设置参数来缩小图像，单击“确定”按钮，如图 1-81 所示。

图 1-80　打开素材文件

图 1-81　“图像大小”对话框

③ 选择裁剪工具，在房子部分创建裁剪框，然后按【Enter】键确认裁剪操作，如图 1-82 所示。

④ 单击“图像”|“画布大小”命令，在弹出的对话框中选中“相对”复选框，设置各项参数，单击“确定”按钮，如图 1-83 所示。

图 1-82　裁剪图像

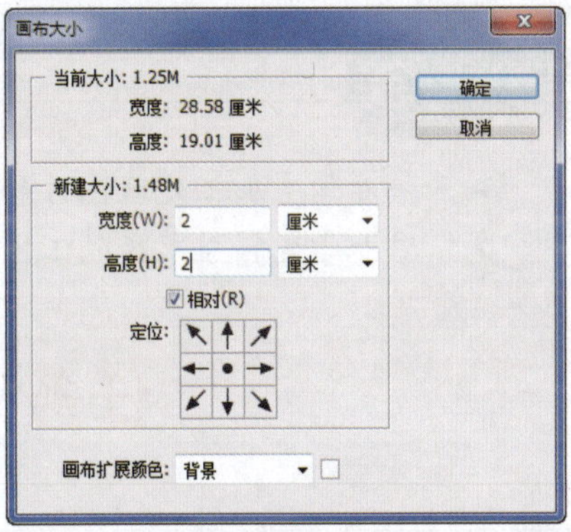

图 1-83　“画布大小”对话框

⑤ 此时，即可为图像添加白色边框。按住【Alt】键的同时双击“背景”图层，将其转换为普通图层。单击“编辑”|“变换”|“水平翻转”命令变换图像，效果如图 1-84 所示。

图 1-84　水平翻转图像

项目 2　选区的创建与编辑

项目概述

选区是 Photoshop 中非常重要的功能之一。将图像文件中想要修改的部分创建为选区，这样在对图像文件进行编辑操作时仅选区内的对象会发生变化，而选区外的对象不会受到影响。本项目将讲述创建与编辑选区的操作方法。

项目目标

➢ 掌握选区的创建方法。
➢ 掌握选区的编辑与修改方法。

素质目标

➢ 培养学生加工处理图片的能力，以达到良好的视觉效果和表现力。
➢ 培养学生精益求精的工匠精神，具备良好的团队协作能力和自主学习能力。

任务 1　选区的创建

任务概述

Photoshop 的工具箱提供了 3 个用于创建选区的工具组，不同的工具组中又包含多个创建选区的工具，如图 2-1 所示。这些工具分别有自己不同的特点，适合创建不同类型的选区；也可以使用菜单栏中的菜单命令来创建选区。本任务主要介绍选区创建的操作方法。

图 2-1　创建选区工具

任务重点与实施

选区是 Photoshop 中不可缺少的操作对象。创建选区后，所做的操作将只作用于选区内的区域，选区外的区域将受到保护。如果制作出的选区不够精确，那么处理出来的图像就不能达到理想的效果。在图像中创建选区后，选区的边界会出现不断闪烁的虚线，用于界定选区的范围。创建选区后，对图像所做的操作将只对选区内的部分起作用，如图 2-2 所示。用户可以使用工具箱中的选区创建工具创建选区，也可以使用菜单栏中的菜单命令创建选区。

原图像　　创建选区调整图像　　不创建选区调整图像

图 2-2 创建选区

2.1.1 运用工具箱中的工具创建选区

1. 运用矩形选框工具创建矩形选区

矩形选框工具用于创建矩形选区。选择工具箱中的矩形选框工具，其工具属性栏如图 2-3 所示。

图 2-3 矩形工具属性栏

其中，各选项的含义如下。

- ：用于显示当前使用的创建选区的工具。
- ：在编辑图像的过程中，有时需要同时选择多块不相邻的区域，或对当前已经存在的选区进行添加或减少操作，此时可以使用这组按钮来实现。
- “新选区”按钮：单击该按钮后，可以在图像上创建一个新的选区。如果图像中已经存在了选区，则新建的选区将会替换原有的选区，如图 2-4 所示。

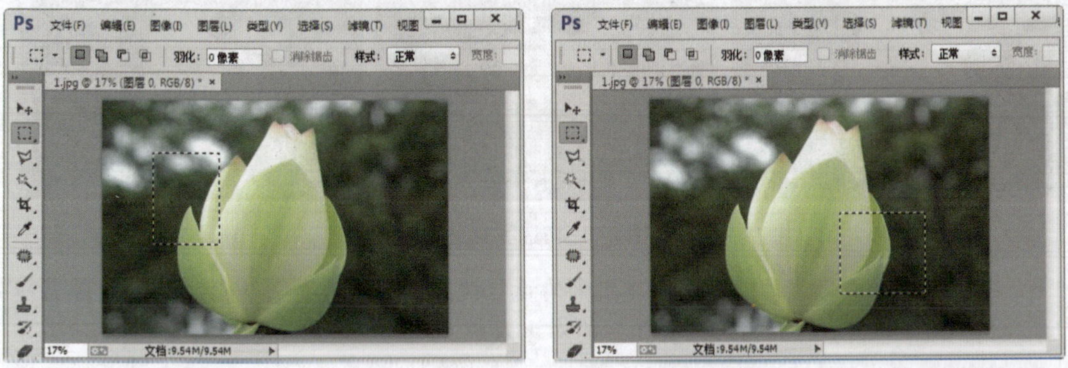

图 2-4 创建新选区

➢ **“添加到选区”按钮**：单击该按钮，绘制的选区将与原来的选区相加作为新选区，如图 2-5 所示。

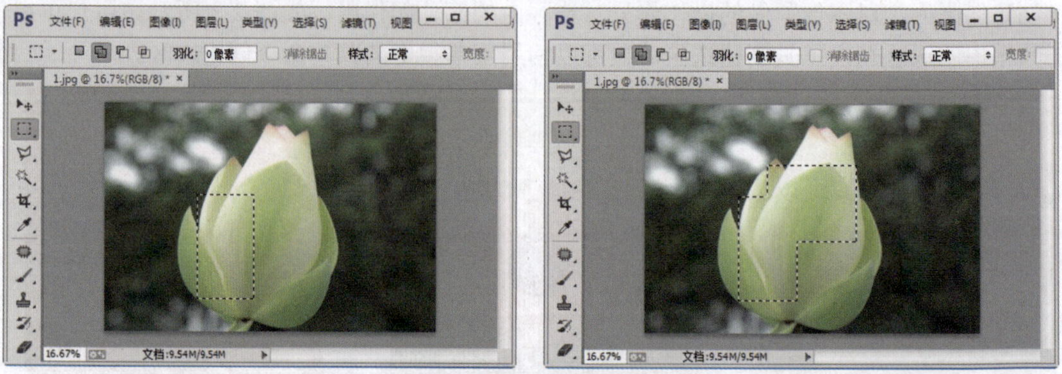

图 2-5　添加到选区

➢ **“从选区减去”按钮**：单击该按钮，将从原来的选区减去绘制的选区作为新选区，如图 2-6 所示。

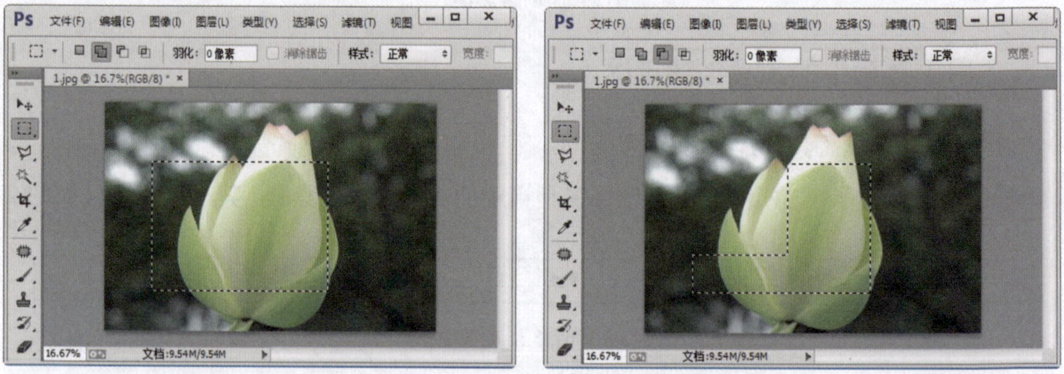

图 2-6　从选区减去

➢ **“与选区交叉”按钮**：单击该按钮，绘制的选区与原选区相交的部分作为新选区，如图 2-7 所示。

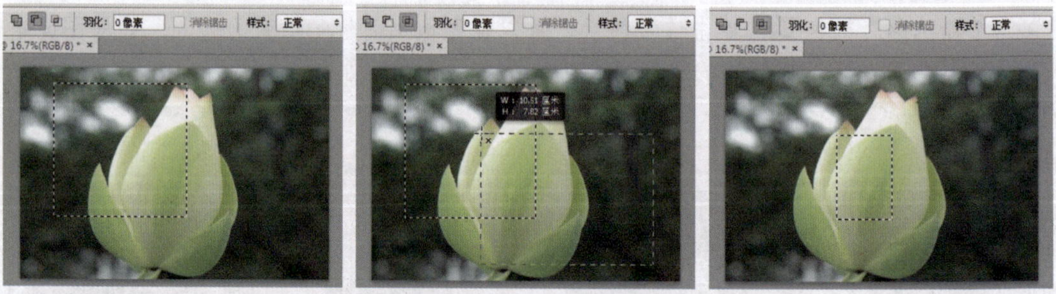

图 2-7　与选区交叉

➢ **羽化**：设置羽化值，可以使创建出来的选区边缘变得柔和。羽化值越高，边缘就越柔和，图 2-8 所示为羽化前和羽化后的对比效果。

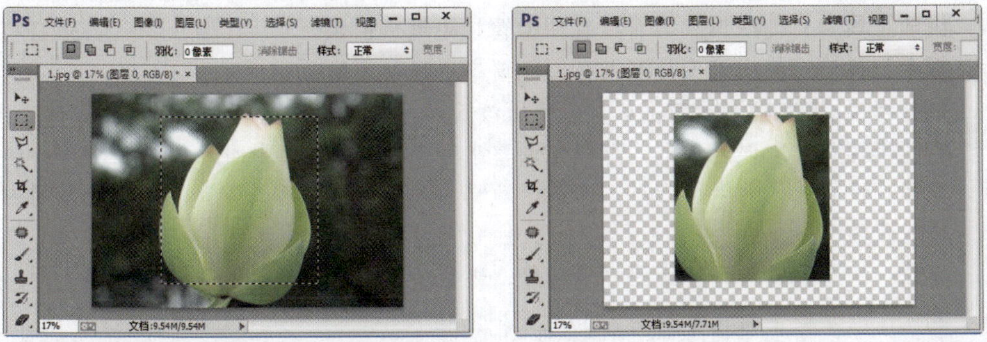

羽化前

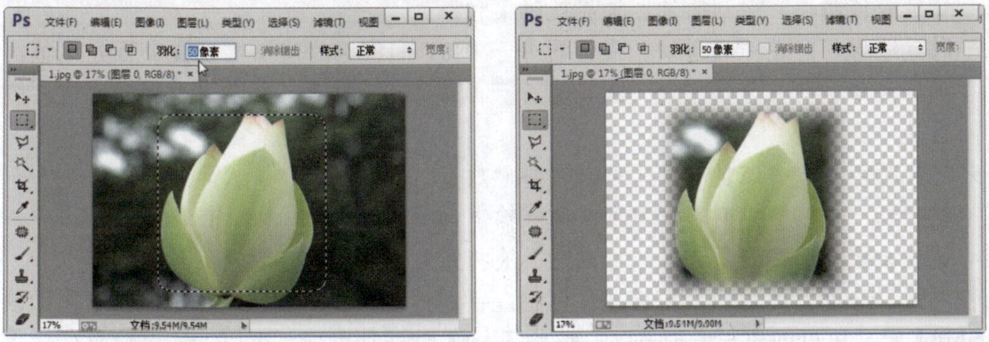

羽化后

图 2-8　羽化图像

- 样式: 正常 ：在该下拉列表框中可以选择选区的创建方法，共有 3 种，如图 2-9 所示。

图 2-9　样式类型

正常：选择该选项，可以通过鼠标创建需要的选区，选区的大小和形状不受限制。

固定比例：选择该选项，可以在右侧的“宽度”和“高度”文本框中输入长宽比，创建固定宽高比例的选区。

固定大小：选择该选项，可以在右侧的“宽度”和“高度”文本框中输入宽高值，创建固定大小选区。

- ⇄：单击该按钮，可以将设定的宽高值互换。
- 调整边缘...：单击该按钮，将弹出“调整边缘”对话框，在其中可以对选区进一步进行设置，如图 2-10 所示。使用“调整边缘”功能也可以创建选区。在“调整边缘”的对话框中，各选项的含义如下。

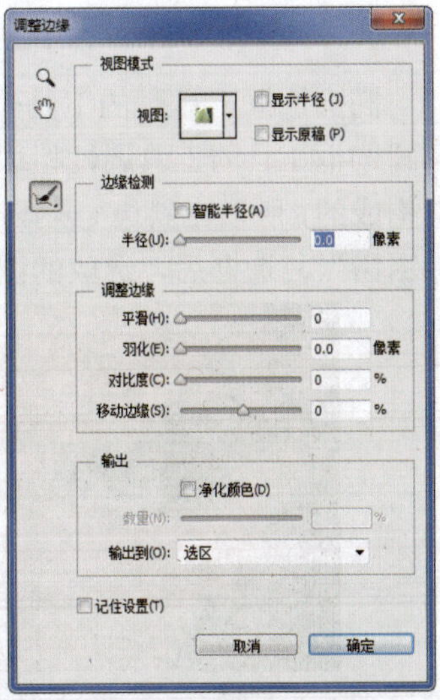

图 2-10　“调整边缘”对话框

视图：用于预览选区效果，单击该下拉按钮，在弹出的下拉菜单中包括了 7 个用于设置选区的预览模式：闪烁虚线、叠加、黑底、白底、黑白、背景图层和显示图层。

显示半径：选中该复选框，可以显示半径。

缩放工具：使用该工具可以在图像窗口中缩放图像。

抓手工具：使用该工具可以在图像窗口中移动图像。

调整半径/扩展检测区域工具：使用该工具可以在图像窗口中进行绘画涂抹。

智能半径：选中该复选框，可以在调整半径参数时更加智能化。

半径：设置选区的半径大小，即选区边界内外扩展的范围，在边界的半径范围内将得到羽化效果。

平滑：用于设置选区边缘的光滑程度，该数值越大，得到的选区边缘就越光滑。

羽化：用于调整羽化参数的大小。

对比度：用于设置选区边缘的对比度，对比度数值越大，得到的选区边界越清晰；对比度数值越小，得到的选区边界就越柔和。

移动边缘：向左拖动滑块，或设置介于 0%~ - 100%的值，可以减少百分比值，收缩选区边缘；向右拖动滑块，或设置介于 0%~100%的值，可以增大百分比值，扩展选区边缘。

净化颜色：选中该复选框，可以调整“数量”参数。

输出到：在该下拉列表框中可以选择输出选项。

记住设置：选中该复选框，可以在下次打开对话框时保存现有的设置。

在使用矩形选框工具时，直接按住鼠标左键并拖动，即可创建矩形选区；若拖动鼠标时按住【Shift】键，可以创建正方形选区；按住【Alt】键拖动鼠标，可以让选区以鼠标按下点为中心创建选区；按住【Shift+Alt】组合键，可以起始点为中心向外拖出正方形选区。当需要取消选区时，可按【Ctrl+D】组合键，或单击“选区”|“取消选择”命令。

2．运用椭圆选框工具创建椭圆选区

在选框工具组的图标上按住鼠标左键，在展开的选框工具组中选择椭圆选框工具，其工具属性栏如图 2-11 所示。

图 2-11　椭圆选框工具属性栏

椭圆选框工具的工具属性栏和矩形选框工具的工具属性栏基本相同，唯一不同的是在椭圆选框工具的工具属性栏中的“消除锯齿”复选框变为可用状态。由于位图图像是由方形像素构成的，所以在斜边（或弧形边）上如果不加处理就会出现锯齿（放大时会更明显）。选中“消除锯齿”复选框后，选取的图像边缘会更光滑一些，如图 2-12 所示。

原选区　　选中“消除锯齿”复选框　　取消选择“消除锯齿”复选框

图 2-12　消除锯齿对比效果

选择椭圆选框工具后，将鼠标指针移到图像上，按住鼠标左键并拖动，松开鼠标，即可得到创建的椭圆形选区；若在拖动鼠标时按住【Shift】键，可以创建正圆形选区，如图 2-13 所示。

图 2-13　创建椭圆选区

3．使用单行选框工具与单列选框工具创建选区

使用单行选框工具和单列选框工具只能创建单行选区和单列选区，选区的宽度分别为 1 像素，常用于制作网格。选择单行选框工具和单列选框工具后，只要在图像中单击鼠标左键，即可创建选区，如图 2-14 所示。

图 2-14　创建单行、单列选区

4．运用套索工具创建不规则选区

在工具箱中选择套索工具，然后在图像中按住鼠标左键并拖动，在合适的位置单击鼠标左键，松开鼠标后选区即可创建完成，如图 2-15 所示。套索工具不能创建特别精确的选区，只适用于选择大致范围的情况。

图 2-15　使用套索工具创建选区

在使用套索工具创建选区时，若鼠标指针没有回到起始位置，松开鼠标后选区会自动闭合，从而完成选区的创建。因此，在使用套索工具创建选区时，应注意拖动鼠标至合适的位置

后再松开鼠标。在未松开鼠标之前按【Esc】键，可以取消对前面的选定。

5. 运用多边形套索工具创建多边形选区

使用多边形套索工具可以创建边界为直线的多边形选区。选择该工具后，在对象的各个选取点上单击鼠标左键，当回到起始点时单击鼠标左键，即可创建选区，如图 2-16 所示。

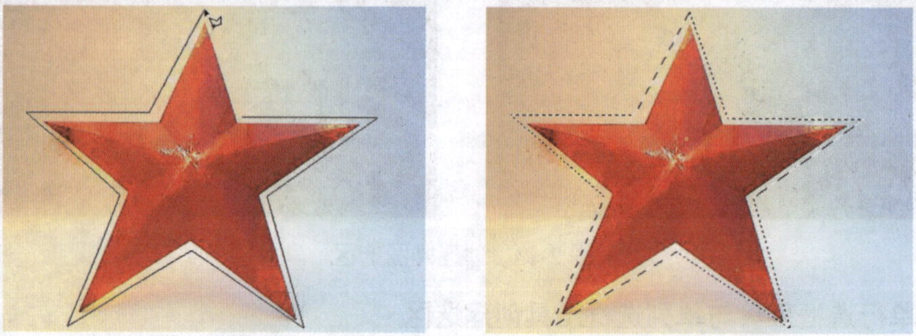

图 2-16　使用多边形套索工具创建选区

使用多边形套索工具绘制选区时，按【Delete】或【Backspace】键可以删除最近选取的一条线段。连续按【Delete】键，则可以不断地删除线段。如果在选取的同时按住【Shift】键，则可以按水平、垂直或 45° 方向进行选取。在绘制过程中双击鼠标左键，则会将双击点与起点之间连接一条直线来封闭选区。

6. 运用磁性套索工具抠取复杂图像

磁性套索工具是一种智能化、可以识别图像边界的选择工具，适用于选择背景复杂但边缘清晰的图像。

在工具箱中选择磁性套索工具后，将鼠标指针移到图像中，在图像窗口中单击鼠标左键，创建选区的起始点，然后沿着需要的轨迹移动鼠标，系统会自动创建锚点来定位选区的边界。

如果系统创建的锚点不符合用户的需求，则可以在移动的过程中单击自己定义的锚点位置，最后将鼠标指针移到起始点处，当鼠标指针变成形状时单击鼠标左键即可创建选区，如图 2-17 所示。

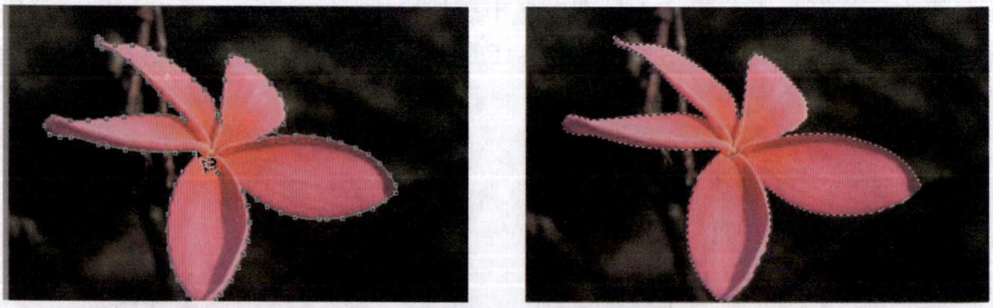

图 2-17　使用磁性套索工具创建选区

选择磁性套索工具后，其工具属性栏如图 2-18 所示。

图 2-18　磁性套索工具属性栏

其中，相对于其他选择工具有几个不同的参数，其含义如下。

➢ **宽度**：用于设置磁性套索工具在选取时鼠标指针两侧的检测宽度，取值范围为 0~256 像素。数值越小，检测的范围就越小，选取也就越精确。

➢ **对比度**：用于控制磁性套索工具在选取时的敏感度，范围为 1%~100%。数值越大，磁性套索工具对颜色反差的敏感程度越低。

➢ **频率**：用于设置自动插入的节点数，取值范围为 0~100。数值越大，生成的节点数就越多。

7．运用魔棒工具选择选取范围

魔棒工具是根据图像的饱和度、色度和亮度等信息来选择选取的范围，通过调整容差值来控制选区的精确度。选择魔棒工具，在图像中单击鼠标左键，则与单击点颜色相近处都会被选中，如图 2-19 所示。

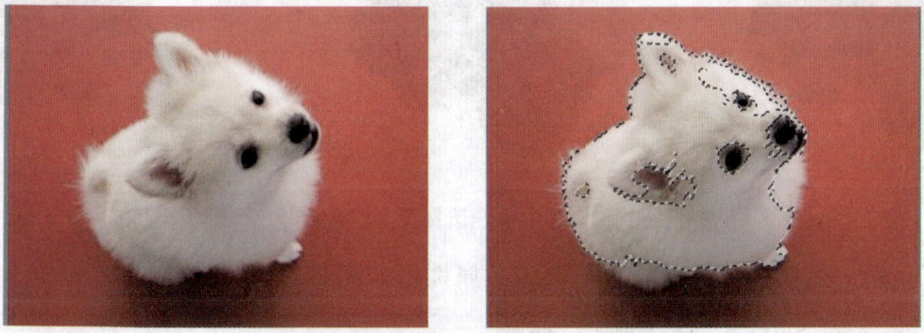

图 2-19　使用魔棒工具创建选区

选择工具箱中的魔棒工具，其工具属性栏如图 2-20 所示。

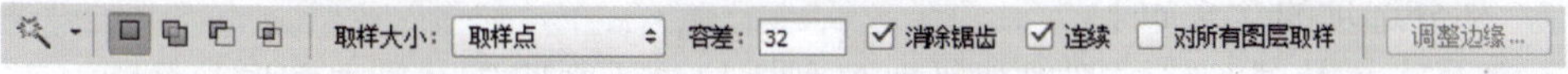

图 2-20　魔棒工具属性栏

其中，部分选项的含义如下。

➢ **容差**：指容许差别的程度。在选择相似的颜色区域时，容差值默认为 32。容差值越大，则选择的范围越大，反之越小。容差值的大小决定了选择范围的大小，如图 2-21 所示。

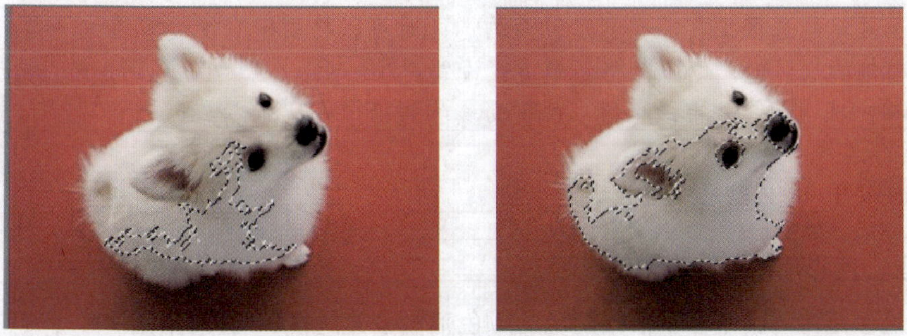

容差值为 10　　　　容差值为 32

图 2-21　设置不同容差值对比

➢ **连续**：该复选框决定是否将不相连但颜色相同或相近的像素一起选中。选中该复选框时，使用魔棒工具单击图像中的某一区域，只能选择与鼠标单击处像素颜色相同或相近且相连接的颜色区域。当该复选框未被选中时，则与鼠标单击处颜色相同或相近的所有像素都将被选中，而不管是不是与鼠标单击处相连。

- **对所有图层取样**：选中该复选框，可以在所有可见图层上选取相近的颜色；若取消选择该复选框，则只能在当前可见图层上选取颜色。

8．运用快速选择工具选取图像

快速选择工具是魔棒工具的升级，同时又结合了画笔工具的特点，其默认选择光标周围与光标范围内的颜色类似且连续的图像区域，因此光标的大小决定着选取范围的大小。

选择工具箱中的快速选择工具，在工具属性栏中调整工具笔尖大小，然后在图像中按住鼠标左键并拖动，松开鼠标即可创建选区，如图 2-22 所示。

图 2-22　使用快速选择工具创建选区

选择工具箱中的快速选择工具，其工具属性栏如图 2-23 所示。

图 2-23　快速选择工具属性栏

其中，部分选项的含义如下。

- ：在快速选择工具选项栏中单击按钮，在图像中单击或拖动鼠标，可以创建选区；单击按钮，在图像中单击或拖动鼠标，可以在已有选区的基础上增加选区的范围；单击按钮，在图像中单击或拖动鼠标，可以在已有选区的基础上减少选区的范围。
- ：单击右侧的下拉按钮，在弹出的下拉面板中可以设置画笔参数。快速选择工具是基于画笔的选区工具，在创建较大的选区时可以将画笔直径设置得大一些；而创建比较精确的选区时，则可以将画笔直径设置得小一些。
- ：选中该复选框，将减少选区边缘的粗糙度和块效应。

2.1.2　运用菜单命令创建选区

1．运用"色彩范围"命令创建选区

运用"色彩范围"命令可以根据图像的颜色范围创建选区。"色彩范围"命令提供了更多的控制选项，使选区的选择更为精确。单击"选择"|"色彩范围"命令，弹出"色彩范围"对话框，如图 2-24 所示。其中，各选项的含义如下.

- **选择**：用于设置选区的创建依据，如图 2-25 所示，当选择"取样颜色"时，将使用对话框中吸管工具拾取的颜色为样本创建选区。
- **颜色容差**：用于控制颜色的范围，该数值越高，包含的颜色范围就越广。

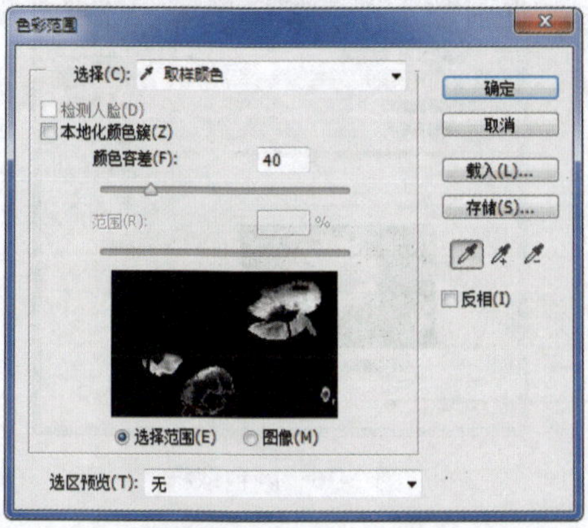

图 2-24　“色彩范围”对话框

图 2-25　选择“取样颜色”选项

➢ **范围**：选中“选择范围”单选按钮，在中间的预览区域中白色代表被选择的部分，黑色代表未被选择的部分，灰色代表被部分选择的部分（带有羽化效果），如图 2-26 所示。选中“图像”单选按钮，则预览区域内会显示彩色图像，如图 2-27 所示。

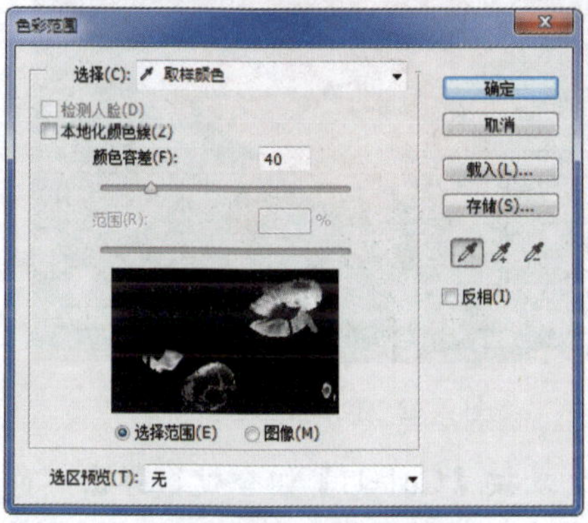

图 2-26　查看预览区域

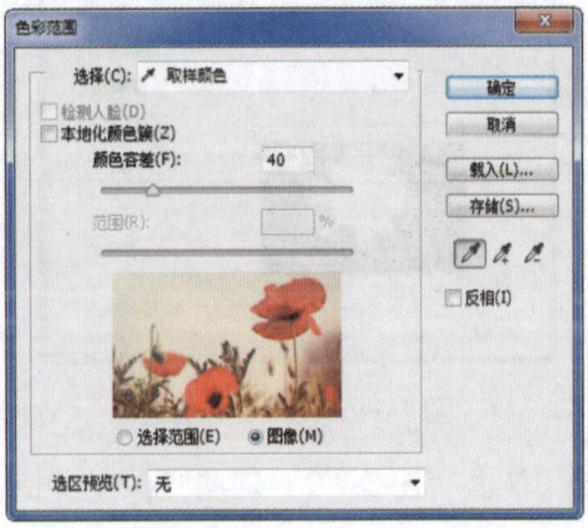

图 2-27　选中“图像”单选按钮

➢ **载入**：单击该按钮，可以载入存储的选区预设文件。

➢ **存储**：单击该按钮，可以将当前设置状态保存为选区预设。

➢ **反相**：选中该复选框，可以反转选区。

➢ **选区预览**：用于选择图像编辑窗口中以什么方式显示选择的选区，如图 2-28 所示。

图 2-28　选区预览

2. 运用“色彩范围”命令为花朵变色

下面将通过实例介绍如何利用“色彩范围”命令来编辑图像，为花朵变换不同的颜色，具体操作方法如下。

Step 01 单击“文件”|“打开”命令，打开“素材\项目 2\花变色.jpg”文件，如图 2-29 所示。

Step 02 单击“选择”|“色彩范围”命令，弹出“色彩范围”对话框。默认选中右侧的吸管按钮，将鼠标指针移到花朵上吸取颜色，如图 2-30 所示。

图 2-29　打开素材文件

图 2-30　颜色取样

Step 03 拖动“颜色容差”滑块，将其设置为 200，扩大选区范围，然后单击“确定”按钮，如图 2-31 所示。

Step 04 此时，即可在图像中得到所选择的花朵选区，如图 2-32 所示。

图 2-31　设置颜色容差

图 2-32　创建花朵选区

Step 05 单击“图像”|“调整”|“色相/饱和度”命令或按【Ctrl+U】组合键，弹出“色相/饱和度”对话框，在其中设置用于调整选区内颜色的参数，然后单击“确定”按钮，如图 2-33 所示。

Step 06 此时，即可在图像中看到花朵变色之后的效果，如图 2-34 所示。

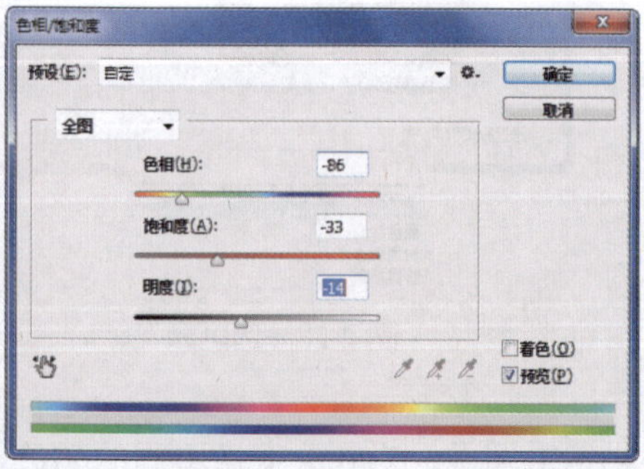

图 2-33　调整色相/饱和度

图 2-34　查看最终效果

3．运用“选择”命令创建各种选区

“选择”菜单栏中的选择命令还包括“全选与反选”“取消选择与重新选择”“扩大选取与选取相似”等，使用这些命令可以方便地创建各种选区。

（1）全选与反选。单击“选择”|“全选”命令或按【Ctrl+A】组合键，可以选择画布范围内所有的图像，如图 2-35 所示。

图 2-35 全选图像

在图像中创建一个选区，然后单击“选择”|“反相”命令或按【Ctrl+Shift+I】组合键，可以将选区反选，即取消当前选择的区域，而选择未选择的区域，如图 2-36 所示。

图 2-36 反选选区

（2）取消选择与重新选择。单击“选择”|“取消选择”命令或按【Ctrl+D】组合键，可以取消所有已经创建的选区。如果当前使用的是选择工具（矩形选框工具等），则单击也可以取消当前选择的选区。在取消选区后，单击“选择”|“重新选择”命令或按【Ctrl+Shift+D】组合键，可以重新选择上一次的选区。

（3）扩大选取与选取相似。选区创建之后，使用“扩大选取”和“选取相似”命令都可以扩展选区。使用“扩大选取”命令可以在原有选区的基础上扩大选区范围，选择的是与原有选区颜色相近且相邻的区域，扩散的范围由魔棒工具选项栏中的“容差”值决定。

使用“选取相似”命令也可以在原有选区的基础上扩大选区范围，选择的是与原有选区颜色相近但互不相邻的区域，如图 2-37 所示。

原图像　扩大选取　选取相似

图 2-37 扩大选取与选取相似

任务 2　选区的编辑

任务概述

前面介绍了创建选区的多种方法，但只使用这些方法创建的选区未必能完全符合用户的要求。本任务主要介绍选区编辑的操作方法。

任务重点与实施

2.2.1　移动选区的多种方法

在绘制椭圆或矩形选区时，按住【Backspace】键并拖动鼠标，即可快速移动选区。创建选区后，选择工具箱中的任意一种选区创建工具，然后将鼠标指针移至选区内，当指针呈形状时按住鼠标左键并拖动，即可移动选区，在拖动的过程中指针呈形状，如图 2-38 所示。

移动前　　　　移动中　　　　移动后

图 2-38　移动选区

若要轻微或要求准确地移动选区时，可以使用 4 个方向键，每次移动 1 像素的距离；如果按住【Shift】键的同时再按 4 个方向键，可以一次移动 10 像素的位置。

2.2.2　编辑选区的多种方法

在 Photoshop 中创建选区后，往往需要再次对其进行编辑才能得到所需的选区。创建选区后，利用“选择”|“修改”菜单下的命令可以对选区进行修改操作，如图 2-39 所示。

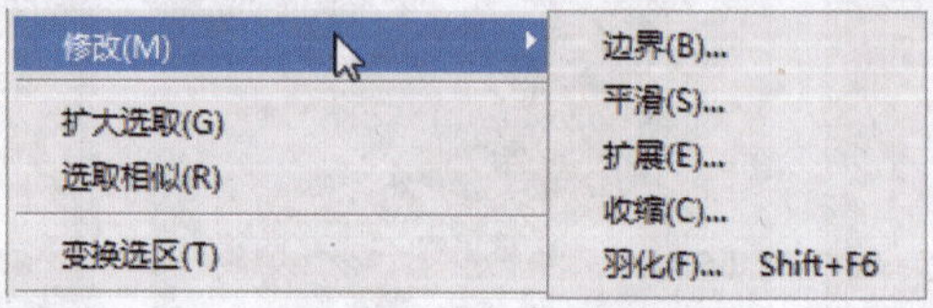

图 2-39　“修改”菜单

1．创建边界

“边界”命令用于给选区增加一条边界，从而使选区呈环形显示。创建选区后，单击“选

择”|“修改”|“边界”命令，弹出“边界选区”对话框，在“宽度”文本框中设置选区扩展的数值，数值越大，创建的边界就越宽，如图 2-40 所示。

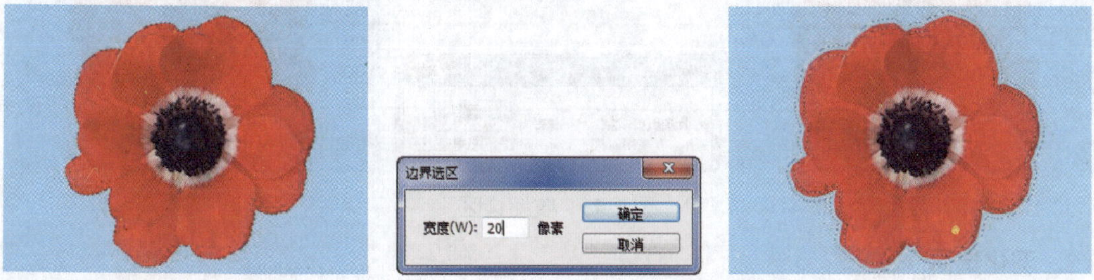

图 2-40　创建边界

2．平滑选区

“平滑”命令用于对不规则的选区进行平滑处理，消除选区边缘的锯齿，使选区的边界连续而平滑。单击“选择”|“修改”|“平滑”命令，弹出“平滑选区”对话框，在“取样半径”文本框中设置选区的平滑数值，数值越大，选区就越平滑，如图 2-41 所示。

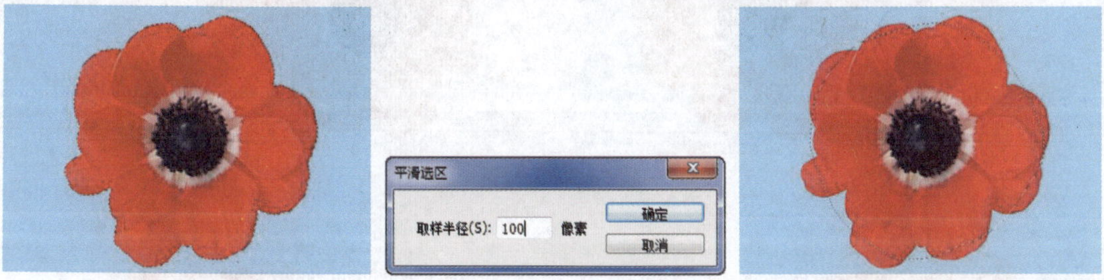

图 2-41　平滑选区

3．扩展选区

“扩展”命令用于在保持选区原有形状的基础上将选区以设定的距离向外扩充，从而增加选区的选择范围。单击“选择”|“修改”|“扩展”命令，弹出“扩展选区”对话框。在“扩展量”文本框中设置选区扩展的数值，数值越大，选区向外扩展的范围就越大，如图 2-42 所示。

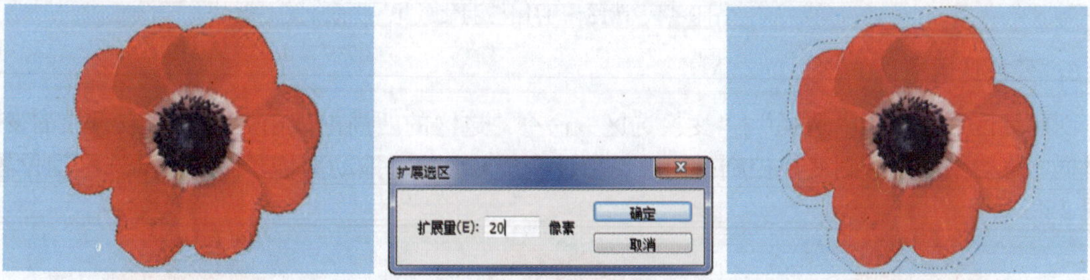

图 2-42　扩展选区

4．收缩选区

“收缩”命令与“扩展”命令相反，它是将选区以设定的距离向内收缩，从而减少选区的选择范围。使用“收缩”命令可以收缩当前选区。在“收缩选区”对话框中输入 1~100 的数值，输入的数值越大，选区收缩得就越大，如图 2-43 所示。

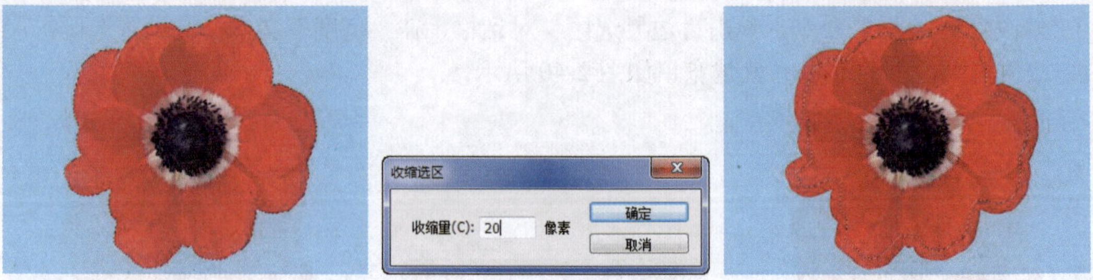

图 2-43　收缩选区

5．羽化选区

“羽化”命令主要用于柔化选区的边缘，使其产生一个渐变过渡的效果，避免选区边缘过于生硬。单击“选择”|“修改”|“羽化”命令，弹出“羽化选区”对话框，在“羽化半径”文本框中设置选区羽化数值，数值越大，选区边缘就越柔和，如图 2-44 所示。

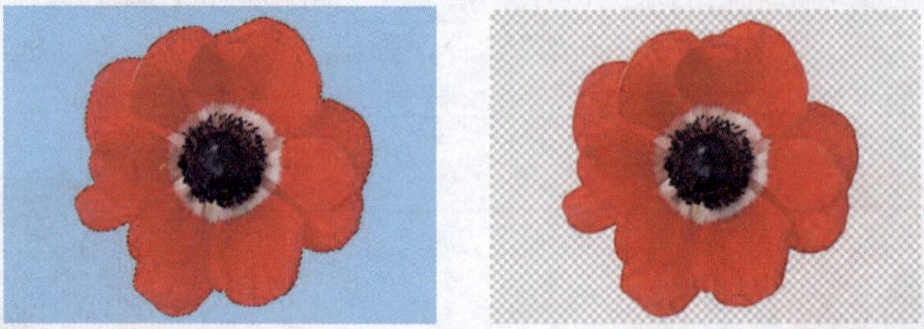

选区未羽化效果

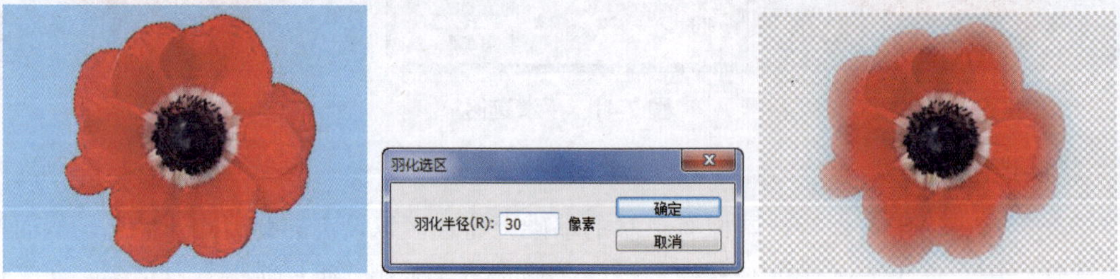

选区羽化效果

图 2-44　选区未羽化与羽化效果

6．变换选区

创建选区后，单击“选择”|“变换选区”命令，选区的四周出现由 8 个控制点组成的变换编辑框，移动鼠标指针到变换控制框内，当指针变成▶形状时拖动鼠标，可以移动选区的位置，如图 2-45 所示。

图 2-45　移动选区位置

将鼠标指针移到变换框外，当指针呈↕、↔、⤡或⤢形状时按住鼠标左键并拖动，可以调整选区的大小，如图 2-46 所示。

图 2-46　调整选区大小

将鼠标指针移到变换框的 4 个角上，当指针呈↻形状时按住鼠标左键并拖动，可以旋转选区，如图 2-47 所示。

图 2-47　旋转选区

在边框控制框内右击，利用弹出的快捷菜单也可以对选区进行“缩放”“斜切”“扭曲”“透视”“旋转 180 度”“水平翻转”和“垂直翻转”等操作，如图 2-48 所示。

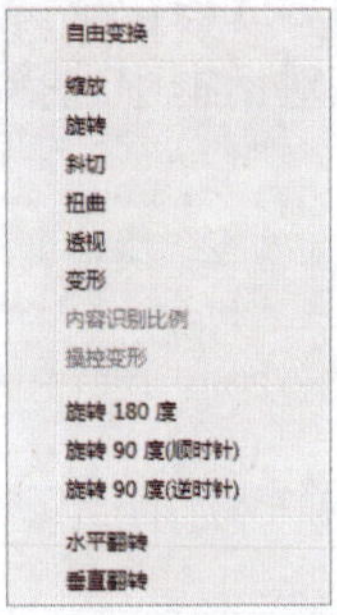

图 2-48　快捷菜单

编辑选区至合适的状态后，按【Enter】键确认即可确定选区的变换操作；按【Esc】键，则可以取消选区的变换操作。

7．隐藏选区

在编辑图像的过程中，有时选区的存在会影响图像效果的查看，为了方便起见，此时可以将选区隐藏。单击“视图”|“显示”|“选区边缘”命令或按【Ctrl+H】组合键，可以在显示和隐藏选区之间进行切换。

8．存储选区

创建选区之后，为了防止操作失误而造成选区丢失，或以后想重复使用，可以将选区长久保存。单击“选择”|“存储选区”命令，弹出“存储选区”对话框，设置相关参数，单击“确定”按钮，即可将选区存储起来，如图 2-49 所示。

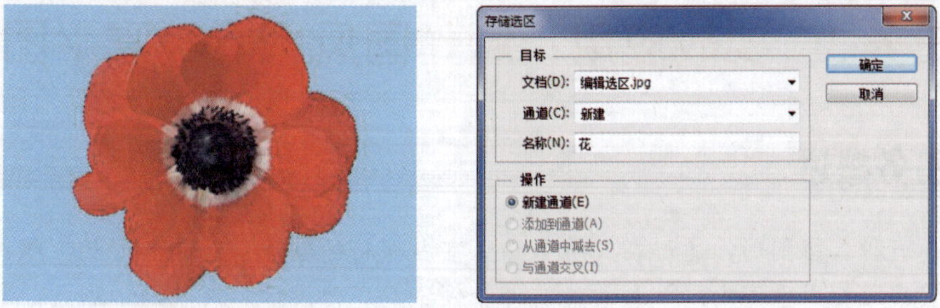

图 2-49　存储选区

在“存储选区”对话框中，各选项的含义如下。

- **文档**：用于选择保存选区的文档，可以选择当前文档、新建文档或当前打开的与当前文档的尺寸大小相同的其他图像，如图 2-50 所示。
- **通道**：选择保存选区的目标通道，Photoshop 默认新建一个 Alpha 通道保存选区，也可以从下拉列表框中选择其他现有的通道，如图 2-51 所示。

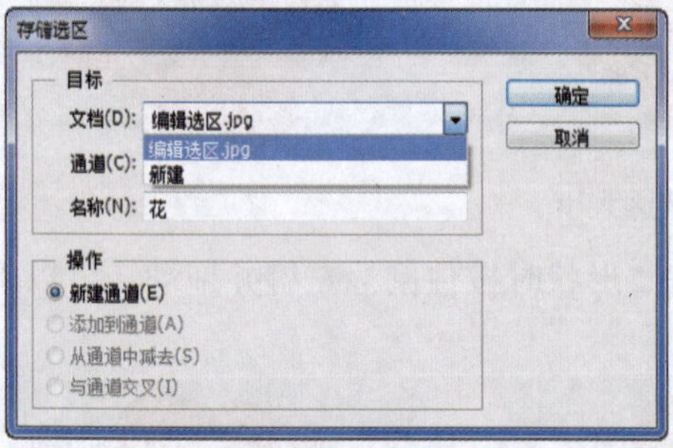

图 2-50　选择保存选区的文档

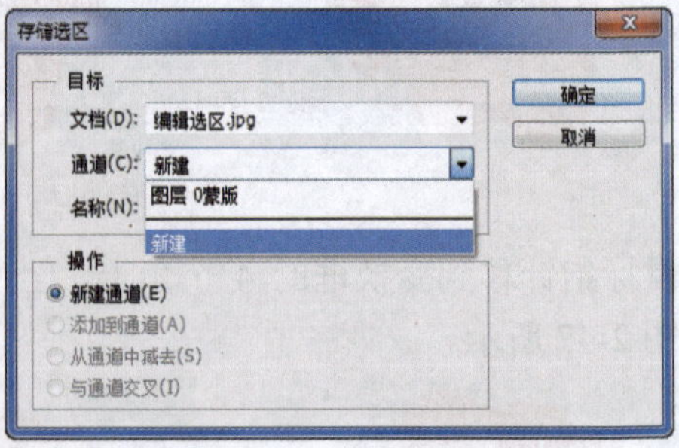

图 2-51　选择保存选区的通道

- **名称**：用于设置新建的 Alpha 通道的名称。
- **操作**：用于设置保存的选区与原通道中选区的运算方式。

9．载入选区

存储选区后，单击“选择”|“载入选区”命令，弹出“载入选区”对话框，如图 2-52 所示。在该对话框中选择所要载入的选区，单击“确定”按钮，即可将选区载入图像中。

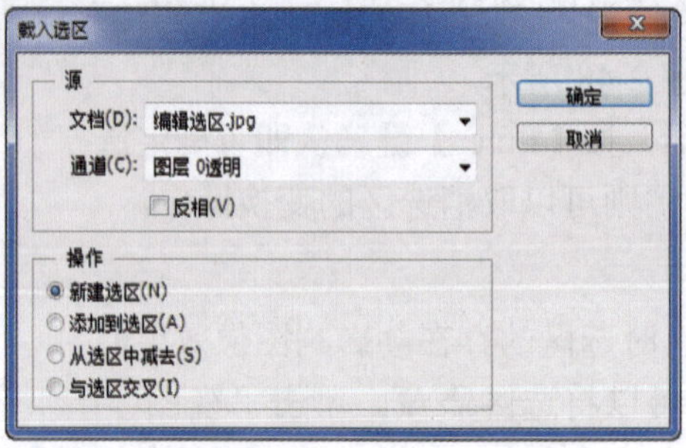

图 2-52　“载入选区”对话框

除了上述编辑选区的方法外，还可以利用“调整边缘”功能对选区进行细化，从而更精细地选择对象。在图像窗口中创建选区后，工具选项栏中的“调整边缘”按钮被激活，单击该按钮即可打开“调整边缘”对话框进行设置。

任务 3　实战应用：制作国风中国红彩平图

TASK 任务概述

彩平图是一种二维图形，通过在二维平面上室内布局的颜色、结构和形状，模拟从空中俯瞰的效果。它广泛应用于室内设计和景观设计等领域，成为设计师表达设计理念、展示设计成果的重要工具。

彩平图能够直观地展示设计方案的空间布局、色彩搭配和材质选择等关键信息，为客户提供清晰、明确的设计表达。同时，这些作品也展示了设计师的专业水平和审美能力，有助于提升设计师的品牌形象和知名度。下面是流行的国风中国红彩平图制作流程。

任务重点与实施

2.3.1　导入平面图

下面将在 Photoshop 软件中制作彩平图的具体操作方法。

Step 01　打开“素材\项目 2\平面图.jpg 素材”文件，把平面图导入 Photoshop 中，选择“适合页面”，命名“CAD”如图 2-53 和图 2-54 所示。

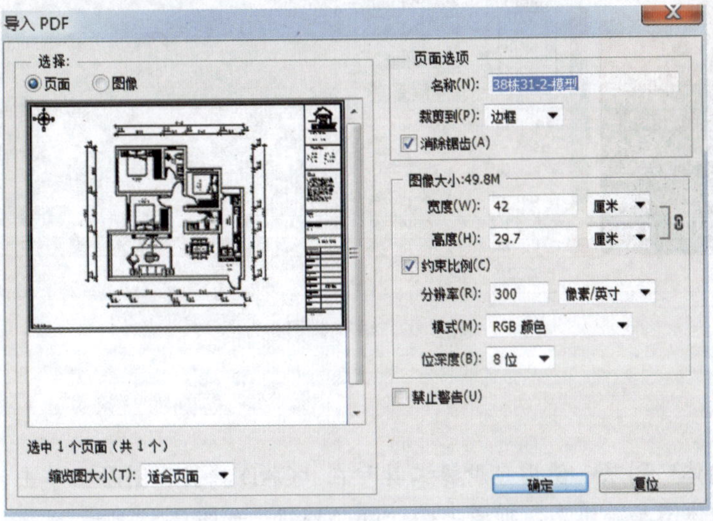

图 2-53　“导入 Photoshop”对话框

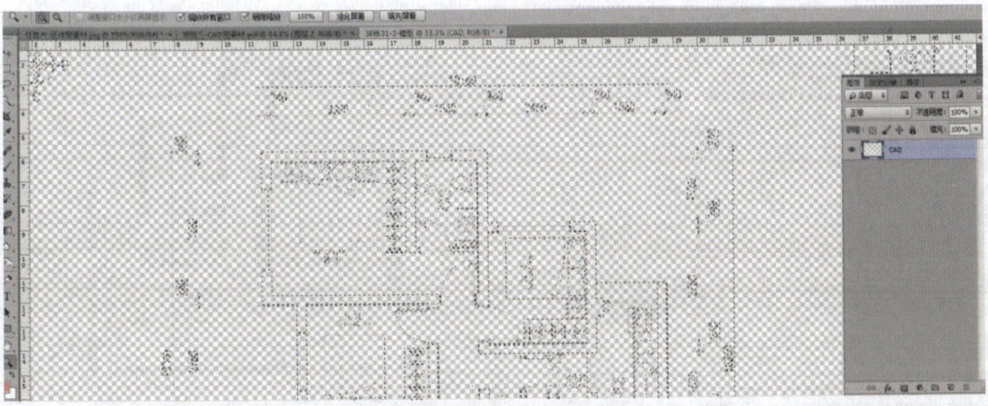

图 2-54　载入选区

Step 02　复制“CAD“图层”，再新建图层命名“背景色”，将“背景色”拖到图层面板最底层，如图 2-55 所示。

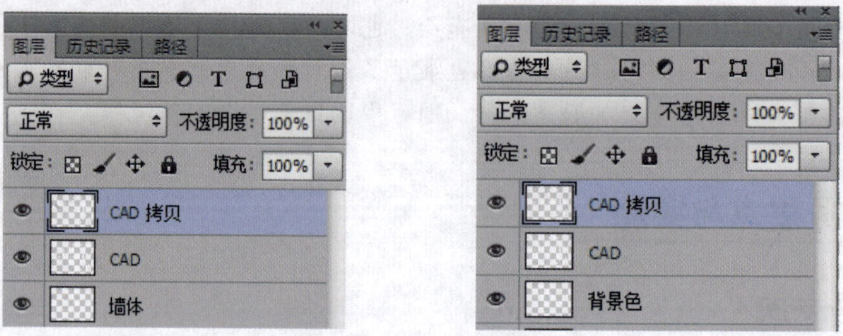

图 2-55　载入选区

Step 03　前景色设置为“#e3e3e3”进行填充，如图 2-56 所示。

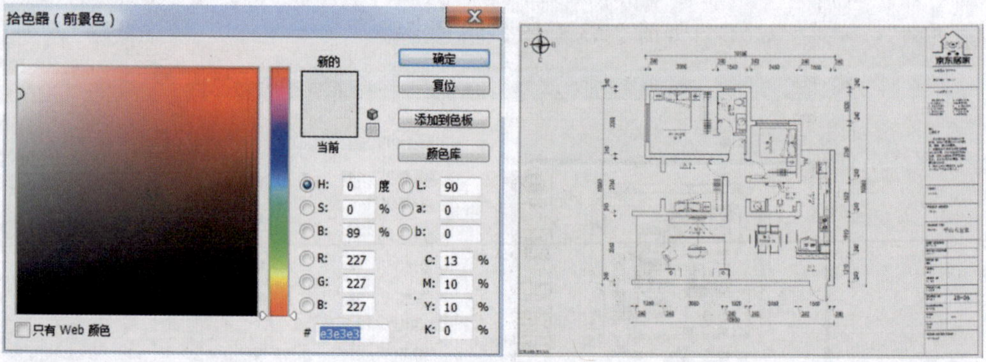

图 2-56　填充背景色

2.3.2　绘制模块

Step 01　新建“墙体”图层，使用“魔棒工具”在“CAD 拷贝”图层上单击，选中所有墙体，进行“墙体图层”填充，前景色为“#6c635a”，如图 2-57 所示。

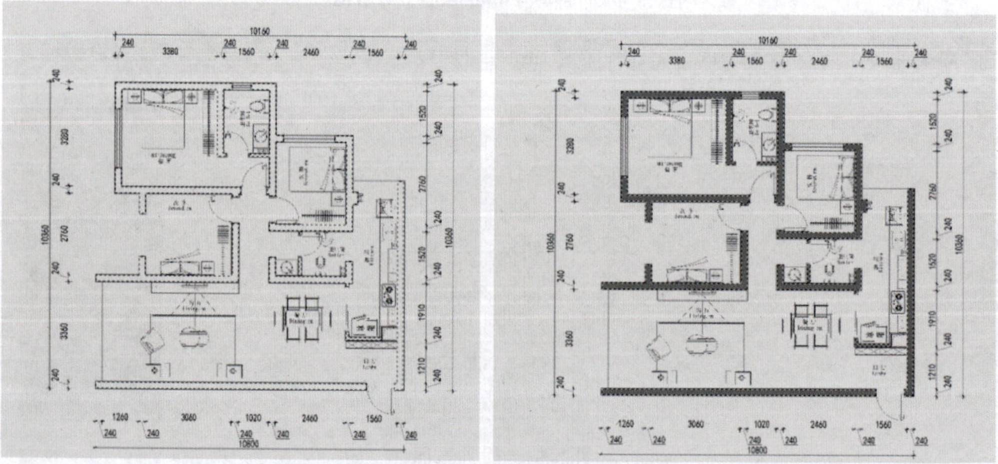

图 2-57　填充墙体

Step 02　新建“家具 1”图层，使用“魔棒工具”在“CAD 拷贝”图层上单击，选中所有沙发卧具，在“家具 1”图层进行填充，前景色为“#924f47”，如图 2-58 所示。

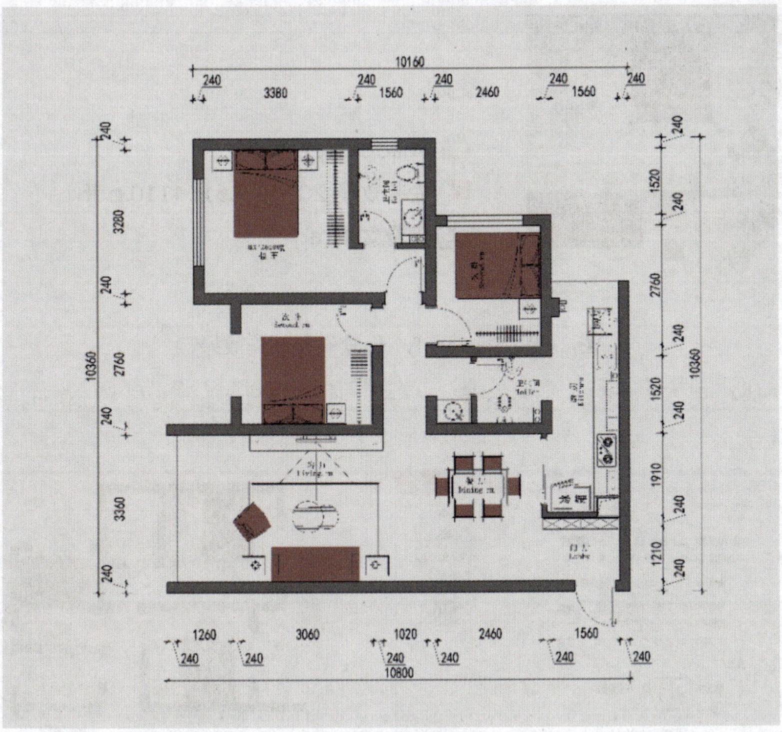

图 2-58 填充家具

Step 03 新建“家具 2”图层，使用“魔棒工具”在“CAD 拷贝”图层上单击，选中所有桌类，在“家具 2”图层进行填充，前景色为“#f2e2c9”，如图 2-59 所示。

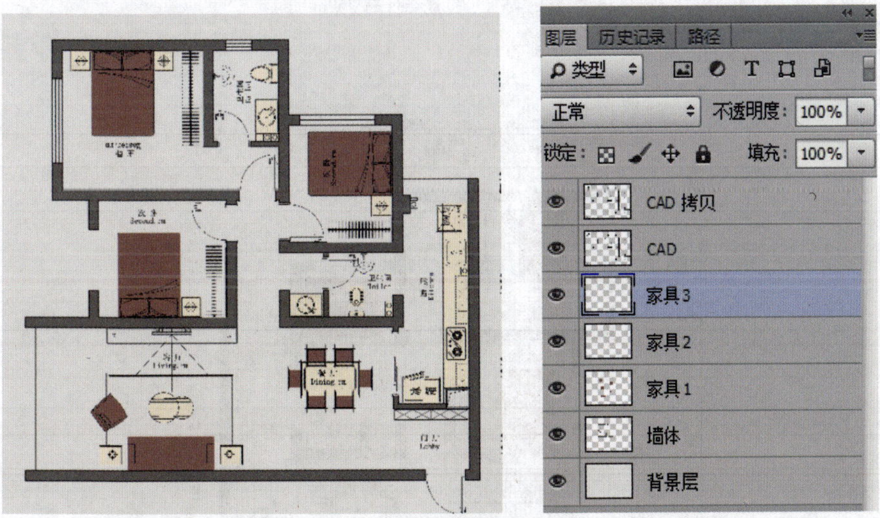

图 2-59 填充家具

2.3.3 制作投影效果

Step 01 如果版本在 2018 以上，可以安装长投影插件—“shadowify”插件，可以制作出更逼真的效果，如图 2-60 所示。

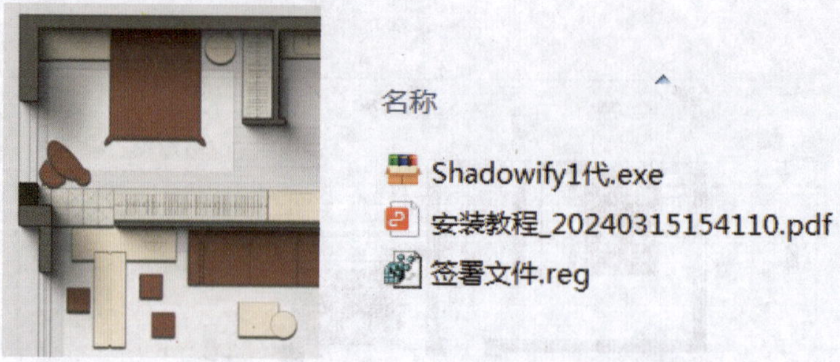

图 2-60　Shadowify1 代软件及制作效果

Step 02　选中“墙体图层”“家具”图层等，打开“图层样式”|“投影”，添加投影效果，如图 2-61 所示。

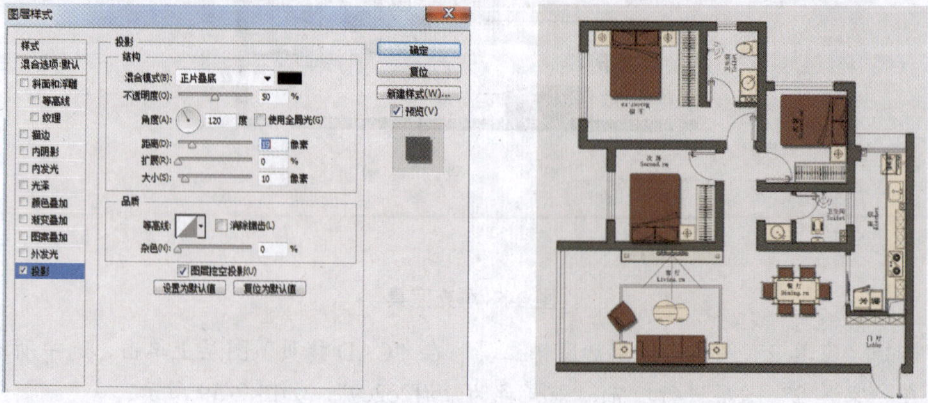

图 2-61　投影制作效果

最终效果图如 2-62 所示。

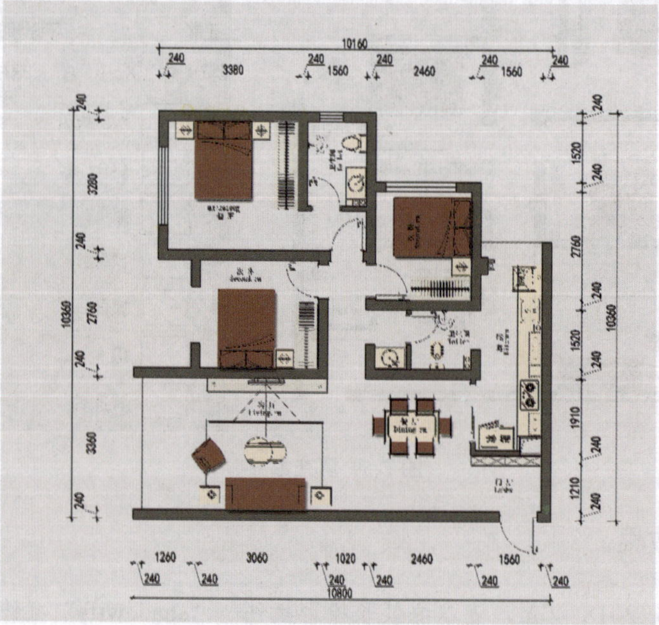

图 2-62　最终效果图

项目小结

本项目主要介绍了在 Photoshop 中选区的创建与编辑。首先介绍了选区的创建，主要包括运用工具箱中的工具和运用菜单命令创建选区；其次介绍了选区的编辑，主要包括移动选区和编辑选区的多种方法；最后介绍了制作国风中国红彩平图的实战应用。通过本章的学习，读者应掌握选区的创建与编辑操作方法。

项目习题 2

下面运用本项目所学的知识，通过在图像中创建选区，再对选区进行描边的方法，练习为图像局部快速地添加边框。

操作提示：

① 打开“素材\项目 2\边框.jpg”文件，按【Ctrl+J】组合键复制“背景”图层，得到“图层 1”，如图 2-63 所示。

图 2-63　打开素材文件

② 选择矩形选框工具，在图像上创建一个矩形选区，如图 2-64 所示。

③ 右击选区，在弹出的快捷菜单中选择“变换选区”命令，调整选区的大小和角度，如图 2-65 所示。

图 2-64　创建矩形选区

图 2-65　调整选区大小和角度

④ 按【Enter】键确认变换，单击“编辑”|“描边”命令，在弹出的对话框中设置各项参数，然后单击“确定”按钮，如图 2-66 所示。

⑤ 按【Ctrl+D】组合键取消选区，此时在人物周围添加了一个边框，效果如图 2-67 所示。

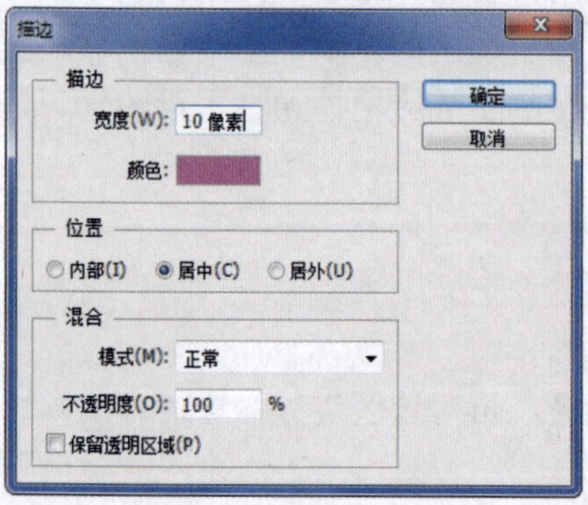

图 2-66 “描边”对话框

图 2-67 在人物周围添加紫色边框

⑥ 用同样的方法在人物手部添加蓝色边框，即可得到最终效果，如图 2-68 所示。

图 2-68 在手部添加蓝色边框

项目3　文字处理

项目概述

文字在平面设计中是不可或缺的元素之一，恰当地使用文字可以起到画龙点睛的作用。本项目将讲述文字处理的操作方法。

项目目标

- 掌握运用文字工具的操作方法。
- 掌握变形文字和路径文字的操作方法。

素质目标

- 培养学生依法规范自己的行为，提高综合素质，具备良好的沟通能力。
- 培养学生爱岗敬业、严谨务实的工作作风。

任务1　文字工具的运用

任务概述

在 Photoshop 中，运用文字可以点明作品的主题，增强画面的感染力，是非常有效的创作手段之一。本任务主要介绍如何使用文字工具创建各种文字效果。

任务重点与实施

3.1.1　文字输入工具

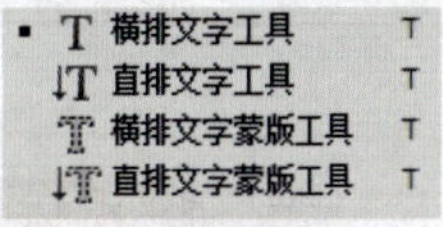

图 3-1　文字工具

Photoshop 中的文字工具主要包括横排文字工具T、直排文字工具↓T、横排文字蒙版工具T和直排文字蒙版工具↓T 4 种，如图 3-1 所示。使用横排文字工具T和直排文字工具↓T可以创建点文字、段落文字和路径文字，使用横排文字蒙版工具T和直排文字蒙版工具↓T可以创建文字选区。选择工具箱中的横排文字工具T，其工具属性栏如图 3-2 所示，在其中可以设置文字的字体、字号和颜色等。

图 3-2 横排文字工具属性栏

3.1.2 “字符”面板

在 Photoshop 中提供了一个用于编辑文本的“字符”面板。单击“窗口”|“字符”命令，即可将其调出，如图 3-3 所示。

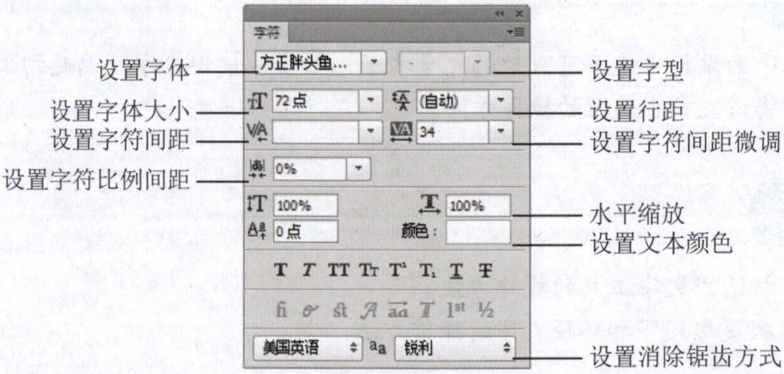

图 3-3 “字符”面板

在“字符”面板下面有一排 T 字形按钮，可以创建仿粗体、斜体等字体样式，以及为字符添加上、下画线或删除线。选择文字后，单击相应的按钮即可，如图 3-4 所示。

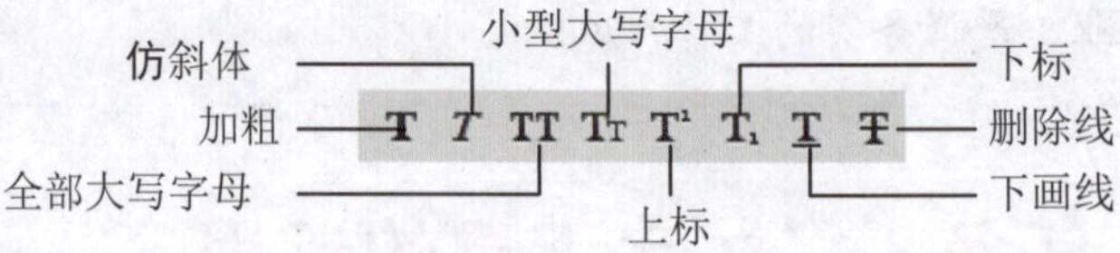

图 3-4 T 字形按钮

3.1.3 运用横排文字工具创建点文字

每行文字都是独立的一行，长度随着编辑增加或缩短，但不会换行。输入的文字在新的文字图层中。下面将使用横排文字工具添加文字，对图像进行文字说明，具体操作方法如下。

Step 01 单击“文件”|“打开”命令，打开“素材\项目 3\纸盒人.jpg”文件，如图 3-5 所示。

Step 02 选择工具箱中的横排文字工具T，打开“字符”面板，设置各项参数，如图 3-6 所示。

图 3-5 打开素材文件

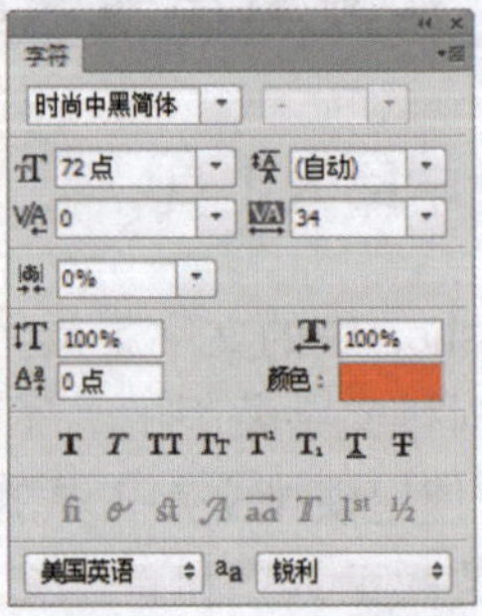

图 3-6 “字符”面板

Step 03 在图像窗口中单击鼠标左键，出现一个闪烁的光标，输入文字，按【Ctrl+Enter】组合键即可完成文字的输入，如图 3-7 所示。

Step 04 在“的”字前面单击并拖动鼠标，即可选择“的”字，如图 3-8 所示。

图 3-7　输入文字

图 3-8　选择单个文字

Step 05 在“字符”面板中设置字体大小为 100 点，设置字体颜色为橙色，如图 3-9 所示。

Step 06 查看在图像中添加的文字，创建的点文字效果如图 3-10 所示。

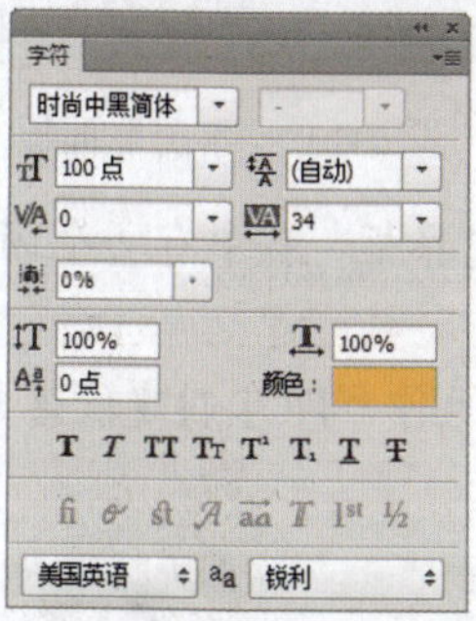

图 3-9　“字符”面板

图 3-10　查看文字效果

3.1.4　“段落”面板

段落文字是指用文字工具拖出一个定界框，然后在这个定界框中输入文字。段落文字具有自动换行、可调整文字区域大小等特点，在处理文字较多的文本时可以创建段落文字。

单击“窗口”|“段落”命令，可以调出“段落”面板，如图 3-11 所示。使用“段落”面板可以编辑段落文字。

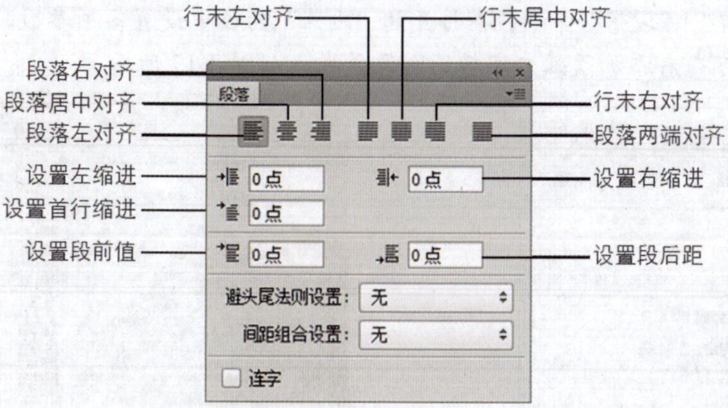

图 3-11　“段落”面板

3.1.5 运用横排文字工具创建段落文字

下面将使用横排文字工具在一幅图像上添加段落文字，具体操作方法如下。

Step 01 单击“文件”|“打开”命令，打开“素材\项目 3\玻璃瓶.jpg”文件，如图 3-12 所示。

Step 02 选择横排文字工具T，在“字符”面板中设置文字的字体、字号和颜色等属性，如图 3-13 所示。

图 3-12 打开素材文件

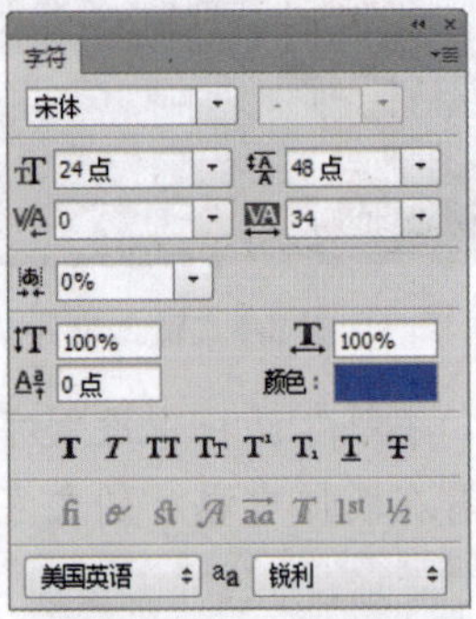

图 3-13 “字符”面板

Step 03 在图像窗口中按住鼠标左键并拖动，此时将出现一个定界框，其中有一个闪烁的光标，如图 3-14 所示。

Step 04 在定界框内输入文字，并按【Ctrl+Enter】组合键确认操作，即可创建段落文本，如图 3-15 所示。

图 3-14 绘制定界框

图 3-15 输入段落文本

Step 05 单击“窗口”|“段落”命令，在打开的“段落”面板中设置各项参数，如图 3-16 所示。

Step 06 此时，即可查看添加段落文字后的图像效果，如图 3-17 所示。

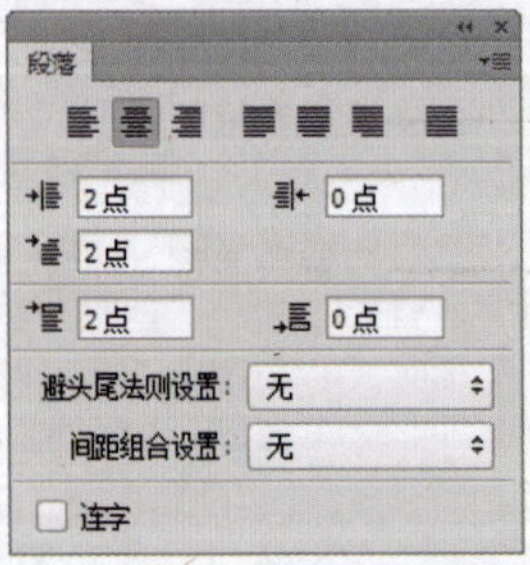

图 3-16 “段落”面板

图 3-17 查看最终效果

3.1.6　创建文字选区

使用工具箱中的文字蒙版工具可以创建文字选区。选择横排文字蒙版工具，在图像窗口中单击鼠标左键，图像窗口就会进入快速蒙版状态，此时整个窗口中铺上了一层透明的红色，如图 3-18 所示。输入文字后按【Ctrl+Enter】组合键，即可退出蒙版状态，得到需要的选区，如图 3-19 所示。

图 3-18　输入文字

图 3-19　文字选区

3.1.7　运用横排文字蒙版工具制作图案文字

下面将使用横排文字蒙版工具制作图案文字，这种创作手法在平面设计中经常用到，具体操作方法如下。

图 3-20　打开素材文件

Step 01　单击“文件”|“打开”命令，打开“素材\项目 3\花.jpg”文件，如图 3-20 所示。

Step 02　选择工具箱中的横排文字蒙版工具，打开“字符”面板，设置各项参数。在图像中单击输入英文 summer，如图 3-21 所示。

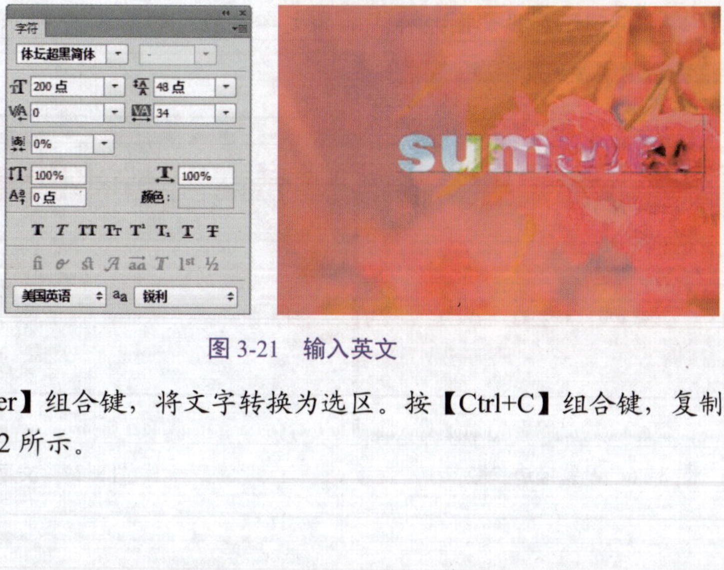

图 3-21　输入英文

Step 03　按【Ctrl+Enter】组合键，将文字转换为选区。按【Ctrl+C】组合键，复制选区内的图像，如图 3-22 所示。

Step 04 单击“文件”|“打开”命令，打开“素材\项目 3\背景.jpg”文件，如图 3-23 所示。

图 3-22　复制选区内的图像

图 3-23　打开素材文件

Step 05 按【Ctrl+V】组合键，粘贴前面复制的图像。按【Ctrl+T】组合键，调整图像的大小，如图 3-24 所示。

Step 06 单击“图层”面板下方的“添加图层样式”按钮 fx，选择“投影”选项，在弹出的对话框中设置各项参数，如图 3-25 所示。

图 3-24　变换图像大小

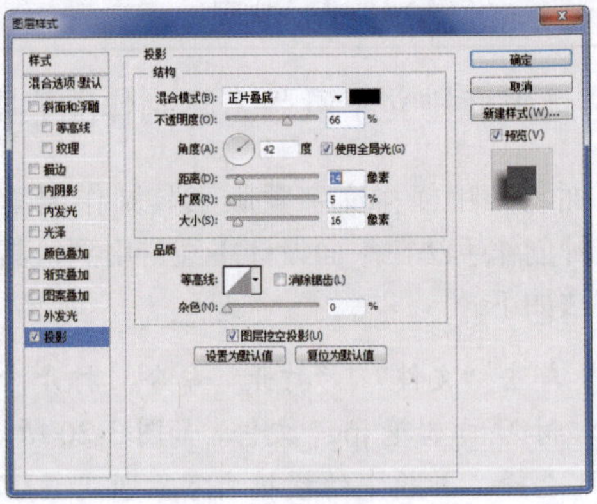

图 3-25　设置“投影”参数

Step 07 在“图层样式”对话框左侧选中“描边”选项，设置各项参数，然后单击“确定”按钮，如图 3-26 所示。

Step 08 此时，即可得到添加投影图层样式后的文字效果，如图 3-27 所示。

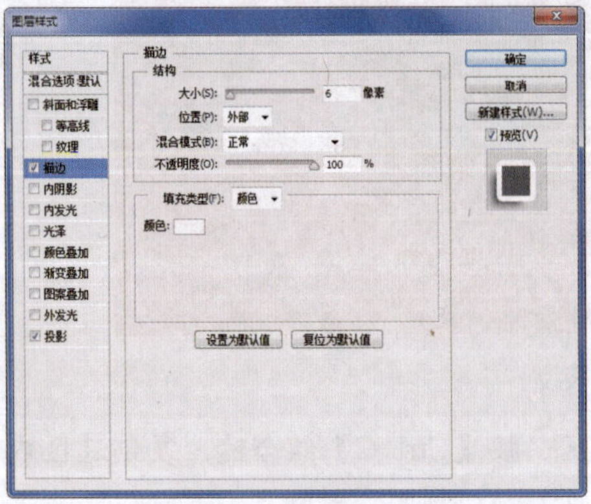

图 3-26　设置描边参数

图 3-27　文字效果

任务 2　变形文字的操作

任务概述

在 Photoshop 中，可以对创建的文字进行变形操作，从而创作出更具有艺术美感的文字特效。本任务主要介绍创建文字变形效果的操作方法。

任务重点与实施

3.2.1　变形文字的创建

选择文字图层，单击“图层”|“文字”|“文字变形”命令，或单击文字工具选项栏中的“创建文字变形”按钮，即可弹出“变形文字”对话框，如图 3-28 所示。

在“样式”下拉列表框中提供了 15 种变形样式，通过设置变形参数可以得到不同的变形效果。

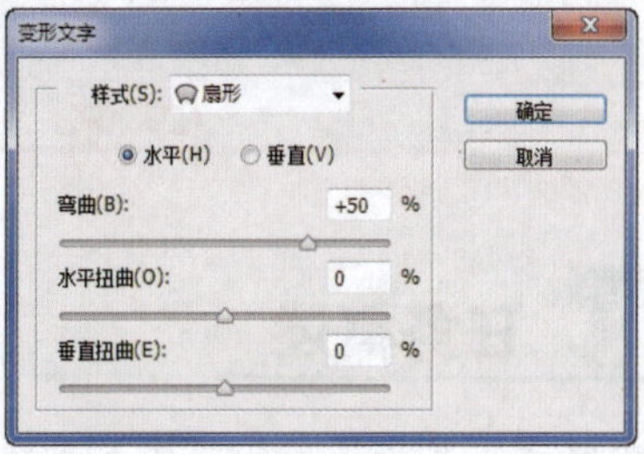

图 3-28　“变形文字”对话框

3.2.2　运用文字变形工具制作特效文字

下面将使用文字变形工具制作特效文字，其中主要涉及文字的变形与图层样式的添加，具体操作方法如下。

Step 01 单击“文件”|“打开”命令，打开“素材\项目 3\露珠.jpg”文件，如图 3-29 所示。

Step 02 选择直排文字工具，在“字符”面板中设置各项参数，然后在图像中输入文字，如图 3-30 所示。

图 3-29　打开素材文件

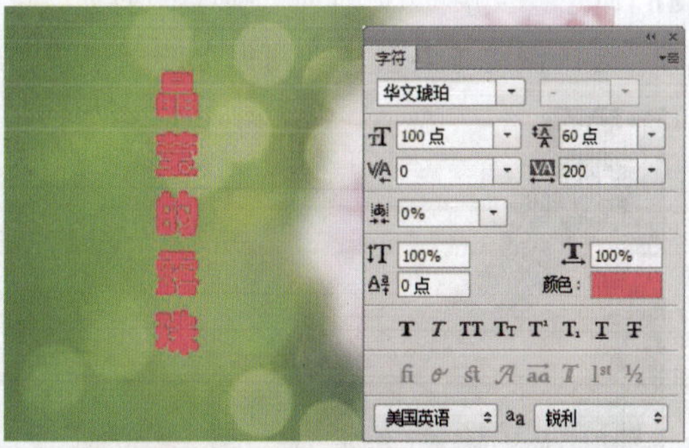

图 3-30　“字符”面板

Step 03 在工具属性栏中单击“创建文字变形”按钮，在弹出的“变形文字”对话框中设置各项参数，然后单击“确定”按钮，如图 3-31 所示。

Step 04 此时，即可得到变形后的文字效果，显得更有动感，如图 3-32 所示。

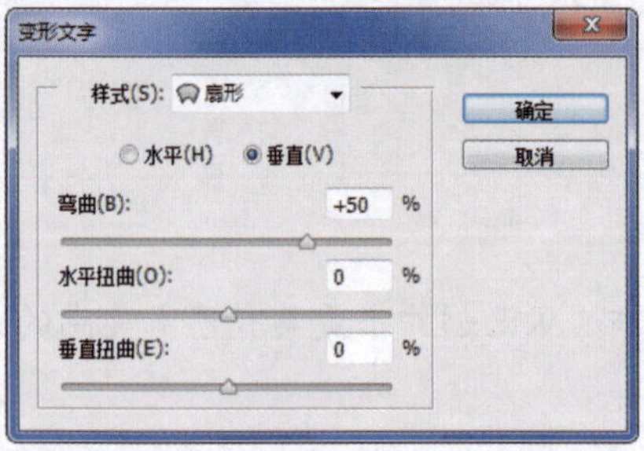

图 3-31 “变形文字”对话框

图 3-32 文字变形效果

任务 3 路径文字的操作

任务概述

路径文字是指使用钢笔工具等路径工具创建路径，然后输入文字，使文字或沿着路径排列，或在封闭的路径内输入文字。当改变路径的形状时，文字也会随之发生变化。本任务主要介绍如何创建路径文字。

任务重点与实施

3.3.1 沿路径排列文字的创建

下面将通过实例来介绍如何沿创建路径排列文字，这在平面设计中经常用到，具体操作方法如下。

Step 01 单击“文件”|“打开”命令，打开“素材\项目 3\夕阳.jpg”文件，如图 3-33 所示。

Step 02 选择钢笔工具，在图像上绘制一条曲线路径，如图 3-34 所示。

图 3-33 打开素材文件

图 3-34 绘制曲线路径

Step 03 选择横排文字工具T，将鼠标指针放到路径上方，指针变成形状，如图 3-35 所示。

Step 04 单击确定输入点，然后输入文字，输入的文字就会沿路径排列，如图 3-36 所示。

图 3-35 选择文字工具

图 3-36 输入文字

Step 05 单击“窗口”|“字符”命令，打开“字符”面板，在其中设置各项文字参数，如图 3-37 所示。

Step 06 单击“图层”面板下方的“添加图层样式”按钮fx，选择“投影”选项，在弹出的对话框中设置各项参数，如图 3-38 所示。

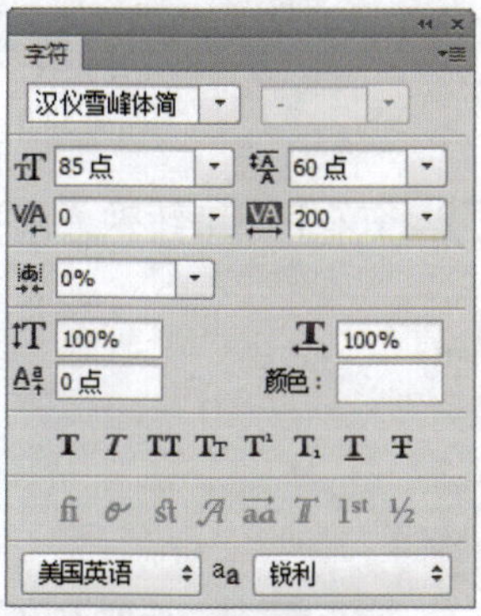

图 3-37 “字符”面板

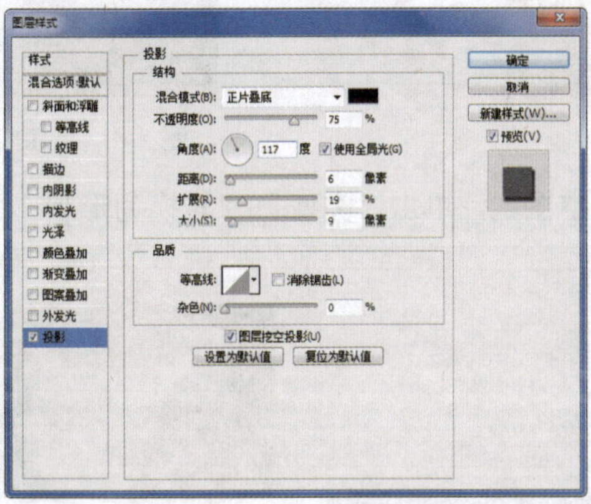

图 3-38 设置投影参数

Step 07 在“图层样式”对话框左侧选中“描边”选项，在右侧设置各项参数，然后单击“确定”按钮，如图 3-39 所示。

Step 08 按【Ctrl+H】组合键隐藏路径，即可得到添加投影图层样式后的文字效果，如图 3-40 所示。

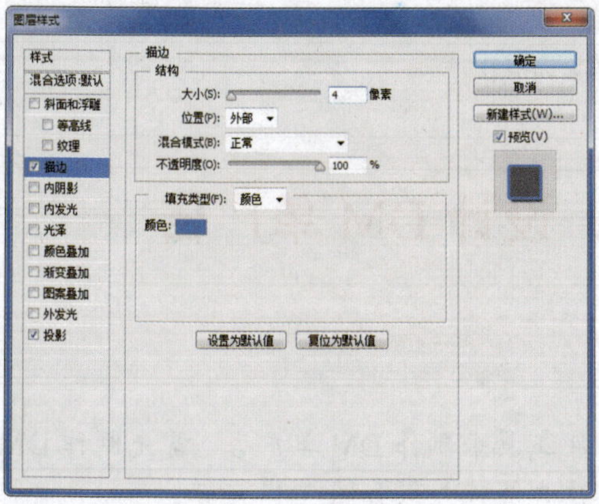

图 3-39 设置描边参数

图 3-40 隐藏路径后的文字效果

3.3.2 文字路径的创建

选择文字图层，单击“类型”|“创建工作路径”命令，可以创建一条与文字轮廓一样的路径，如图 3-41 所示。

图 3-41 创建工作路径

选择文字图层，单击“类型”|“转换为形状”命令，可以将文字图层转换为形状图层，如图 3-42 所示。

图 3-42 转换为形状

任务 4 实战应用：设计 DM 单广告

TASK 任务概述

下面将综合运用本项目所学的知识，使用文字工具来制作 DM 单广告。首先制作 DM 单的背景，然后加入文字和少量的图形元素。DM 单广告最终效果如图 3-43 所示。

图 3-43　　DM 单广告最终效果

任务重点与实施

下面将通过实例来介绍文字效果的设计，这在平面设计中经常用到，具体操作方法如下。

3.4.1　制作背景

Step 01 单击“文件”|“新建”命令，在弹出的对话框中设置各项参数，然后单击“确定”按钮，如图 3-44 所示。

Step 02 为“背景”图层填充红色。新建一个图层，用矩形选框工具绘制一个长方形，将前景色改为橙色，长方形填充为橙色，可按【Alt+Delete】组合键用前景色填充，如图 3-45 所示。

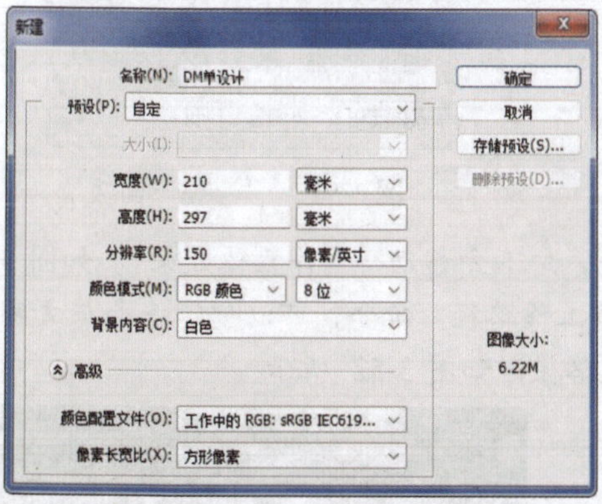

图 3-44　“新建”对话框

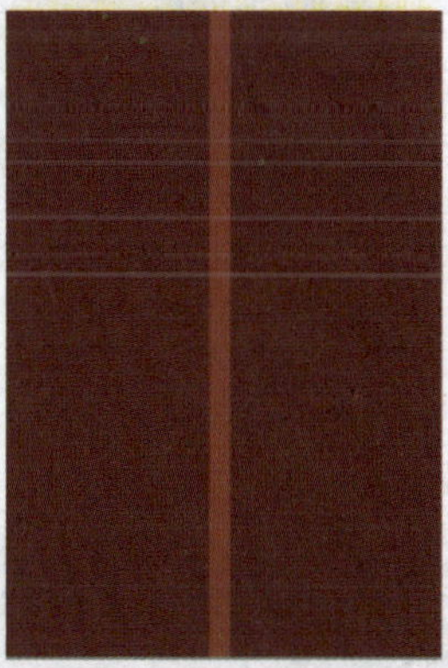

图 3-45　背景图

Step 03 复制橙色长方形图层，按【Ctrl+T】组合键进行自由变换，将复制的长方形进行旋转。按【Shift+Ctrl+Alt+T】组合键重复上一步的变换和程度，复制出适量长方形，如图 3-46 所示。

Step04 用矩形选框工具绘制一个长方形，并用蓝色进行填充，如图 3-47 所示。

Step05 创建新组，并命名为“标题字”，如图 3-48 所示。

图 3-46 橙色发射状背景

图 3-47 蓝色背景

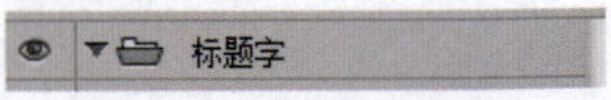

图 3-48 创建标题字

3.4.2 设置文字效果

Step01 用钢笔工具绘制一段曲线路径。选择横排文字工具T，然后输入文字，如图 3-49 所示。

Step02 打开“字符”面板，设置各项参数，如图 3-50 所示。

图 3-49 输入文字

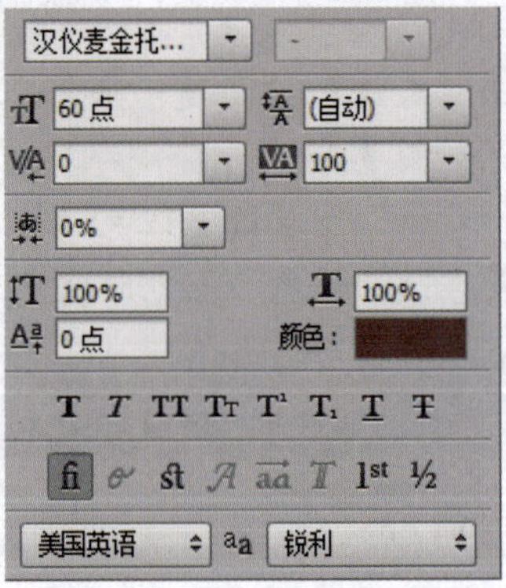

图 3-50 “字符”面板

Step03 复制文字图层，并将其填充为深红色，向下方移动，制作立体效果，如图 3-51 所示。

Step04 选择文字图层，单击“类型”|“创建工作路径”命令，可以创建一条与文字轮廓一样的路径，新建一个图层，用画笔描边路径，如图 3-52 所示。

图 3-51 文字立体效果

图 3-52 文字描边效果

Step05 单击描边“图层”面板下方的“添加图层样式”按钮，选择“投影”选项，在弹出的对话框中设置各项参数，如图 3-53 所示。

Step06 此时，即可得到描边投影的效果，如图 3-54 所示。

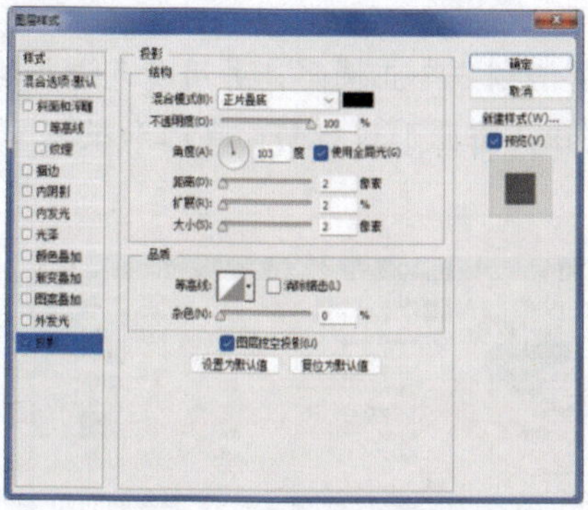

图 3-53 设置投影参数

图 3-54 描边投影效果

Step07 单击标题字“图层”面板下方的“添加图层样式”按钮，选择“斜面浮雕”和“内阴影”选项，在弹出的对话框中设置各项参数，如图 3-55 和图 3-56 所示。

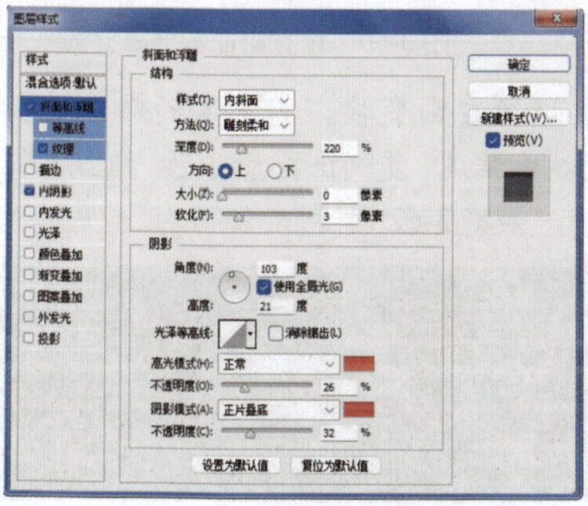

图 3-55 设置斜面浮雕参数

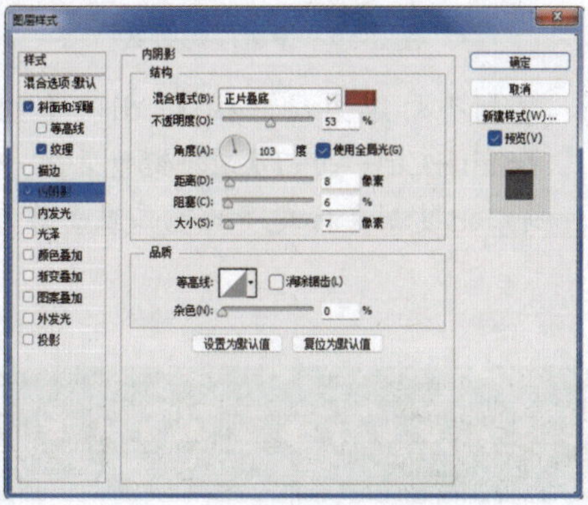

图 3-56 设置内阴影参数

Step08 单击标题字“图层”面板下方的“添加图层样式”按钮，将标题字加上纹理材质，设置各项参数，如图 3-57 所示。

Step09 此时，即可得到标题字的纹理效果，如图 3-58 所示。

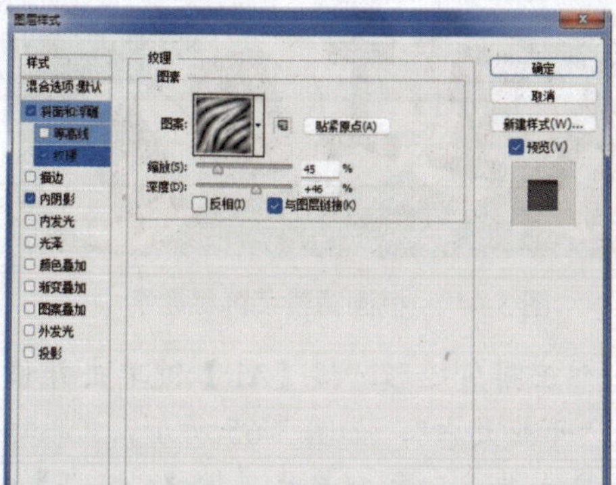

图 3-57 设置纹理参数

图 3-58 标题字加上纹理效果

3.4.3 绘制装饰效果

Step01 绘制小灯泡，用椭圆选框工具 按【Shift】键绘制一个正圆形，并用黄色进行填充。单击“图层”面板下方的“添加图层样式”按钮，将圆形进行斜面浮雕和投影，设置各项参数，如图 3-59 和图 3-60 所示。

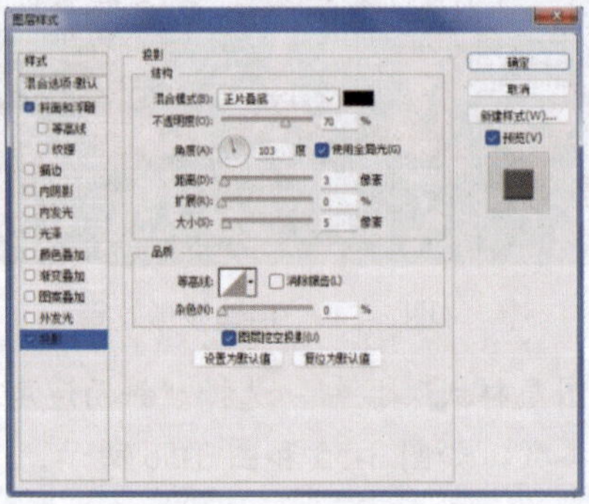

图 3-59 设置投影参数

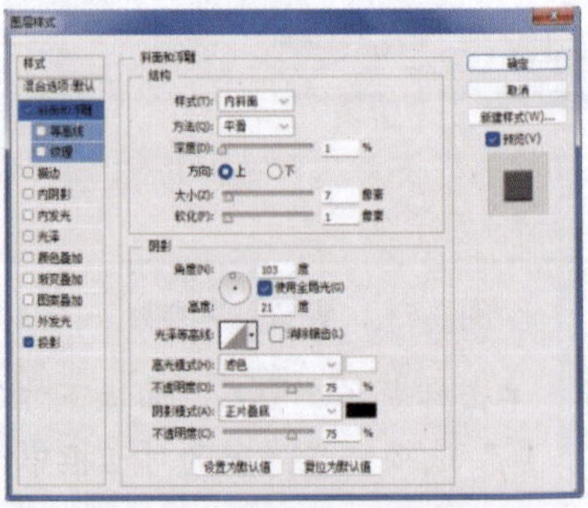

图 3-60 设置斜面和浮雕参数

Step02 复制小灯泡图层，按【Ctrl+T】组合键进行自由变换，将复制的灯泡进行移动。【Shift+Ctrl+Alt+T】组合键重复上一步变换和程度，复制出适量灯泡，如图 3-61 所示。

Step03 将灯泡复制在标题字的笔画里面作为装饰，如图 3-62 所示。

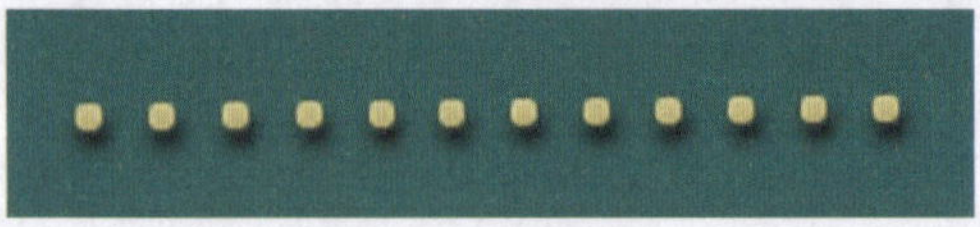

图 3-61 适量灯泡

图 3-62 灯泡装饰标题字

Step04 用椭圆选框工具 按【Shift】键绘制一个正圆形，并用黄色进行填充，红色进行描边。按【Alt】键单击并移动椭圆，进行复制。如图 3-63 所示。

Step05 将椭圆的图层置于标题字下方，如图 3-64 所示。

图 3-63 适量椭圆形

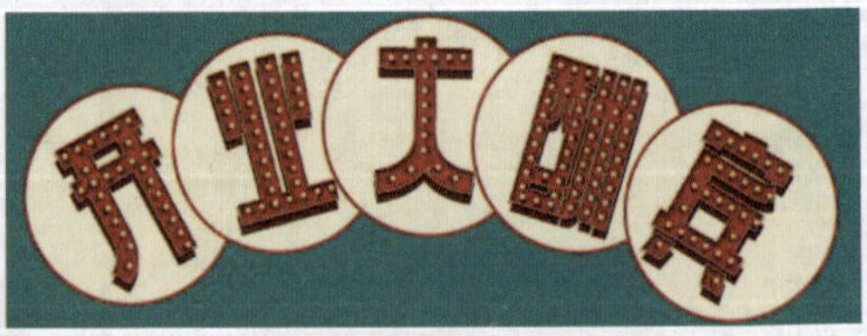

图 3-64 椭圆背景装饰标题字

Step06 用圆角矩形工具 ，按【Shift】键绘制一个正圆角矩形，按【Alt】键单击并移动，复制三个，并放在画面的四个角，输入文字“开业大吉”，如图 3-65 所示。

Step07 绘制黄色边框，用直线工具绘制直线，并填充成黄色，复制直线，按【Ctrl+T】组合键进行自由变换，将复制的直线进行移动。按【Shift+Ctrl+Alt+T】组合键重复上一步的变换和程度，复制出适量直线，如图 3-66 所示。

图 3-65　输入文字

图 3-66　黄色边框

Step 08 将素材图 3-67 置入，“文件-置入”按【Ctrl+T】组合键进行自由变换，将图片缩放到适合大小，并裁切掉多余的地方，如图 3-68 所示。

图 3-67　打开素材文件

图 3-68　放置素材图片

3.4.4　绘制田字格

Step 01 用圆角矩形工具，按【Shift】键绘制一个正圆形圆角矩形，按【Alt】键单击并移动，复制四个，填充黄色，描边为蓝色，输入文字“港式茶餐厅”如图 3-69 所示。

Step 02 用矩形选框工具，按【Shift】键绘制一个正方形选框，单击“编辑”|“描边”命令。用直线工具绘制虚线，在弹出的对话框中设置各项参数，如图 3-70 所示。

Step 03 此时，即可得到田字格，如图 3-71 所示。

图 3-69　输入文字

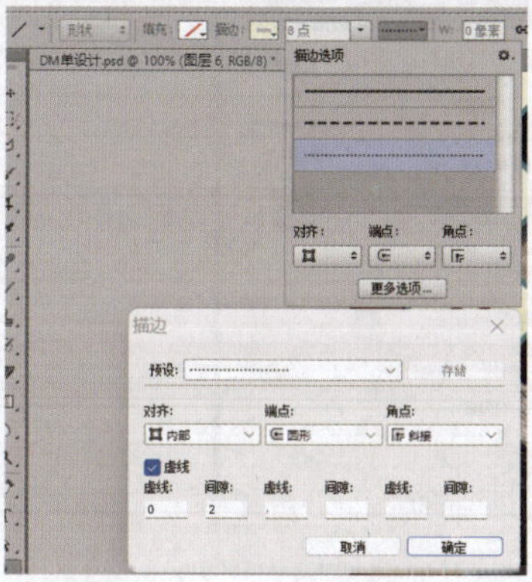

图 3-70　设置虚线参数

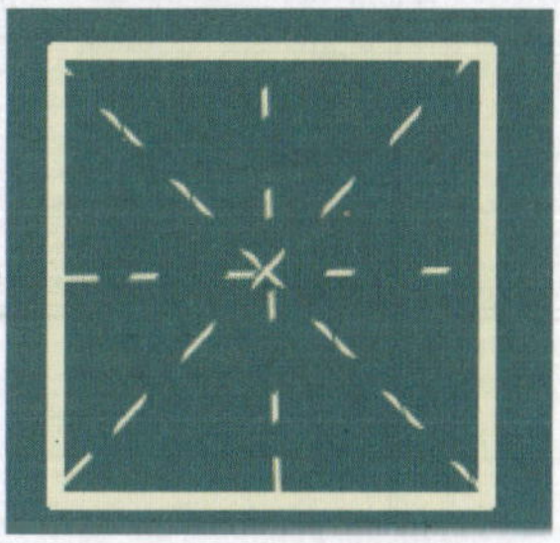

图 3-71　田字格

Step 04 选择横排文字工具T，输入文字，调整字体大小和字距，如图 3-72 所示。

Step 05 此时，即可得到完整的 DM 单广告，如图 3-73 所示。

图 3-72 输入文字

图 3-73 DM 单广告

3.4.5 设置素材样式

Step 01 将素材图 3-74 置入，单击“文件”|“置入”命令，按【Ctrl+T】组合键进行自由变换，将图片缩放到适合大小。

Step 02 将素材图片的图层样式和不透明度进行修改，如图 3-75 所示。

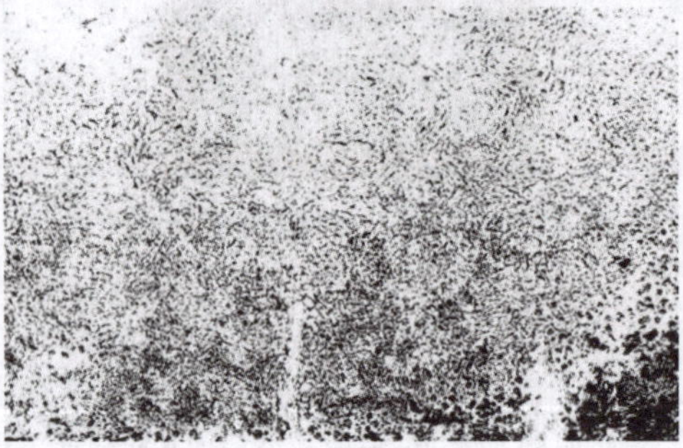

图 3-74 打开素材文件

图 3-75 图层面板

Step 03 单击蓝色背景“图层”面板下方的“添加图层样式”按钮，选择“投影”选项，在弹出的对话框中设置各项参数，如图 3-76 所示。

Step 04 此时，即可得到具有复古感的 DM 单广告最终效果，如图 3-77 所示。

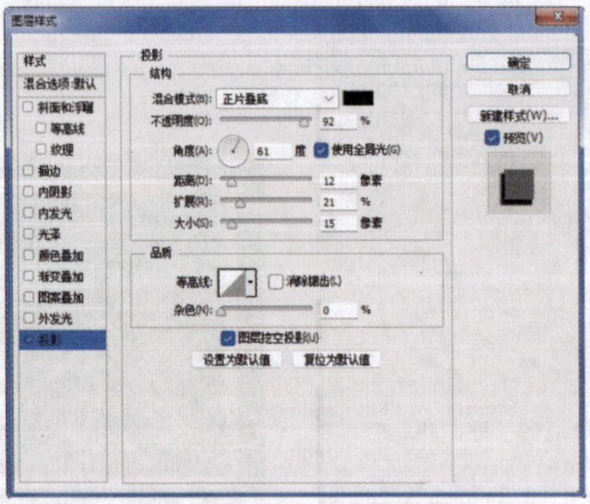

图 3-76 设置投影参数

图 3-77 DM 单最终效果

项目小结

本项目主要讲述了在 Photoshop 中文字处理的操作方法。首先介绍了文字工具的运用，主要包括文字输入工具、“字符”面板、运用横排文字工具创建点文字、“段落”面板、运用横排文字工具创建段落文字、创建文字选区、运用横排文字蒙版工具制作图案文字；其次介绍了变形文字和路径文字的操作方法，主要包括变形文字的创建、运用文字变形工具制作特效文字、沿路径排到文字的创建、文字路径的创建；最后介绍了设计 DM 单广告的实战应用。通过本章的学习，读者应掌握文字处理的具体操作方法。

项目习题 3

1. 下面将综合运用本项目所学的知识，使用文字工具来制作文字人像效果。首先制作文字背景，文字可以随意排列组合，然后加入人像，并用文字选区复制人物部分即可得到所需的效果，最终效果如图 3-78 所示。

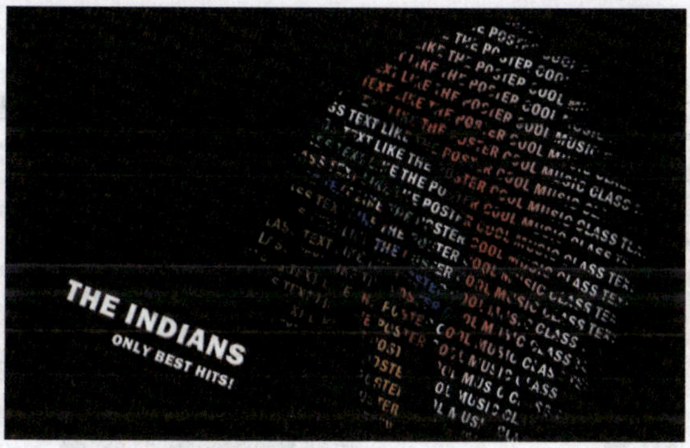

图 3-78　文字头像效果

操作提示：

① 单击“文件”|“新建”命令，在弹出的对话框中设置各项参数，然后单击“确定”按钮，如图 3-79 所示。

② 为“背景”图层填充黑色，选择横排文字工具T，打开“字符”面板，设置各项参数，如图 3-80 所示。

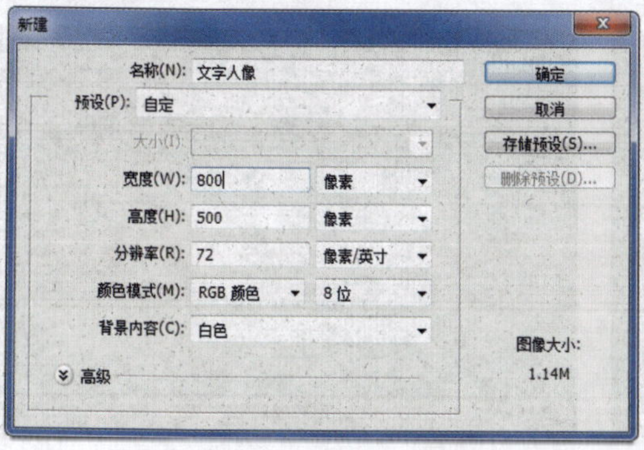

图 3-79　“新建”对话框

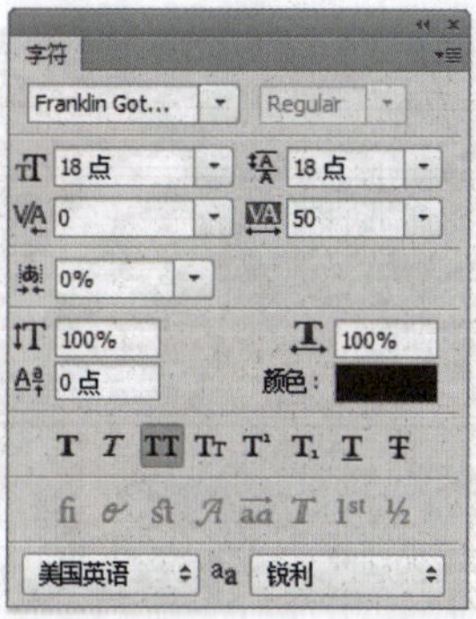

图 3-80　“字符”面板

③ 在图像窗口中单击输入文字并复制为多行，如图 3-81 所示。

④ 按【Ctrl+T】组合键调整文字的角度，效果如图 3-82 所示。

图 3-81 输入文字

图 3-82 调整文字角度

⑤ 打开“素材\项目 3\头像.jpg”文件，选择魔棒工具，在白色背景部分单击选取图像，按【Ctrl+Shift+I】组合键进行反选，如图 3-83 所示。

⑥ 按【Ctrl+C】组合键复制选区内的图像，切换至之前的文档窗口，按【Ctrl+V】组合键粘贴图像，如图 3-84 所示。

图 3-83 选取图像

图 3-84 复制并粘帖图像

⑦ 按【Ctrl+T】组合键调整图像的大小，按住【Ctrl】键的同时单击文字图层缩览图调出选区，如图 3-85 所示。

⑧ 按【Ctrl+Shift+I】组合键进行反选，按【Delete】键删除选区内的图像，按【Ctrl+D】组合键取消选区，如图 3-86 所示。

图 3-85 调出文字选区

图 3-86 删除选区内的图像

⑨ 选择横排文字工具T，打开“字符”面板，设置各项参数，如图 3-87 所示。

⑩ 在图像左侧输入文字，按【Ctrl+T】组合键调整文字的角度，最终效果如图 3-88 所示。

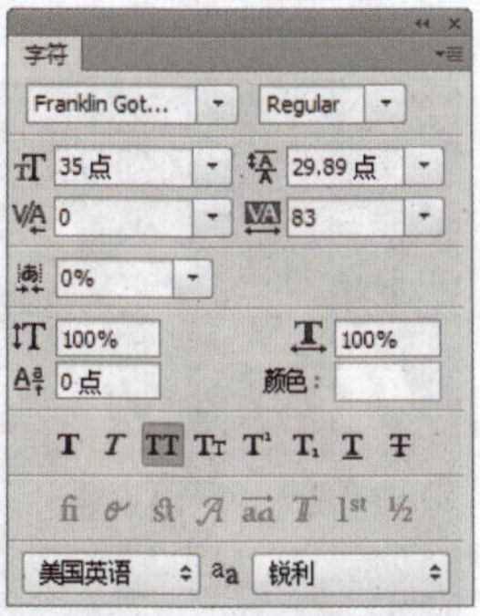

图 3-87　“字符”面板

图 3-88　最终效果

2. 下面将综合运用本项目所学的知识，使用文字工具来制作发光字体。首先制作文字部分，制作出发光的视觉效果，然后加入烟花素材，最终效果如图 3-89 所示。

图 3-89　发光字效果

操作提示：

① 单击“文件”|“新建”命令，在弹出的对话框中设置各项参数，然后单击“确定”按钮，如图 3-90 所示。

② 为“背景”图层填充黑色，选择横排文字工具T，输入文字，建立文字层并输入文字，选择字体和调整文字大小，如图 3-91 所示。

③ 此时，即可查看文字的效果，如图 3-92 所示。

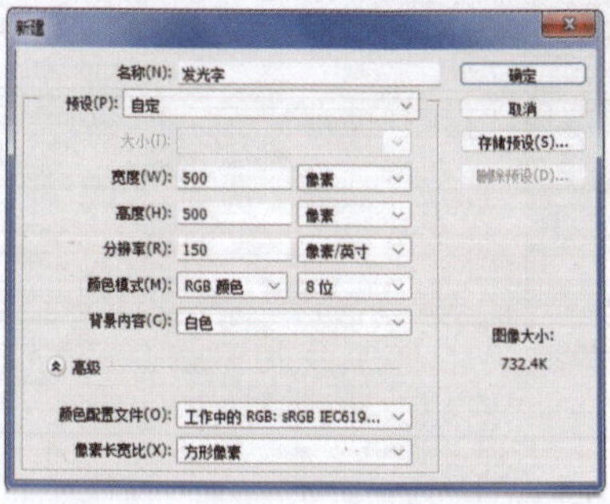

图 3-90　“新建”对话框

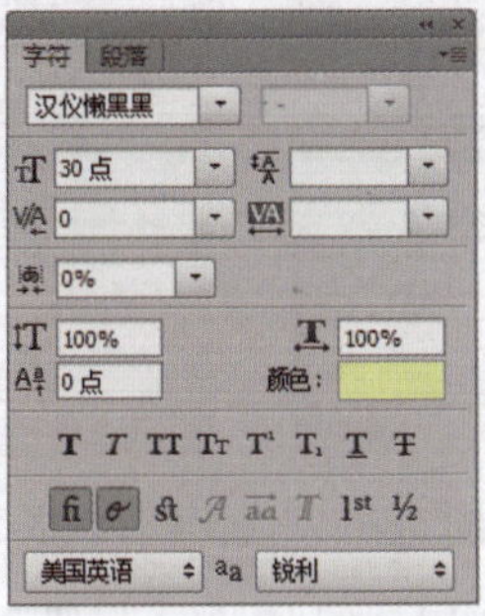

图 3-91　“字符”面板

图 3-92　输入文字

④ 在工具属性栏中单击“创建文字变形”按钮，在弹出的“变形文字”对话框中设置各项参数，然后单击“确定”按钮，如图 3-93 所示。

⑤ 此时，即可得到变形后的文字效果，显得更有动感，如图 3-94 所示。

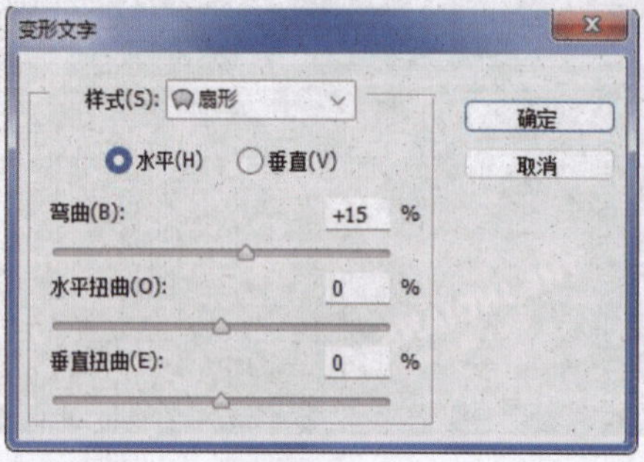

图 3-93 “变形文字”对话框

图 3-94 文字变形效果

⑥ 选择文字图层，单击“类型”|“创建工作路径”命令，可以创建一条与文字轮廓一样的路径，如图 3-95 所示。

图 3-95 创建工作路径

⑦ 新建图层 1，在路径面板选中创建的工作路径。

⑧ 打开“画笔”面版，设置各项参数，笔尖大小 4px，间距 150%，形状动态中的大小抖动 100%，如图 3-96 所示。

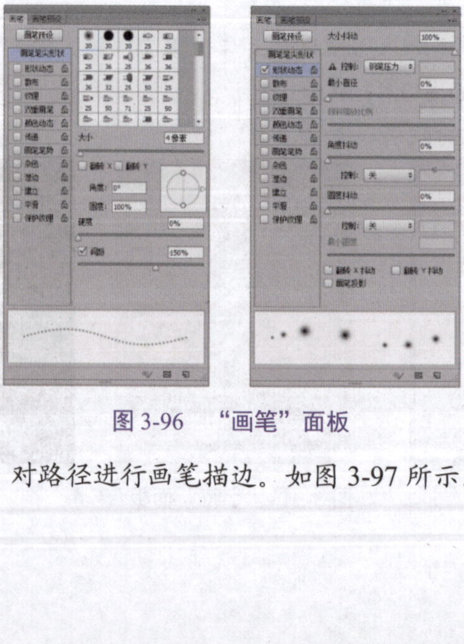

图 3-96 “画笔”面板

⑨ 设置前景色为黄色，对路径进行画笔描边。如图 3-97 所示。

⑩ 单击“图层”面板下方的“添加图层样式”按钮，选择“内发光”和“外发光”选项，在弹出对话框中设置各项参数，如图 3-98 所示。隐藏文字图层，文字发光效果如图 3-99 所示。

图 3-97 “路径”面板

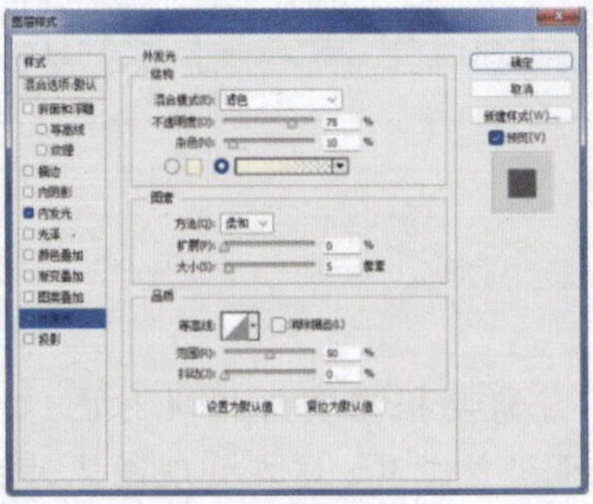

图 3-98 设置发光参数

图 3-99 文字发光效果

⑪ 新建图层 2，用椭圆路径工具建立椭圆路径，对椭圆路径应用画笔描边命令，画笔设置：大小 23px，硬度 0%，间距 300%，形状动态中的大小抖动 100%，散布 260%，如图 3-100 所示。

⑫ 此时，即可得到椭圆形发光的效果，如图 3-101 所示。

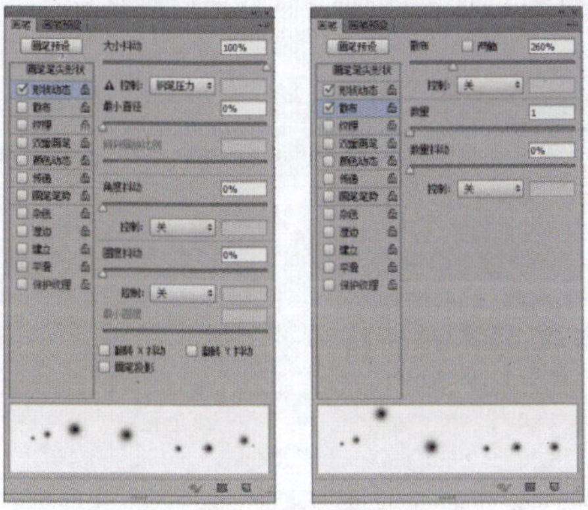

图 3-100 “画笔”面板

图 3-101 椭圆发光效果

⑬ 单击“文件|置入”，将素材图 3-102 置入，并按【Ctrl+T】组合键进行自由变换，将图片缩放到适合大小，并裁切掉多余的地方。

⑭ 此时，即可得到最终的发光字效果，如图 3-103 所示。

图 3-102 打开素材文件

图 3-103 最终的发光字效果

项目 4　图像色彩与色调的调整

项目概述

在图像处理的过程中，常常需要根据实际情况对图像的色彩和色调进行调整。Photoshop 提供了许多色彩和色调调整工具，这在处理图像时极为有用。本项目将讲述色彩与图像的颜色模式、调整图像的色彩与色调，介绍如何在图像中调出富有感染力的色彩。

项目目标

➢ 了解色彩的基础知识和图像的各种颜色模式。
➢ 掌握图像色彩与色调的调整方法。

素质目标

➢ 提高学生的创造力和对色彩分析的能力。
➢ 培养学生主动学习、积极探索的习惯和坚持不懈的精神。

任务 1　色彩与图像的颜色模式

TASK 任务概述

在平面设计中，一幅作品的色彩足以影响其成败，因此色彩是平面设计必须把握好的重要元素。颜色模式是将某种颜色表现为数字形式的模型，或者说是一种记录图像颜色的方式。本任务主要介绍色彩的基本知识和图像的颜色模式。

TASK 任务重点与实施

4.1.1　色彩

在日常生活中，包括自然界的动植物等都有各种色彩的存在。所谓“色彩”，简单地说就是在观看物体时必须要有光线的照射，并透过眼睛与物体的相互作用而产生。由于白光中含有各种不同色彩的光，光的每种色彩都有其特定波长，物体显现某种色彩是因为其吸收光的某些波长而将其他波长反射入人们的眼睛。例如，在人们的大脑中产生的“花蝴蝶”或“红毛衣”的色彩，是由于视觉系统对这些光波产生响应的关系。

人的眼睛是一种视觉装置，能对光的长、中、短 3 种光域产生不同的视觉反应，从而让人看见光谱中的红、绿、蓝 3 个主要色域形成的色彩。眼睛看见物体上的色彩取决于有多少分量的红、绿或蓝光射入眼睛，若无任何光线射入眼睛时则感觉为黑色，当红、绿和蓝光以等量射入眼睛时则感觉为白色。眼睛所能感觉的色彩一般可以分为两大类：第一类为无彩色，其包含白、灰、黑，如图 4-1 所示；第二类为彩色，其包含纯色和其他一般色彩，如图 4-2 所示。

图 4-1　无彩色

图 4-2　有彩色

1．色彩三要素

凡是色彩都一定同时具备色相、明度、纯度三种属性，简称色彩三要素。它们是色彩中最重要的，也是最稳定的三个要素。其中，色相就是色彩的相貌；明度就是色彩的明暗度，也称亮度；而纯度就是色彩的鲜艳程度，也叫彩度、饱和度。

色彩中不同的色相、明度和纯度，给人的色彩感觉也不同，有冷暖感、进退和膨胀感、轻重感、软硬感、华丽和朴素感，以及明快与忧郁感等，如红色代表阳光积极、热情，属于暖色调，而蓝色则代表稳重、沉静，属于冷色调。

2．色彩三原色与色彩搭配

色彩中不能再分解的基本色称为原色，原色能合成出其他色，而其他色不能还原出原色。原色分为色光三原色和颜料三原色。

- **色光三原色**：色光三原色为红、绿、蓝，颜料可以合成出所有色彩，三种等量组合可以得到白色。
- **颜料三原色**：颜料三原色为品红（明亮的玫红）、黄、青（湖蓝），如图 4-3 所示。颜料三原色从理论上讲可以调配出其他任何色彩，同色相加得黑色，但因为常用颜料中除了色素外，还含有其他化学成分，所以两种以上的颜料相调和纯度就会受影响，调和的色种越多就越不纯，也越不鲜明。颜料三原色相加只能得到一种黑浊色，而不是纯黑色。

由两个原色混合得到间色，间色分为：色光三原色的三间色为品红、黄、青（湖蓝），也称“补色”，是指色环上的互补关系；颜料三原色的三间色为橙、绿、紫，也称第二次色，如图 4-4 所示。必须指出的是，色光三间色恰好是颜料的三原色，这种交错关系构成了色光、颜料与色彩视觉的复杂联系，也构成了色彩原理与规律的丰富内容。

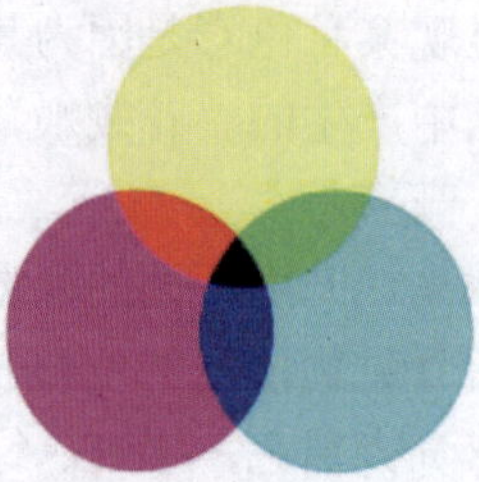

图 4-3　颜料三原色

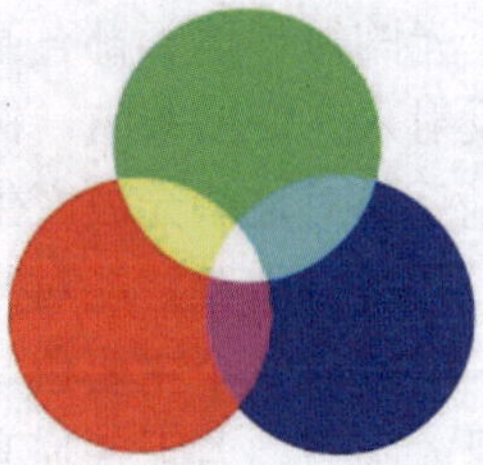

图 4-4　色光三原色的补色

颜料的两个间色或一种原色和其对应的间色（红与绿、黄与紫、蓝与橙）相混合得复色，也称第三次色。复色中包含了所有的原色成分，只是各原色间的比例不等，从而形成了不同的红灰、黄灰、绿灰等灰调色。

由于色光三原色相加得白色光，这样便产生两个后果：一是色光中没有复色，二是色光中没有灰调色。如果两色光间色相加，只会产生一种淡的原色光。以黄色光加青色光为例：

黄色光+青色光=红色光+绿色光+绿色光+蓝色光=绿色光+白色光=亮绿色光。

4.1.2　图像的颜色模式

在 Photoshop 中打开一幅图像，在图像窗口的标题栏中就会显示该图像使用的颜色模式，如图 4-5 所示。在处理图像的过程中，可以转换图像的颜色模式：单击“图像”|“模式”命令，在弹出的子菜单中已经选中的选项即为当前图像使用的颜色模式，选择其他的菜单项，即可对颜色模式进行转换，如图 4-6 所示。

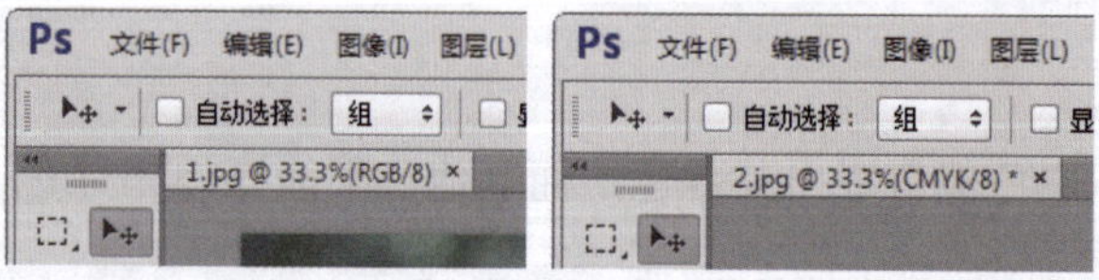

图 4-5　颜色模式

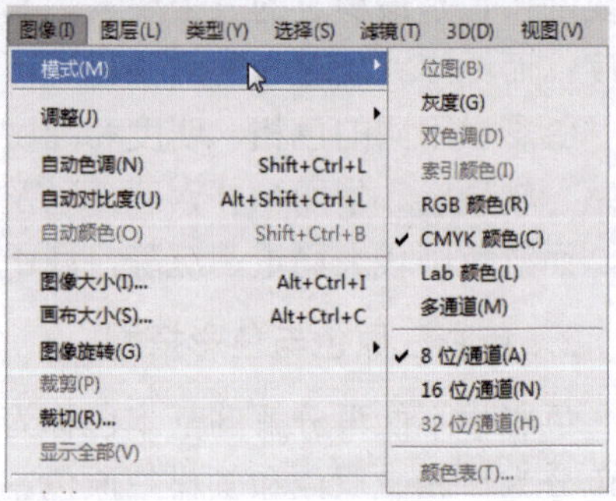

图 4-6　“图像”|“模式”命令

1．RGB 颜色模式

RGB 颜色模式是工业界的一种颜色标准，通过对红（R）、绿（G）、蓝（B）3 个颜色通道的变化，以及它们相互之间的叠加来得到各式各样的颜色，如图 4-7 所示。RGB 即代表红、绿、蓝 3 个通道的颜色，这个标准几乎包括了人类视力所能感知的所有颜色，是目前运用最为广泛的颜色系统之一。

RGB 颜色模式适用于在屏幕上观看。在 RGB 模式下，每种 RGB 成分都可以使用 0（黑色）~255（白色）的值。例如，纯绿色使用 R 值 0、G 值 255、B 值 0。当 3 种成分值相等时，是灰色阴影；当所有成分的值均为 255 时，是纯白色；当所有成分的值均为 0 时，是纯黑色。

2．CMYK 颜色模式

CMYK 也称为印刷色彩模式，是一种依靠反光的色彩模式。和 RGB 类似，CMYK 是 3 种印刷油墨名称的首字母：青色-Cyan、品红色-Magenta、黄色-Yellow，而 K 取的是 Black 最后一个字母，之所以不取首字母，是为了避免与蓝色（Blue）相混淆。从理论上说，只需 CMY3 种油墨就足够了，它们 3 个加在一起就应该得到黑色。但是，由于目前制造工艺还不能制造出高纯度的油墨，CMY 相加的结果实际是一种暗红色，所以要再加一个 K，如图 4-8 所示。

CMYK 和 RGB 相比有一个很大的不同：RGB 模式是一种发光的色彩模式，在一间黑暗的房间内仍然可以看见屏幕上的内容；而 CMYK 是一种依靠反光的色彩模式，要阅读报纸上的内容，首先是由阳光或灯光照射到报纸上，再反射到眼中，才能看到内容。它需要有外界光源，如果在黑暗的房间内，则无法阅读报纸。

只要是屏幕上显示的图像，就是用 RGB 模式表现的；只要是在印刷品上看到的图像，就是用 CMYK 模式表现的。例如，书籍、期刊、报纸、宣传画等都是印刷出来的，那么就是 CMYK 模式。

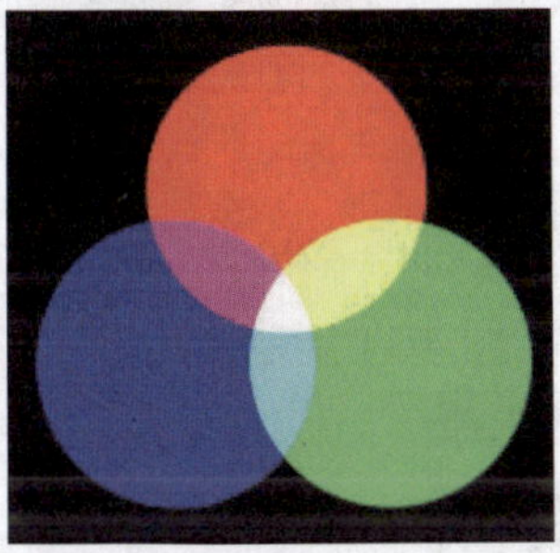

图 4-7　RGB 颜色模式

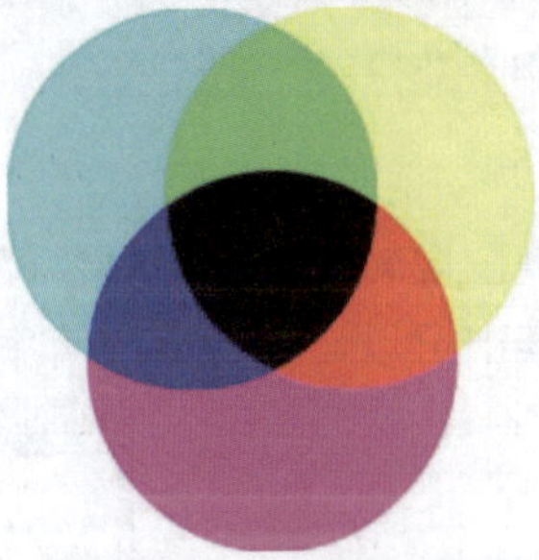

图 4-8　CMYK 颜色模式

3．灰度颜色模式

灰度颜色模式是用 0~255 的不同灰度值来表示图像，0 表示黑色，255 表示白色，其他值代表黑、白中间过渡的灰色，不包含颜色。灰度模式可以和彩色模式直接转换。彩色图像转换为该模式后，Photoshop 将删除原图像中的所有颜色信息，而留下像素的亮度信息，在 8 位图像中，最多有 256 级灰度；在 16 位和 32 位图像中，图像中的级数比 8 位图像要大得多。图 4-9 所示为 RGB 模式的图像转换为灰度模式图像的效果。

RGB 颜色模式

灰度颜色模式

图 4-9　RGB 模式的图像转换为灰度模式

4．位图颜色模式

位图颜色模式其实就是黑白模式，它只能用黑色和白色来表示图像，适合制作艺术样式，用于创作单色图像。只有灰度颜色模式可以转换为位图颜色模式，所以一般的彩色图像需要先转换为灰度颜色模式，然后转换为位图颜色模式。彩色图像转换为该模式后，色相和饱和度信息将被删除，只保留亮度信息，因此适用于一些黑白对比强烈的图像，如图 4-10 所示。

RGB 颜色模式　　灰度颜色模式　　位图颜色模式

图 4-10　位图颜色模式

要将灰度图像转换为位图颜色模式，可单击“图像”|“模式”|“位图”命令，弹出“位图”对话框，在其中可以设置输出分辨率和变换位图的方法，如图 4-11 所示。

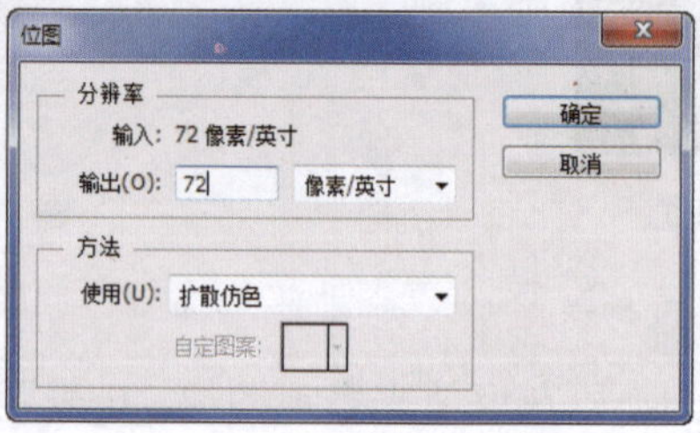

图 4-11　“位图”对话框

5．Lab 颜色模式

颜色模型 Lab 是基于人对颜色的感觉，Lab 中的数值描述正常视力的人能够看到的所有颜色。因为 Lab 描述的是颜色的显示方式，而不是设备（如显示器、桌面打印机或数码相机）生成颜色所需的特定色料的数量，所以 Lab 被视为与设备无关的颜色模型。

颜色色彩管理系统使用 Lab 作为色标，以将颜色从一个色彩空间转换到另一个色彩空间。Lab 颜色模式的亮度分量（L）范围是 0~100。Lab 颜色模式自身的优势是色域宽阔，它不仅包含了 RGB、CMYK 的所有色域，还能表现它们不能表现的色彩。人的肉眼能感知的色彩都能通过 Lab 模型表现出来。

另外，Lab 色彩模型的绝妙之处还在于它弥补了 RGB 色彩模型色彩分布不均的不足，因为 RGB 模型在蓝色到绿色之间的过渡色彩过多，而在绿色到红色之间又缺少黄色和其他色彩。如果想在数字图形的处理中保留尽量宽阔的色域和丰富的色彩，最好选择 Lab 颜色模式。

6．索引颜色模式

索引颜色模式是网上和动画中常用的图像模式，当彩色图像转换为索引颜色的图像后包含近 256 种颜色。索引颜色图像包含一个颜色表，如图 4-12 所示，如果原图像中颜色不能用 256 色表现，则 Photoshop 会从可使用的颜色中选出最相近的颜色来模拟这些颜色，这样可以减小图像文件的尺寸。颜色表用于存放图像中的颜色，并为这些颜色建立颜色索引，它可在转换的过程中定义或生成。

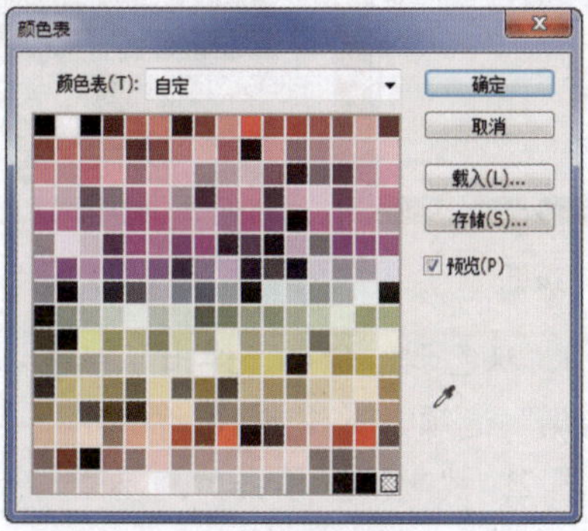

图 4-12　颜色表

7. 双色调颜色模式

双色调颜色模式是采用 2~4 种彩色油墨混合其色阶来创建双色调（2 种颜色）、三色调（3 种颜色）、四色调（4 种颜色）的图像。在将灰度图像转换为双色调模式的图像过程中，可以对色调进行编辑，从而产生特殊的效果。

使用双色调颜色模式的重要用途之一是使用尽量少的颜色来表现尽量多的颜色层次，以减少印刷成本，如图 4-13 所示。将彩色模式转换为双色调模式时，必须首先转换为灰度模式。

RGB 颜色模式　　灰度颜色模式　　双色调颜色模式

图 4-13　双色调颜色模式

8. 使用“双色调”颜色模式制作双色调图像

将图像颜色模式转换为双色调颜色模式，可以为图像创建一种特殊的艺术效果。下面将通过颜色模式的转换制作一个双色调图像，具体操作方法如下。

Step 01 打开“素材\项目 4\3.jpg”文件，单击“图像”|“模式”|“灰度”命令，在弹出“信息”对话框中单击“扔掉”按钮，如图 4-14 所示。

Step 02 此时，即可将 RGB 颜色模式的图像转换为灰度模式，效果如图 4-15 所示。

图 4-14　单击“扔掉”按钮

图 4-15　转换为灰度模式

Step 03 单击“图像”|“模式”|“双色调”命令，弹出“双色调选项”对话框，在“类型”下拉列表框中选择“双色调”选项，如图 4-16 所示。

Step 04 此时“油墨 1”和“油墨 2”被激活，单击“油墨 1”色块，弹出“拾色器（墨水 1 颜色）”对话框，单击“颜色库”按钮，如图 4-17 所示。

图 4-16　“双色调选项”对话框

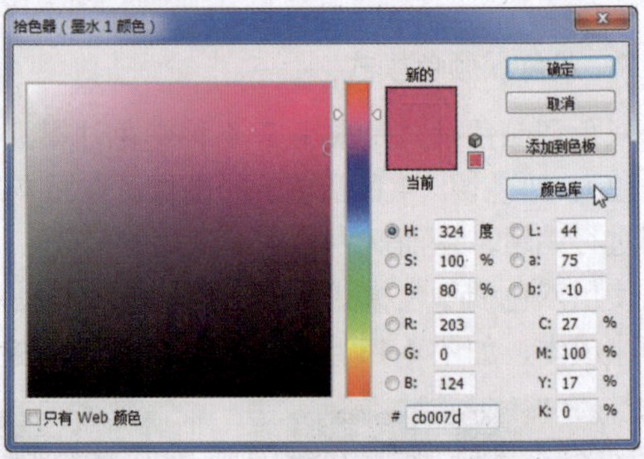

图 4-17　“拾色器”对话框

Step 05 弹出“颜色库”对话框，在“色库”下拉列表框中选择一种色系，拖动面板中的颜色调至红色区域，选择一种颜色，然后单击“确定”按钮，如图 4-18 所示。

Step 06 单击“油墨 1”的曲线缩览图，弹出“双色调曲线”对话框，单击并拖动曲线，调整颜色明暗度，然后单击“确定”按钮，如图 4-19 所示。

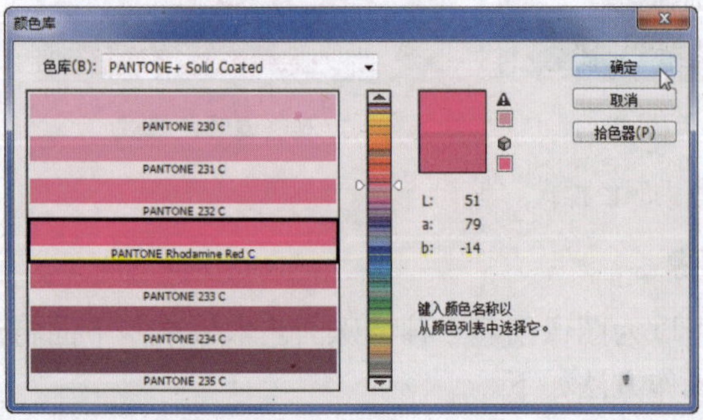

图 4-18　“颜色库”对话框

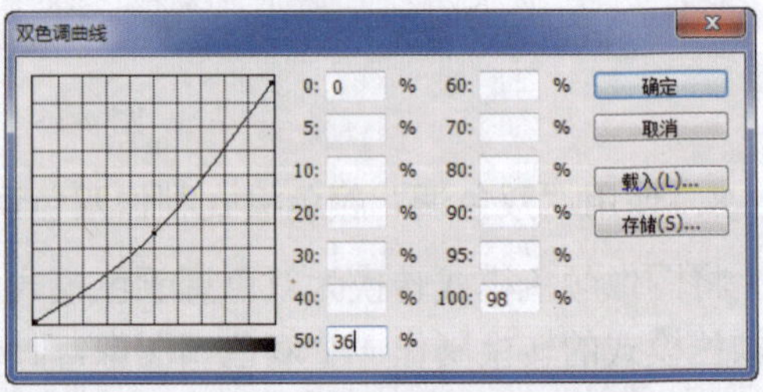

图 4-19　“双色调曲线”对话框

Step 07 返回“双色调选项”对话框，采用同样的方法设置“油墨 2”的参数，然后单击“确定”按钮，如图 4-20 所示。

Step 08 此时，即可得到制作双色调图像的最终效果，如图 4-21 所示。

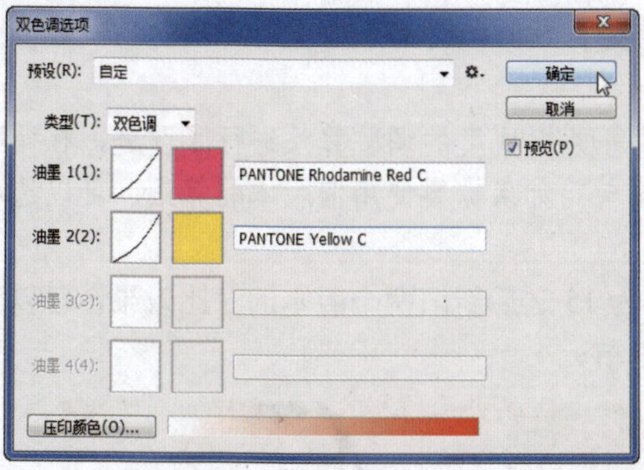

图 4-20　设置"油墨 2"参数

图 4-21　查看双色调图像效果

任务 2　调整图像的色彩与色调

任务概述

Photoshop 中提供了很多的色彩调整命令，不同的命令有着不同的特点和适用范围，熟练运用这些命令能够轻松地调整图像的色彩与色调。本任务主要介绍运用这些命令进行图像色彩与色调调整的方法。

任务重点与实施

4.2.1　色彩和色调的基本调整方法

1．运用"亮度/对比度"命令调整图像

使用"亮度/对比度"命令可以快速调整图像的亮度和对比度。单击"图像"|"调整"|"亮度/对比度"命令，弹出"亮度/对比度"对话框，如图 4-22 所示。

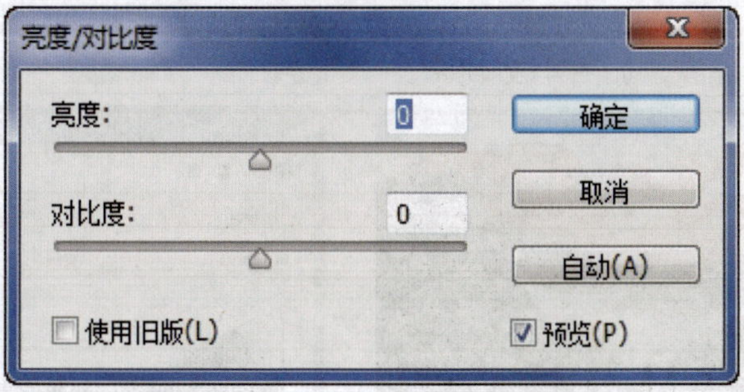

图 4-22　"亮度/对比度"对话框

在该对话框中，各选项的含义如下。

➢ **亮度**：拖动该滑块，或在文本框中输入数字（范围为 - 100~100），即可调整图像的明暗。当数值为正时，将增加图像的亮度；当数值为负时，将降低图像的亮度。

- **对比度**：用于调整图像的对比度。当数值为正数时，将增加图像的对比度；当数值为负时，将降低图像的对比度。
- **使用旧版**：Photoshop CS5 之后的版本对亮度/对比度的调整算法进行了改进，在调整亮度/对比度的同时能保留更多的高光和细节。如果需要使用旧版本的算法，可以选中“使用旧版”复选框。

图 4-23 所示为将亮度调整为 40、对比度调整为 15 之后新旧两个版本的对比效果，可以看出使用旧版本的图像丢失了大量的高光和阴影的细节。

原图像

新版效果

旧版效果

图 4-23　新旧版本对比效果

2．运用“色阶”命令调整图像

“色阶”命令是最常用到的调整命令之一，利用“色阶”命令可以通过修改图像的阴影区、中间调区和高光区的亮度水平来调整图像的色调范围和色彩平衡，常用于调整曝光不足或曝光过度的图像，也可用于调整图像的对比度。单击“图像”|“调整”|“色阶”命令或按【Ctrl+L】组合键，弹出“色阶”对话框，如图 4-24 所示。

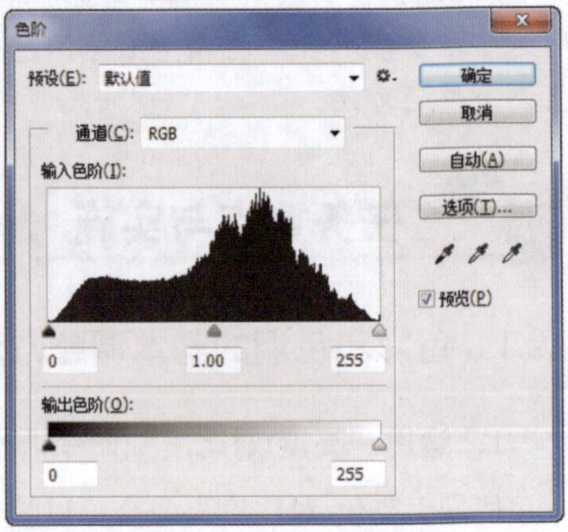

图 4-24　“色阶”对话框

在“色阶”对话框中，中间的直方图显示了图像的色阶信息。通常情况下，如果色阶的像素集中在左侧，说明此图像的暗部所占的区域比较多，也就是图像整体偏暗，如图 4-25 所示。如果色阶的像素集中在右侧，则说明此图像的亮部所占的区域比较多，也就是图像整体偏亮，如图 4-26 所示。

图 4-25　图像偏暗

图 4-26　图像偏亮

在“色阶”对话框中，黑色滑块代表图像的暗部，灰色滑块代表图像的中间色调，白色滑块代表图像的亮部，可通过拖动黑、灰、白滑块或输入数值来调整图像的暗调、中间调和亮调。

➢ **通道**：在该下拉列表框中可以选择要进行色调调整的通道。例如，在调整 RGB 模式图像的色阶时，选择“蓝”通道，即可对图像中的蓝色调进行调整，如图 4-27 所示。

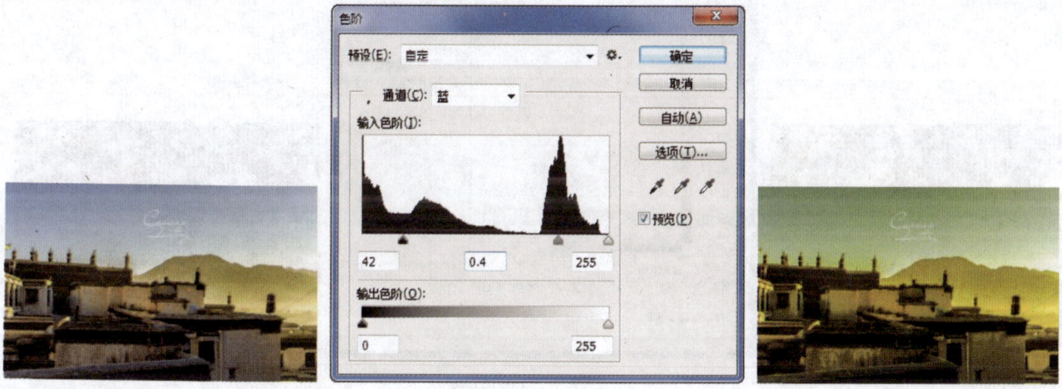

图 4-27　通道调整

➢ **输入色阶**：在该文本框中输入数值或拖动黑、白、灰滑块，可以调整图像的高光、中间调和阴影，从而提高图像的对比度。向右拖动黑色或灰色滑块，可以使图像变暗；向左拖动白色或灰色滑块，可以使图像变亮。

3．运用“曲线”命令调整图像

“曲线”命令也是 Photoshop 中最常用的色调调整命令之一，它可以在暗调到高光这个色调范围内对图像中多个点的色调进行调整。单击“图像”|“调整”|“曲线”命令或按【Ctrl+M】组合键，即可打开“曲线”对话框，如图 4-28 所示。

对于色调偏暗的 RGB 颜色模式的图像，可以将曲线调整至上凸的形态，使图像变亮，如图 4-29 所示。

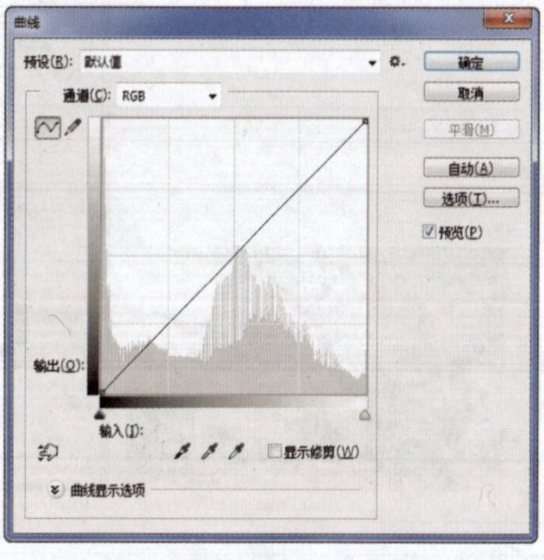

图 4-28　“曲线”对话框

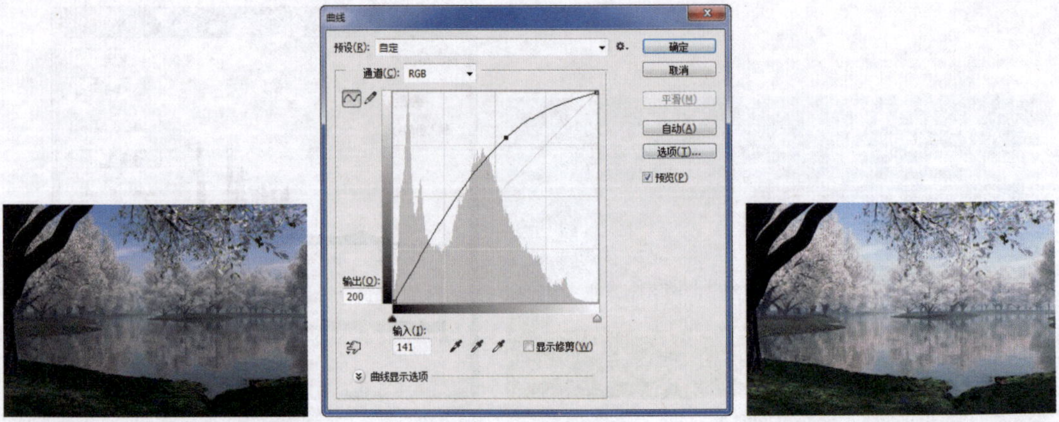

图 4-29　调亮图像

对于色调偏亮的 RGB 颜色模式的图像，可以将曲线调整至下凹的形态，使图像变暗，如图 4-30 所示。

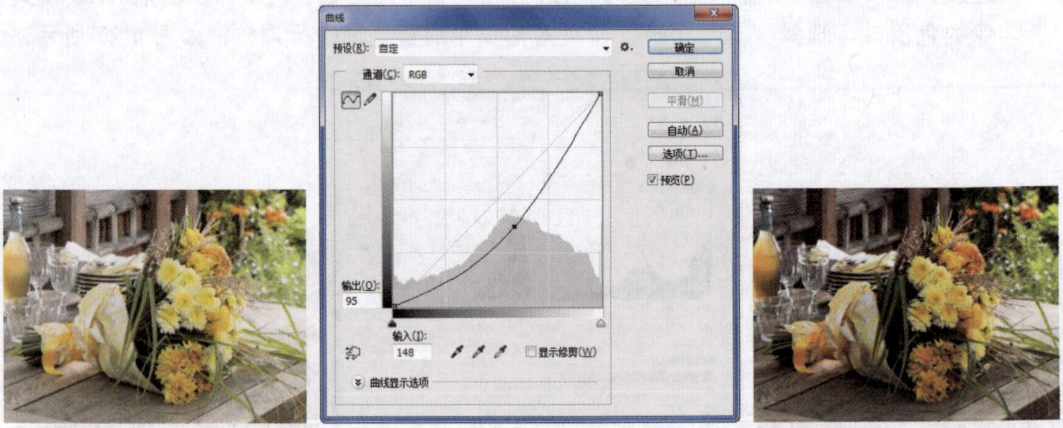

图 4-30　调暗图像

对于色调对比度不明显的照片，可以调整曲线为 S 形，使图像亮处更亮、暗处更暗，从而增大图像的对比度，如图 4-31 所示。

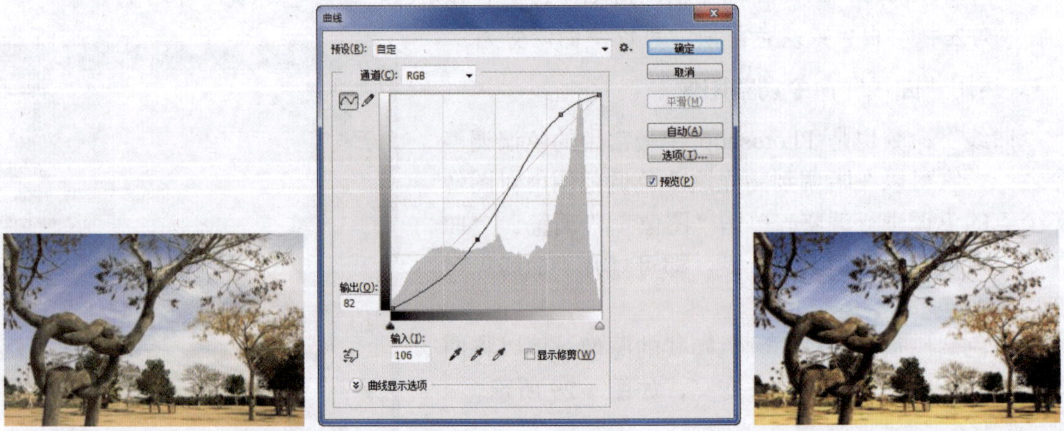

图 4-31　增大图像对比度

4. 运用“曝光度”命令调整色调

“曝光度”命令用于调整 HDR 图像的色调，也常用于调整曝光不足或曝光过度的数码照片，单击“图像”|“调整”|“曝光度”命令，弹出“曝光度”对话框，如图 4-32 所示。

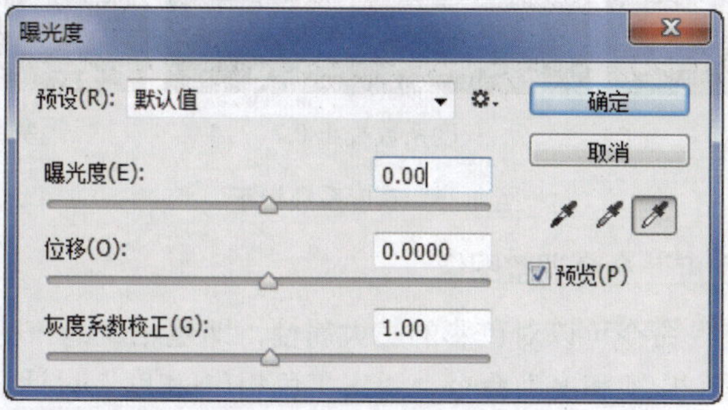

图 4-32　“曝光度”对话框

在“曝光度”对话框中，各选项的含义如下。

➢ **曝光度**：用于设置图像的曝光度，通过增强或减弱光照强度使图像变亮或变暗。设置正值或向右拖动滑块，可以使图像变亮；设置负值或向左拖动滑块，可以使图像变暗，如图 4-33 所示。

原图像　　设置曝光度 0.6　　设置曝光度-0.6

图 4-33　设置曝光度对比效果

➢ **位移**：用于设置阴影或中间调亮度，取值范围为 - 0.5~0.5。设置正值或向右拖动滑块，可以使阴影或中间调变亮，如图 4-34 所示。此选项对高光区域的影响相对比较轻微。

原图像　　设置位移 0.1　　设置位移 - 0.1

图 4-34　设置位移对比效果

➢ **灰度系数校正**：使用简单的乘方函数来设置图像的灰度系数，可以通过拖动该滑块或在其后面的数值框中输入数值来校正数码照片的灰度系数，如图 4-35 所示。

原图像　　灰度系数校正 0.7　　灰度系数校正 1.3

图 4-35　灰度系数校正

5．运用“色相/饱和度”命令调整图像

使用“色相/饱和度”命令可以对色彩的三大属性，即色相、饱和度和明度进行调整。单击“图像”|“调整”“|色相/饱和度”命令，弹出“色相/饱和度”对话框，如图 4-36 所示。

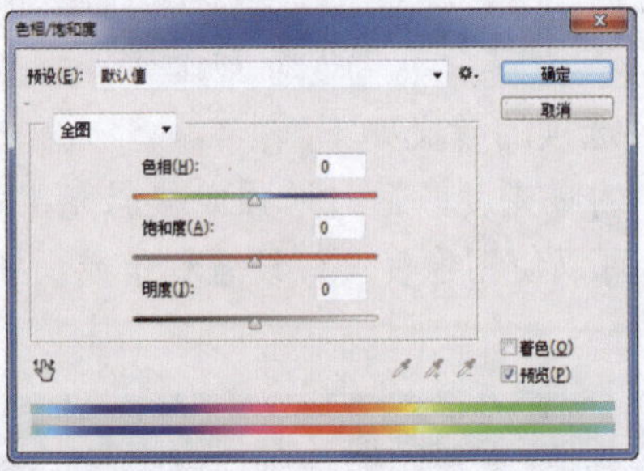

图 4-36　“色相/饱和度”对话框

在“色相/饱和度”对话框中，各选项的含义如下。

- **全图**：用于设置调整范围。其中，选择“全图”选项，可以一次性调整所有颜色；选择其他单色，则调整参数时只对所选的颜色起作用。
- **色相**：色相是各类色彩的相貌称谓，用于改变图像的颜色。在“色相”文本框中输入数值或左右拖动滑块，可以调整图像的颜色。
- **饱和度**：用于设置色彩的鲜艳程度。在“饱和度”文本框中输入数值或左右拖动滑块，可以调整图像的饱和度。
- **明度**：用于设置图像的明暗程度。在“明度”文本框中输入数值或左右拖动滑块，可以调整图像的亮度。
- **着色**：选中该复选框，可以使灰色或彩色图像变为单一颜色的图像，此时在“全图”下拉列表框中默认选中“全图”选项，如图 4-37 所示。

原图像

图 4-37　图像着色

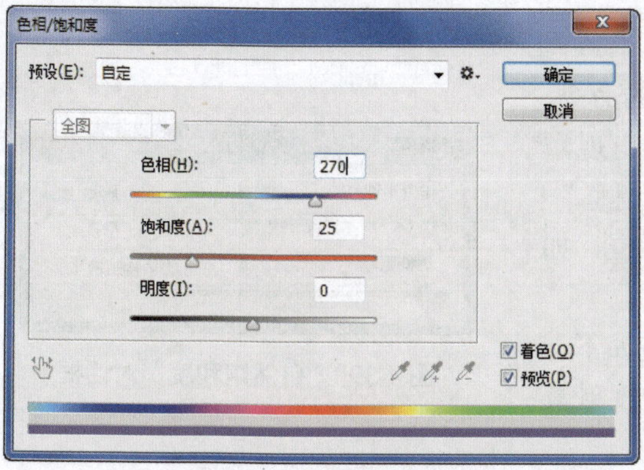

选中“着色”复选框

图像效果

图 4-37（续）

➢ **吸管工具**：如果在“全图”下拉列表框中选择了一种颜色，便可以使用吸管工具拾取颜色。使用吸管工具在图像中单击鼠标左键，可以选择颜色范围；使用“添加到取样”工具在图像中单击鼠标左键，可以增加颜色范围；使用“从取样中减去”工具在图像中单击鼠标左键，可以减少颜色范围。设置颜色范围后，可以拖动滑块来调整颜色的色相、饱和度和明度。

使用“色相/饱和度”命令既可以调整单击颜色的色相、饱和度和明度，也可以同时调整图像中所有颜色的色相、饱和度和明度，如图 4-38 所示。

原图像

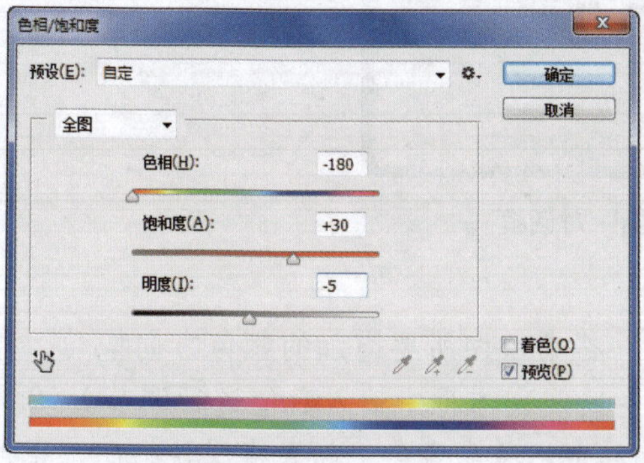

“色相/饱和度”对话框

图像效果

图 4-38　调整色相/饱和度

6. 运用“自然饱和度”命令调整图像

“自然饱和度”命令是用于调整色彩饱和度的命令，可以在增加饱和度的同时防止颜色过于饱和而出现溢色，比较适合处理人像照片。单击“图像”|“调整”|“自然饱和度”命令，弹出“自然饱和度”对话框，如图 4-39 所示。

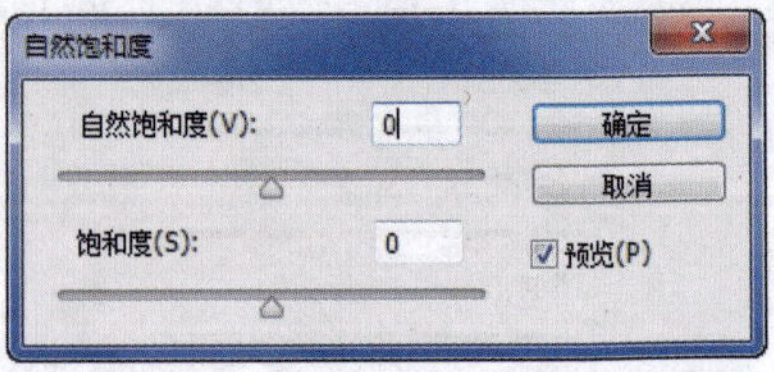

图 4-39 “自然饱和度”对话框

在“自然饱和度”对话框中，各选项的含义如下。

- **自然饱和度**：可以在颜色接近最大饱和度时最大限度地减少修剪，以防止过度饱和。
- **饱和度**：用于调整所有颜色，而不考虑当前的饱和度。

“自然饱和度”命令可以对皮肤肤色进行一定的保护，确保在调整过程中不会变得过度饱和，如图 4-40 所示。

原图像

自然饱和度为 100

饱和度为 100

图 4-40 设置自然饱和度与饱和度

7. 运用“色彩平衡”命令调整图像

“色彩平衡”命令是通过调整各种色彩的色阶平衡来校正图像中出现的偏色现象，更改图像的总体颜色混合。单击“图像”| “调整”|“色彩平衡”命令，弹出“色彩平衡”对话框，如图 4-41 所示。

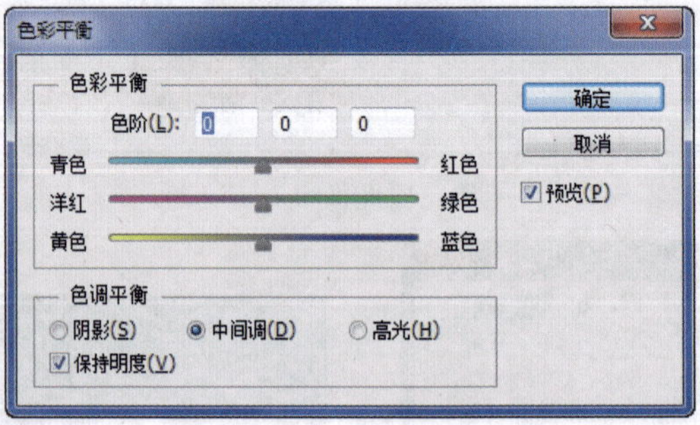

图 4-41 “色彩平衡”对话框

在该对话框中，各选项的含义如下。

- **色彩平衡**：该区域用于设置调整颜色均衡。将滑块向所要增加的颜色方向拖动，即可增加该颜色，减少其互补颜色（也可在“色阶”文本框中输入数值进行调节）。例如，如果将最上面的滑块拖向“红色”，则增加红色，减少青色；如果将滑块拖向“青色”，则增加青色，减少红色。图 4-42 所示为调整色彩平衡前后的对比效果。

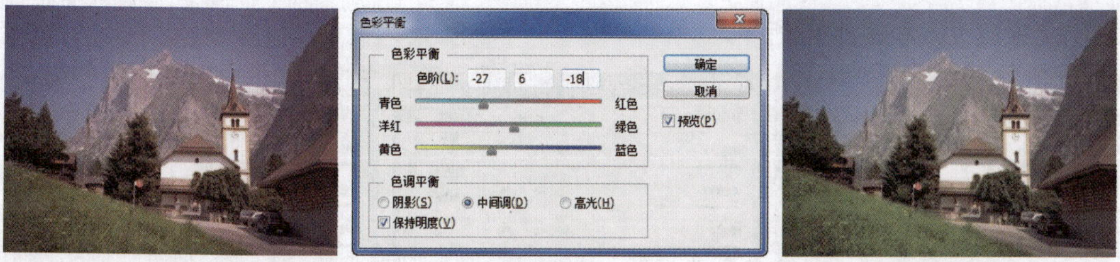

原图像　　　　设置参数　　　　调整后效果

图 4-42　调整图像色彩平衡

➢ **色调平衡**：该选项区用于设置色调范围，通过“阴影”“中间调”和“高光”3 个单选按钮进行设置。选中“保持明度”复选框，可以在调整颜色平衡过程中保持图像的整体亮度不变。图 4-43 所示为调整色调平衡的图像效果。

原图像　　　　调整阴影效果

调整中间调效果　　　　调整高光效果

图 4-43　调整色调平衡

4.2.2　色彩和色调的特殊调整方法

1. 运用“黑白”命令调整图像

“黑白”命令主要是通过调整各种颜色将彩色照片转换为层次丰富的灰度图像。单击“图像”|“调整”|“黑白”命令或按【Alt+Shift+Ctrl+B】组合键，弹出“黑白”对话框，如图 4-44 所示。在“黑白”对话框中，各选项的含义如下。

➢ **预设**：在该下拉列表框中可以选择一个预设的调整设置，如图 4-45 所示。如果要存储当前的调整设置结果，则单击选项右侧的按钮，在弹出的下拉菜单中选择“存储预设”

选项即可，如图 4-46 所示。

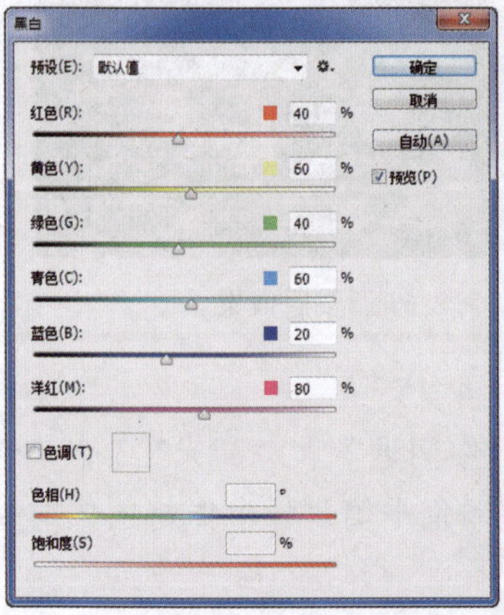

图 4-44 “黑白”对话框

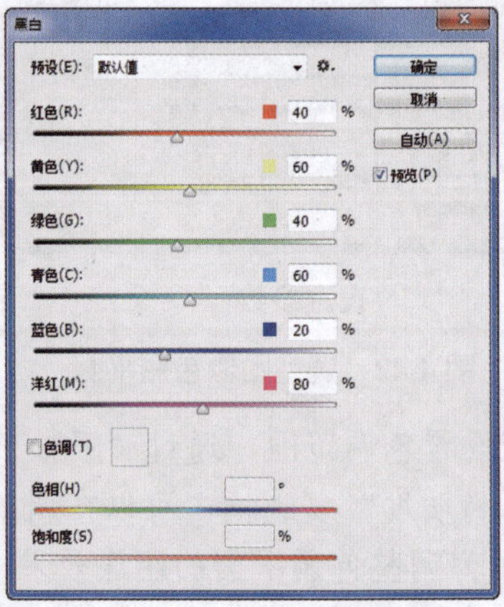

图 4-45 选择预设设置

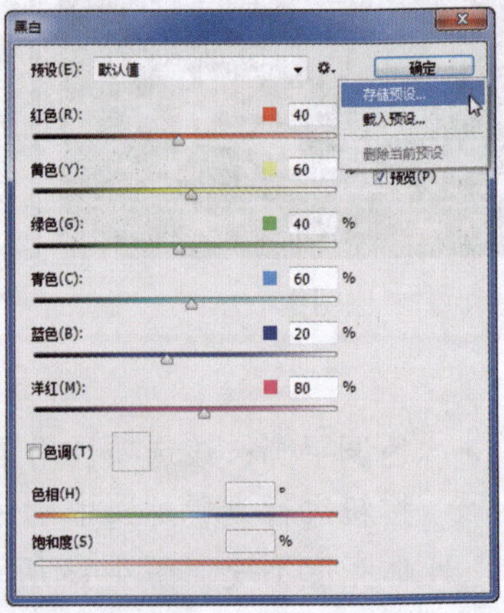

图 4-46 选择“存储预设”选项

➢ **颜色滑块**：拖动滑块，可以调整图像中特定颜色的灰色调。向左拖动滑块，可以使图像原色的灰色调变暗；向右拖动滑块，可以使图像原色的灰色调变亮。

➢ **色调**：如果要对灰度应用色调，可以选中“色调”复选框，然后调整“色相”滑块和“饱和度”滑块。单击色块，可以打开拾色器，调整色调颜色。

➢ **自动**：单击“自动”按钮，可以设置基于图像颜色值的灰度混合，并使灰度值的分布最大化。自动混合通道通常会产生最佳的效果，并可以使用颜色滑块调整灰度的起点。

图 4-47 所示为使用“黑白”命令调整图像前后的对比效果。

原图像

使用自动按钮

选中“色调”复选框

图 4-47 使用“黑白”命令调整图像色彩

2．运用“照片滤镜”命令调整图像

“照片滤镜”功能相当于传统摄影中滤光镜的功能，可以模拟彩色滤镜，调整通过镜头传输的光的色彩平衡和色温，以便达到镜头光线的色温与色彩的平衡。

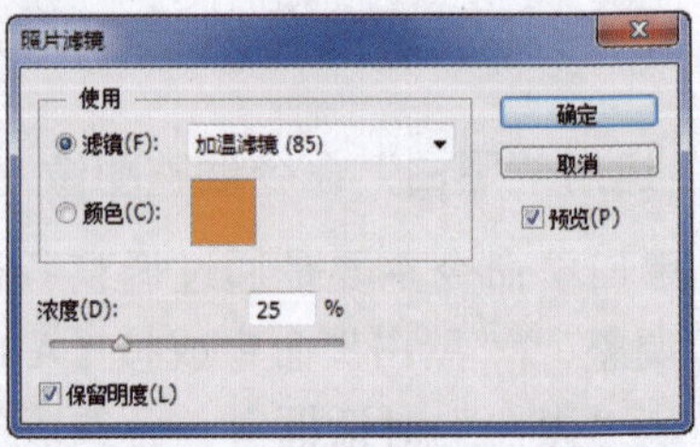

图 4-48 “照片滤镜”对话框

单击“图像”|“调整”|“照片滤镜”命令，弹出“照片滤镜”对话框，如图 4-48 所示。在“滤镜”下拉列表框中，可以选择系统预设的一些标准滤光

镜，也可以自己设置滤光镜的颜色，如图 4-49 所示。

原图像　　加温滤镜　　冷却滤镜

图 4-49　使用“照片滤镜”命令调整图像颜色

2. 运用“通道混和器”命令调整图像

图像的色彩是由各种颜色混合在一起组成的，其颜色信息保存在通道中。“通道混和器”命令利用存储颜色信息的通道混合通道颜色，从而改变图像的颜色。单击“图像”|“调整”|“通道混和器”命令，弹出“通道混和器”对话框，如图 4-50 所示。在该对话框中，各选项的含义如下。

➢ **预设**：在该下拉列表框中包含多个预设的调整设置文件，用于创建各种黑白效果。

➢ **输出通道**：在该下拉列表框中可以选择要调整的通道。

➢ **源通道**：可以设置“红”“绿”“蓝” 3 个通道的混合百分比。若调整“红”通道的源通道，调整效果将反映到图像和“通道”面板中对应的“红”通道上。

➢ **常数**：可以调整输出通道的灰度值。

➢ **单色**：选中该复选框，图像将从彩色转换为单色图像。

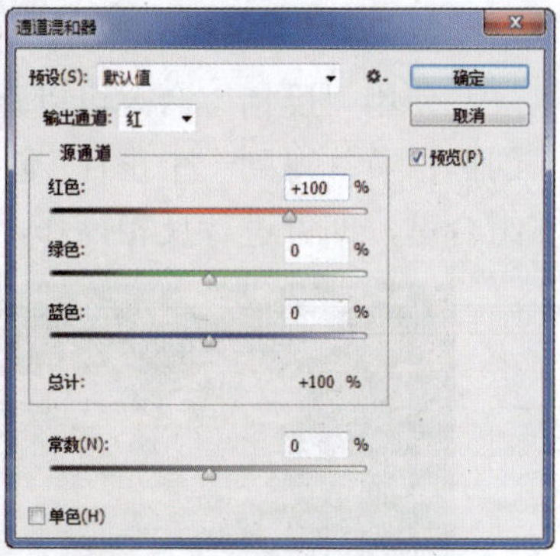

图 4-50　“通道混和器”对话框

应用“通道混和器”命令可以将彩色图像转换为单色图像，或将单色图像转换为彩色图像，如图 4-51 所示。

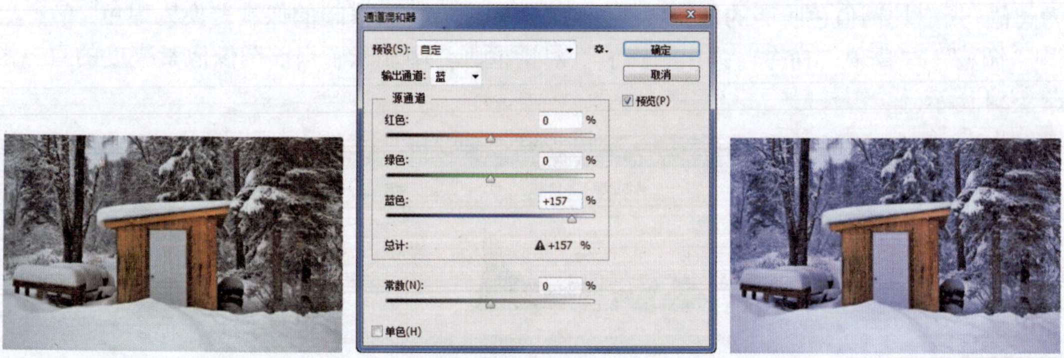

图 4-51　调整通道混和器参数

使用“通道混和器”命令是创建高品质黑白图像常用的一种方法，在数码照片的处理中会经常使用，如图 4-52 所示。

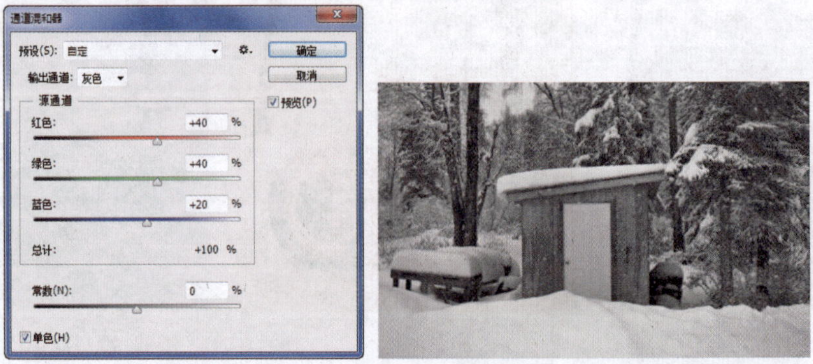

图 4-52　调整为黑白图像

3．运用“反相”命令调整图像

使用“反相”命令可以翻转图像中的颜色，可以将一个正片黑白图像变成负片，或从扫描的黑白负片得到一个正片，创建彩色负片效果。单击“图像”|“调整”|“反相”命令或按【Ctrl+I】组合键，即可进行反相操作，前后对比效果如图 4-53 所示。

图 4-53　图像反相对比效果

4．运用“阈值”命令调整图像

使用“阈值”命令可以将灰度或彩色图像转换为高对比度的黑白图像。可以指定某个色阶作为阈值，所有比阈值色阶亮的像素转换为白色，而所有比阈值暗的像素转换为黑色。单击“图像”|“调整”|“阈值”命令，弹出“阈值”对话框，其中显示了当前图像像素亮度的直方图，如图 4-54 所示。

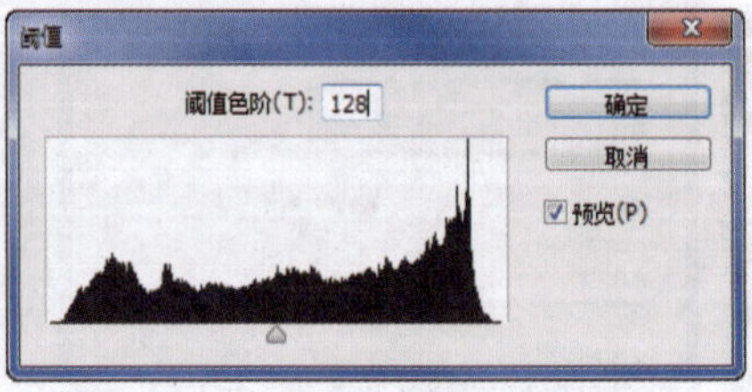

图 4-54　“阈值”对话框

默认设置是以 128 为基准，亮于该值的颜色为白色，暗于该值的颜色为黑色。图 4-55 所示为应用“阈值”命令前后的图像对比效果。

图 4-55　应用“阈值”命令前后的图像对比效果

5．运用“色调分离”命令调整图像

使用“色调分离”命令可以按照指定的色阶数减少图像的颜色（或灰度图像中的色调），从而简化图像。单击“图像”|“调整”|“色调分离”命令，弹出“色调分离”对话框，如图 4-56 所示。

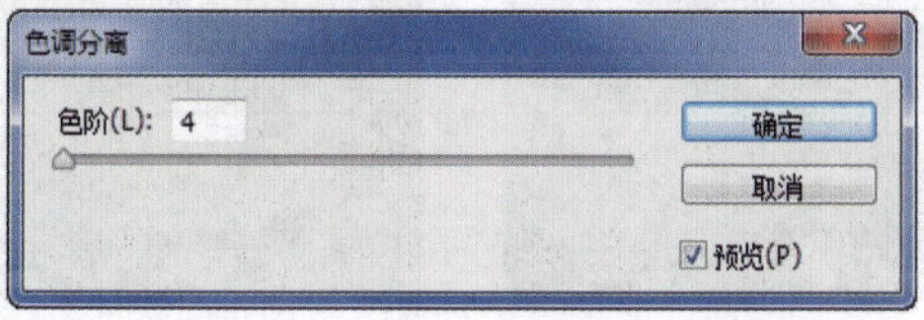

图 4-56　“色调分离”对话框

在该对话框中，输入 2~255 想要的色阶数或拖动滑块，单击“确定”按钮即可。数值越大，色阶数越多，保留的图像细节也就越多；反之，数值越小，色阶数越少，保留的图像细节也就越少，如图 4-57 所示。

原图像　　色阶为 10　　色阶为 4

图 4-57　不同色阶对比效果

6．运用“渐变映射”命令调整图像

使用“渐变映射”命令可以将相等图像灰度范围映射到指定的渐变填充色，以产生特殊的效果。例如，指定双色渐变填充，在图像中的阴影映射到渐变填充的一个端点颜色，高光映射到另一个端点颜色，而中间调则映射到两个端点之间的渐变。

单击“图像”|“调整”|“渐变映射”命令，弹出“渐变映射”的对话框，如图 4-58 所示。

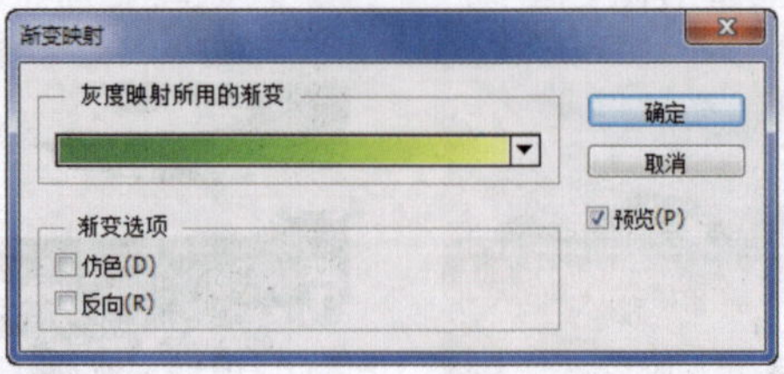

图 4-58 “渐变映射”对话框

在该对话框中，各选项的含义如下。

- **灰度映射所用的渐变**：单击渐变条右侧的下拉按钮，在弹出的下拉面板中可以选择需要的渐变。
- **仿色**：选中该复选框，可以随机增加杂色，使渐变填充外观产生平滑渐变。
- **反向**：选中该复选框，可以翻转渐变映射的颜色。

图 4-59 所示为使用“渐变映射”命令调整图像的前后对比效果。

图 4-59 使用“渐变映射”命令调整图像前后对比效果

7．运用“阴影/高光”命令调整图像

“阴影/高光”命令不是简单地使图像变亮或变暗，而是根据图像中阴影或高光的像素色调增亮或变暗。该命令允许分别控制图像的阴影或高光，非常适合校正强逆光而形成剪影的照片，也适合校正由于太接近相机闪光灯而有些发白的焦点。

单击“图像”|“调整”|“阴影/高光”命令，弹出“阴影/高光”对话框，如图 4-60 所示。

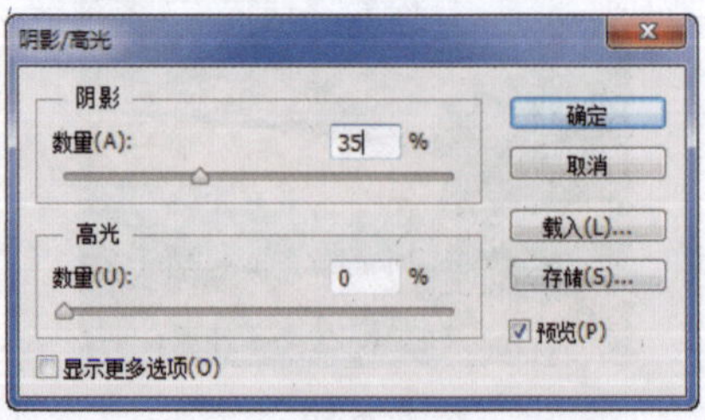

图 4-60 “阴影/高光”对话框

与“亮度/对比度”命令不同的是，使用“亮度/对比度”命令调整图像，高光区域会随着阴影区域同时增加亮度，从而出现曝光过度的现象；而使用“阴影/高光”命令则可以分别对图像的阴影和高光区域进行调整，既不会损失高光区域的细节，也不会损失阴影区域的细节。图 4-61 所示为使用“阴影/高光”命令调整图像的前后对比效果。

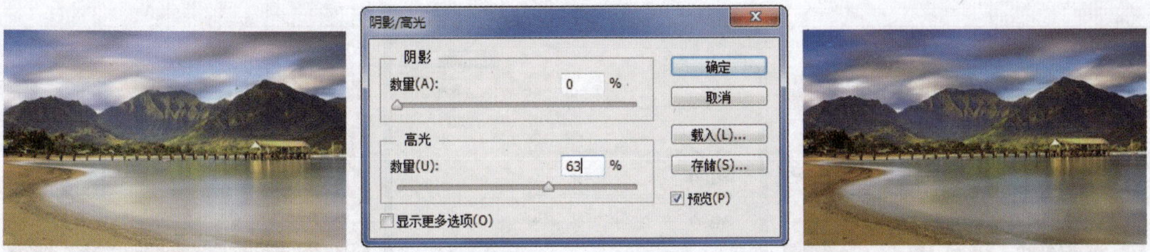

图 4-61　使用“阴影/高光”命令调整图像对比效果

8．运用“去色”命令去除图像颜色

使用“去色”命令可以对图像进行去色，将彩色图像转换为灰度效果，但不改变图像的颜色模式。图 4-62 所示为使用“去色”命令调整图像的前后对比效果。

图 4-62　图像去色前后对比效果

9．运用“可选颜色”命令调整图像

使用“可选颜色”命令可以对图像进行校正和调整，主要针对 RGB、CMYK 和黑、白、灰等主要颜色的组成进行调节。可以选择性地在图像某一主色调成分中增加或减少含量，而不影响其他主色调。单击“图像”|“调整”|“可选颜色”命令，弹出“可选颜色”对话框，如图 4-63 所示。

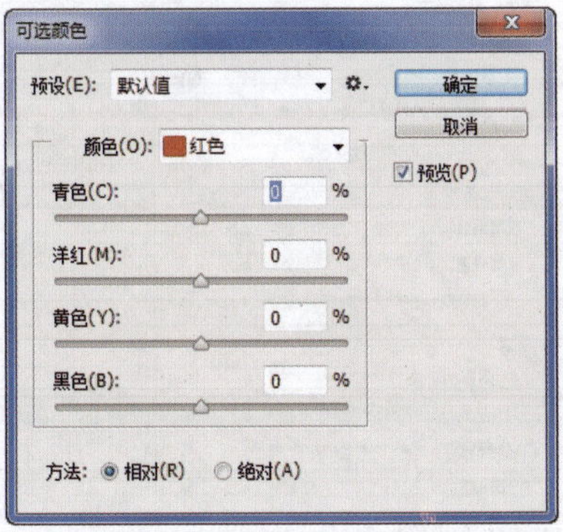

图 4-63　“可选颜色”对话框

在“颜色”下拉列表框中，可以选择要进行操作的颜色种类，分别拖动 4 个颜色滑块，以进行颜色调整，如图 4-64 所示。

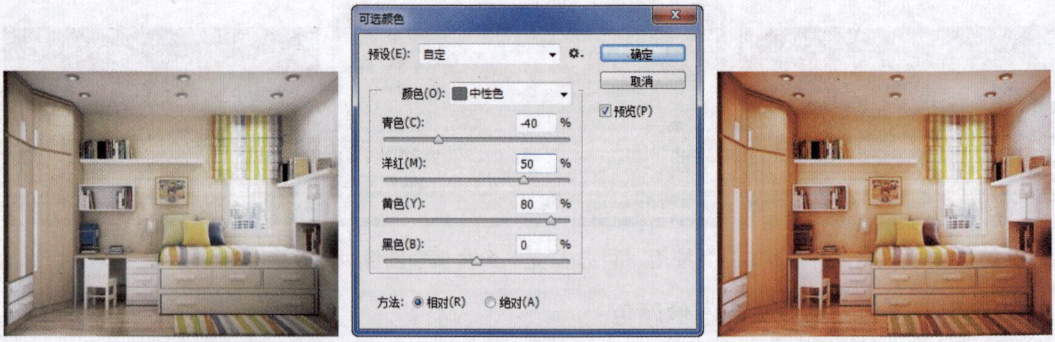

调整中性色

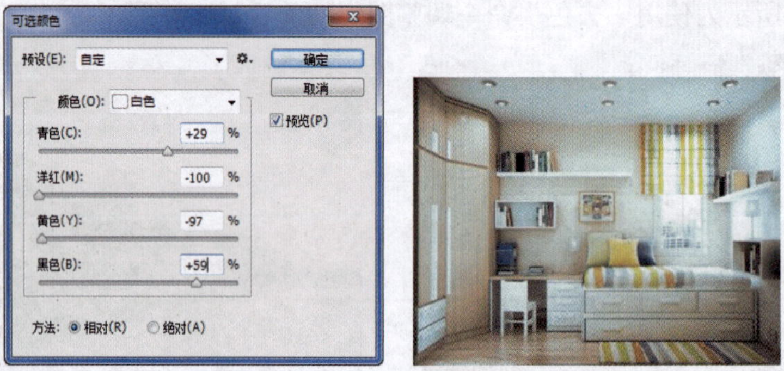

调整白色

图 4-64 调整颜色

10. 运用“HDR 色调”命令调整图像

“HDR 色调”命令用于修补太亮或太暗的图像，制作出高动态范围的图像效果。单击“图像”|“调整”|“HDR 色调”命令，弹出“HDR 色调”对话框，如图 4-65 所示。

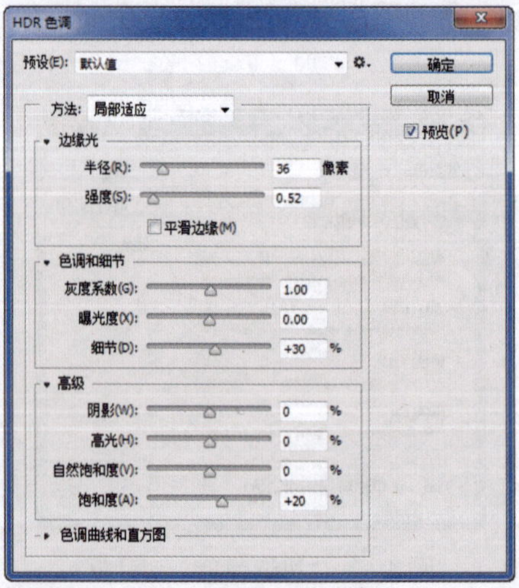

图 4-65 “HDR 色调”对话框

根据图 4-65 进行参数设置，如图 4-66 所示为使用“HDR 色调”命令调整图像的前后对比效果。

图 4-66　使用“HDR 色调”命令调整图像前后对比效果

11. 运用“变化”命令调整图像

“变化”命令通过显示图像的缩览图，可以调整图像的色彩平衡、对比度和饱和度，对于不需要精确颜色调整的平均色调图像最为有用。

单击“图像”|“调整”|“变化”命令，弹出“变化”对话框，如图 4-67 所示。

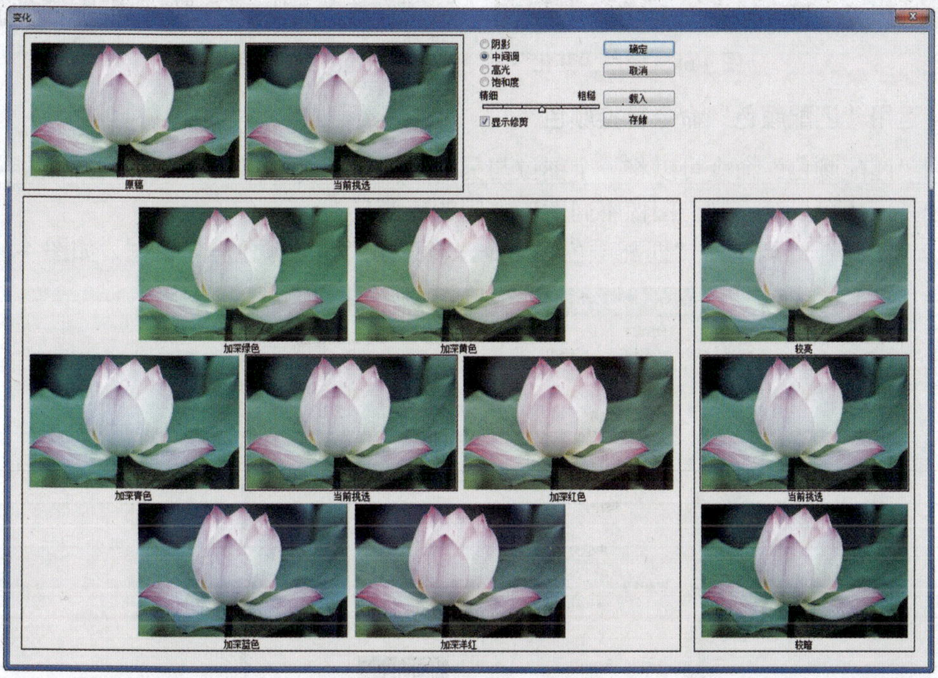

图 4-67　“变化”对话框

在该对话框中，各选项的含义如下。

- **对话框顶部的两个缩览图**：显示原始图像和包含当前选定的调整效果的图像（当前挑选）。第一次打开该对话框时，这两个图像是一样的。随着调整操作的进行，“当前挑选”图像将随之更改，以反映所进行的处理效果。
- **选择图像中要调整的对象**：选中“阴影”“中间调”或“高光”单选按钮，可以调整较暗区域、中间区域或较亮区域；选中“饱和度”单选按钮，可以更改图像中的色相强度。拖动“精细/粗糙”滑块，可以确定每次调整的量，将滑块移动一格可以使调整量双倍增加。

➢ **调整颜色和亮度**：若要将颜色添加到图像，则单击相应的颜色缩览图即可。若要减去颜色，可单击其相反颜色的缩览图。例如，若要减去青色，可单击“加深红色”缩览图。若要调整亮度，可单击对话框右侧的缩览图。需要注意的是，单击缩览图产生的效果是累积的。例如，单击“加深红色”缩略图两次，将应用两次调整。每单击一个缩览图时，其他缩览图都会更改。3 个“当前挑选”缩略图始终反映当前的选择情况。

图 4-68 所示为使用“变化”命令调整图像的前后对比效果。

图 4-68　使用“变化”命令调整图像的前后对比效果

12．运用“匹配颜色”命令替换颜色

使用“匹配颜色”命令可以将一个图像与另一个图像的颜色相匹配。除了匹配两张不同图像的颜色外，还可以统一同一图像不同图层之间的色彩。

单击“图像”|“调整”|“匹配颜色”命令，将弹出“匹配颜色”对话框，如图 4-69 所示。

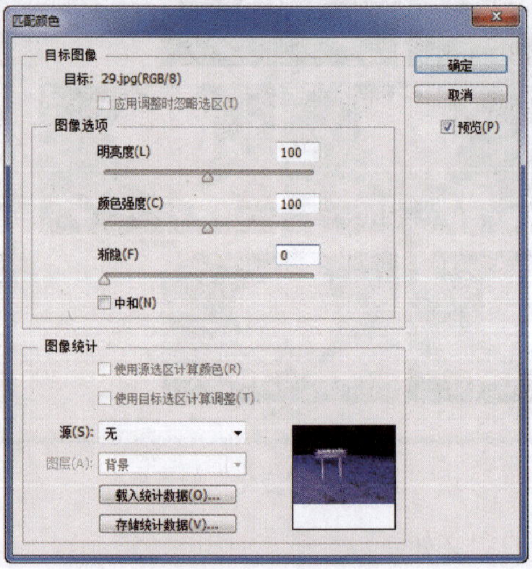

图 4-69　“匹配颜色”对话框

在该对话框中，各选项的含义如下。

➢ **目标图像**：显示被修改图像的名称和颜色模式。

➢ **图像选项**：设置目标图像的色调和明度。其中，通过“明亮度”可以增加或减少图像的亮度；通过“颜色强度”可以调整色彩的饱和度；通过“渐隐”可以控制匹配颜色在目标图像中的渐隐程度；选中“中和”复选框，可以消除图像中出现的色偏。

➢ **图像统计**：可以定义源图像或目标图像中的选区进行颜色的计算，以及定义源图像和具体对哪个图层进行计算。图 4-70 所示为使用“匹配颜色”命令匹配两张图像的过程与效果。

素材图像

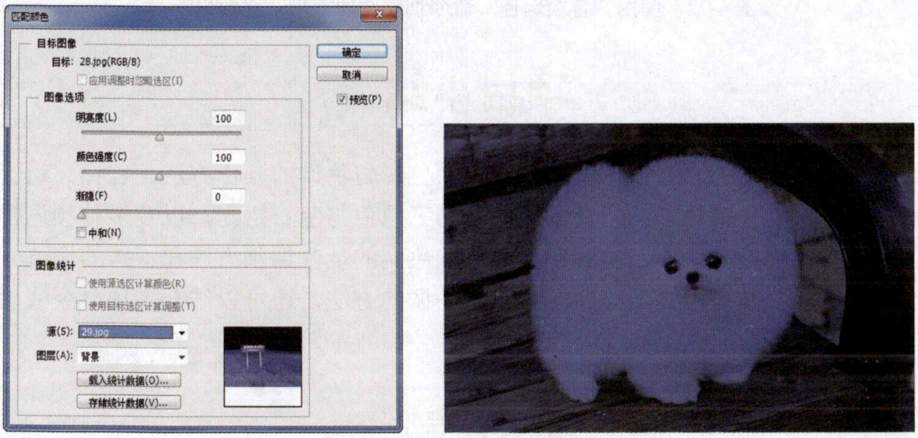

图 4-70　匹配颜色

13. 运用“替换颜色”命令替换颜色

使用“替换颜色”命令可以选中图像中的特定颜色，然后修改其色相、饱和度和明度。该命令包含了选择颜色和调整颜色两个步骤。选择颜色步骤的原理与“色彩范围”命令相似，而调整颜色步骤则与“色相/饱和度”命令相似。

单击“图像”|“调整”|“替换颜色”命令，弹出“替换颜色”对话框，如图 4-71 所示。

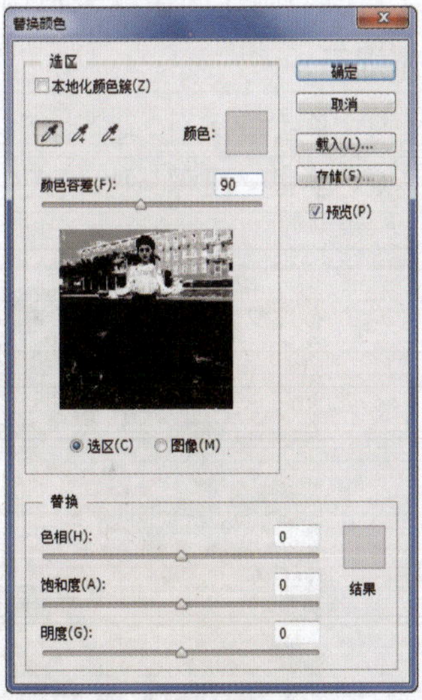

图 4-71　“替换颜色”对话框

在该对话框中选择吸管工具，单击图像中要选择的颜色区域，使该图像中所有与单击处相同或相近的颜色被选中。如果需要选择不同的几个颜色区域，可以在选择一种颜色后单击“添加到取样”工具，在图像中单击其他需要选择的颜色区域。如果想在已经选择的范围内去除某个部分，则单击“从取样中减去”工具，然后在图像中单击需要去除的颜色区域，拖动滑块，调整颜色区域的大小。最后拖动“色相”“饱和度”和“明度”滑块，调整图像的颜色即可。

图 4-72 所示为使用“替换颜色”命令调整图像的前后对比效果。

图 4-72　使用“替换颜色”命令调整图像前后对比效果

项目小结

本项目主要讲述了在 Photoshop 中调整图像的色彩与色调的操作方法。首先介绍了色彩与图像的颜色模式，主要包括色彩的三要素、色彩的三原色与色彩搭配，以及多种颜色模式；其次介绍了调整图像的色彩与色调，主要包括色彩和色调的基本调整方法和特殊的调整方法。通过本章的学习，读者应掌握多种调整图像色彩与色调的方法，还可以结合多种命令或调色功能一起使用。

项目习题 4

下面运用本项目所学的知识，通过转换图像的颜色模式，再对图像色彩与色调进行调整的方法，练习制作甜美糖果色调效果。

操作提示：

① 单击“文件”|“打开”命令，打开“糖果色调.jpg”文件，如图 4-73 所示。

② 单击“图像”|“模式”|“Lab 颜色”命令，将图像转换为 Lab 催的颜色模式，如图 4-74 所示。

图 4-73　打开素材文件

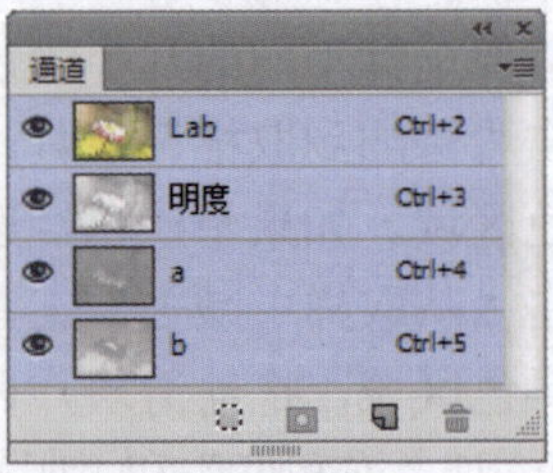

图 4-74　转换图像颜色模式

③ 单击“图像”|“调整”|“曲线”命令，在弹出的对话框中调整 a 和 b 通道的曲线，然后单击“确定”按钮，如图 4-75 所示。

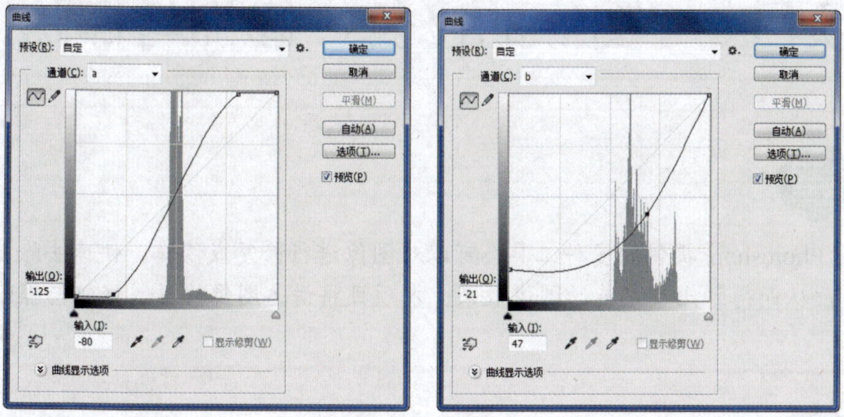

图 4-75　调整曲线

④ 单击“图像”|“调整”|“色阶”命令，拖动滑块对明度、a 和 b 通道进行调整，然后单击“确定”按钮，如图 4-76 所示。

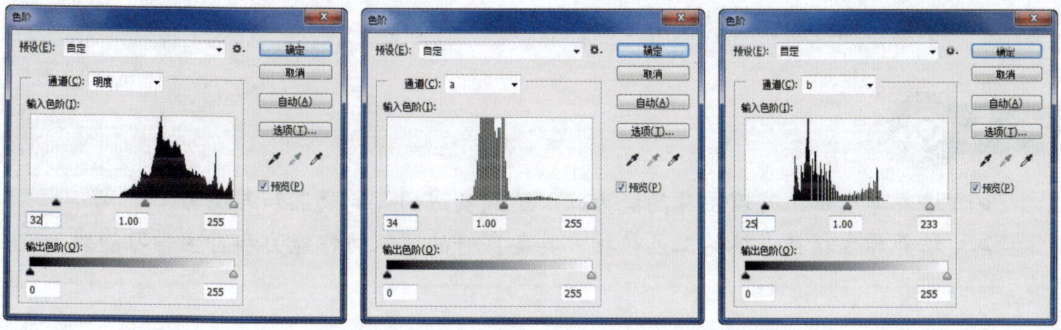

图 4-76　调整色阶

⑤ 单击“图像”|“模式”|“RGB 颜色”命令，将图像转换为 RGB 颜色模式，即可得到最终效果，如图 4-77 所示。

图 4-77　最终效果

项目5　图像的修复、修饰与擦除

项目概述

利用 Photoshop 提供的多种工具，可以对图像进行修复或修饰，快速去除图像的一些缺陷等，从而得到比较完美的图像效果。本项目将讲述图像修复、修饰与擦除的方法与技巧。

项目目标

- 掌握图像修复工具的使用方法。
- 掌握图像修饰工具的使用方法。
- 掌握图像擦除工具的使用方法。

素质目标

- 培养学生加工处理图片的能力，以达到良好的视觉效果和表现力。
- 培养学生精益求精的工匠精神，具备良好的团队协作能力和自主学习能力。

任务1　图像的修复

任务概述

在 Photoshop 工具箱提供了很多对图像的污点和瑕疵进行修饰的工具，使用这些工具处理图像可以使图像变得更加完美。本任务主要介绍使用这些修复工具来对图像进行修复的操作方法。

任务重点与实施

5.1.1　运用污点修复画笔工具去除人物黑痣

使用污点修复画笔工具可以快速移除图像中的杂色或污点。使用该工具时，只要在图像中有污点的地方单击鼠标左键，即可快速修复污点。污点修复画笔工具可以自动从所修复区域的周围取样来进行修复操作，而不需要用户定义参考点。

选择污点修复画笔工具，其工具属性栏如图 5-1 所示。

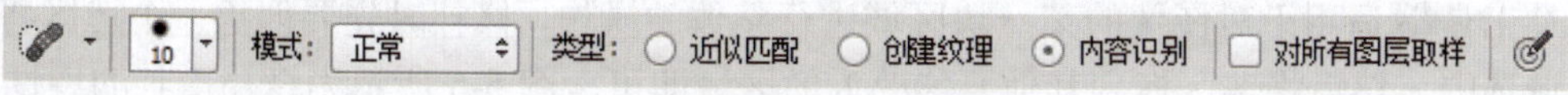

图 5-1　污点修复画笔工具属性栏

图 5-2 所示为使用污点修复画笔工具修复图像污点的前后对比效果。

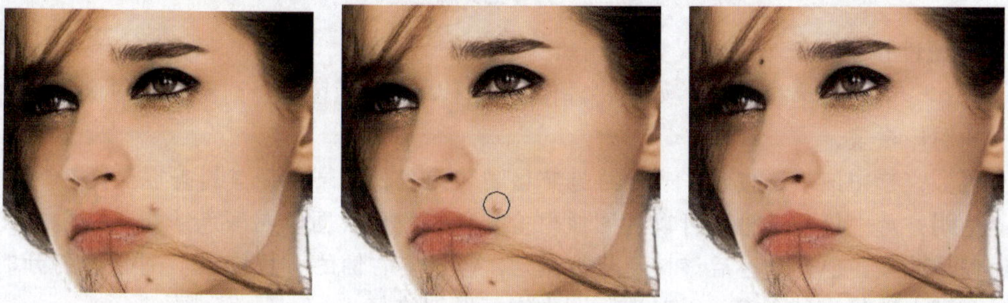

原图像　单击污点　修复效果

图 5-2　修复图像污点前后对比效果

5.1.2　运用修复画笔工具去除多余图像

使用修复画笔工具可以通过从图像中取样或用图案来填充图像，以达到修复图像的目的。如果需要修饰大片区域或需要更大程度地控制取样来源，可选择使用修复画笔工具。

选择工具箱中的修复画笔工具，其工具属性栏如图 5-3 所示。

图 5-3　修复画笔工具属性栏

在该属性栏中可以设置取样方式，其中：

- **取样**：选中该单选按钮，可以从图像中取样来修复有缺陷或多余的图像。
- **图案**：选中该单选按钮，将使用图案填充图像。该工具在填充图案时将根据周围的图像来自动调整图案的色彩和色调。

选择修复画笔工具，按住【Alt】键，当鼠标指针呈形状⊕时在图像中没有污损的地方单击进行取样，然后松开【Alt】键，单击有污损的地方，即可将刚才取样位置的图像复制到当前单击位置。图 5-4 所示为利用修复画笔工具去除多余图像的前后对比效果。

原图像　单击多余图像　修复效果

图 5-4　去除多余图像前后对比效果

5.1.3 运用修补工具修复图像

修补工具适用于对图像的某一块区域进行整体的操作，修补时先要创建一个选区将要修补的区域选中，然后将选区拖到其他要修改为的区域即可。图 5-5 所示为修补工具的属性栏。

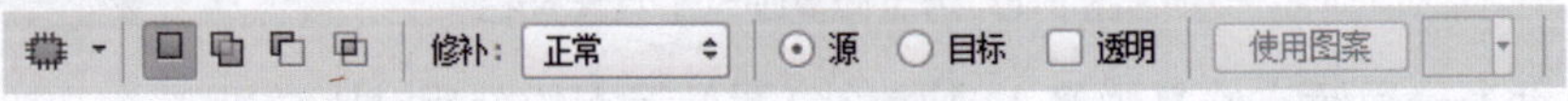

图 5-5 修补工具属性栏

该工具属性栏中各选项的含义如下。

➢ **源**：选中该单选按钮后，如果将源图像选区拖至目标区域，则源区域图像将目标区域的图像覆盖。
➢ **目标**：选中该单选按钮，表示将选定区域作为目标区域，用其覆盖需要修补的区域。
➢ **透明**：选中该复选框，可以将图像中差异较大的形状图像或颜色修补到目标区域中。
➢ **使用图案**：创建选区后该按钮将被激活，单击其右侧的下拉按钮，可以在打开的图案列表中选择一种图案，以对选区图像进行图案修复。

图 5-6 所示为利用修补工具修复图像的过程和效果。

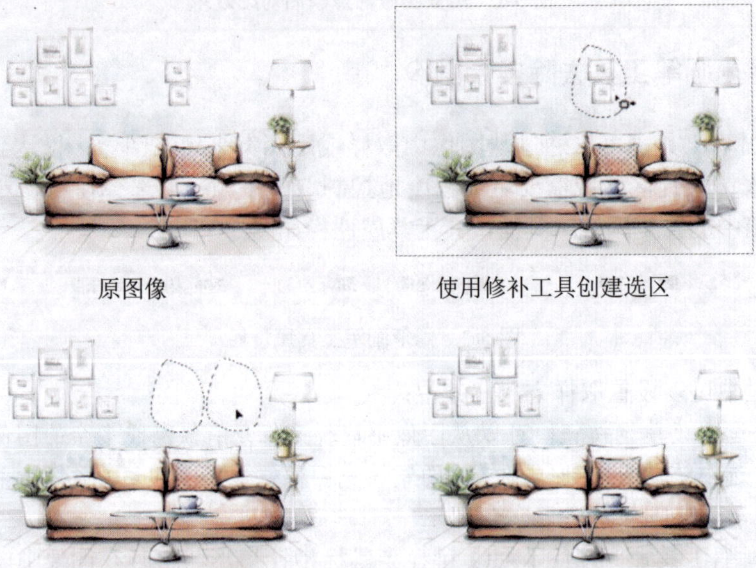

图 5-6 修复图像

5.1.4 运用内容感知移动工具移动和复制图像

使用内容感知移动工具可以在移动图片中选中的某个区域时，智能填充原来的位置。使用内容感知移动工具时先要为需要移动的区域创建选区，然后将选区拖到所需位置即可。内容感知移动工具的工具属性栏如图 5-7 所示。

图 5-7 内容感知移动工具属性栏

该工具属性栏中各选项的含义如下。

- **模式**：包含“移动”和“扩展”两种模式。选择“移动”选项，将选取的区域内容移到其他位置，并自动填充原来的区域；选择“扩展”选项，则将选取的区域内容复制到其他位置，并自动填充原来的区域。
- **适应**：设置选择区域保留的严格程度，包含“非常严格”“严格”“中”“松散”和“非常松散”5 个选项。

如图 5-8 所示分别为利用内容感知移动工具“移动”“扩展”模式来移动与复制图像的效果。

使用“移动”模式移动图像

使用“扩展”模式复制图像

图 5-8 使用内容感知移动工具移动与复制图像

5.1.5 运用红眼工具去除人物红眼

红眼是由于相机闪光灯在主体视网膜上反光引起的。在光线暗淡的房间里拍摄照片时，由于人的虹膜张开得很宽，所以就会出现红眼。为了避免红眼，现在很多数码相机都有红眼去除功能来消除红眼。

利用 Photoshop 红眼工具可以轻松去除拍摄照片时产生的红眼。选择工具箱中的红眼工具，其属性栏如图 5-9 所示，在该属性栏中可以设置瞳孔的大小和瞳孔的变暗量。

图 5-9 红眼工具属性栏

红眼工具的使用方法非常简单，只需在工具属性栏中设置参数，然后在图像红眼位置单击鼠标左键，即可修复红眼，图 5-10 所示为使用红眼工具修复人物红眼前后对比效果。

图 5-10　修复红眼

5.1.6　运用仿制图章工具复制图像

仿制图章工具用于复制图像的内容，可以将一幅图像的全部或部分复制到同一幅图像或另一幅图像中。

在仿制图章工具选项栏中选择合适的画笔大小，将鼠标指针移到图像窗口中，按住【Alt】键的同时单击进行取样，然后移动指针到当前图像的其他位置或另一幅图像中，按住鼠标左键并拖动，即可复制取样的图像，如图 5-11 所示。

图 5-11　使用仿制图章工具复制图像

选择工具箱中的仿制图章工具，其工具属性栏如图 5-12 所示。

图 5-12　仿制图章工具属性栏

在应用取样的图像源时，若由于某些原因停止，当再次仿制图像时，选中“对齐”复选框，仍可从上次仿制结束的位置开始；若未选择该复选框，则每次仿制图像时将从取样点的位置开始应用，如图 5-13 所示。

部分取样　　选中“对齐”复选框　　未选中“对齐”复选框

图 5-13　应用取样

5.1.7　运用图案图章工具将图案绘制到图像中

运用图案图章工具可以将系统自带的图案或自己创建的图案复制到图像中。选择工具箱中的图案图章工具，其工具属性栏如图 5-14 所示。

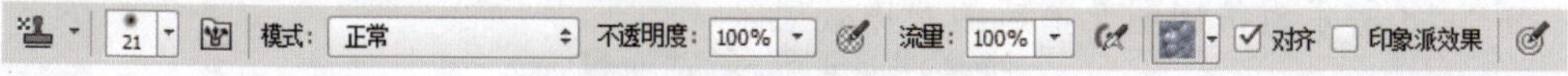

图 5-14　图案图章工具属性栏

该工具属性栏中部分选项的含义如下。

➢ ：单击该按钮，在弹出的图案下拉列表中选择一种系统默认或用户自定义的图案，单击窗口中的图像即可将图案复制到图像中，如图 5-15 所示。
➢ **印象派效果**：选中该复选框后，在复制图像时将产生类似印象派艺术画效果的图案，如图 5-16 所示。

图 5-15　使用图案图章工具复制图案

未选中“印象派效果”复选框　　　　选中“印象派效果”复选框

图 5-16　应用印象派效果前后对比效果

5.1.8　运用仿制源工具仿制多种图像效果

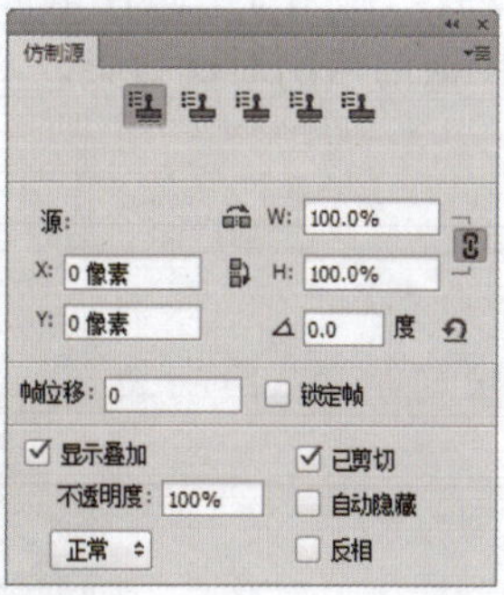

图 5-17　“仿制源”面板

“仿制源”面板主要用于仿制图章工具和修复画笔工具。在对图像进行处理时，如果需要确定多个仿制源，就可以使用“仿制源”面板进行设置，这样即可在多个仿制源中进行切换，并能对复制源区域的大小、缩放比例和方向进行调整。

单击“窗口”|“仿制源”命令，即可打开“仿制源”面板，如图 5-17 所示。在“仿制源”面板中，各选项的含义如下。

➢ **仿制源**：单击 5 个仿制源按钮，分别设置取样点，即可设置 5 个不同的取样源。通过设置不同的取样点，可以更改仿制源按钮的取样源。
➢ **位移**：输入 W（宽度）或 H（高度）值，可以缩放所仿制的源，默认情况下将约束缩放比例。如果要单独调整尺寸，可以单击“保持长宽比”按钮；指定 X 和 Y 像素位移后，可以在相对于取样点的精确位置进行绘制；输入旋转角度，可以旋转仿制的源。图 5-18 所示为仿制图像前后的对比效果。

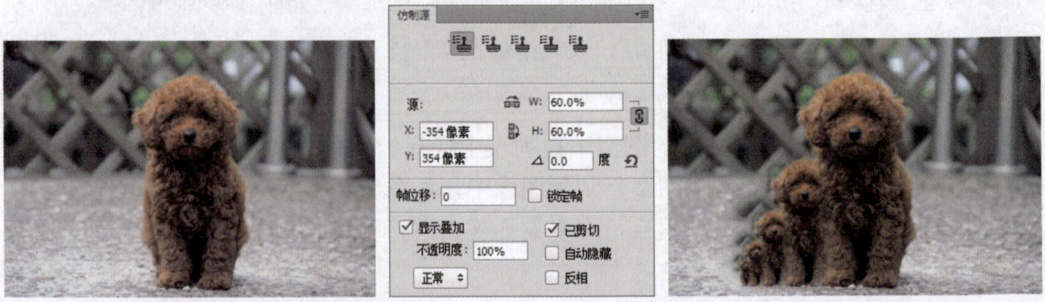

图 5-18　仿制图像

➢ **“复位变换”按钮**：单击该按钮，可以将仿制源复位到其原始的大小和方向。

任务 2　图像的修饰

任务概述

在 Photoshop 中，除了可以对图像的缺陷进行修复外，还能对图像进行一系列的修饰润色，使图像更加完美。本任务主要介绍图像修饰的操作方法。

任务重点与实施

5.2.1　运用模糊工具模糊图像

运用模糊工具可以使图像产生模糊的效果，从而柔化图像，减少图像细节。选择模糊工具后，在图像中按住鼠标左键并拖动，即可进行模糊操作。图 5-19 所示为使用模糊工具模糊图像前后的对比效果。

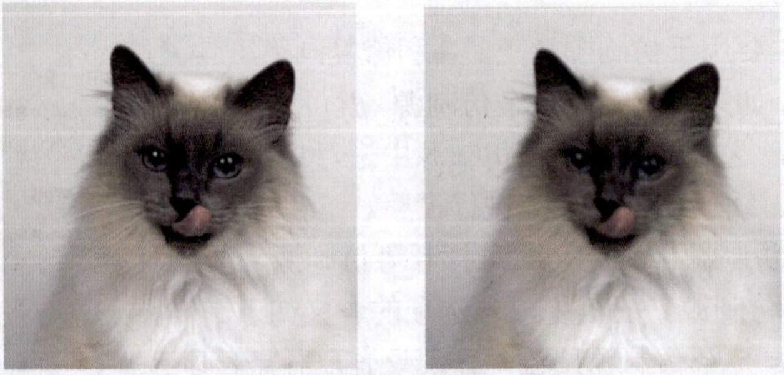

图 5-19　模糊前后对比效果

选择工具箱中的模糊工具，其工具属性栏如图 5-20 所示。

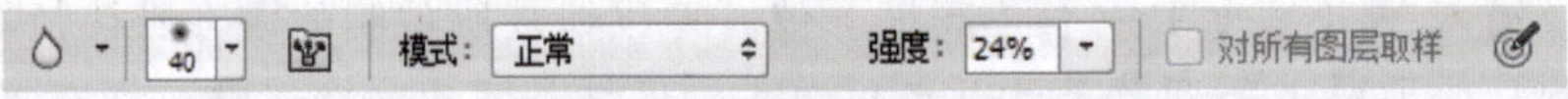

图 5-20　模糊工具属性栏

其中，各选项的含义如下。

- **模式**：用于设置操作模式，其中包括“正常”“变暗”“变亮”“色相”“饱和度”“颜色”和“亮度”等模式。
- **强度**：用于设置模糊的程度，数值越大，模糊的程度就越明显。
- **对所有图层取样**：选中该复选框，即可对所有图层中的对象进行模糊操作；取消选择该复选框，则只对当前图层中的对象进行模糊操作。

5.2.2　运用锐化工具锐化图像中的细节

运用锐化工具可增强图像中相邻像素之间的对比，使图像产生更加清晰的效果。选择锐化工具后，在图像中按住鼠标左键并拖动，即可进行锐化操作。前后对比效果如图 5-21 所示。

图 5-21　锐化图像前后对比效果

5.2.3　运用涂抹工具创建绘画效果

涂抹工具是通过混合各种色调颜色，使图像中的相邻颜色互相混合而产生模糊感。选择工具箱中的涂抹工具，在图像中按住鼠标左键并拖动，即可进行涂抹操作，前后对比效果如图 5-22 所示。

图 5-22　涂抹图像前后对比效果

选择工具箱中的涂抹工具，其工具属性栏如图 5-23 所示。

图 5-23　涂抹工具属性栏

在该属性栏中选中“手指绘画”复选框，可以指定一个前景色，并使用鼠标或压感笔在图像上创建绘画效果，如图 5-24 所示。

图 5-24　创建绘画效果

5.2.4　运用减淡工具增加图像的曝光度

运用减淡工具可以增加图像的曝光度，使图像变亮。选择工具箱中的减淡工具，在图像中按住鼠标左键并拖动，即可进行减淡操作，前后对比效果如图 5-25 所示。

图 5-25　减淡图像前后对比效果

选择工具箱中的减淡工具，其工具属性栏如图 5-26 所示。

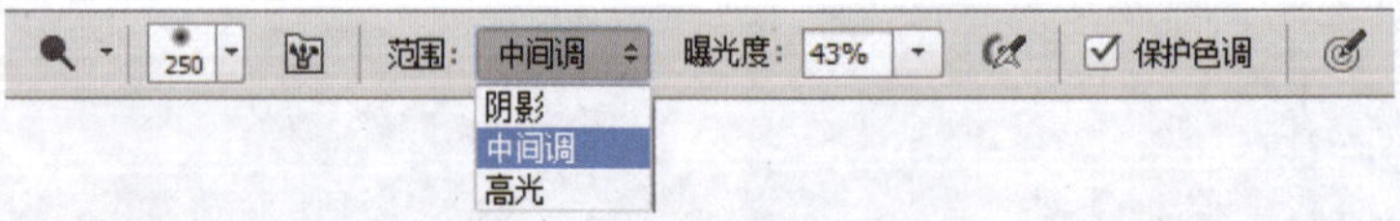

图 5-26　减淡工具属性栏

在该属性栏中，各选项的含义如下。

- **范围**：用于设置减淡操作作用的范围，其中：
- **阴影**：选择此选项，减淡操作仅对图像暗部区域的像素起作用。
- **中间调**：选择此选项，减淡操作仅对图像中间色调区域的像素起作用。
- **高光**：选择此选项，减淡操作仅对图像高光区域的像素起作用。
- **曝光度**：用于定义曝光的强度，数值越大，曝光度越强，图像变亮的程度就越明显。
- **保护色调**：选中该复选框，可以在操作的过程中保护画面的亮部和暗部尽量不受影响，保护图像的原始色调和饱和度，如图 5-27 所示。

原图像　　未选中“保护色调”复选框　　选中“保护色调”复选框

图 5-27　保护色调

5.2.5　运用加深工具降低图像的曝光度

运用加深工具可以降低图像的曝光度，使图像变暗。加深工具和减淡工具是一组相反的工具。选择工具箱中的加深工具，在图像中按住鼠标左键并拖动，即可进行加深操作，前后对比效果如图 5-28 所示。

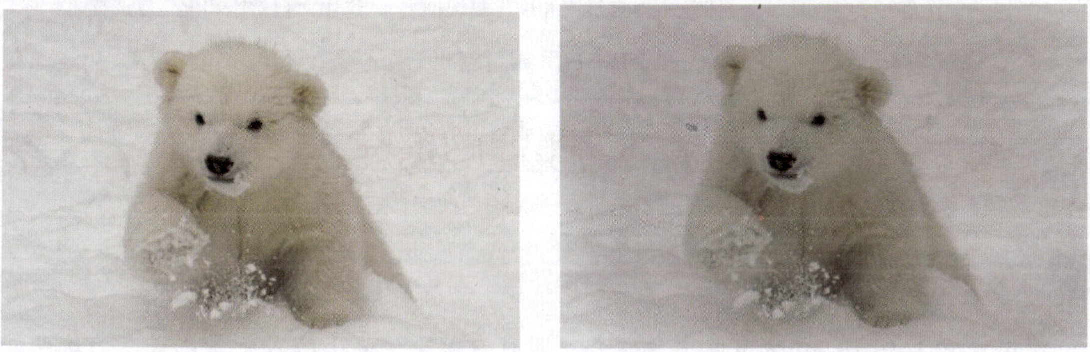

图 5-28　加深图像前后对比效果

5.2.6　运用海绵工具调整图像色彩饱和度

运用海绵工具可以降低或提高图像的色彩饱和度，选择工具箱中的海绵工具，其工具属性栏如图 5-29 所示。

图 5-29　海绵工具属性栏

其中，各选项的含义如下。

- **模式**：如果选择“去色”模式，使用该工具在图像中涂抹，就可以看到相应区域的颜色变暗且纯度降低；如果选择“加色”模式，涂抹后相应区域的颜色就会变亮，纯度就会提高，如图 5-30 所示。
- **流量**：可以设置饱和度的更改力度。
- **自然饱和度**：选中该复选框，可以在增加饱和度时防止颜色过度饱和而出现溢色，如图 5-31 所示。

原图像　　“去色”模式　　“加色”模式

图 5-30　选择不同模式图像效果

原图像　　未选中“自然饱和度”复选框　　选中“自然饱和度”复选框

图 5-31　应用自然饱和度

任务 3　图像的擦除

任务概述

使用擦除工具可以擦除图像中的颜色，同时在擦除位置上填入背景色或变为透明。Photoshop 中提供了 3 种擦除工具。本任务主要介绍如何使用这些工具进行图像的擦除。

任务重点与实施

5.3.1　运用橡皮擦工具擦除多余图像

橡皮擦工具用于擦除图像中的像素，如果在背景图层上进行擦除操作，则被擦除的位置将会填入背景色；如果当前图层为非背景图层，则擦除位置就会变成透明，如图 5-32 所示。

原图像　　擦除背景图层　　擦除普通图层

图 5-32　擦除图像

选择工具箱中的橡皮擦工具，其工具属性栏如图 5-33 所示。

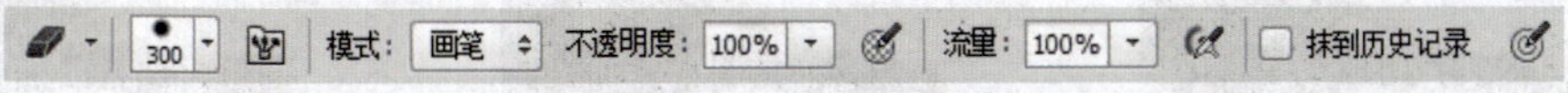

图 5-33　橡皮擦工具属性栏

在“模式”下拉列表框中可以选择擦除的模式。当选择“块”模式时，擦除区域为方块，且此时只能设置“抹到历史记录”选项。选中“抹到历史记录”复选框后，橡皮擦工具的功能类似于历史记录画笔工具，可以有选择地将图像恢复到指定步骤。图 5-34 所示为不同擦除模式的效果。

“画笔”擦除模式　　“铅笔”擦除模式　　“块”擦除模式

图 5-34　不同擦除模式效果

5.3.2　运用背景橡皮擦工具去除图像背景

运用背景橡皮擦工具可以将图像中的像素涂抹成透明，并在抹除背景的同时在前景中保留对象的边缘，比较适合清除一些背景较为复杂的图像。选择工具箱中的背景橡皮擦工具，其属性栏如图 5-35 所示。

图 5-35　背景橡皮擦工具属性栏

该工具属性栏中各选项的含义如下。

- ：单击该按钮，在弹出的下拉面板中可以设置画笔大小、硬度、角度、圆度和间距等参数。
- ：利用取样按钮组可以设置取样方式。单击“取样连续”按钮，表示擦除过程中连续取样；单击“取样：一次”按钮，表示仅取样单击时鼠标指针所在位置的颜色，并将该颜色设置为基准颜色；单击“取样：背景色板”按钮，表示将背景色设置为基准颜色。
- **限制**：用于设置擦除限制类型，包含“连续”“不连续”和“查找边缘”3 个选项。

  连续：选择该选项，则与取样颜色相关联的区域被擦除。

  不连续：选择该选项，则所有与取样颜色一致的颜色均被擦除。

  查找边缘：选择该选项，则与取样颜色相关的区域被擦除，保留区域边缘的锐利清晰。
- **容差**：用于设置擦除颜色的范围，数值越小，被擦除的图像颜色与取样颜色越接近。
- **保护前景色**：选中该复选框，可以防止具有前景色的图像区域被擦除，选择背景橡皮擦工具与画笔中心取样点颜色相同或相近的区域即被清除，如图 5-36 所示。

图 5-36　保护前景色

5.3.3　运用魔术橡皮擦工具去除图像背景色

魔术橡皮擦工具其实是魔棒工具和背景橡皮擦工具的结合，具有自动分析的功能，可以自动分析图像的边缘，将一定容差范围内的背景颜色全部清除。选择工具箱中的魔术橡皮擦工具，其工具属性栏如图 5-37 所示。

图 5-37　魔术橡皮擦工具属性栏

其中，各选项的含义如下。

- **容差**：用于设置可擦除的颜色范围。
- **消除锯齿**：选中该复选框，可以使擦除区域的边缘变得平滑。
- **连续**：选中该复选框，只能擦除与目标位置颜色相同且连续的图像；取消选择该复选框，则可以清除图像中所有颜色的像素。
- **对所有图层取样**：选中该复选框，可对当前图像所有可见图层中的数据进行擦除操作。
- **不透明度**：用于设置擦除强度。

选择魔术橡皮擦工具，在工具属性栏中设置各项参数，在背景中单击鼠标左键，即可去除背景，如图 5-38 所示。

图 5-38　去除背景

任务 4　实战应用：人像后期处理

任务概述

人像磨皮技术是一种广泛应用的后期图片处理方法，旨在去除或减轻面部皮肤上的瑕疵、细纹和色斑，同时保留皮肤的质感和自然光泽。这一技术通常依赖于一系列精心设计的图像处理功能集合，包括但不限于降噪、平滑、锐化、色彩校正以及局部增强等。通过精细调整这些功能的参数和应用顺序，能够实现对人像皮肤的高质量改善，打造出光滑、细腻且自然的视觉效果。本任务将介绍人像后期优化与处理的技巧和实用方法。

任务重点与实施

5.4.1　人像磨皮部分处理

下面将详细介绍人像后期处理的步骤，具体操作方法如下。

Step 01 在素材文件夹中打开“素材\项目 5\人像后期模板.jpg”文件，如图 5-39 所示。

Step 02 选中背景图层连续按【CTRL+J】组合键两次，复制两次背景图层，如图 5-40 所示。

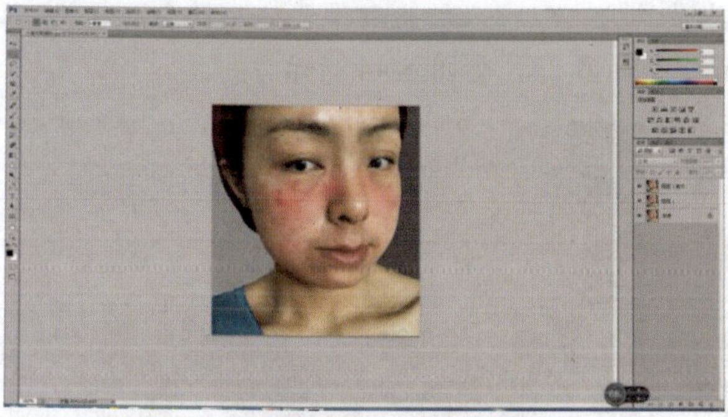

图 5-39　打开素材文件

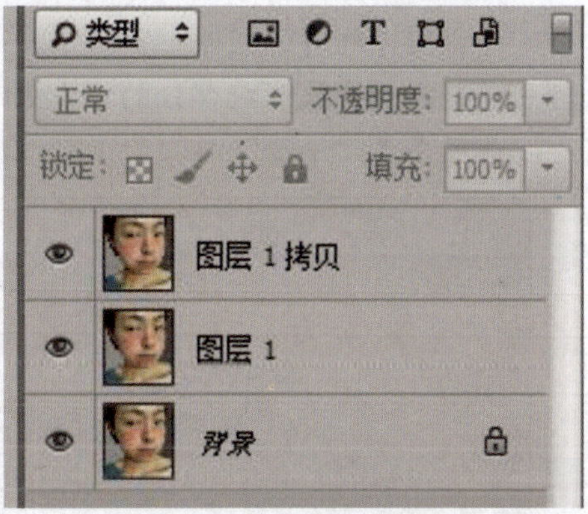

图 5-40　复制背景图层

Step 03 双击“图层 1”图层文字部分即可进行图层重命名环节，更改相应名称后点击回车按键即可确定重命名。将“图层 1”图层重命名为“历史记录画笔”图层，同理双击“图层 1 拷贝”图层文字部分将其重命名为“皮肤纹理”图层，如图 5-41 所示。

Step 04 点击“皮肤纹理”图层前方小眼睛图标按钮确保其按钮显示为隐藏状态，这样可使“皮肤纹理”图层呈隐藏状态，不干扰下一步皮肤修复的步骤，如图 5-42 所示。

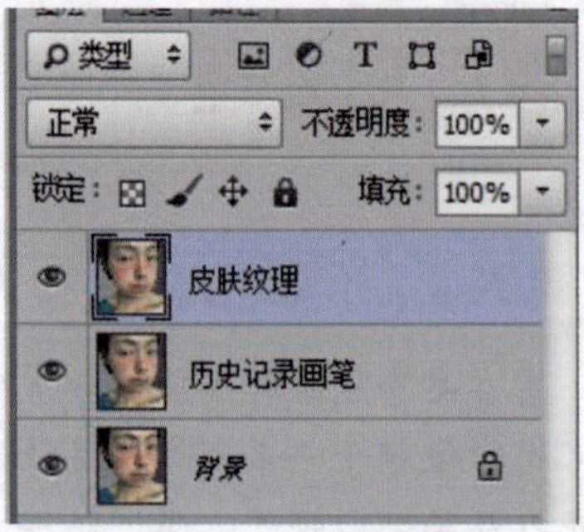

图 5-41 重命名图层

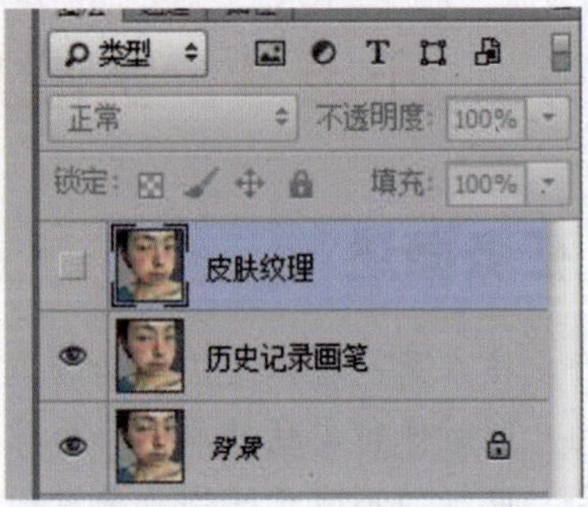

图 5-42 隐藏“皮肤纹理”图层

Step 05 选择“历史记录画笔”图层，菜单面板选择“滤镜”|“模糊”|“表面模糊”选项，如图 5-43 所示。

Step 06 调整“表面模糊”对话框参数，其中“半径”参数：主要用来指定模糊取样区域的大小，单位为像素。半径越大，模糊的效果越明显，因为它涉及到更大范围的像素来进行平均计算。通过调整半径，可以控制模糊的强度和范围，以适应不同图像和效果的需要。

“阈值”参数：主要用来控制相邻像素色调值与中心像素值相差多大时才能成为模糊的一部分。如果相邻像素的色调值与中心像素值的差异小于阈值，那么这些像素就会被包括在模糊处理中。阈值越小，模糊的区域越广，效果越明显。但是，如果阈值设置得太小，可能会导致图像变得过分模糊，失去细节。因此，合理设置阈值可以确保在保留图像细节的同时，实现平滑的模糊效果。调整该部分参数的主要目的，是为了使当前人物皮肤瑕疵部分的像素分布尽量均匀，以求人物脸部像素分布均匀且平滑，因此可参考“半径”参数为 14，“阈值”参数为 23，如图 5-44 所示。

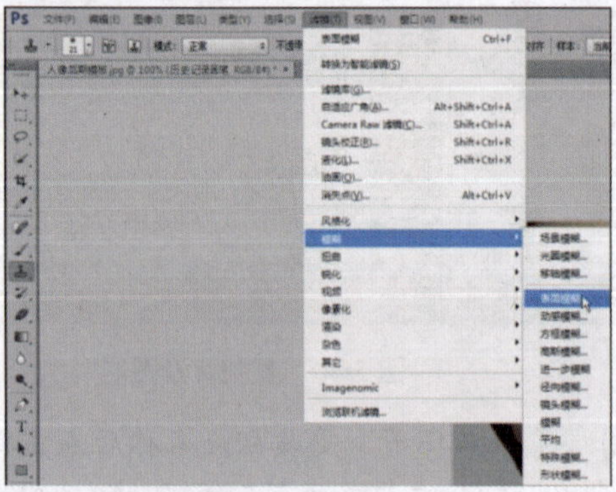

图 5-43 选择“表面模糊”选项

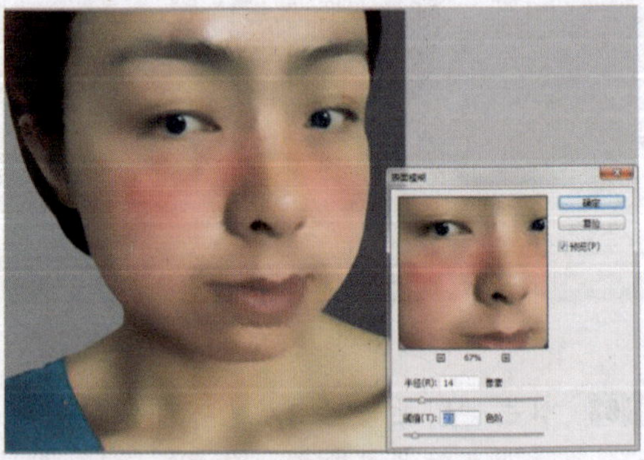

图 5-44 “表面模糊”参数调整

Step 07 打开“窗口”|“历史记录”面板，选择“历史记录画笔”图层，按住【Y】快捷键选择“历史记录画笔工具”，再在“历史记录”面板中点击“人像后期模板.jpg”前方选项框，确认“历史记录画笔工具”的源位置，如图 5-45 所示。

Step 08 点击“历史画笔工具”图标，可在弹出对话框中选择当前笔刷的大小与硬度，将笔刷大小调整为 50 像素，硬度参数调整为 0，如图 5-46 所示。

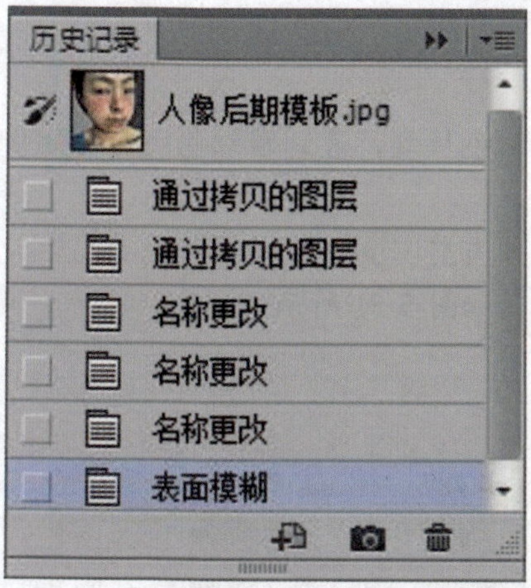

图 5-45　勾选历史记录画笔工具源

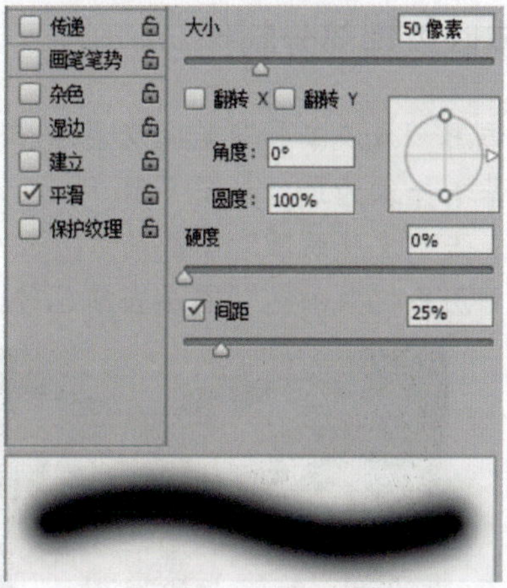

图 5-46　笔刷属性

Step 09 当使用历史记录画笔工具时，不透明度决定了涂抹后恢复的程度。具体来说，当不透明度设置为 100%时，涂抹后会完全恢复到之前的历史记录状态。而如果降低不透明度，涂抹后则不会完全恢复，而是呈现一定程度的半透明效果。但是，通过反复涂抹，即使在不透明度较低的情况下，仍然可以完全恢复到之前的历史记录状态。所以在修改“历史记录画笔”不透明度时，涂抹人物五官使用较高不透明度数值，以求使人物五官更加立体清晰，当涂抹人物脸部边缘时，使用较低不同明度数值，在强化边缘或部分细节的同时尽量保留平皮肤像素的平滑分布。如图 5-47 与图 5-48 所示。

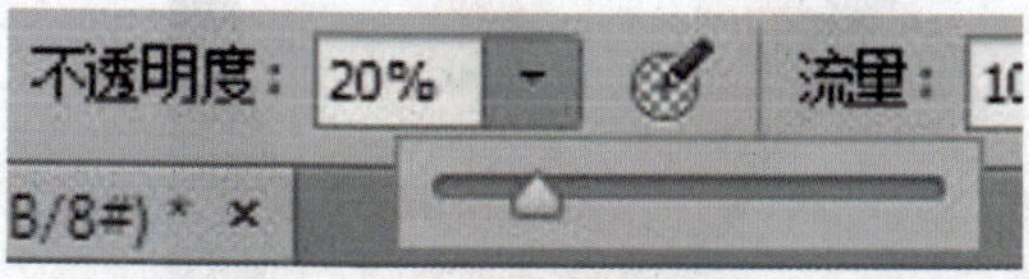

图 5-47　不透明度参数修改

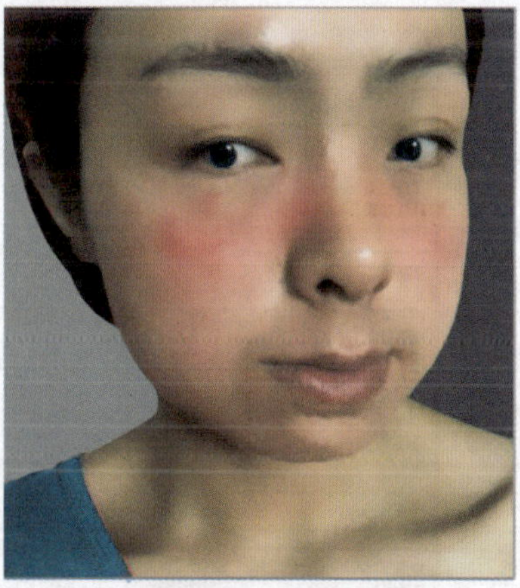

图 5-48　调整不透明度后绘制的图片效果

Step 10 当前人物脸频有部分暗红色块，导致皮肤看起来色彩不均衡，因此可以点击【O】快捷键选择“减淡工具”，将范围选择为“中间调”，适当降低饱和度至 20 左右，将笔刷硬度调整为 0，如图 5-49 所示。

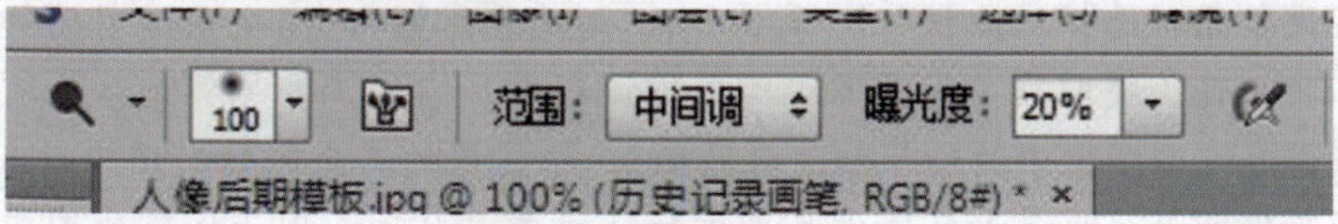

图 5-49　减淡工具属性调整

5.4.2 皮肤纹理部分制作

Step 01 运用“减淡工具”笔刷反复涂抹人物脸颊暗红色块处，直到暗红色块与其他脸部肤色基本一致为止，如图 5-50 所示。

Step 02 点击“皮肤纹理”图层前方□按钮，使该按钮当前以👁小眼睛图标形式显示，这表明“历史记录画笔”图层当前已经为显示状态，如图 5-51 所示。

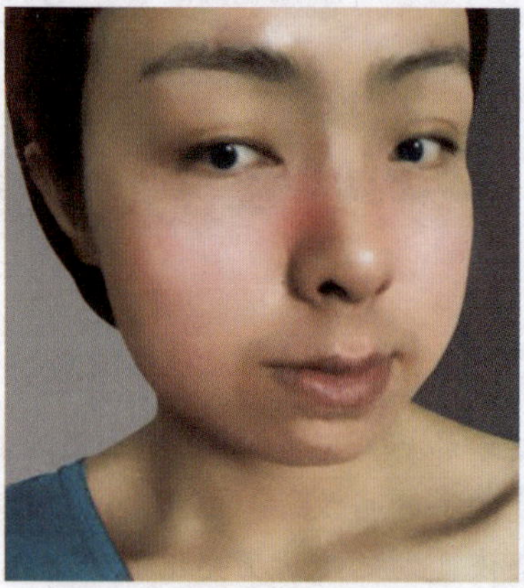

图 5-50 皮肤色调基本一致

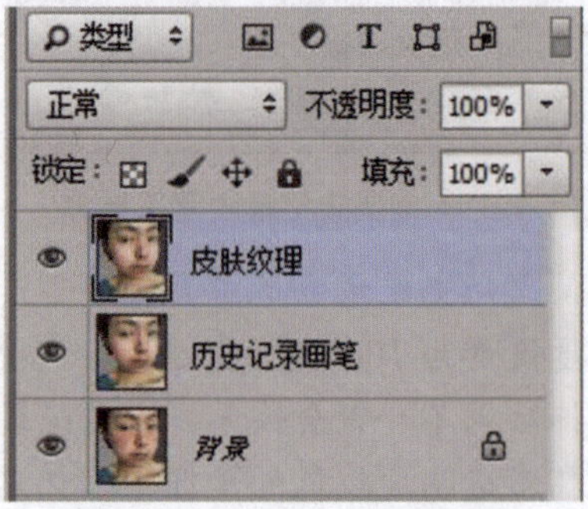

图 5-51 显示图层

Step 03 选中“皮肤纹理”图层，更改当前“图层混合模式”为“线性光”模式，如图 5-52 和图 5-53 所示。

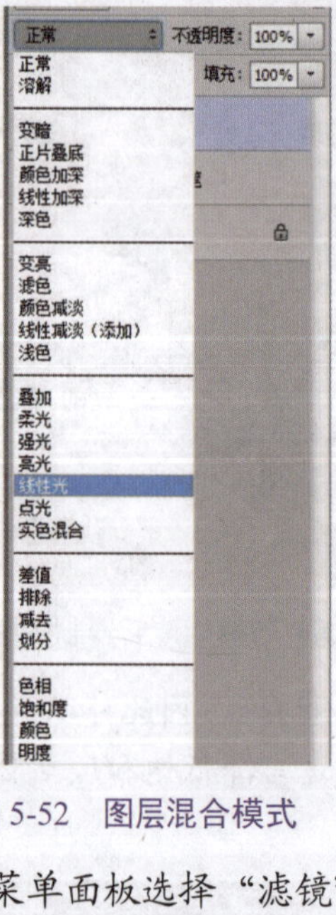

图 5-52 图层混合模式

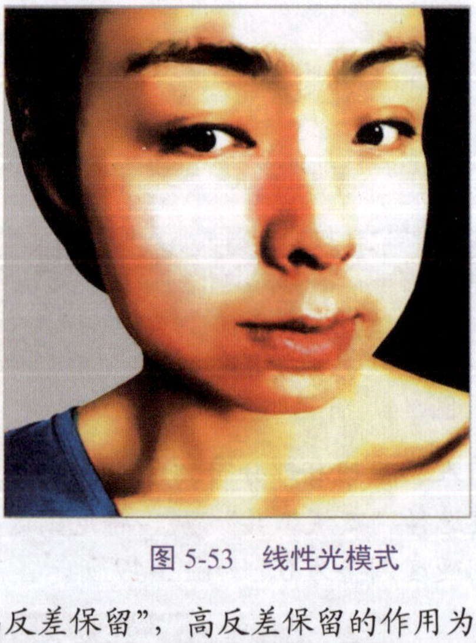

图 5-53 线性光模式

Step 04 在菜单面板选择“滤镜”|“其他”|“高反差保留”，高反差保留的作用为：在锐化、保护纹理、提取线条等图像编辑工作流程中。它的工作原理是只保留显示图像中的高频信息（即图像中的细节和边缘区域），而图像的其余部分则用中性灰填充。此外，高反差保留算法也是数字图像处理中的一种重要算法，用于保留原图中反差比较大的地方，如人脸图像中的五官等。该算法先使用高斯滤波器对图像进行平滑处理，然后利

用原图减去高斯平滑之后的图，得到强化边缘值，从而保留图像中的细节信息。可以使用它来强化人物的皮肤纹理。将高反差保留数值设置为 1.2 左右，如图 5-54 所示。

Step 05 选中“皮肤纹理”图层，点击工具栏中△图标，选中锐化工具，适当降低强度，反复涂抹人物五官，强化人物脸部细节表现，如图 5-55 所示。

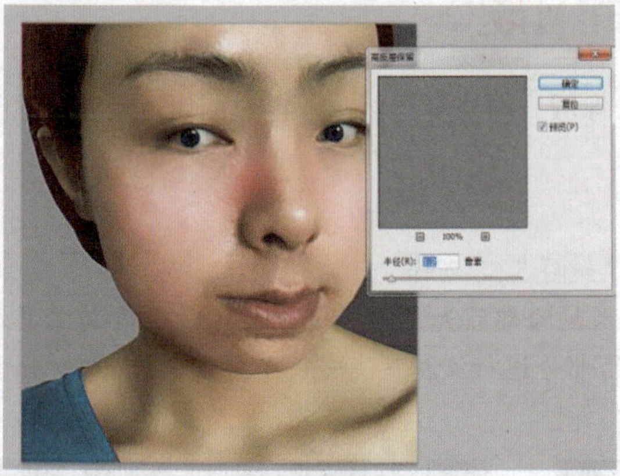

图 5-54　高反差保留

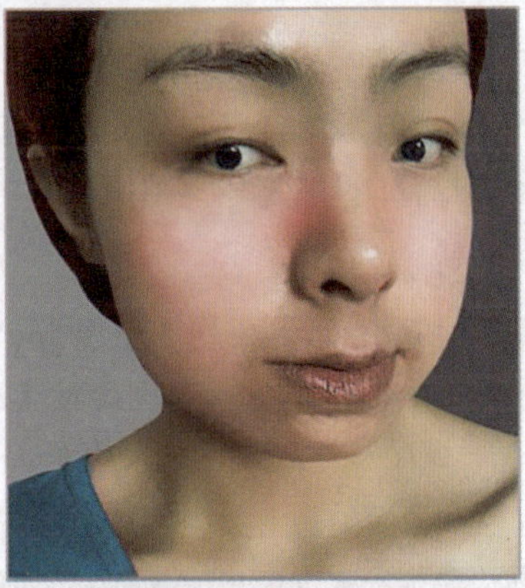

图 5-55　锐化五官效果

Step 06 人像后期处理效果图与原图比较，如图 5-56 与图 5-57 所示。

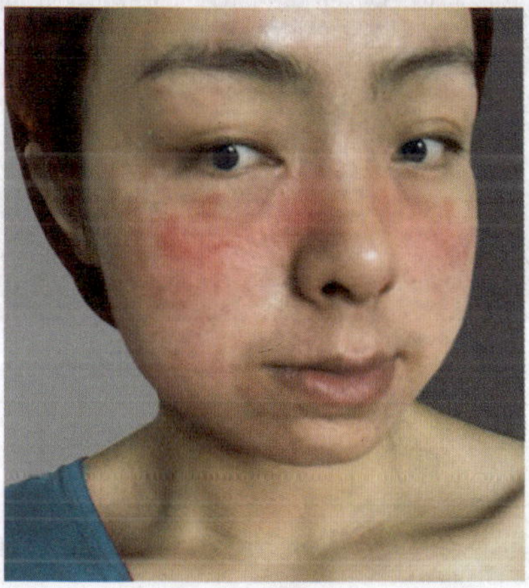

图 5-56　原图

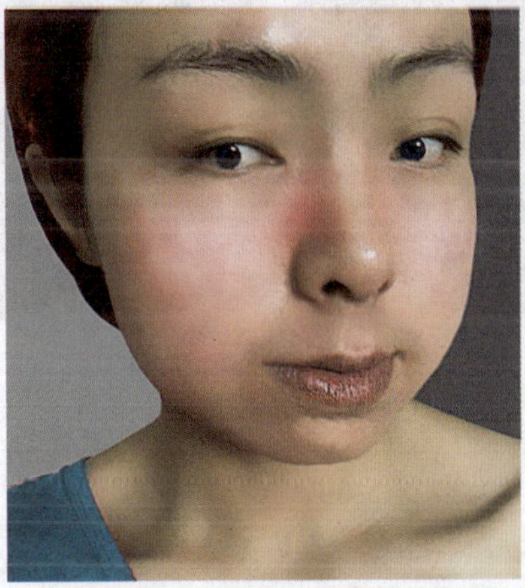

图 5-57　后期处理效果图

项目小结

本项目主要讲述了在 Photoshop 中图像修复、修饰与擦除的操作方法。首先介绍了图像修复的多种方法，主要包括运用污点修复画笔工具去除人物黑痣、运用修复画笔工具去除多余图像、运用修补工具修复图像、运用内容感知移动工具移动和复制图像、运用红眼工具去除人物红眼、运用仿制图章工具复制图像、运用图案图章工具将图案绘制到图像中、运用仿制源工具仿制多种图像效果；其次介绍了图像的修饰，主要包括运用模糊工具模糊图像、运用锐化工具锐化图像中的细节、运用涂抹工具创建绘画效果、运用减淡工具增加图像的曝光度、运用加深工具降低图像的曝光度、运用加深工具降低图像的曝光度，再次介绍了图像的擦除，主要包括运用橡皮擦工具擦除多余图像、运用背景橡皮擦工具去除图像背景、运用魔术橡皮擦工具去除图像背景色；最后介绍了人像后期处理的实战应用。通过对本项目的学习，读者可以更好的设计图像，并制作出极具吸引力的平面设计作品。

项目习题 5

下面运用本项目所学的知识，通过对人像瑕疵的修复与修饰，再对图像背景进行擦除的方法，练习简单的修复与抠图操作。

操作提示：

① 打开“素材\项目 5\抠图.jpg”文件，如图 5-58 所示。

② 选择缩放工具（快捷键【Z】），将人物脸部放大。选择模糊工具，在其工具属性栏中设置“强度”为 25%，在人物亮部有瑕疵的部分进行涂抹，使皮肤显得细腻、光滑，如图 5-59 所示。

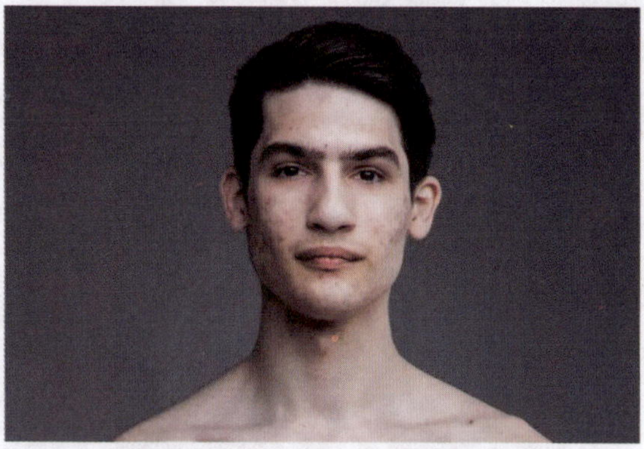

图 5-58　打开素材文件

图 5-59　模糊亮部瑕疵

③ 选择污点修复画笔工具（快捷键【J】），在暗部皮肤瑕疵处绘制较短的线条，修复暗部皮肤瑕疵，如图 5-60 所示。

④ 使用“减淡”工具（快捷键【O】）与加深工具，分别涂抹人物亮部与暗部，强化受光影层次，如图 5-61 所示。

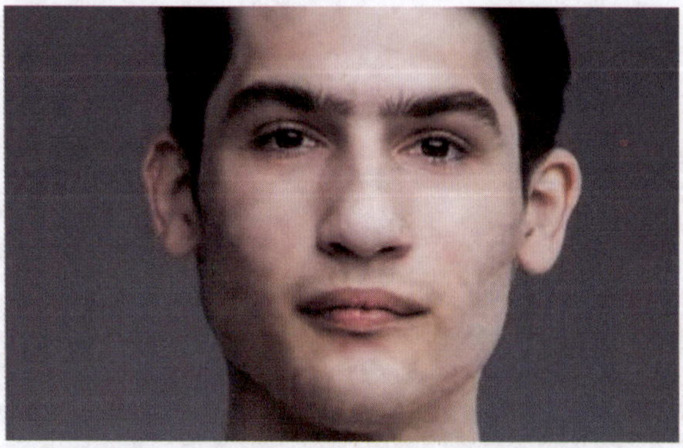

图 5-60　暗部使用污点修复画笔工具

图 5-61　强化光影关系

⑤ 将图像缩小（【CTRL+ “ - ”】组合键），选择魔术橡皮擦工具，在其工具属性栏中设置“容差”为 10，反复在图像中单击去除背景，如图 5-62 所示。

⑥ 选择橡皮擦工具，擦除残留的背景部分，即可将人物图像抠出，抠图效果如图 5-63 所示。

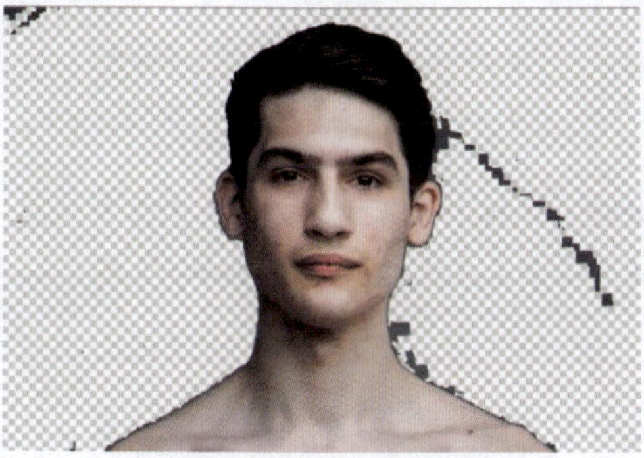

图 5-62　魔术橡皮擦去除背景

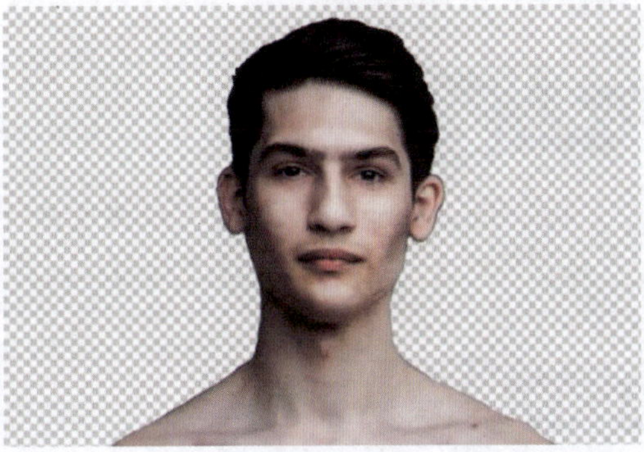

图 5-63　抠图效果

项目 6　图像的绘制与填充

项目概述

在 Photoshop 中，不仅可以快速进行图像处理，还可以根据需要绘制自己需要的图形或图像效果。本项目将讲述如何使用绘画工具和填充工具进行图像的绘制与填充。

项目目标

- 掌握设置与选取颜色的方法。
- 学会使用“画笔”面板。
- 掌握绘画工具的使用方法。
- 掌握填充工具的使用方法。

素质目标

- 培养学生分析问题、解决问题，提升思政素养。
- 培养学生动手操作能力，促进学生自主学习和提高创新的能力。

任务 1　颜色的设置与选取

任务概述

运用 Photoshop 绘制图像的过程中，需要根据实际情况设置与选取颜色。本任务主要介绍如何设置前景色与背景色，以及如何使用吸管工具拾取颜色。

任务重点与实施

6.1.1　设置前景色与背景色

在 Photoshop 中，进行图像绘制和图像处理、设置前景色和背景色是必不可少的操作。而设置前景色和背景色最方便的方法就是使用工具箱中的“设置前景色”和“设置背景色”色块进行设置。默认情况下，前景色为黑色，背景色为白色，如图 6-1 所示。

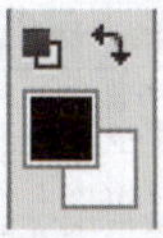

图 6-1　前景色与背景色

1. 设置前景色与背景色

单击“设置前景色”色块或“设置背景色”色块，弹出“拾色器”对话框，如图 6-2 所示。

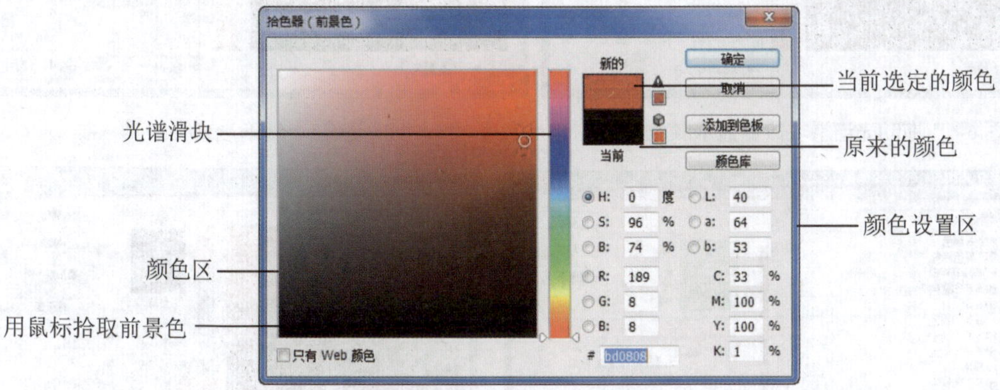

图 6-2　“拾色器”对话框

➢ 在颜色区中，垂直方向上的变化代表色彩明度变化，水平方向上的变化代表色彩饱和度的变化。在颜色区中单击鼠标左键，可以改变色彩的明度和饱和度，如图 6-3 所示。

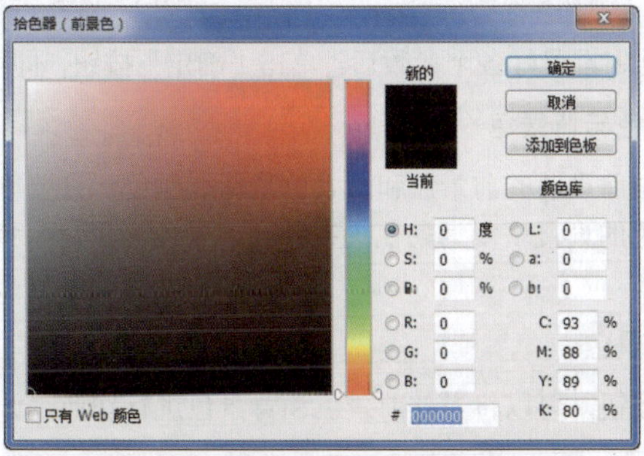

图 6-3　在颜色区单击改变色彩明度和饱和度

➢ 拖动调色板区域的光谱滑块，可以改变当前颜色区中显示的颜色，如图 6-4 所示。

➢ 如果想精确设置颜色，可以在颜色设置区的色彩模式数值框中输入数值，颜色显示区和“新的”色块中将会显示与其相对应的颜色，如图 6-5 所示。

➢ 在“拾色器”对话框中单击“颜色库”按钮，将弹出“颜色库”对话框。在“色库”下拉列表框中可以选择用于印刷的颜色体系，如图 6-6 所示。

➢ 在“拾色器”对话框中选中“只有 Web 颜色”复选框，颜色区将显示网页安全色，其中提供了 256 种适用于在 Web 上使用的颜色，如图 6-7 所示。

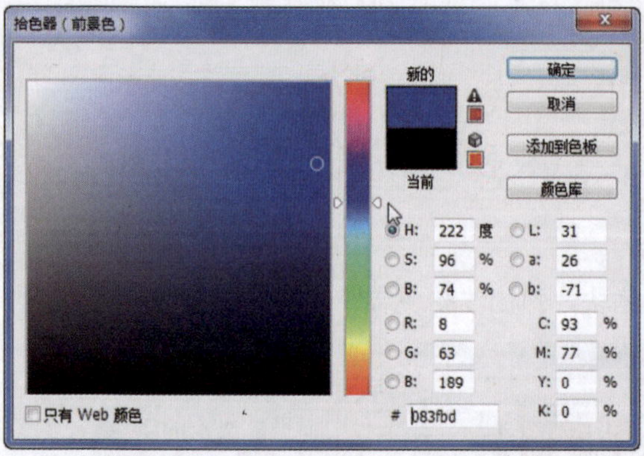

图 6-4　拖动光谱滑块改变显示颜色

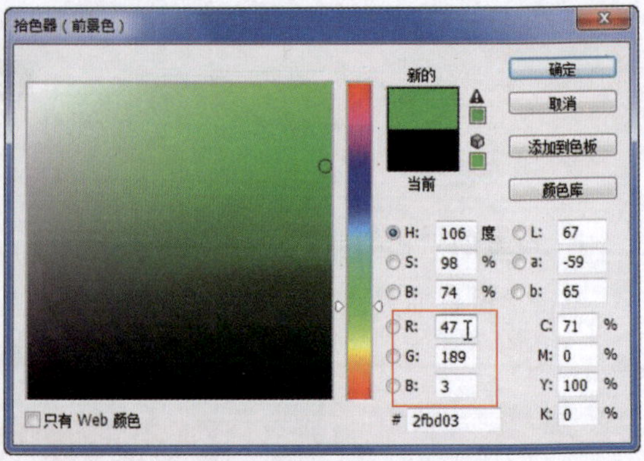

图 6-5　精确设置颜色

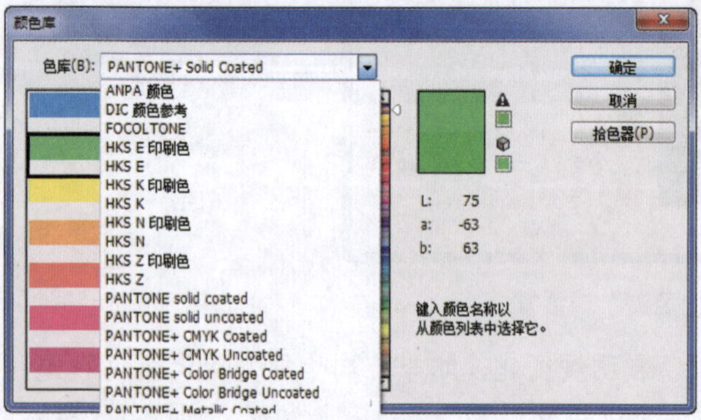

图 6-6　选择颜色体系

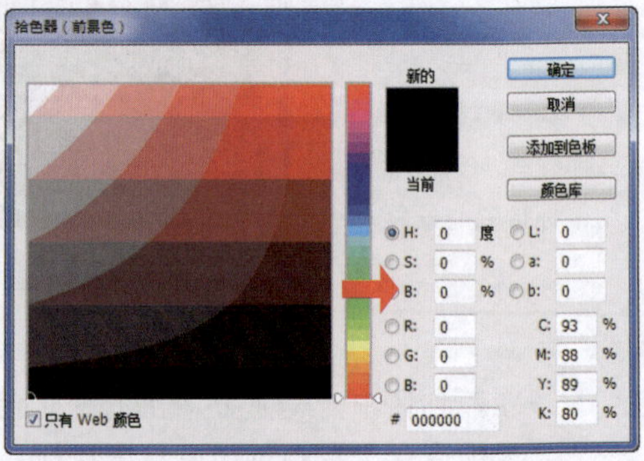

图 6-7　选中“只有 Web 颜色”复选框

在“拾色器”对话框中设置好各个参数后，单击“确定”按钮，即可设置前景色或背景色。

2．设置默认的前景色与背景色

在工具箱中，无论当前设置的前景色和背景色是什么颜色，只要单击按钮或按【D】键，就可以把前景色和背景色的设置恢复为默认设置，即前景色为黑色，背景色为白色，如图 6-8 所示。

3．切换前景色与背景色

在工具箱中单击按钮，可以将当前前景色和背景色进行切换，如图 6-9 所示。

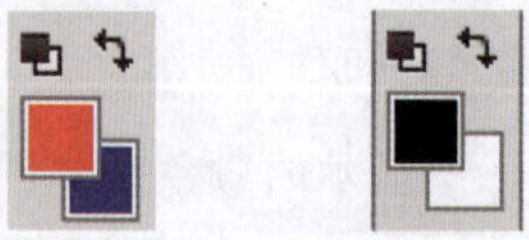

图 6-8　恢复默认颜色设置

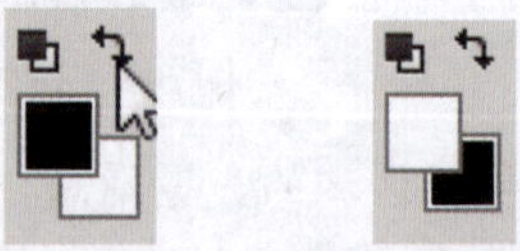

图 6-9　切换前景色与背景色

6.1.2　使用吸管工具拾取颜色

在图像处理的过程中，经常需要从图像中获取某处的颜色，这时要用到吸管工具。选择工具箱中的吸管工具，将鼠标指针移到图像上单击鼠标左键，即可拾取单击处的颜色，使其作为前景色；按住【Alt】键单击鼠标左键，可以将单击处的颜色拾取为背景色，如图 6-10 所示。

图 6-10　使用吸管工具拾取颜色

任务 2　“画笔”面板的运用

任务概述

“画笔”面板是使用 Photoshop 绘制图像必不可少的重要工具。在该面板中可以对画笔的笔触进行不同的参数设置，得到不同的画笔效果。本任务主要介绍“画笔”面板的使用方法。

任务重点与实施

6.2.1　“画笔”面板

单击“窗口”|“画笔”命令或按【F5】键，即可打开“画笔”面板，如图 6-11 所示。

1．画笔预设

单击“画笔预设”按钮，可打开“画笔预设”面板，在其中可以查看和选择 Photoshop 提供的预设画笔，如图 6-12 所示。

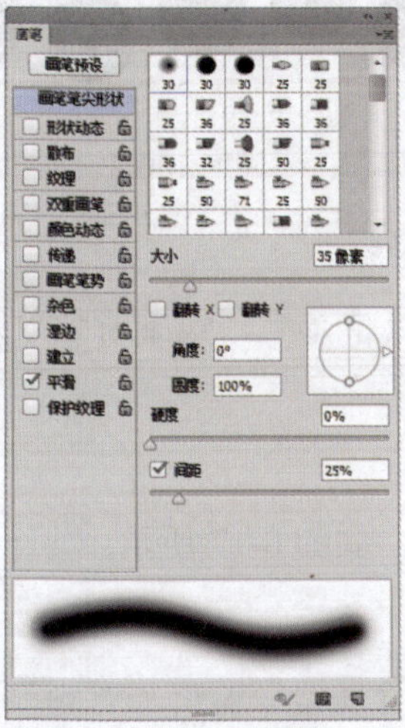

图 6-11　“画笔”面板

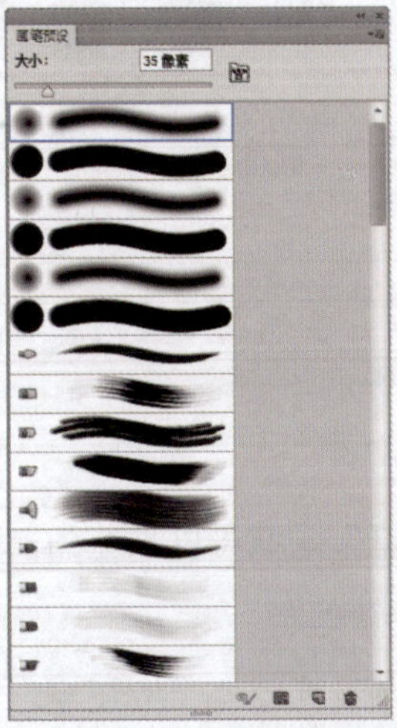

图 6-12　“画笔预设”面板

2. 画笔设置

在“画笔设置”区域中选择不同选项，可以设置画笔笔尖形状以及形状动态、散布、纹理等，如图 6-13 所示。当某个选项后面显示🔓图标时，表示该选项处于可用状态；当显示🔒图标时，表示锁定该选项。单击这两个图标，可以在锁定和解除锁定之间进行切换。

3. 画笔笔尖形状

在“画笔笔尖形状”区域中，显示了 Photoshop 提供的预设画笔笔尖形状，以供用户选择，如图 6-14 所示。如果画笔笔尖形状的周围带有蓝色方框，表示该画笔笔尖形状是当前选择的画笔笔尖形状，同时在画笔描边预览区域可以预览笔尖的形状。

图 6-13 “画笔设置”选项

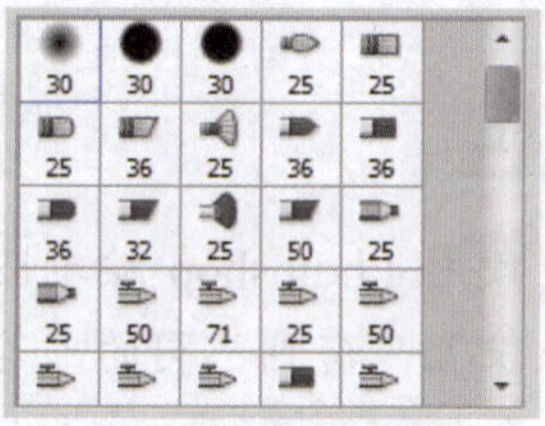

图 6-14 画笔笔尖形状

4. 画笔参数选项

画笔参数选项区域用来调整画笔的各项参数，其中各选项的含义如下。

- **大小**：用于定义笔刷的直径，其数值为 1~2 500 像素。
- **翻转 *X*、翻转 *Y***：用于设置画笔进行翻转操作的方向。
- **角度、圆度**：用于调整笔刷的圆度，以及笔刷的旋转角度。
- **硬度**：用于定义笔刷的柔和程度，数值越小，笔刷就越柔和，如图 6-15 所示。

硬度 10%　　硬度 100%

图 6-15 不同硬度笔刷效果

- **间距**：用于控制两个笔刷点之间的中心距离，数值越大，线条断续效果就越明显，如图 6-16 所示。

5. 画笔预览

在“画笔预览”区域可以预览当前设置的画笔效果，如图 6-17 所示。

6. 打开预设管理器

单击“打开预设管理器”按钮▦，可以打开“预设管理器”窗口，对画笔笔触进行管理，如图 6-18 所示。

间距 60%　　　　间距 150%

图 6-16　不同间距笔刷效果

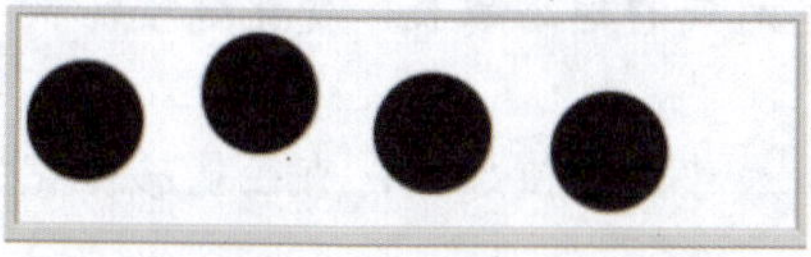

图 6-17　画笔预览

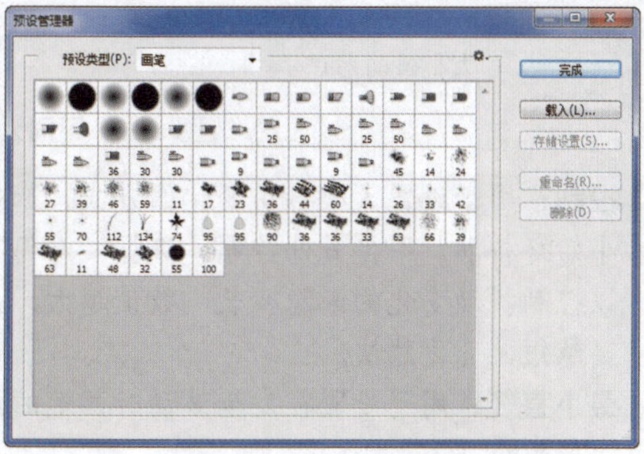

图 6-18　“预设管理器”窗口

7. 创建新画笔

如果对某一个画笔样本进行了调整，单击“创建新画笔”按钮▢，可以将当前设置的画笔创建为一个新的画笔样本。

6.2.2　形状动态

在“画笔”面板的“画笔预设”区域选中“形状动态”复选框，设置绘画过程中画笔笔迹的变化，包括大小抖动、最小直径、角度抖动、圆度抖动以及翻转抖动等，可以使画笔笔迹产生规则性的变化，如图 6-19 所示。

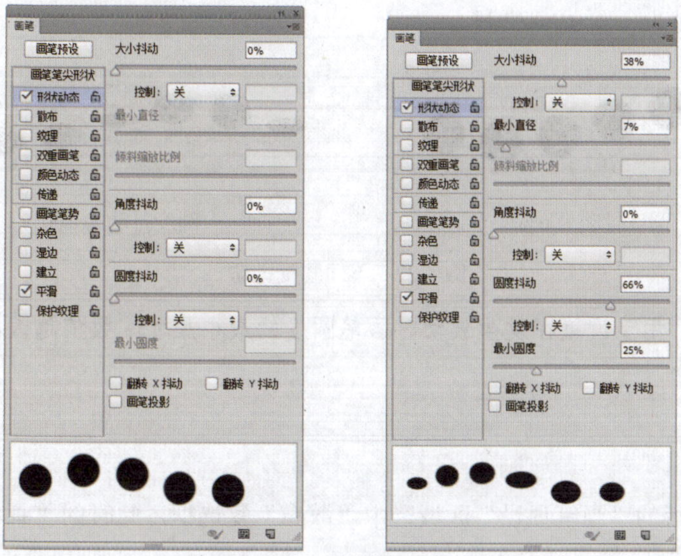

图 6-19　设置形状动态

其中，各选项的含义如下。

- **大小抖动**：调整该参数，可以设置绘画过程中画笔笔迹的波动幅度，数值越大，变化幅度就越大，如图 6-20 所示。

大小抖动为 0%　　　　大小抖动为 100%

图 6-20　不同大小抖动

- **控制**：用于设置大小抖动变化的方式。选择“关”选项，则在绘图过程中画笔笔迹大小始终抖动，不再另外控制。选择“渐隐”选项，在其右侧的文本框中输入数值，可以控制抖动变化的渐隐步长，数值越大，画笔消失的距离越长，变化越慢；反之则距离越短，变化越快。
- **最小直径**：用于设置在发生波动时画笔的最小尺寸，数值越大，直径能够变化的范围也就越小。
- **角度抖动**：用于设置画笔角度波动的幅度，数值越大，抖动的范围也就越大，如图 6-21 所示。

角度抖动为 0%　　　　角度抖动为 100%

图 6-21　不同角度抖动

- **圆度抖动**：调整该参数，可以设置绘画过程中画笔圆度的波动幅度，数值越大，变化幅度也就越大，如图 6-22 所示。

圆度抖动为 0%　　　　圆度抖动为 100%

图 6-22　不同圆度抖动

- **最小圆度**：用于设置在发生波动时画笔圆度的最小尺寸，数值越大，圆度能够变化的范围就越小。

6.2.3　散布

在“画笔”面板的“画笔预设”区域选中“散布”复选框，此时的“画笔”面板如图 6-23 所示。

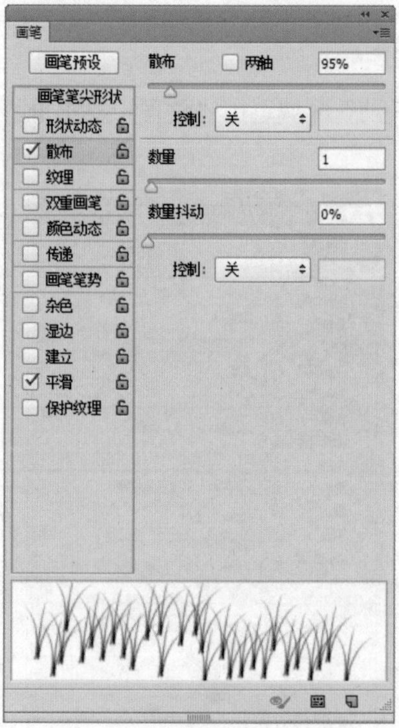

图 6-23　散布“画笔”面板

“散布”选项用于控制画笔的散布方式和散布数量，以产生随机性的散布变化。其中，各选项的含义如下。

- **散布**：用于设置画笔偏离绘制路线的程度，数值越大，偏离的距离就越大。若选中“两轴”复选框，则画笔将在 *X*、*Y* 两个方向上分散，否则仅在一个方向上发生分散，如图 6-24 所示。

散步为 0%

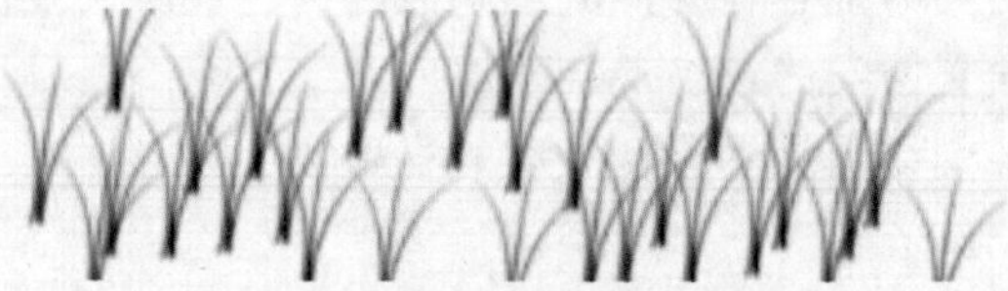

散步为 150%

图 6-24　不同散布设置效果

- **数量**：用于设置画笔点的数量，数值越大，画笔点越大，变化范围为 1~16。
- **数量抖动**：用于设置每个空间间隔中画笔点的数量变化。

6.2.4 纹理

在“画笔”面板的“画笔预设”区域选中“纹理”复选框，此时的“画笔”面板如图 6-25 所示。

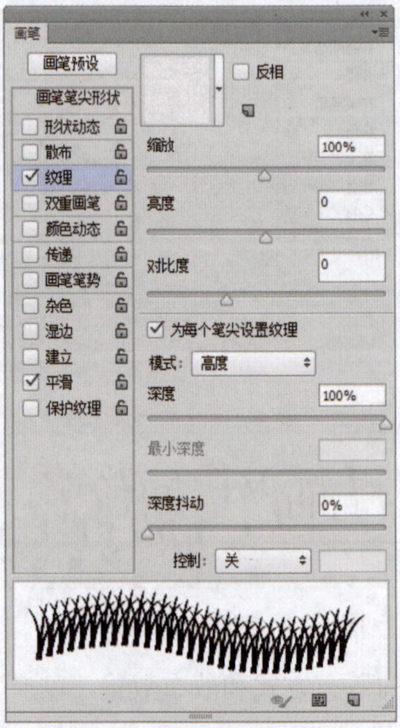

图 6-25　纹理“画笔”面板

“纹理”选项用于在画笔上添加纹理效果，可以控制纹理的叠加模式、缩放比例和深度等。其中，各选项的含义如下。

- ：单击纹理下拉按钮，在弹出的下拉面板中可以选择所需的纹理。
- **缩放**：用于设置纹理的缩放比例。
- **亮度**：用于设置纹理的亮度。
- **对比度**：用于设置纹理的对比度。
- **为每个笔尖设置纹理**：选中该复选框，可以对每个画笔点分别进行渲染。
- **模式**：用于选择画笔和图案之间的混合模式。
- **深度**：用于设置图案的混合程度，数值越大，纹理就越明显。
- **最小深度**：用于设置图案的最小混合程度。
- **深度抖动**：用于控制纹理显示深度抖动的程度。

6.2.5 双重画笔

在“画笔”面板的“画笔预设”区域选中“双重画笔”复选框，如图 6-26 所示。“双重画笔”是指使用两种笔尖形状创建的画笔。首先选择一种笔尖作为画笔的第一个笔尖形状，然后在“模式”下拉列表框中选择两种画笔笔尖的混合模式，最后在下面的笔尖形状列表框中选择一种笔尖作为画笔的第二个笔尖形状即可。

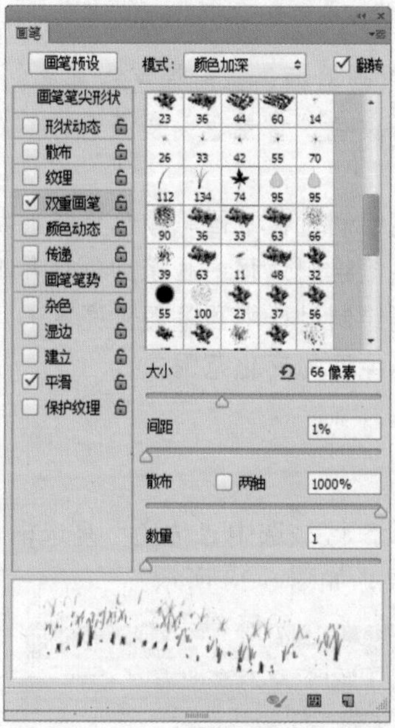

图 6-26　双重画笔“画笔”面板

6.2.6　颜色动态

在“画笔”面板的“画笔预设”区域选中“颜色动态”复选框，此时的“画笔”面板如图 6-27 所示。“颜色动态”用于控制画笔的颜色变化，包括前景/背景抖动、色相和饱和度等颜色基本组成要素的随机性设置。

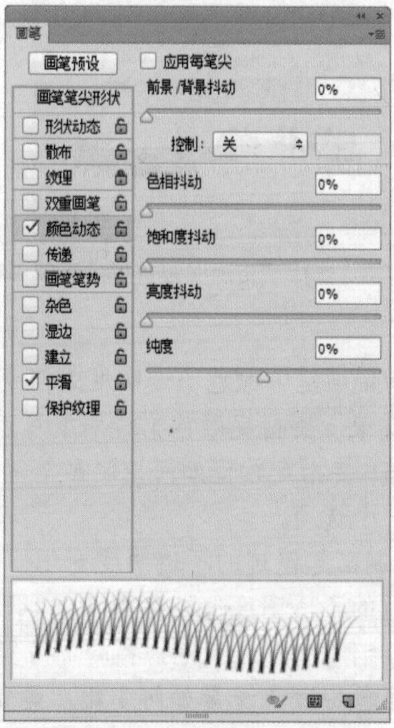

图 6-27　颜色动态“画笔”面板

其中，各选项的含义如下。

- **前景/背景抖动**：用于设置画笔颜色在前景色和背景色之间变化。例如，绘制黄色的花朵，可以设置前景色为深黄色、背景色为浅黄色，这样就可以绘制得到同样是黄色，但深浅不一的效果。
- **色相抖动**：用于设置画笔绘制过程中画笔颜色色相的动态变化范围。
- **饱和度抖动**：用于设置画笔绘制过程中画笔颜色饱和度的动态变化范围。
- **亮度抖动**：用于设置画笔绘制过程中画笔颜色亮度的动态变化范围。
- **纯度**：用于设置绘画颜色纯度的变化范围。

6.2.7 传递

在“画笔”面板的“画笔预设”区域选中“传递”复选框。利用“传递”选项可以设置笔刷的不透明度抖动与流量抖动效果，如图 6-28 所示。

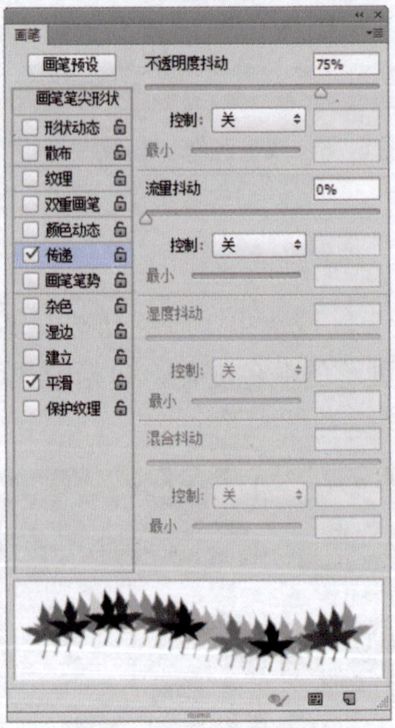

图 6-28　选择“传递”复选框的画笔面板

其中，各选项的含义如下。

- **不透明度抖动和控制**：指定画笔中颜色不透明度如何变化，最高值是“不透明度抖动”数值框中指定的不透明度值。要指定颜色不透明度可以改变的百分比，可以直接输入数字或使用滑块来输入值；要指定希望如何控制画笔笔迹的不透明度变化，可以在“控制”下拉列表框中选择一个选项。

  其中，“关”为指定不控制画笔笔迹的不透明度变化；“渐隐”为按指定数量的步长将颜色不透明度从前面设置的不透明度值渐隐到 0；“钢笔压力”“钢笔斜度”或“光笔轮”为可依据钢笔压力、钢笔斜度或钢笔拇指轮的位置来改变颜料的不透明度。
- **流量抖动和控制**：指定画笔中颜色流量如何变化，最高值是“流量抖动”数值框中指定的流量值。

6.2.8　其他选项

附加选项主要包括“杂色”“湿边”“建立”“平滑”“保护纹理”等效果，选中或取消选择对应的复选框，即可添加或取消相应的效果，如图 6-29 所示。

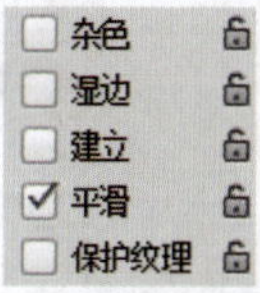

图 6-29　其他选项

其中，各选项的含义如下。

- **杂色**：在画笔的边缘添加杂点效果。
- **湿边**：沿画笔的边缘增大油彩量，从而创建水彩效果。
- **建立**：启用喷枪样式的建立效果。
- **平滑**：可以使绘制的线条产生更加顺畅的效果。
- **保护纹理**：对所有的画笔使用相同的纹理图案和缩放比例。选中该复选框后，当使用多个画笔时可以模拟一致的画布纹理效果。

任务 3　运用绘画工具绘制图像

任务概述

Photoshop 绘画工具主要包括画笔工具、铅笔工具、颜色替换工具和混合器画笔工具等。本任务主要介绍如何使用这些绘画工具绘制各种图像效果。

任务重点与实施

6.3.1　运用画笔工具为图像添加装饰图案

选择工具箱画笔工具，其工具属性栏如图 6-30 所示。在运用画笔工具绘制图像之前，应先选择所需的画笔笔尖形状和大小，并设置不透明度、流量等属性。

图 6-30　画笔工具属性栏

1．笔刷的设置

在 Photoshop 中可以选择系统自带的笔刷或将图案定义成笔刷，还可以加载、保存和删除笔刷。

单击画笔工具属性栏中的画笔笔触下拉按钮，在弹出的下拉面板中可以选择画笔笔触，以及设置画笔的大小和硬度等，如图 6-31 所示。

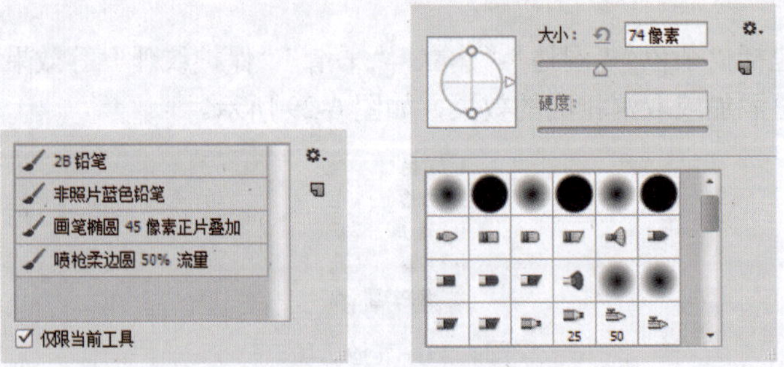

图 6-31　设置笔刷

其中，各选项的含义如下。

- **大小**：拖动滑块或在数值框中输入数值，可以调整画笔的大小。
- **硬度**：用于设置画笔笔尖的硬度。
- **画笔列表**：在列表框中可以选择画笔笔触形状。
- **“从此画笔创建新的预设”按钮**：在对画笔的大小和硬度进行修改后，如果想保存此笔触，可以单击“从此画笔创建新的预设”按钮，弹出“画笔名称”对话框，设置画笔的名称，单击“确定”按钮，即可将当前画笔保存为新的画笔预设样本，如图 6-32 所示。
- ：单击面板右上角的按钮，将弹出控制菜单，如图 6-33 所示。利用该菜单可以进行重命名画笔、删除画笔、复位画笔、载入画笔、存储画笔和替换画笔等操作。

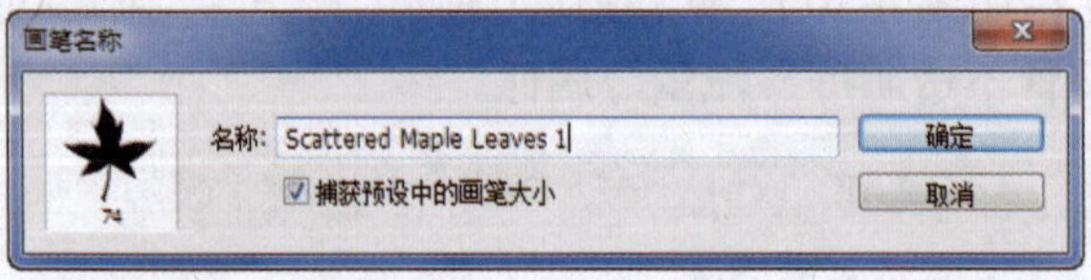

图 6-32　新建画笔预设

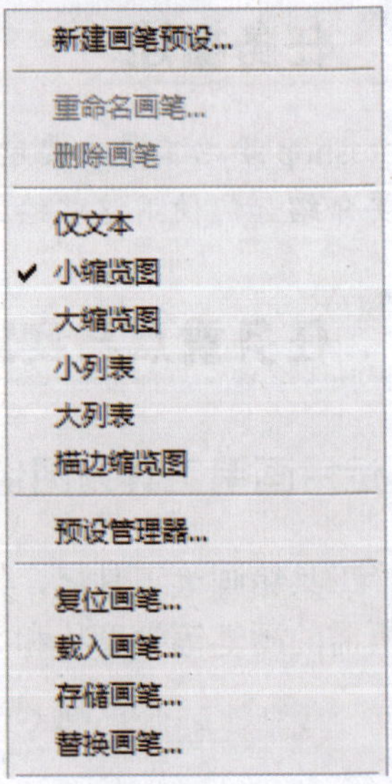

图 6-33　控制菜单

2．色彩混合模式的设置

在画笔工具属性栏的“模式”下拉列表框中给出了多种色彩混合模式，这决定了使用画笔工具绘画时当前绘制的颜色与图像原有颜色进行混合的效果。图 6-34 所示为几种不同色彩混合模式的绘制效果。

正常　　正片叠底　　叠加　　划分

实色混合　　滤色　　柔光　　减去

图 6-34　色彩混合模式

3．设置画笔透明度

通过对画笔工具属性栏中的“不透明度”选项进行设置，可以决定所绘图案的透明程度，如图 6-35 所示。

不透明度 100%　　不透明度 80%　　不透明度 50%　　不透明度 20%

图 6-35　设置画笔不透明度

4．设置画笔流量

利用“流量”数值框可以控制绘制过程中颜色的流动速度，数值越大，颜色流动得越快，颜色饱和度也就越高，如图 6-36 所示。

流量为 100%　　流量为 80%　　流量为 50%　　流量为 20%

图 6-36　设置画笔流量

在效果上看起来设置流量和设置不透明度的效果相同，其实不是。设置“流量”值后，当画笔绘制的图案重叠时颜色的饱和度会增加，这和设置不透明度的效果不同。图 6-37 所示为使用流量为 50%的画笔分别绘制一次、三次和五次的效果。

一次　　三次　　五次

图 6-37　绘制次数对比效果

5．喷枪功能

选择画笔工具后，设置透明度为 50%，单击工具属性栏中的“喷枪”按钮，可以使画笔工具具有喷涂能力。单击“喷枪”按钮，然后在图像中按住鼠标左键不放，可以看到所绘制图像的颜色会随着时间的推移渐渐加深，如图 6-38 所示。

无喷枪效果　　按住鼠标左键 3 秒喷枪效果　　按住鼠标左键 6 秒喷枪效果

图 6-38　使用喷枪功能

6.3.2　运用铅笔工具绘制硬边线条

铅笔工具和画笔工具一样，也是使用前景色来绘制线条。但画笔工具可以绘制带有柔边效果的线条，而铅笔工具则只能绘制硬边线条或图形。

选择工具箱中的铅笔工具，其工具属性栏如图 6-39 所示。

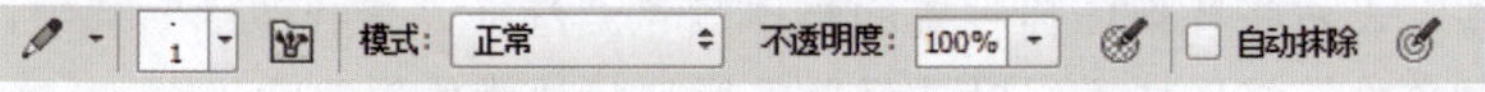

图 6-39　铅笔工具属性栏

铅笔工具属性栏与画笔工具属性栏类似，只是其中多了一个“自动抹除”复选框，这是铅笔工具特有的选项。当选中该复选框时，首先在该图像上涂颜色，然后继续在上面涂抹时，下笔处如果是前景色，则用背景色进行绘画；下笔处如果是背景色，则用前景色进行绘画，如图 6-40 所示。

原图像　前景色和背景色　用背景色绘制　用前景色绘制

图 6-40　使用前景色和背景色绘画

6.3.3　运用颜色替换工具替换图像

运用颜色替换工具，可以在保持图像纹理和阴影不变的情况下快速改变图像任意区域的颜色。要运用该工具，应先设置合适的前景色，然后在图像指定的区域进行涂抹，即可改变颜色，如图 6-41 所示。

图 6-41　使用颜色替换工具替换图像

选择工具箱中的颜色替换工具，其工具属性栏如图 6-42 所示。

图 6-42　涂抹工具属性栏

其中，各选项的含义如下。

- **模式**：包含“色相”“饱和度”“颜色”和“明度”4个选项，默认为“颜色”。
- ：单击按钮，可在拖动鼠标时连续对颜色取样；单击按钮，则只替换包含单击时所在区域的颜色；单击按钮，则只替换包含当前背景色区域的颜色。
- **限制**：选择“连续”选项，表示将替换鼠标指针所在区域相邻近的颜色；选择“不连续”选项，表示将替换任何位置的样本颜色；选择“查找边缘”选项，表示将替换包含样本颜色的连接区域，同时更好地保留形状边缘的锐化程度。
- **容差**：取值范围为1~100，其数值越大，可替换的颜色范围就越大。选择颜色替换工具并设置参数后，在图像中拖动鼠标即可进行颜色替换操作，在进行涂抹时鼠标指针中心的十字线碰到的区域将被替换颜色。

6.3.4 运用混合器画笔工具绘制混合图像效果

运用混合器画笔工具可以混合像素，创建类似传统画笔绘画时颜料之间相互混合的效果，如图6-43所示。

图 6-43 图像混合前后对比效果

选择工具箱中的混合器画笔工具，其工具属性栏如图6-44所示。

图 6-44 混合器画笔工具属性栏

在该工具属性栏中，各选项的含义如下。

- **“当前画笔载入”按钮**：单击该下拉按钮，利用弹出的下拉菜单可以选择重新载入或清理画笔，也可以在此设置一种颜色，让其和涂抹的颜色进行混合，如图6-45所示。具体的混合效果可以通过后面的数值进行调整。
- **“每次描边后载入画笔”按钮和“每次描边后清理画笔”按钮**：控制每一笔涂抹结束后对画笔是否更新和清理，类似于画家在绘画时一笔过后是否将画笔在水中清洗。
- **混合画笔组合**：在该下拉列表框中包含软件预先设置好的一些混合画笔。当选择某一种混合画笔时，工具选项栏右侧4个数值框中的数值会自动变为预设值，如图6-46所示。

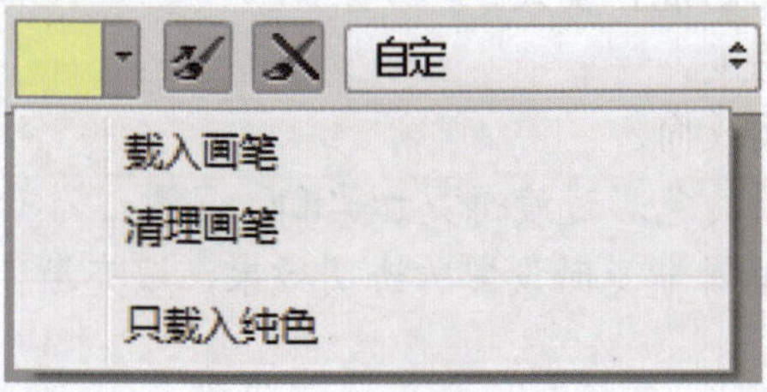

图 6-45　载入画笔选项

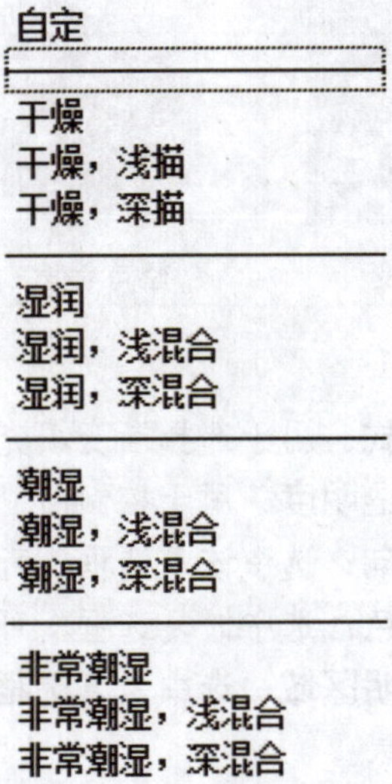

图 6-46　混合画笔组合

任务 4　运用填充工具填充图像

任务概述

在 Photoshop 中，填充颜色的方法有 3 种，分别为运用渐变工具、油漆桶工具和“填充”命令来填充。本任务主要介绍这 3 种填充方法以及运用“描边”命令为图像描边。

任务重点与实施

6.4.1　运用渐变工具绘制渐变色

使用渐变工具可以快速填充渐变色。所谓渐变色，就是具有多种过渡颜色的混合色。选择工具箱中的渐变工具，显示其工具属性栏，如图 6-47 所示。

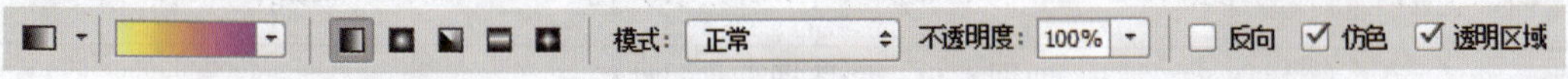

图 6-47　渐变工具属性栏

其中，各选项的含义如下。

- ：单击色块右侧的下拉按钮，在弹出的下拉面板中可以选择系统内置的渐变色，如图 6-48 所示。
- ：用于设置渐变填充类型，分别是线性渐变、径向渐变、角度渐变、对称渐变和菱形渐变，如图 6-49 所示。

图 6-48　预设渐变类型

图 6-49　渐变类型

- **模式**：用于选择渐变填充的色彩与底图的混合模式。
- **不透明度**：用于控制渐变填充的不透明度。
- **反向**：选中该复选框，可以将渐变图案反向。
- **仿色**：选中该复选框，可以使渐变图层的色彩过渡得更加柔和、平滑。
- **透明区域**：选中该复选框，即可启用编辑渐变时设置的透明效果，填充渐变得到透明效果。

6.4.2　运用油漆桶工具填充图像

油漆桶工具用于在图像或选区中填充颜色或图像。油漆桶在填充前会对鼠标单击位置的颜色进行取样，从而只填充颜色相同或相似的图像区域，如图 6-50 所示。如果创建了选区，则会填充所选的区域。

图 6-50　填充图案

选择工具箱中的油漆桶工具，其工具属性栏如图 6-51 所示。

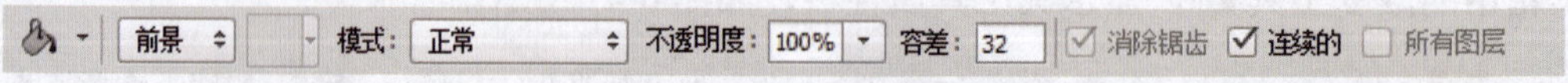

图 6-51　油漆桶工具属性栏

其中，各选项的含义如下。

- **设置填充区域的源**：在该下拉列表框中可以选择填充的内容。选择“前景”选项，将使用前景色进行填充；选择“图案”选项，则右侧的图案下拉列表框被激活，单击下拉按钮，在弹出的下拉面板中可以选择所需的填充图案，如图 6-52 所示。

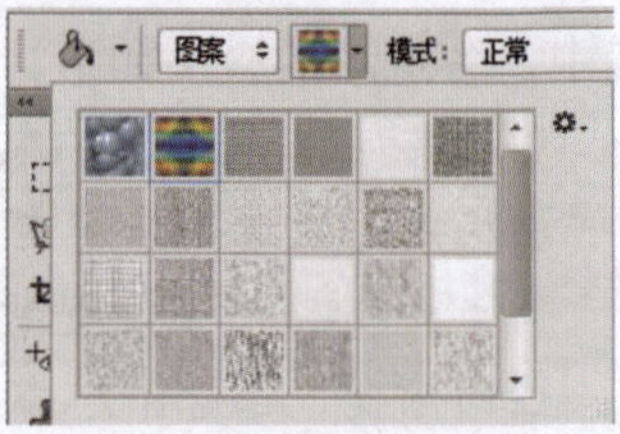

图 6-52　设置填充区域

➢ **模式**：用于设置实色或图案的填充模式。

➢ **不透明度**：用于设置填充的不透明度，0%为完全不透明，100%为完全透明。

➢ **容差**：用于控制填充颜色的范围，数值为 0~255。数值越大，选择类似颜色的选区就越大。

➢ **消除锯齿**：选中该复选框，可以消除填充像素之间的锯齿。

➢ **连续的**：选中该复选框，连续的像素都将被填充；取消选择该复选框，则连续和不连续的像素都将被填充。

6.4.3　运用“填充”命令填充图像

在 Photoshop 中，除了可以使用油漆桶工具填充颜色或图案外，还可以使用“填充”命令对选区或图像填充颜色或图案。“填充”命令的一项重要功能是可以有效地保护图像中的透明区域，有针对性地填充图像。

单击“编辑”|“填充”命令，弹出“填充”对话框，如图 6-53 所示。在其中设置填充内容、混合模式和不透明度等参数，单击“确定”按钮，即可完成填充操作。

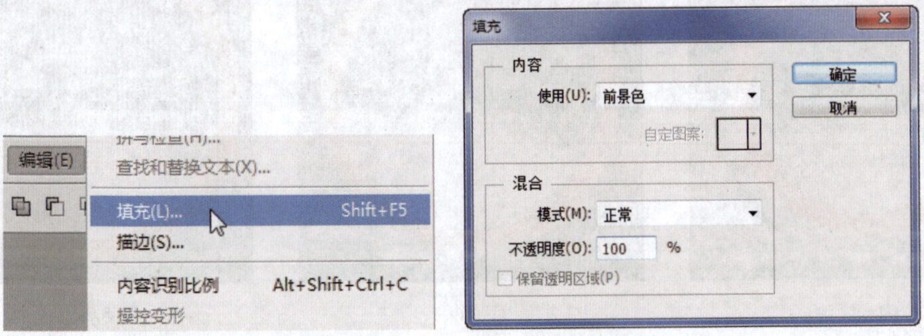

图 6-53　使用“填充”命令填充图像

6.4.4　运用“描边”命令为图像描边

在 Photoshop 中，使用“描边”命令可以为选区或图层中的对象添加一个实色边框，效果如图 6-54 所示。

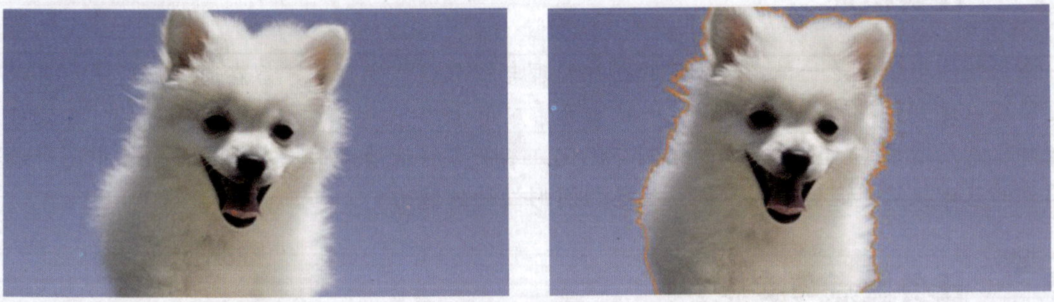

图 6-54　图像描边

单击“编辑”|“描边”命令，弹出“描边”对话框，如图 6-55 所示。在“宽度”数值框中可以设置描边的宽度。单击“颜色”色块，在弹出的“拾色器”对话框中可以设置描边的颜色，如图 6-56 所示。

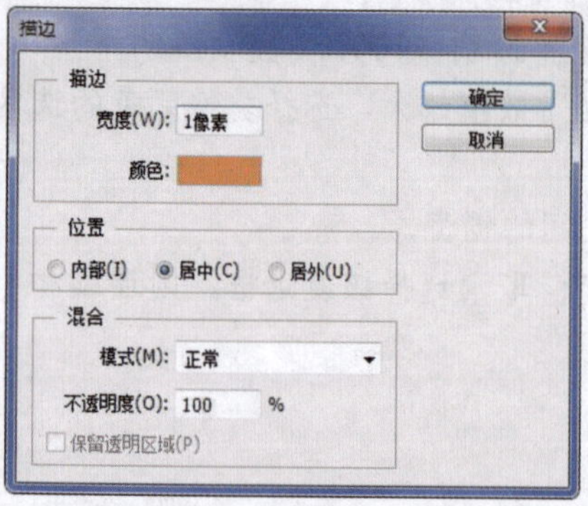

图 6-55 “描边”对话框

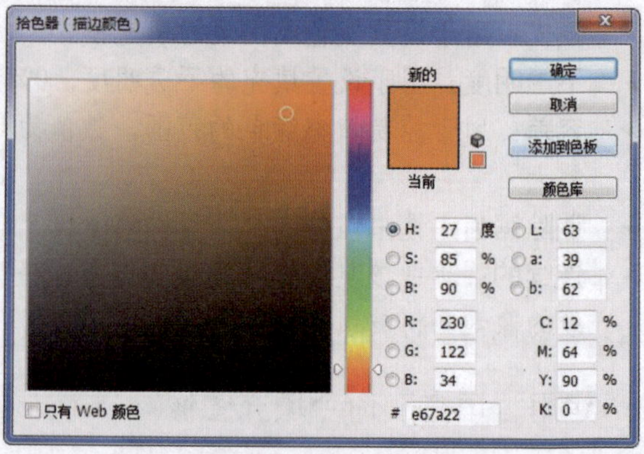

图 6-56 “拾色器”对话框

在“位置”选项区中，可以选择描边的位置是“内部”“居中”还是“居外”，其对比效果如图 6-57 所示。

内部　　居中　　居外

图 6-57 不同描边位置效果

任务 5 实战应用：绘制卡通喇叭图形

任务概述

图形绘制与填充是一种广泛应用的图片处理与图形制作的方法，旨在通过创造图形并填充合理肌理以达到预期的图形效果。这一技术通常应用于广告、游戏、UI 设计等领域。本任务主要聚焦于常用图形——卡通喇叭的绘制与优化。本任务将让读者掌握在 Photoshop 中图形绘制与填充的基础技能，还能够提升创意构思和图形设计的能力。

任务重点与实施

6.5.1 喇叭躯干部分绘制

下面将详细介绍卡通喇叭图形绘制的步骤，具体操作方法如下。

Step 01 在菜单面板选择“文件”|“新建”(【Ctrl+N】组合键)，新建一个 900 像素*900 像素、72 分辨率、RGB 色彩模式的文件，如图 6-58 所示。

Step 02 运用鼠标左键单击黑色的前景色图标，在弹出拾色器（前景色）面板修改数值：R:250,G:125,B:5 修改橙色为前景色，如图 6-59 所示。

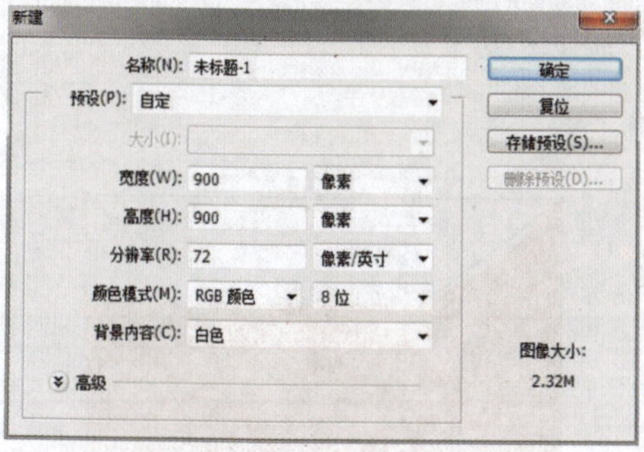

图 6-58　新建文件

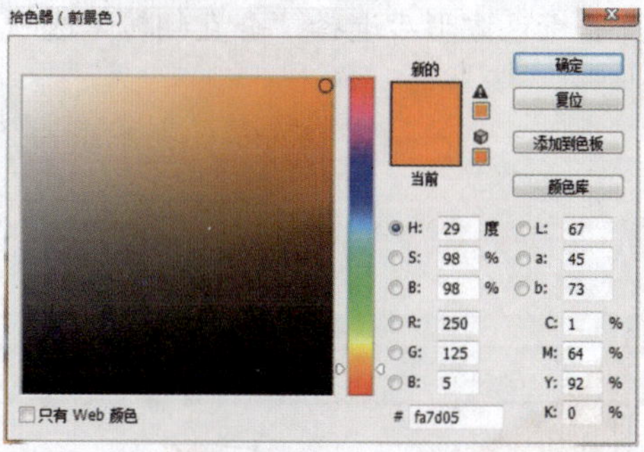

图 6-59　确定前景色

Step 03 点击图层工作面板下方图标新建透明图层(【Ctrl+Shift+N】组合键)，双击“图层 1”文字部分将图层改名为“喇叭躯干”如图 6-60 所示。

Step 04 点击“矩形工具”图标(【M】快捷键)在“喇叭躯干”图层绘制一个长方形选区，并点击“油漆桶”工具，使用该工具填充长方形选区，如图 6-61 所示。

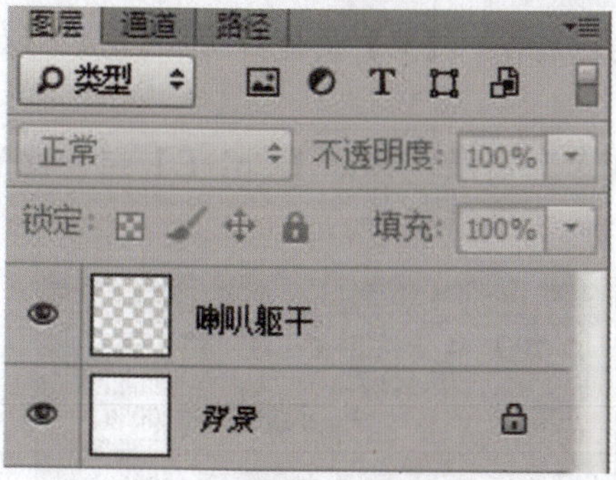

图 6-60　新建图层并重命名

图 6-61　油漆桶填充选区

Step 05 在“喇叭躯干”图层鼠标右键选择“转化为智能对象”，智能对象允许对图像进行无损编辑，例如缩放、旋转、变形等操作，而不会降低图像质量，如图 6-62 所示。

Step 06 选中“喇叭躯干”图层，使用【Ctrl+T】组合键进入自由变换，运用鼠标右键在橙色矩形上点击，在弹出下拉菜单中，选择“变形”选项，如图 6-63 所示。

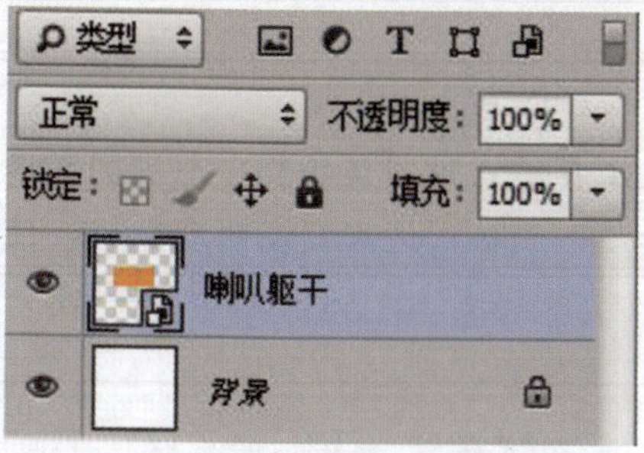

图 6-62 转化为智能对象

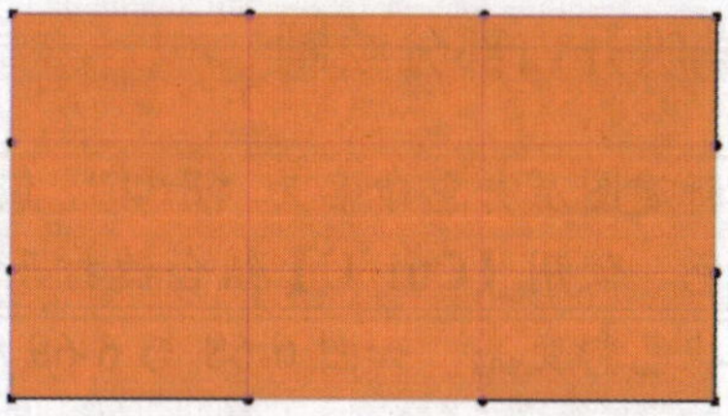

图 6-63　自由变形

Step 07 通过控制矩形锚点，可以控制其方向与长度将矩形上方的长直线调整为曲线，如图 6-64 所示。

Step 08 拖曳“喇叭躯干”图层至图层面板下方图标处实现复制图层操作(【Ctrl+J】快捷键)，再选择“喇叭躯干”拷贝图层使用【Ctrl+T】组合键进入自由变换操作，鼠标右键点击橙色方形后选择“垂直翻转”选项，如图 6-65 所示。

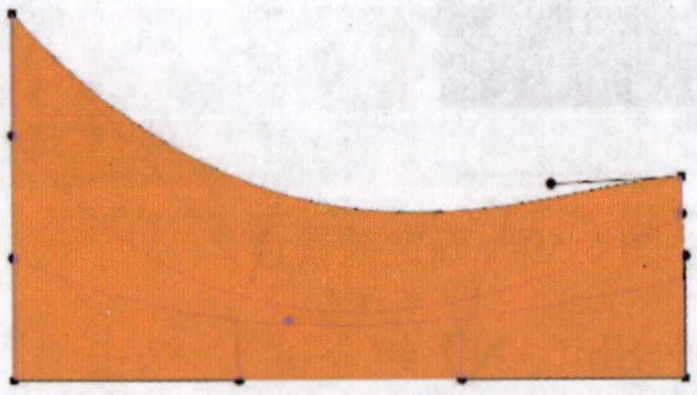

图 6-64　直线边转化为曲线边

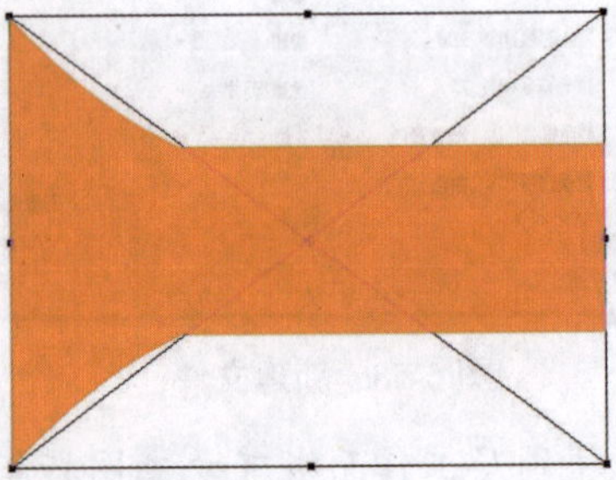

图 6-65　垂直翻转

Step 09 选择“喇叭躯干”拷贝图层，点击移动工具图标（【V】快捷键），移动矩形位置，如图 6-66 所示。

Step 10 同时选择“喇叭躯干拷贝”图层与“喇叭躯干”图层，按住【Ctrl+E】组合键使用合并图层功能，将两个图层合并为一个图层，如图 6-67 所示。

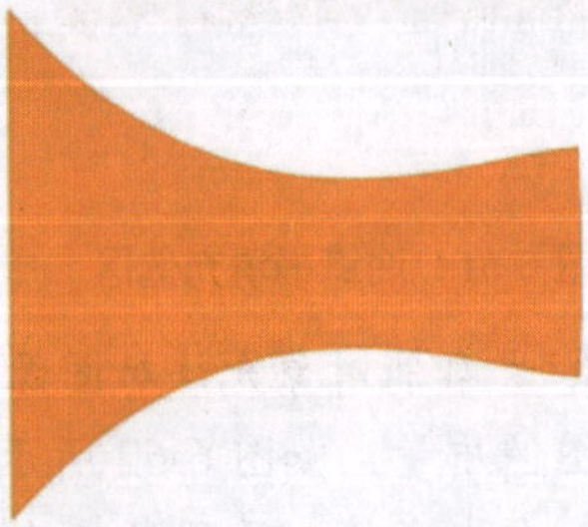

图 6-66　移动矩形位置

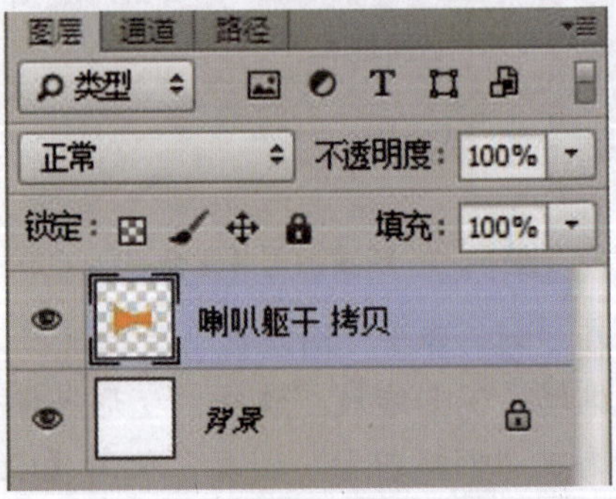

图 6-67　合并图层

6.5.2　喇叭开口部分绘制

Step 01 新建图层并重命名为“开口”，使用椭圆选区工具在该图层绘制一个椭圆并填充前景色，使用【Ctrl+U】组合键打开“色相/饱和度”面板，适当提高明度数值，使椭圆形状色彩变亮，如图 6-68 与 6-69 所示。

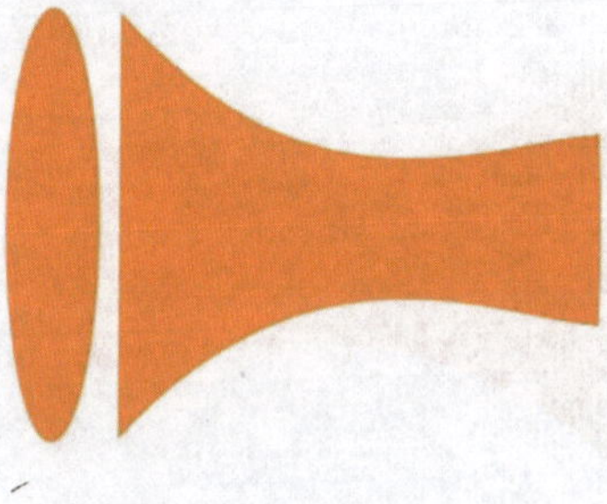

图 6-68　绘制椭圆图层

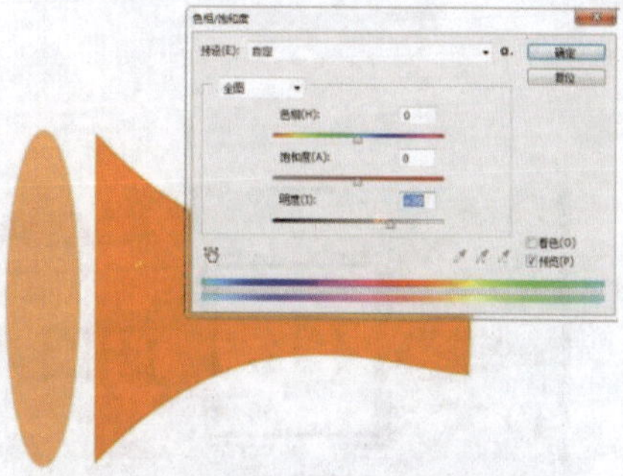

图 6-69　提高明度参数

Step 02 复制“开口”图层得到“开口拷贝”图层，按住【Ctrl+U】组合键打开色相/饱和度面板，降低明度参数，如图 6-70 所示。

Step 03 选择“开口拷贝”图层，按住【Ctrl+T】组合键进入自由变化后按住【Alt+Shift】组合键不放，拖曳顶点锚点，可从中心点出发进行等比例变化，将椭圆形适当缩小，如图 6-71 所示所示。

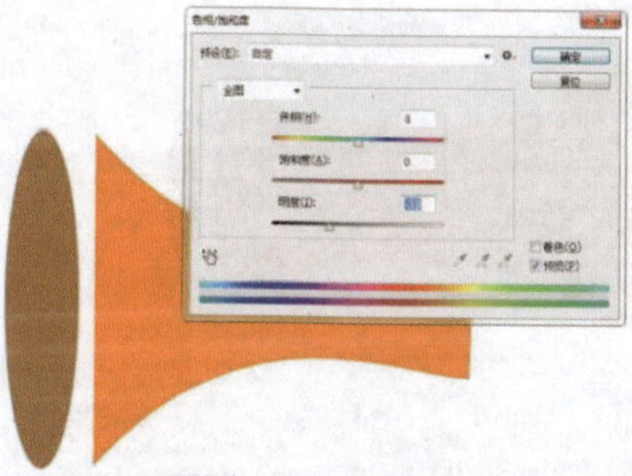

图 6-70　降低明度参数

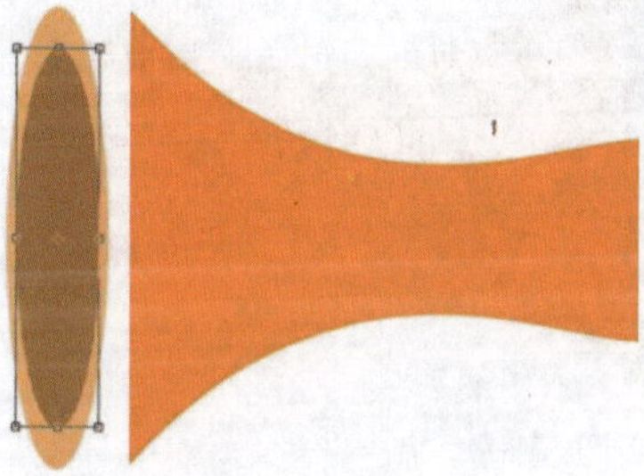

图 6-71　中心点缩放

Step 04 合并“开口”图层与“开口拷贝”图层，并使用移动工具（【V】快捷键）将椭圆形与下方的“喇叭躯干”形状重合（开口图层的图层顺序在图层面板最上方），如图 6-72 所示。

Step 05 复制“开口拷贝”图层并将其重命名为“闭口图层”，如图 6-73 所示。

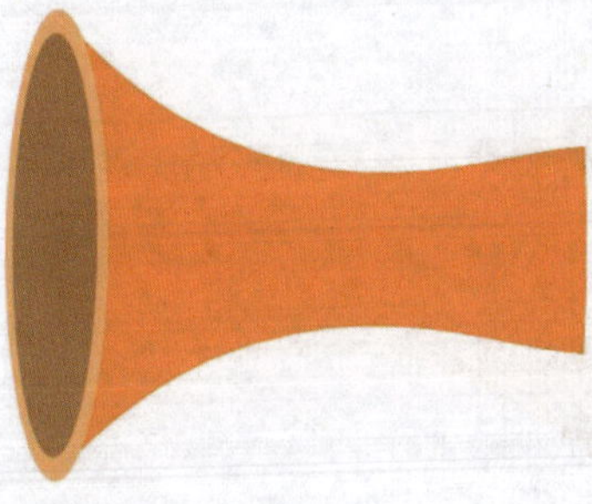

图 6-72　移动图层位置

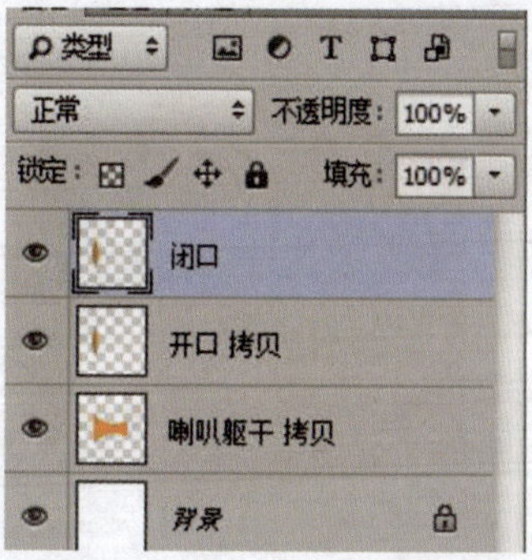

图 6-73　创建“闭口”图层

Step 06 按住【Cul】键点击“闭口”图层缩览图部分，创建选区，如图 6-74 与图 6-75 所示。

图 6-74　图层缩览图

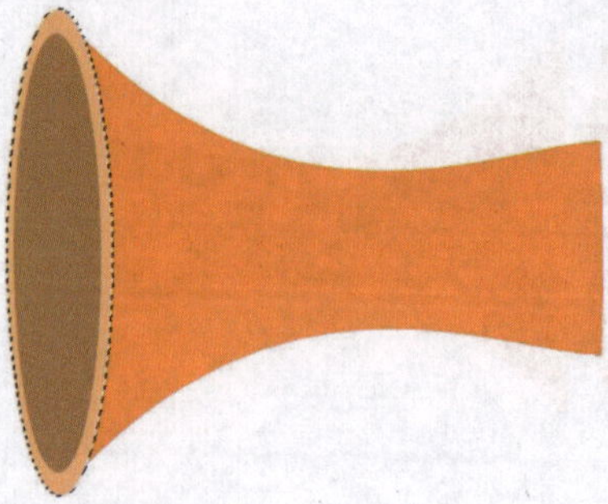

图 6-75　创建选区

Step 07 在“闭口”图层将当前选区填充前景色，并位移至“喇叭躯干”图形末尾处，使用【Ctrl+T】组合键自由变换缩小椭圆形与“喇叭躯干”图形最右端上下顶点一致，如图 6-76 所示。

Step 08 复制“闭口”图层，缩小并向左移动位置，使用【Ctrl+U】组合键适当降低明度，如图 6-77 所示。

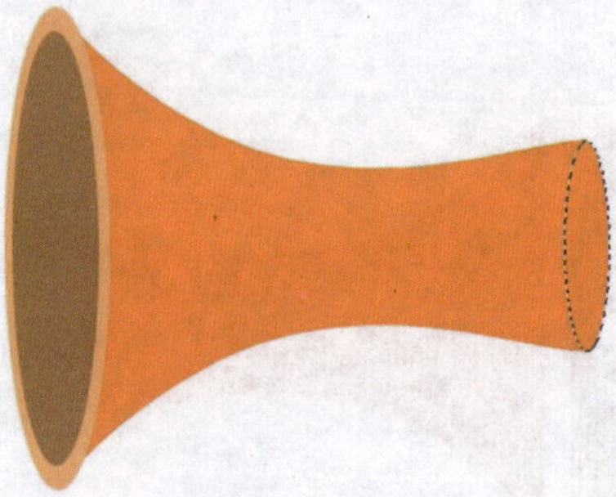

图 6-76　缩小并移动“闭口图层”

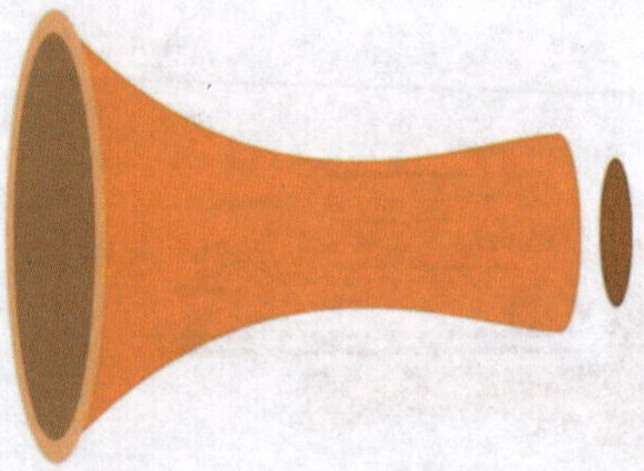

图 6-77　“闭口拷贝”图层变换

Step 09 使用“吸管工具” （【I】快捷键）吸取“闭口拷贝图层”颜色，新建图层 1（【Ctrl+Shift+N】组合键），使用矩形工具绘制矩形并填充前景色，如图 6-78 所示。

Step 10 对“图层 1”图层中的矩形使用【Ctrl+T】组合键适当变化顶端造型，并复制“图层 1”图层得到“图层 1 拷贝”图层，使用【Ctrl+T】组合键垂直翻转后移动位置，如图 6-79 所示。

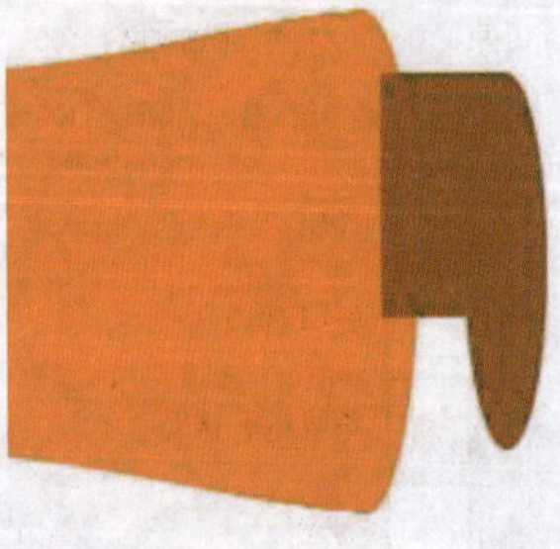

图 6-78　新建矩形并填充

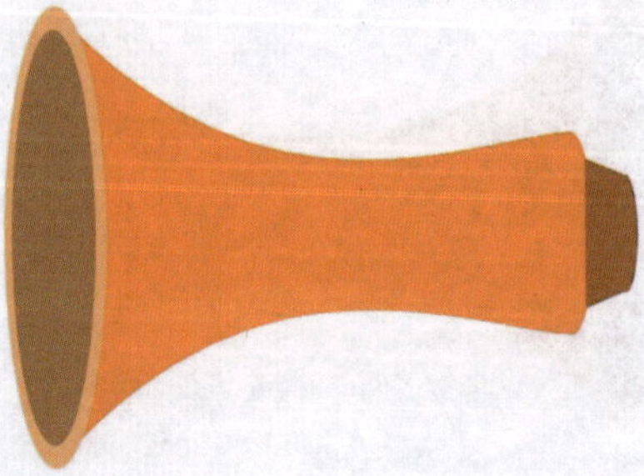

图 6-79　复制并翻转矩形

6.5.3　喇叭细节部分绘制

Step 01 选择“闭口拷贝”“图层 1”“图层 1 拷贝”图层并使用【Ctrl+E】组合键合并图层为“图层 1”拷贝图层，按住【Ctrl+ShiftT+[】组合键将选中图层在图层面板顺序置底。如图 6-80 和图 6-81 所示。

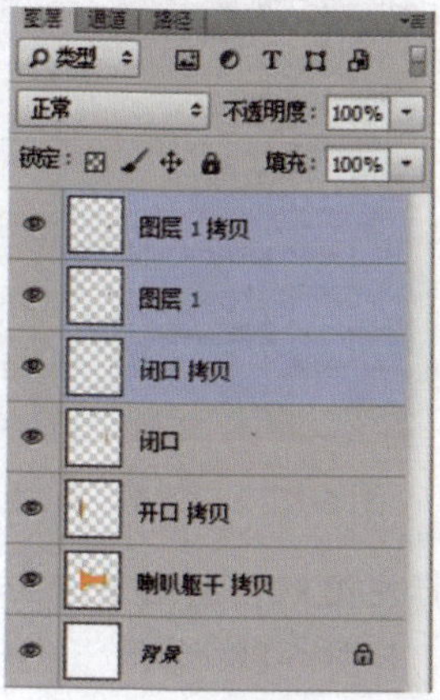

图 6-80　选择图层

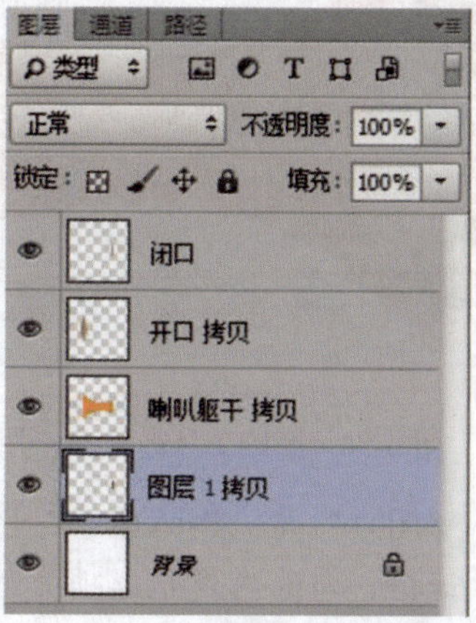

图 6-81　合并图层并置底

Step 02 复制“开口”图层使用【Ctrl+T】组合键等比例缩小“开口拷贝”图层，使用【Ctrl+U】组合键适当提亮该图层,如图 6-82 所示。

Step 03 使用“吸管”工具吸取“开口拷贝”图层颜色为前景色，新建图层并绘制矩形，使用【Ctrl+T】组合键适当只有变换形状,如图 6-83 所示。

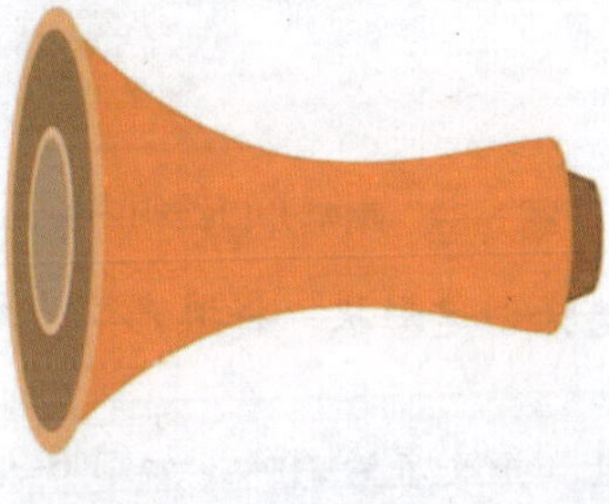
图 6-82　复制并调整椭圆图层

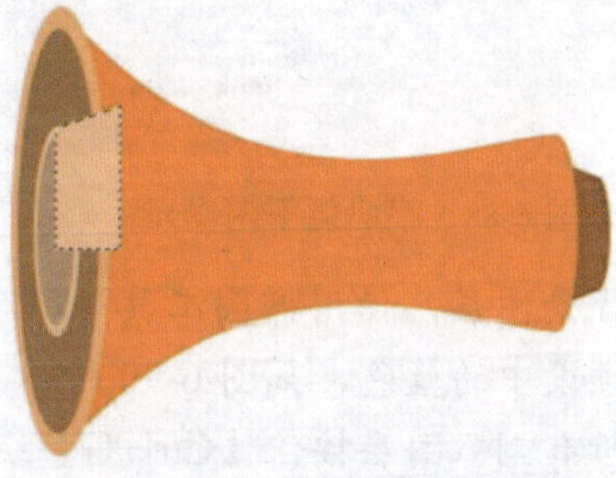
图 6-83　新建并调整矩形形状

Step 04 复制矩形并使用【Ctrl+T】组合键的“垂直翻转”属性，并调整位置，合并矩形图层并调整位置，如图 6-84 与 6-85 所示。

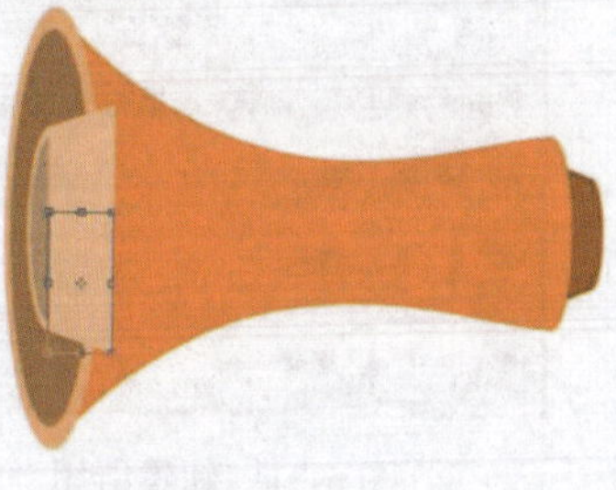
图 6 84　复制并翻转

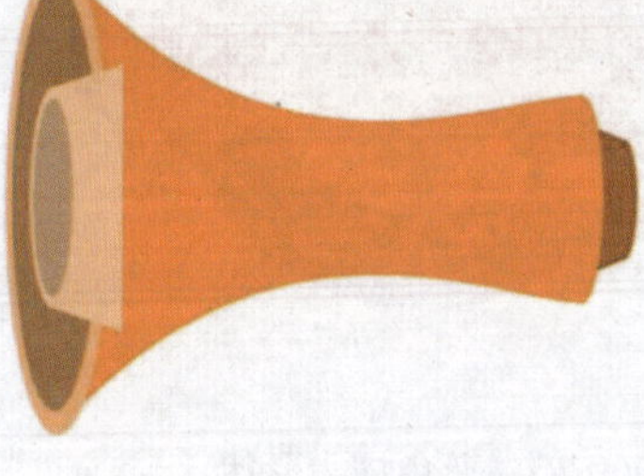
图 6-85　合并与下移图层顺序

Step05 使用魔棒（【W】快捷键）点击“开口”图层深色部分，复制为新图层后，选择“图层1 拷贝 2”图层，按住【Ctrl+Alt+G】组合键生成剪贴蒙版，如图 6-86 和图 6-87 所示。

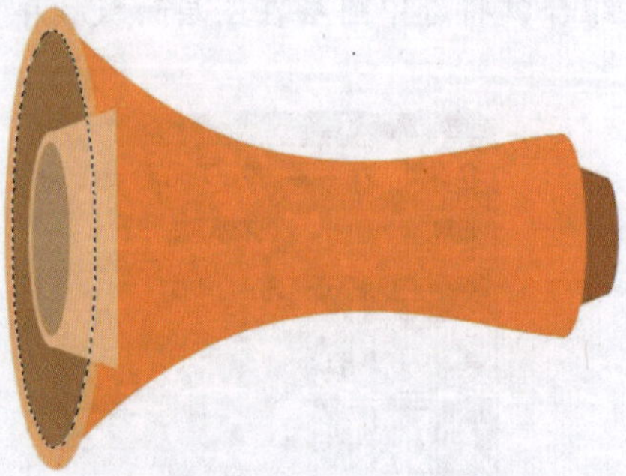

图 6-86　魔棒工具选择深色并生成图层

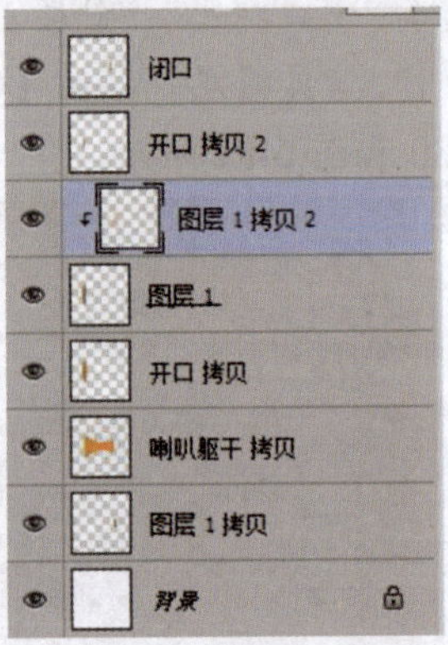

图 6-87　创建剪贴蒙版

Step06 合并“闭口”与“喇叭躯干”图层，在图层面板鼠标左键双击新图层，会弹出图层样式对话框，勾选内发光选项并适当调整内发光大小，如图 6-88 所示。

Step07 双击“图层 1 拷贝 2”图层，同理增加适当内发光效果如图 6-89 所示。

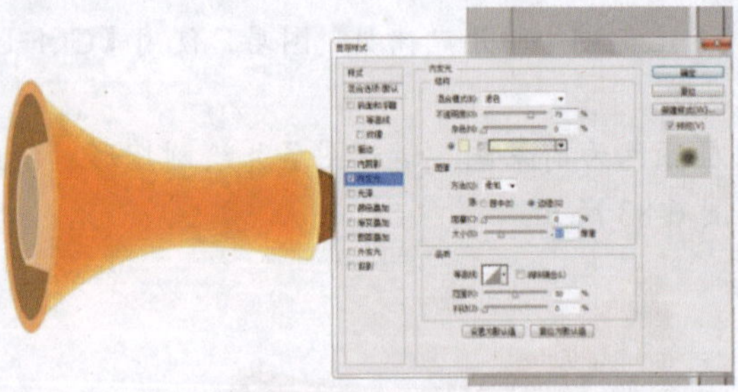

图 6-88　喇叭躯干内发光

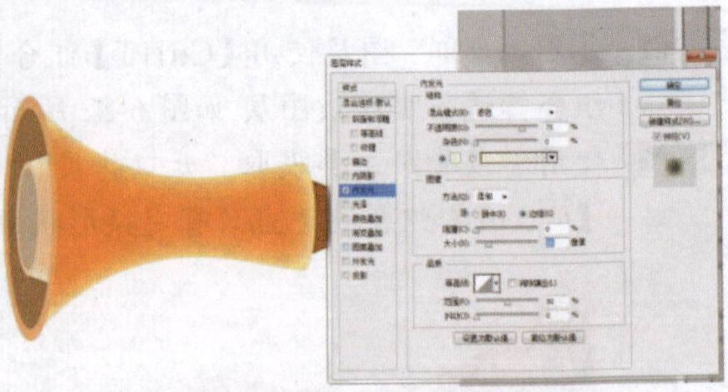

图 6-89　喇叭开口结构内发光蒙版

Step08 选择背景图层，使用椭圆工具（【U】快捷键），选择创建形状，将填充改为无，描边选择预设中的蓝色，如图 6-90 所示。

Step09 选择所有喇叭图层按住【Ctrl+G】组合键建立群组，并改名为喇叭，如图 6-91 所示。

图 6-90　新建蓝色描边形状

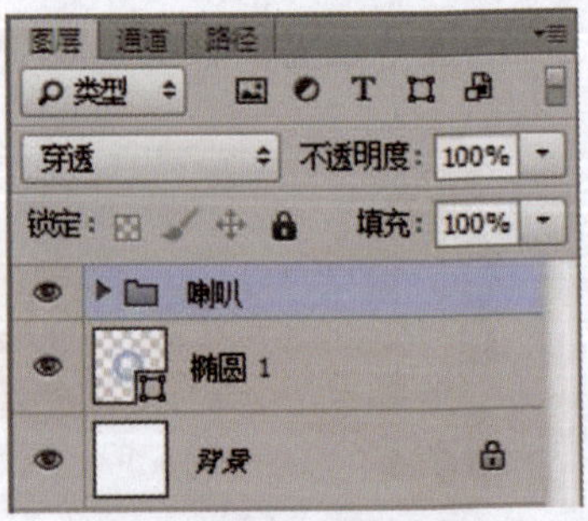

图 6-91　新建群组

Step 10 选择“喇叭”群组使用【Ctrl+T】组合键自由变换，喇叭造型倾斜 15 度角，如图 6-92 所示。

图 6-92　倾斜喇叭造型

6.5.4　最终效果制作

Step 01 双击喇叭群组，进入图层样式面板，勾选投影并适当更改参数，如图 6-93 和图 6-94 所示。

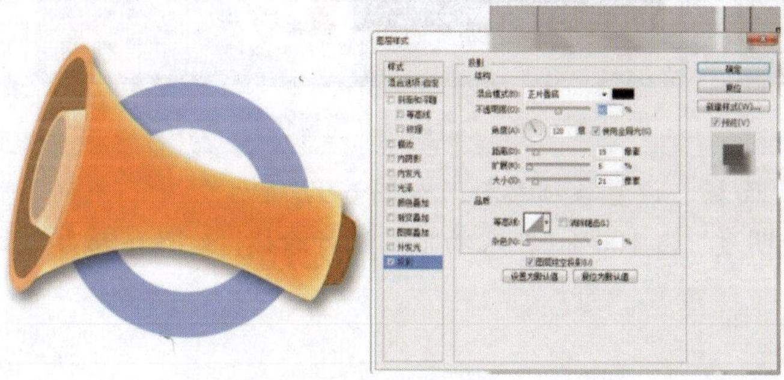

图 6-93　创建投影效果

图 6-94　最终效果

项目小结

本项目主要讲述了在 Photoshop 中绘制与填充图像的操作方法。首先介绍了颜色的设置与选取，主要包括设置前景色与背景色、运用吸管工具拾取颜色；其次介绍了“画笔”面板的运用，主要包括“画笔”面板、形状动态、散步、纹理、双重画笔、颜色动态、传递等的运用；再次介绍了运用画笔工具绘制图像，主要包括运用画笔工具为图像添加装饰图案、运用铅笔工具绘制硬边线条、运用颜色替换工具替换图像、运用混合器画笔工具绘制混合图像效果；接着介绍了运用填充工具填充图像，主要包括运用渐变工具绘制渐变色、运用油漆桶工具填充图像、运用“填充”命令填充图像、运用“描边”命令为图像描边；最后介绍了绘制卡通喇叭图形的实战应用。通过本章的学习，读者能掌握绘制与填充图像的操作技巧，制作出丰富多彩的平面设计效果。

项目习题 6

下面运用本项目所学的知识，通过设置前景色，使用画笔工具绘制图像，再对图像进行描边的方法，练习为一个裸妆的女孩进行化妆的效果。

操作提示：

①打开“素材\项目 6\化妆.jpg”文件，将图像放大，选择污点修复画笔工具，单击人物脸部的雀斑修复图像，如图 6-95 所示。

② 单击“创建新图层”按钮，新建“图层 1”。打开“拾色器（前景色）”对话框，设置各项参数，然后单击“确定”按钮，如图 6-96 所示。

图 6-95　修复图像

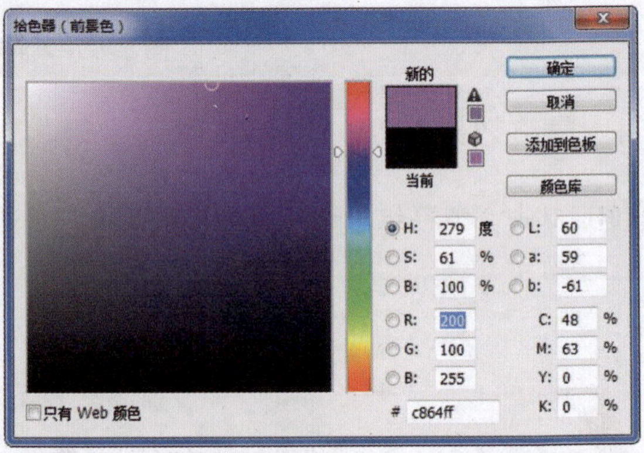

图 6-96　“拾色器（前景色）”对话框

③ 选择画笔工具，打开“画笔”面板，设置各项参数，如图 6-97 所示。

④ 在画笔工具属性栏中设置“不透明度”为 100%，在人物眼部进行涂抹，如图 6-98 所示。

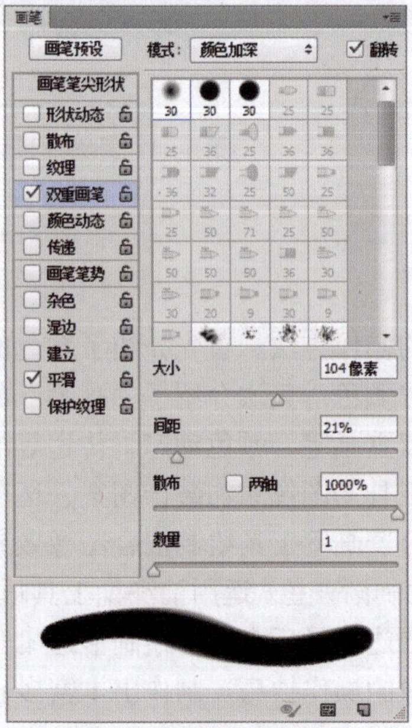

图 6-97　“画笔”面板

图 6-98　在眼部进行涂抹

⑤ 设置“图层 1”的图层混合模式为“叠加”，使用橡皮擦工具擦除眼影边缘，如图 6-99 所示。

图 6-99　擦除眼影边缘

⑥ 单击“编辑”|“描边”命令，在弹出的对话框中设置各项参数，单击“确定”按钮，即可对眼影进行描边，最终效果如图 6-100 所示。

图 6-100　对眼影进行描边

项目 7　图层的应用与管理

项目概述

Photoshop 中的图像是由一个或多个图层组成的。图层是 Photoshop 进行图形绘制和图像处理的最基础和最重要的功能之一。灵活运用图层可以提高制图效率，创作出丰富的艺术效果。本项目将讲述应用与管理图层的操作方法。

项目目标

- 掌握图层的基本操作。
- 掌握应用图层混合模式的方法。
- 掌握应用调整图层调整图像的方法。
- 掌握应用图层样式的方法。

素质目标

- 培养学生的思维创造力和创新的思维技能，提高学生整体设计思维。
- 培养学生求真务实，开拓进取的精神。

任务 1　图层的基本操作

任务概述

在 Photoshop 中，“图层”面板是图层管理的主要场所，图层的大部分操作都可以通过“图层”面板来实现。本任务主要介绍“图层”基本操作方法。

任务重点与实施

在 Photoshop 中，为了便于图像处理，常常需要将不同的对象放在不同的图层上。所谓图层，就像一层层透明的玻璃纸，每一个图层上都保存着不同的对象，每个图层中的对象都可以单独进行处理，而不会影响其他图层中的内容。

单击“窗口”|“图层”命令或直接按【F7】键，即可打开“图层”面板，如图 7-1 所示。

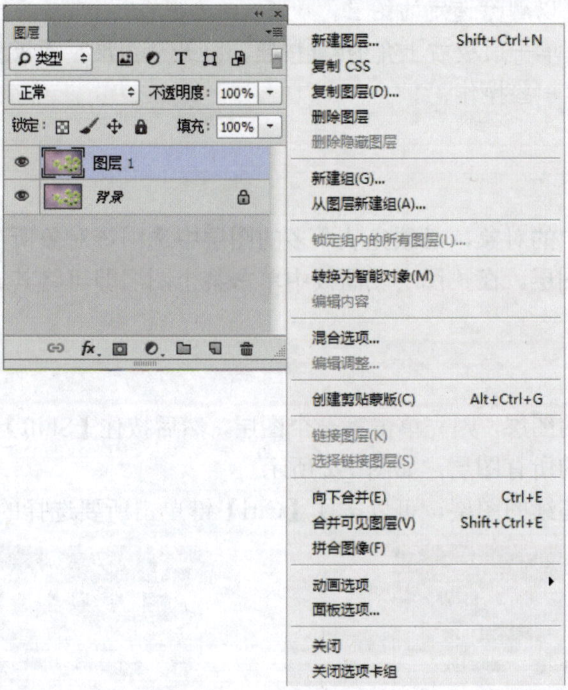

图 7-1　“图层”面板

在“图层”面板中，各选项的含义如下。

- 正常：在该下拉列表框中可以设置图层之间的混合模式。
- **不透明度**：在该数值框中输入数值，可以设置当前图层的不透明度。
- **锁定**：用于锁定图层。单击后面的这 4 个按钮，可以分别锁定当前图层的透明像素、图像像素、位置和锁定全部。
- **填充**：可以设置图层填充不透明度。
- **指示图层可见性**：用于控制图层的显示或隐藏。当该图标显示为形状时，表示图层处于显示状态；当该图标显示为形状时，表示图层处于隐藏状态，在文件窗口中将看不到。单击该图标，可以在和之间切换。
- **图层缩览图**：在图标的后面为图层缩览图，也就是图层中图像的缩小图，以便于用户查看和识别图层。
- **图层名称**：用于为图层命名，可以修改图层的名称，以方便查找。
- **当前图层**：在 Photoshop 中，可以选择一个或多个图层进行操作。而对于某些操作，一次只能在一个图层上进行。单个选定的图层为当前图层，在“图层”面板中将以蓝底显示。
- **链接**：用于链接多个图层，使链接的图层能同时被编辑。
- **添加图层样式**：为选定的图层添加图层样式。
- **添加图层蒙版**：为选定的图层添加图层蒙版。
- **创建新的填充或调整图层**：单击该按钮，可以创建填充图层和调整图层。
- **创建新组**：可为图层添加图层组，用于图层的管理。

➢ **创建新图层**：可以创建新的普通图层。
➢ **删除图层**：可以删除选定的图层。
➢ **图层面板菜单**：单击面板右上角的按钮，打开“图层”面板控制菜单，从中可以选择与图层有关的一些操作。

7.1.1 选择图层

要想编辑某个图层中的对象，必须先从众多的图层中选中该对象所在的图层。当前处于选中状态的图层称为当前图层。在“图层”面板中单击某个图层即可将其选中，选中的图层将以蓝底显示。

1．选择多个图层

若要选择多个连续的图层，则先单击第一个图层，然后按住【Shift】键单击最后一个图层，即可选中两个图层之间的所有图层，如图 7-2 所示。

如果要选中多个不连续的图层，可以按住【Ctrl】键单击所要选择的图层，如图 7-3 所示。

图 7-2 选择多个连续的图层

图 7-3 选中多个不连续的图层

2．取消选择图层

单击“图层”面板中“背景”图层下方的灰色空白处即可取消选择图层，如图 7-4 所示。单击“选择”|“取消选择图层”命令，也可以取消图层选择，如图 7-5 所示。

图 7-4 单击灰色空白处

图 7-5 取消选择图层

7.1.2　重命名图层

在 Photoshop 中，新创建的图层默认以“图层 1”“图层 2”“图层 3”……的顺序进行命名，但这样不便于用户区分图层中的内容。为此，可以将图层的名称更改为更有标识意义的名称，具体操作方法如下。

Step 01　在“图层”面板中双击图层的名称，这时图层名称将处于可修改状态，如图 7-6 所示。

Step 02　直接输入新的名称，按【Enter】键确认即可，如图 7-7 所示。

图 7-6　双击图层的名称

图 7-7　输入新名称

7.1.3　“背景”图层与普通图层

在 Photoshop 中新建图像文件时，如果选择背景为白色或背景色，则在“图层”面板中会出现一个“背景”图层。“背景”图层相当于作画用的纸，它在“图层”面板中只能位于该图层的最下方。该图层后面有个🔒图标，表示该图层已被锁定，即图层的混合模式、不透明度、填充以及可见性均不可更改。普通图层是最常用的图层，它为透明状态，在其中可以进行各种图像编辑操作，并且可以修改图层的混合模式、不透明度、填充以及是否可见等。

1．将“背景”图层转换为普通图层

要想对“背景”图层进行操作，必须先将其转换为普通图层，具体操作方法如下。

Step 01　双击“背景”图层，弹出“新建图层”对话框，设置图层的名称、颜色、模式和不透明度等，然后单击“确定”按钮，如图 7-8 所示。

Step 02　此时，即可将“背景”图层转换为普通图层，如图 7-9 所示。

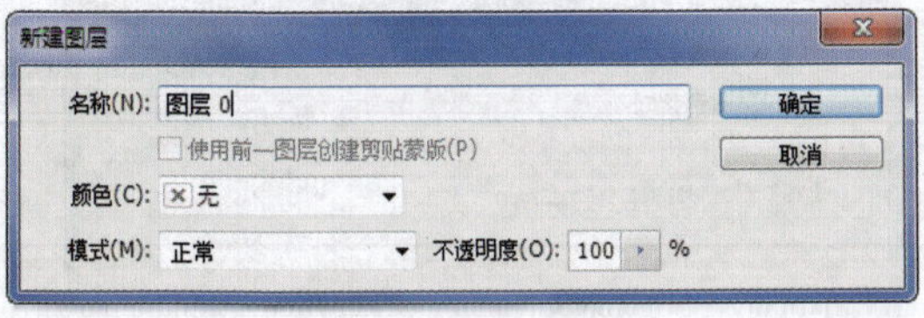

图 7-8　“新建图层”对话框

图 7-9　查看转换效果

2. 将普通图层转换为“背景”图层

在“图层”面板中也可以将某个图层转换为“背景”图层，具体操作方法如下。

Step 01 选中需要转换的图层，再单击“图层”|“新建”|“背景图层”命令，如图 7-10 所示。

Step 02 此时，即可将普通图层转换为“背景”图层，如图 7-11 所示。

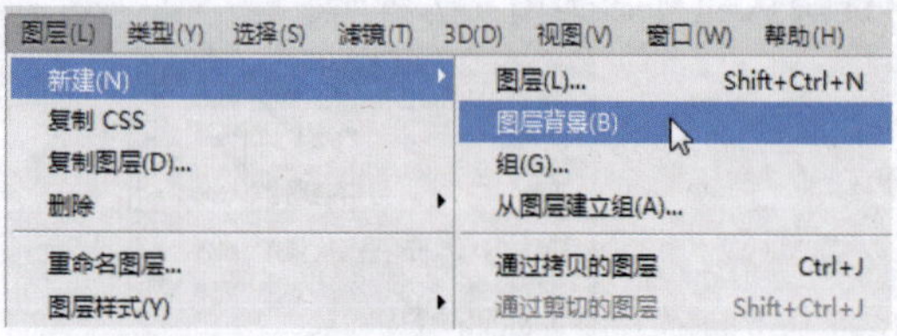

图 7-10 单击“背景图层”命令

图 7-11 查看转换效果

7.1.4 复制图层

在“图层”面板中，可以根据需要复制图层，常用的方法如下。

方法 1：使用“创建新图层”按钮复制图层

Step 01 将需要复制的图层拖至“创建新图层”按钮上，如图 7-12 所示。

Step 02 松开鼠标即可复制该图层，如图 7-13 所示。

图 7-12 拖至“创建新图层”按钮

图 7-13 查看复制效果

方法 2：使用菜单命令复制图层

Step 01 选择需要复制的图层，单击“图层”|“复制图层”命令，如图 7-14 所示。

Step 02 弹出“复制图层”对话框，设置各项参数，单击“确定”按钮，即可复制图层，如图 7-15 所示。

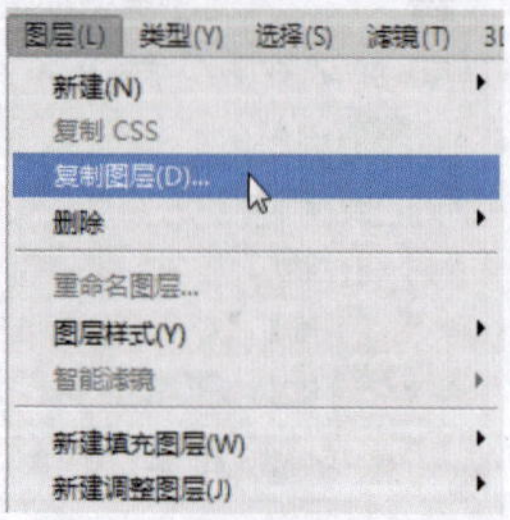

图 7-14 单击“复制图层”命令

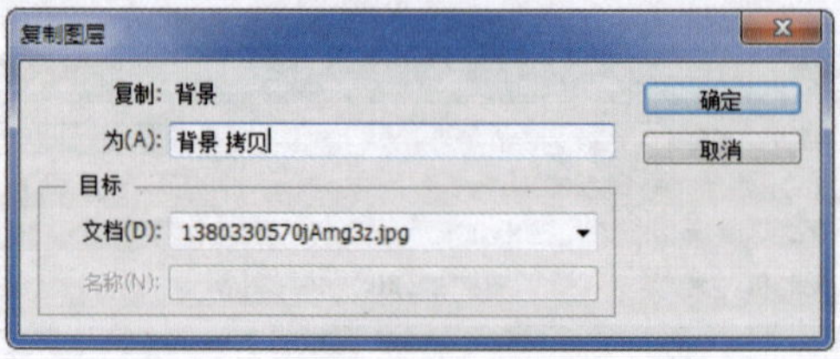

图 7-15 “复制图层”对话框

除上述方法外，单击“图层”面板右上角的按钮，在弹出的菜单列表中选择“复制图层”选项，也可弹出“复制图层”对话框；按【Ctrl+J】组合键可以直接复制当前所选图层。

7.1.5　复制选区图像新建图层

当使用工具箱中的选区工具在图像中创建一个选区，如图 7-16 所示。单击“图层”|“新建”|“通过拷贝的图层”命令，可以将选区内的图像进行复制，并放到一个新建的图层中，如图 7-17 所示。

图 7-16　创建一个选区

图 7-17　复制选区内图像

7.1.6　剪切选区图像新建图层

当使用工具箱中的选区工具在图像中创建一个选区，如图 7-18 所示。单击“图层”|“新建”|“通过剪切的图层”命令，可以将选区内的图像进行剪切，并放到一个新建的图层中，如图 7-19 所示。

图 7-18　创建一个选区

图 7-19　剪切选区内图像

7.1.7　锁定图层

在“背景”图层上始终有一个“锁定”图标，这是因为“背景”图层自动具有一些锁定功能。在 Photoshop 中，为了限制图层的编辑内容和范围，可以进行图层的锁定操作。这主要是通过“图层”面板中的几个锁定按钮来实现的，如图 7-20 所示。

其中，各按钮的作用如下。

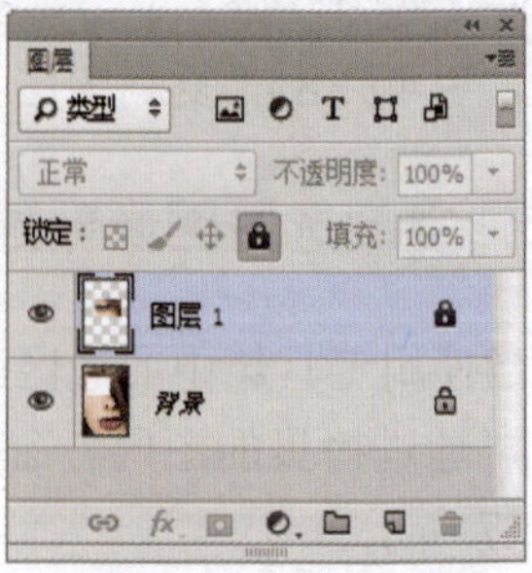

图 7-20 “图层”面板

- **锁定透明像素**：选择图层后，单击该按钮，则图层中的透明像素将被锁定。当使用绘图工具绘图时，将只能编辑图层中的非透明部分。
- **锁定图像像素**：单击该按钮，将无法修改图层中的像素，即禁止对图层中图像的绘制或修改。
- **锁定图像位置**：单击该按钮，图像就不能再移动位置。
- **锁定全部**：单击该按钮，以上 3 项全部被锁定。当锁定某个图层后，在该图层名称的后面将出现标志，同时部分锁定按钮将处于按下状态，以提示用户当前锁定的是哪些功能。

如果要解除锁定，只需单击对应的锁定按钮即可。

如果需要同时锁定多个图层，可以先选中要锁定的图层，然后单击“图层”|“锁定图层”命令，弹出“锁定图层”对话框，在其中选中要锁定的内容，然后单击“确定”按钮即可，如图 7-21 所示。

图 7-21 “锁定图层”对话框

7.1.8 链接图层

在 Photoshop 中，可以链接两个及两个以上的图层，这样链接的图层就可以作为一个整体来进行移动、旋转与缩放等操作。链接图层的方法如下。

Step 01 选择要链接的多个图层，然后单击“图层”面板底部的“链接图层”按钮，如图 7-22 所示。

Step 02 此时，将会在所选择的图层之间建立链接关系，每个链接图层的后面都会显示图标，如图 7-23 所示。

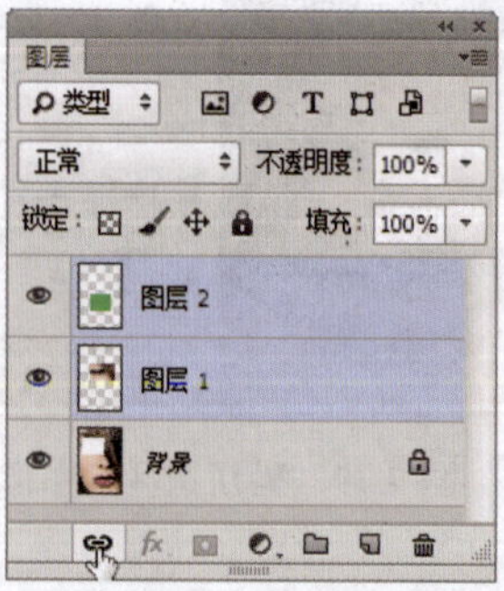

图 7-22 单击“链接图层”按钮

图 7-23 链接图层

链接图层后，对其中任何一个图层执行变换操作，其他链接的图层也将发生相同的变化。如果想解除某个图层的链接关系，可以进行以下操作。

Step 01 选择需要解除链接的图层，单击“图层”面板底部的“链接图层”按钮，如图 7-24 所示。

Step 02 此时，该图层即与其他图层解除链接关系，其后面的图标将消失，如图 7-25 所示。

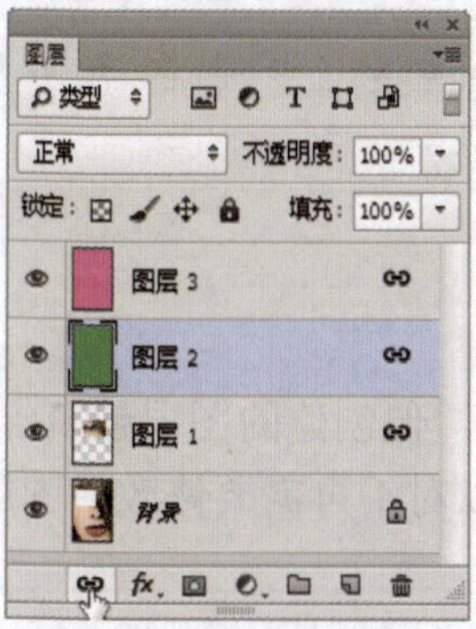

图 7-24　单击“链接图层”按钮

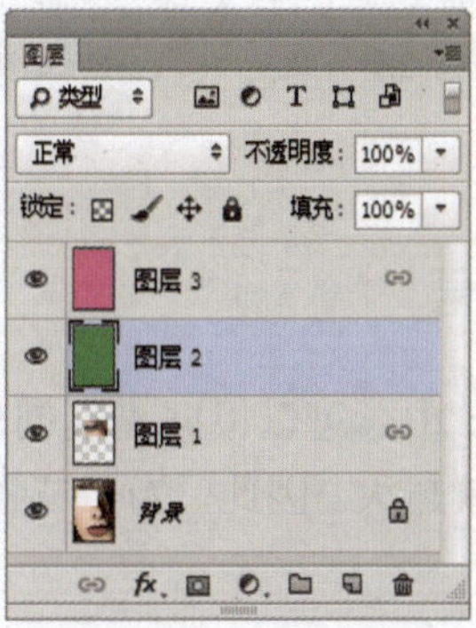

图 7-25　解除链接关系

7.1.9　栅格化图层内容

对于文字图层、形状图层、矢量蒙版或智能对象等包含矢量数据的图层，要对其进行编辑，首先要将图层栅格化。栅格化是将矢量图层转换为位图图层的过程。选中要栅格化的图层，单击“图层”|“栅格化”命令，在弹出的子菜单中即可选择栅格化不同的对象，如图 7-26 所示。

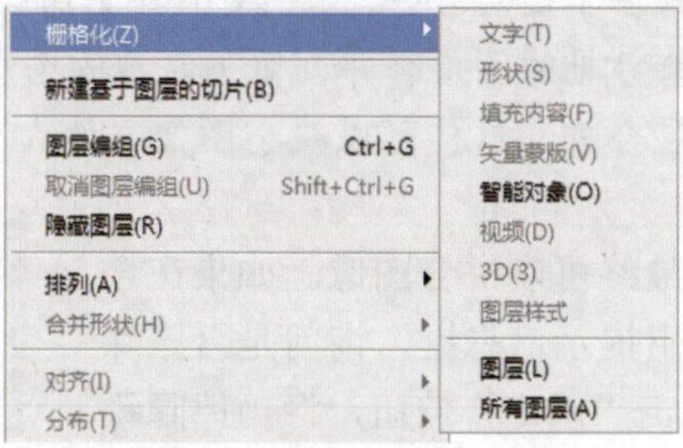

图 7-26　单击“栅格化”命令

7.1.10　对齐和分布图层顺序

在实际工作中，经常需要将多个图层中的内容进行对齐和分布，不过此时要先选中图层或对图层进行链接。通过单击“图层”|“对齐”和“图层”|“分布”菜单中的子命令，即可进行图层的对齐和分布操作，如图 7-27 所示。

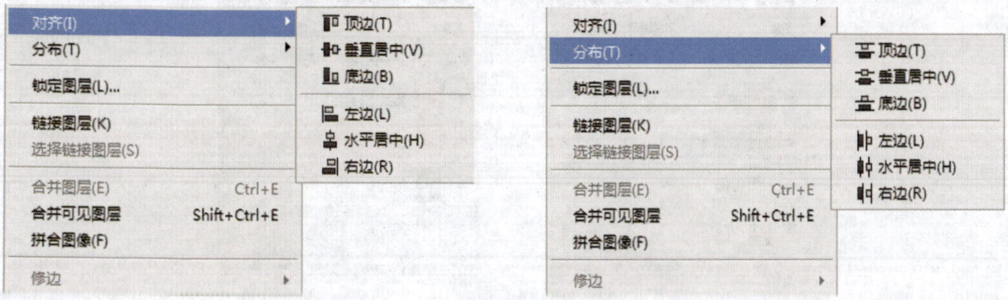

图 7-27　“对齐”和“分布”命令

当然，也可以通过在移动工具选项栏中进行设置来完成，如图 7-28 所示。需要注意的是，只有选中两个或两个以上的图层，“对齐”命令才起作用；选中 3 个或 3 个以上的图层，“分布”命令才起作用。

图 7-28　移动工具选项栏

7.1.11　合并图层

在 Photoshop 中，可以根据需要创建任意多个图层，但创建的图层越多，图像文件占用的内存和存储空间就越大。因此，为了节省存储空间，可以对不再需要修改的图层进行合并操作，以减少图层数量。

1．合并图层

合并图层包括合并图层、合并可见图层和拼合图像 3 种，可以使用“图层”菜单中对应的命令来完成，如图 7-29 所示。其中：

图 7-29　合并图层菜单命令

- **合并图层：**单击该命令，可将当前选择的图层与“图层”面板中的下一个图层进行合并，合并时下一图层必须处于可见状态，否则该命令无法使用。选择多个图层后，单击该命令可以将选择的多个图层合并。按【Ctrl+E】组合键，可以快速执行此操作。
- **合并可见图层：**将当前可见的图层合并，留下隐藏的图层。
- **拼合图像：**将所有图层合并，这样可以减小图像文件大小，保证图像文件在其他电脑上能正常打开。

当完成一幅图的绘制时，最终可以拼合图像。如果在合并时图像中有隐藏图层，将弹出提示信息框，询问是否删除隐藏图层，如图 7-30 所示。单击“确定”按钮，将扔掉隐藏的图层进行合并操作；单击“取消”按钮，将取消合并操作。

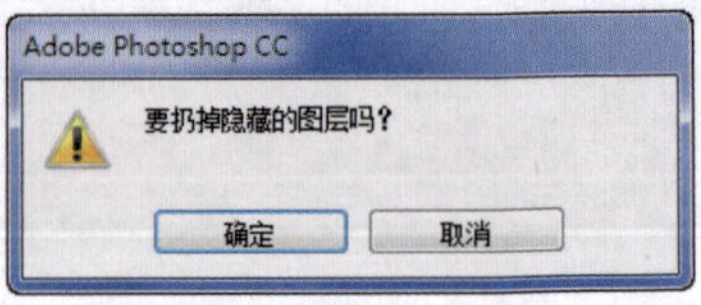

图 7-30　提示信息框

2．盖印图层

所谓“盖印图层”，是指将多个图层的内容合并到一个新的图层，同时保持其他图层不变。选择需要盖印的图层，然后按【Ctrl+Alt+E】组合键，即可得到包含当前所有选择图层内容的新图层，如图 7-31 所示。按【Ctrl+Shift+Alt+E】组合键，可以自动盖印所有可见图层。

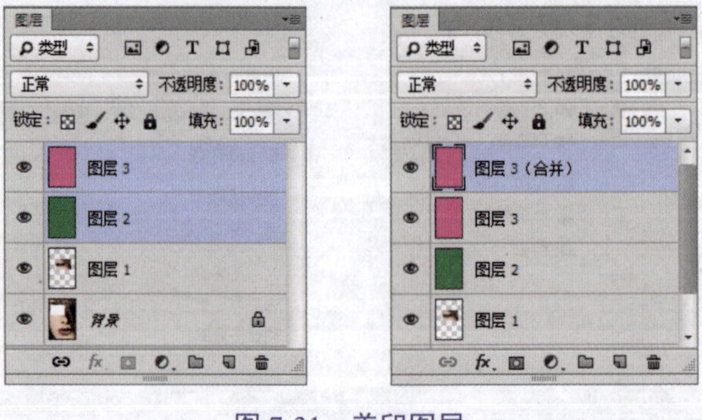

图 7-31　盖印图层

7.1.12　运用图层组管理图层

在图像处理的过程中，有时用到的图层数目会很多，这会导致“图层”面板拉得很长，使得查找图层很不方便。为了解决这个问题，Photoshop 提供了图层组功能，以方便图层的管理。

1. 创建图层组

在“图层”面板中单击“创建新组”按钮▭，或单击“图层”|“新建”|“组”命令，即可在当前图层的上方创建一个图层组，如图 7-32 所示。

双击创建的图层组的名称，可以为图层组进行重命名，如图 7-33 所示。

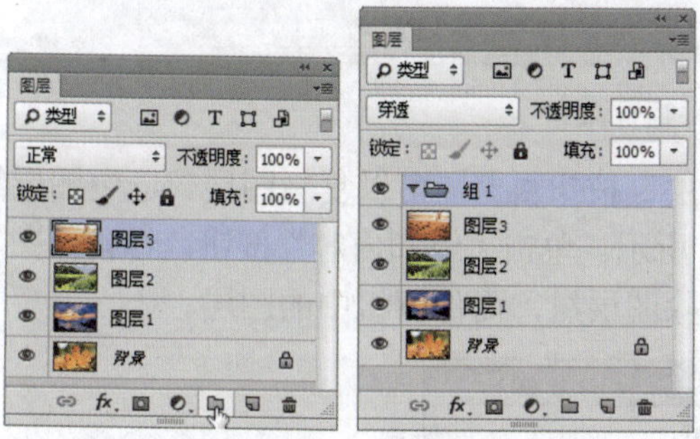

图 7-32　新建组

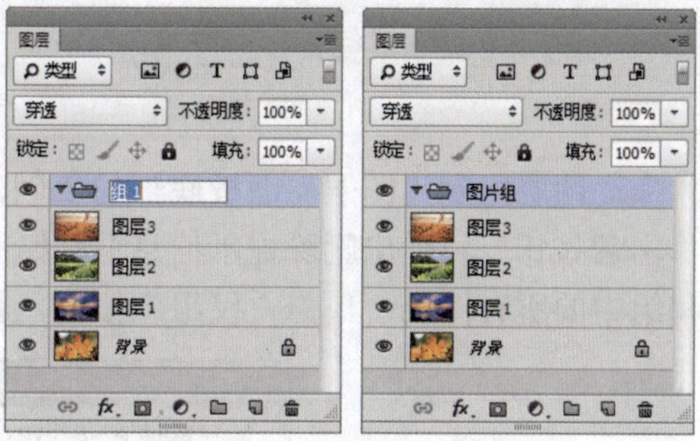

图 7-33　重命名组

现在创建的图层组是一个空组，其中不包含任何图层。如果想将图层移到组中，具体操作方法如下。

在需要移动的图层上按住鼠标左键，将其拖动到图层组名称或▭图标上，松开鼠标即可将该图层移到组中。为了表示图层和组的从属关系，组中的图层会向右缩进一段距离进行显示，如图 7-34 所示。

在“图层”面板中选择多个图层，单击“图层”|“新建”|“从图层新建组”命令或按【Ctrl+G】组合键，可以将选择的图层快速放到一个新建组中，如图 7-35 所示。

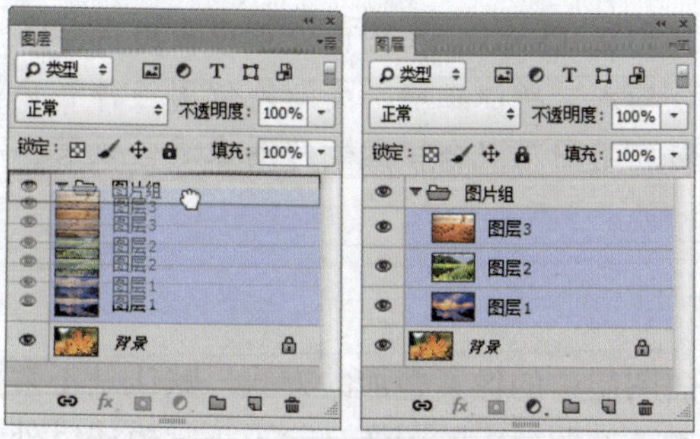

图 7-34　移动图层到组

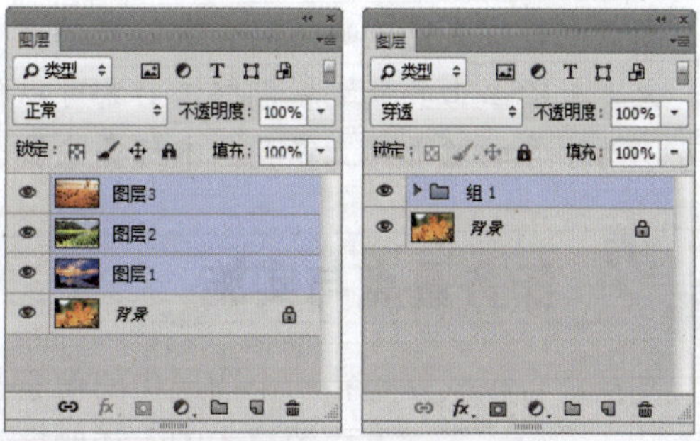

图 7-35　从图层新建组

2. 使用图层组

若右击图层组，在弹出的快捷菜单中选择“合并组”命令，可以将该组中的所有图层合并为一个图层，如图 7-36 所示。

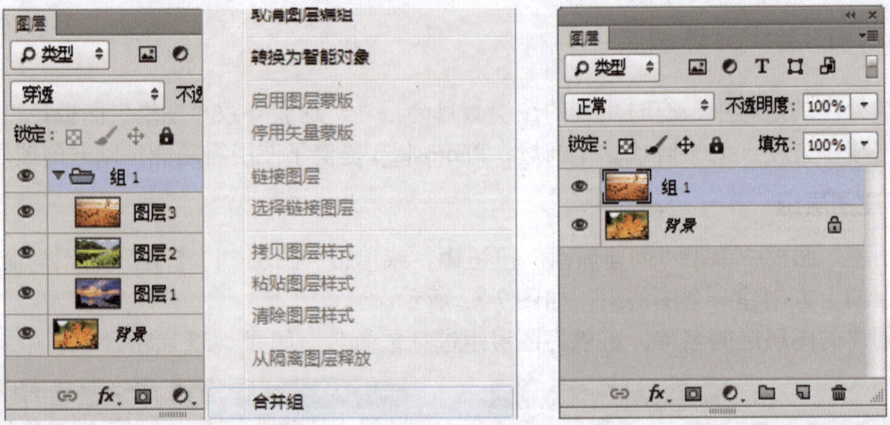

图 7-36　选择“合并组”命令

拖动图层组到“图层”面板底部的“创建新图层”按钮上，可以复制图层。选中图层组后单击按钮，将弹出删除提示信息框，如图 7-37 所示。单击“组和内容”按钮，将删除图层组和组中的所有图层；单击“仅组”按钮，将只删除图层组，而保留组中的图层。

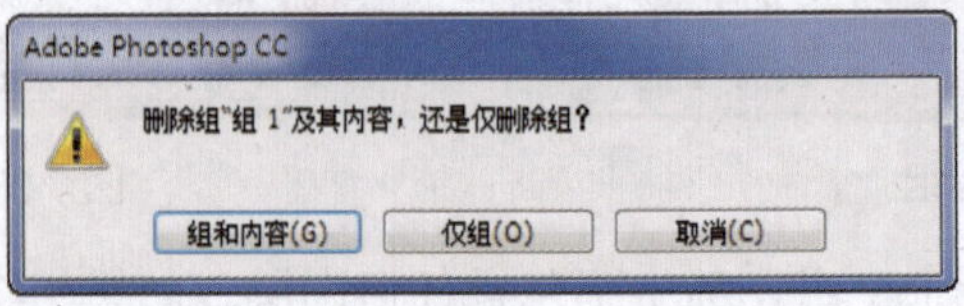

图 7-37　提示信息框

任务 2　图层混合模式的应用

任务概述

图层混合模式是创建不同合成效果的重要手段，它在 Photoshop 图像处理中应用得非常广泛，大多数绘画工具或编辑调整工具都可以使用混合模式，所以正确、灵活地使用各种混合模式可以为图像的效果锦上添花。本任务主要介绍如何应用图层混合模式制作图像混合效果。

任务重点与实施

图层混合模式就是指一个图层中的像素与其下面图层中的像素叠加的方式，默认是正常模式。在正常模式下，上面图层中的不透明区域会遮盖下方图层中的图像。除了正常模式以外，还有其他很多种混合模式。

在 Photoshop 中提供了 27 种不同的图层混合模式，了解这些模式将对图像处理大有裨益。图层的混合模式是指两个图层之间的叠加模式，也就是多个图层的透叠效果。如果只有一个图层，则不能形成叠加，所以要有两个图层或两个以上的图层才可以实现图层的混合模式。

Photoshop 的图层混合模式分为 6 组，如图 7-38 所示，依次为：

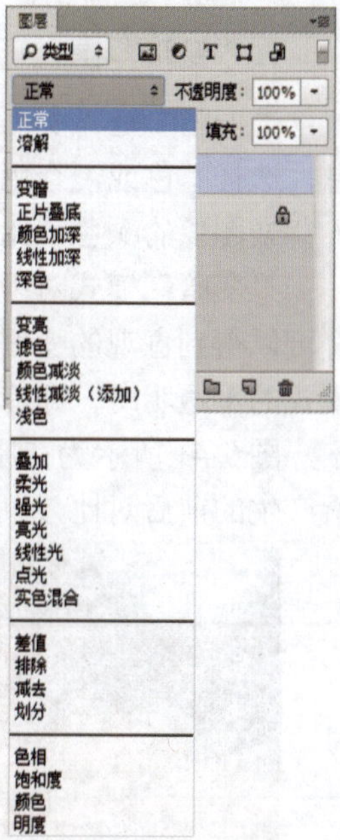

图 7-38　图层混合模式

- ➢ 不依赖底层图像的“正常”与“溶解”模式。
- ➢ 使底层图像变暗的“变暗”“正片叠底”“颜色加深”“线性加深”与“深色”模式。
- ➢ 使底层图像变亮的“变亮”“滤色”“颜色减淡”“线性减淡（添加）”与“浅色”模式。
- ➢ 增加底层图像对比度的“叠加”“柔光”“强光”“亮光”“线性光”“点光”与“实色混合”模式。
- ➢ 对比上下图层的“差值”“排除”“减去”与“划分”模式。
- ➢ 把一定量的上层图像应用到底层图像中的“色相”“饱和度”“颜色”与“明度”模式。

其中，第二组和第三组的图层混合模式是完全相反的，比如“正片叠底”就是“滤色”的相反模式。“强光”模式可以为图像添加高光，而“点光”和“线性光”模式可以配合透明度的调整为图像增加纹理。“色相”和“颜色”模式可以为图像增添上色。

7.2.1　运用“正常”模式与“溶解”模式混合图像

在图层混合模式中，“正常”和“溶解”模式是不依赖其他图层的。“正常”模式是 Photoshop 的默认模式，在该模式下形成的合成色或着色图像不会用到颜色的相加/相减属性，如图 7-39 所示。而“溶解”模式将产生不可知的结果，同底层的原始颜色交替，以创建一种类似扩散抖动的效果，这种效果是随机生成的，如图 7-40 所示。

图 7-39　“正常”模式

图 7-40　“溶解”模式

通常，“溶解”模式和图层的不透明度有很大关系，当降低图层不透明度时，图像像素不是逐渐透明化，而是某些像素透明，其他像素则完全不透明，从而得到颗粒效果。不透明度越低，消失的像素越多。

7.2.2　运用“压缩图像模式”压暗图像色彩

在 Photoshop 图层模式中，使底层图像变暗的“变暗”“正片叠底”“颜色加深”“线性加深”与“深色”模式，以及对比上下图层的“差值”与“排除”模式也可以起到压暗图像的作用。

1.“变暗”模式

“变暗”是“变亮”的相反模式，Photoshop 自动检测“红”“绿”“蓝”3 种通道的颜色信息，选择基色或混合色中较暗的部分作为结果色，其中比结果色亮的像素将被替换掉，就会露出背景图像的颜色，比结果色暗的像素则保持不变。

“变暗”模式对于相同图像之间的互叠不产生直接效果，没有互融性，但应用于色彩的重叠可以得到直观的变调效果，而不影响图像的明暗层次变化。适当调节填充色彩图层“变暗”模式的不透明度，即能让图像得到崭新的效果。

图 7-41 所示为在原图像上添加并填充了深洋红色的图层，通过“变暗”模式叠加在图像上所产生的前后对比效果。

图 7-41 “变暗”模式

2.“正片叠底”模式

选择“正片叠底”模式，Photoshop 同样自动检测“红”“绿”“蓝”3 个通道的颜色信息，并将基色与混合色复合。结果色也是选择较暗的颜色，任何颜色与黑色混合都将产生黑色，与白色混合保持不变。

用黑色或白色以外的颜色涂抹时，画笔工具绘制的连续描边则产生逐渐变暗的颜色。

如果遇上曝光过度的照片，“正片叠底”模式有压暗画面的作用。图 7-42 所示为打开一幅图像，复制“背景”图层，并将“背景 副本”图层的图层混合模式设置为“正片叠底”的前后对比效果。

图 7-42 使用“正片叠底”模式恢复曝光过度图像

“正片叠底”模式具备恢复曝光过度照片层次的功能，同样可以混合色彩，得到与众不同的凝重感色调效果。需要注意的是，在应用“正片叠底”模式指定照片色调时，多采用明亮的色彩溶叠，否则会抑制住画面的明暗度，甚至损失暗部层次。

图 7-43 所示为在原图像上填充了青绿色的图层，通过“正片叠底”模式叠加在图像上所产生的效果，幽暗中不失层次，有着别具一格的冷艳。

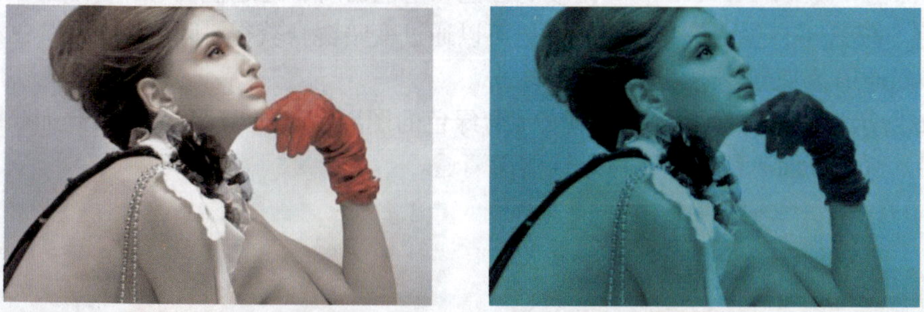

图 7-43　使用“正片叠底”模式混合色彩

3.“颜色加深”模式

选择“颜色加深”模式，Photoshop 将自动检测“红”“绿”“蓝”3 个通道的颜色信息，通过增加对比度使基色变暗，反映的混合色为结果色。

“颜色加深”模式适合高调图像的色彩处理和着色，不宜过重、过浓，否则会出现生硬的色阶。而过大的对比度不仅会使画面变得更暗，还会损失很多层次。

图 7-44 所示为在原图像上填充了橙色的图层，通过“颜色加深”模式叠加在图像上所产生的效果。

图 7-44　“颜色加深”模式

4.“线性加深”模式

选择“线性加深”模式，Photoshop 将自动检测“红”“绿”“蓝”3 个通道的颜色信息，通过减少亮度使基色变暗，以反映混合色。“线性加深”模式同样也可以压暗画面，降低色彩的明度，并且色彩感觉较为自然。图 7-45 所示为图像添加并填充了紫色的图层，通过“线性加深”模式叠加在图像上所产生的效果，丰富了与众不同的画面色彩，呈现出霞光般的色光效果。

图 7-45　“线性加深”模式

5．“深色”模式

选择“深色”模式，Photoshop 将比较混合色和基色的所有通道值的总和，并显示值较小的颜色。“深色”模式不会生成第 3 种颜色，但可以通过变暗混合获得。因此，它从基色和混合色中选择最小的通道值来创建结果色。

图 7-46 所示为在原图像上添加并填充了蓝绿色的图层，通过“深色”模式叠加在图像上所产生的结果，赋予画面光照感，且色彩艳丽而清透。

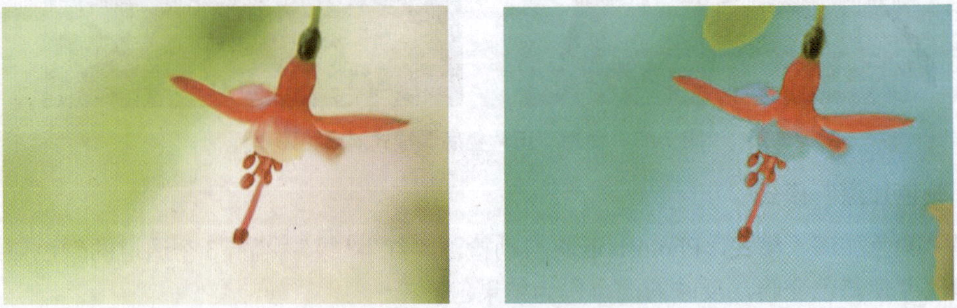

图 7-46 “深色”模式

7.2.3 运用“加亮图像模式”提高图像亮度

在图像上使用“变亮”“滤色”“颜色减淡”“线性减淡（添加）”与“浅色”模式混合时，其黑色会完全消失，任何比黑色亮的区域都可能加亮下面的图像。

1．“变亮”模式

“变亮”模式用于查看图层中的颜色信息，自动检测“红”“绿”“蓝”3 个通道的颜色信息，并选择基色或混合色中较亮的颜色作为结果色。比混合色暗的像素被替换，比混合色亮的像素保持不变。

运用“变亮”模式可以对图像层次较少的暗部进行着色和层次感的提升，改善和丰富画面效果。图 7-47 所示为填充了蓝色的图层通过“变亮”模式叠加在图像上所产生的结果，可以看到画面的暗部呈现蓝色，整体上更具有色彩层次和变化感。

图 7-47 “变亮”模式

2．“滤色”模式

选择“滤色”模式，Photoshop 同样将自动检测“红”“绿”“蓝”3 个通道的颜色信息，并将混合色的互补色与基色复合，结果色总是较亮的颜色。用黑色过滤时，颜色将保持不变；用白色过滤时，将产生白色。

如果遇上曝光不足的照片，“滤色”模式有提亮画面的作用。图 7-48 所示为复制“背景”图层，并将“背景 副本”图层的图层混合模式设置为“滤色”的前后对比效果。

图 7-48 “滤色”模式

3.“颜色减淡”模式

选择“颜色减淡”模式，Photoshop 将自动检测“红”“绿”“蓝”3 个通道的颜色信息，并通过减小对比度使基色变亮，以反映混合色，与黑色混合则不发生变化。

“颜色减淡”模式赋予图像明亮的色彩效果，可以改变其不透明度，自然产生出画面的色彩变调，起到渲染图像的效果。

图 7-49 所示为在原图像上添加了一个填充了青蓝色的图层，通过“颜色减淡”模式叠加在图像上所产生的结果，体现了色彩的互补性，同时提高了画面的明度，显示人物肌肤的白皙感。

图 7-49 “颜色减淡”模式

4.“线性减淡（添加）”模式

选择“线性减淡（添加）”模式，Photoshop 会自动检测“红”“绿”“蓝”3 个通道的颜色信息，并通过增加亮度使基色变亮，以反映混合色。

“线性减淡（添加）”模式在提亮色彩的同时，还可以起到对画面进行渲染的作用，只需稍加调整“线性减淡”的不透明度即可。它不但使画面暗部得到提亮，并附着色彩，因而提升了层次效果。

图 7-50 所示为在原图像上添加并填充了深洋红色的图层，通过“线性减淡”模式叠加在图像上所产生的结果，统一了画面的色调，增加了怀旧色彩的情调。

图 7-50 “线性减淡（添加）”模式

5.“浅色”模式

“浅色”模式等同于“变亮”模式的结果色，比较混合色和基色的所有通道值的总和，并显示较亮的颜色。“浅色”模式不会生成第三种颜色（可以通过“变亮”模式混合获得），其结果色是混合色和基色当中明度较高的那层颜色，结果色不是基色就是混合色。

“浅色”模式的常用性不高，缺乏色彩的互融，而且交界处会产生硬边，在画面处理的特殊效果上可以起到一定的作用。

7.2.4 运用“叠图模式”加强图像对比度

对于很多 Photoshop 用户来说，图层混合的叠图模式并不陌生。在使用过程中，为了找到最佳的表现效果，常常会将图层混合模式的选项逐个尝试，以得到理想的效果。常见的图层互叠有两个图层或两个以上的图层，一般来讲两个图层的互叠比较好控制，而且也容易出效果，两个以上的图层就很少在图层模式上相叠了。下面将对 Photoshop 图层叠图的混合模式“叠加”“柔光”“强光”“亮光”“线性光”“点光”与“实色混合”进行介绍。

1.“叠加”模式

“叠加”是“正片叠底”和“滤色”的组合模式。选择该模式后，Photoshop 会自动检测“红”“绿”“蓝”3 种通道的颜色信息，图层中的全部色彩信息都会被背景层颜色所代替，这时会根据图片层次的不同而结果色也随之发生变化。

“叠加”模式对于相同图像之间的互叠会产生直接效果，使画面暗部越暗、亮部越亮，造成图像明暗对比的较大反差，并会减少层次感。合理地使用色彩填充叠加于图像之上，调整其不透明度，可以得到各种浓淡相宜的色调照片效果。

图 7-51 所示的图像就是将背景添加一个填充为洋红色的图层，并将图层混合模式设置为“叠加”的效果。

图 7-51 “叠加”模式

2．“柔光”模式

选择“柔光”模式，可以使颜色变暗或变亮，具体取决于混合色，此效果与发散聚光灯照在图像上相似。如果混合色（光源）比 50%的灰色亮，则图像变亮，就像被减淡了一样；如果混合色（光源）比 50%的灰色暗，则图像变暗，如同被加深了一样。用纯黑色或纯白色绘画会产生明显的较亮或较暗的区域，但不会产生纯黑色或纯白色。

“柔光”模式同样对于相同图像之间的互叠会产生直接效果，其作用是增加图像的对比度，有去灰的功效。而且“柔光”模式是随着复合色的变化使照片层次趋于柔和，改变原有的色彩层次，靠近复合色的柔和。

对于数码相机拍摄的照片，有时会出现雾蒙蒙的效果，这时可以将“背景”图层进行复制，然后将复制的副本图层设置为“柔光”效果，以调整图像的对比度，如图 7-52 所示。

图 7-52 “柔光”模式

3．“强光”模式

选择“强光”模式，将复合或过滤颜色，具体取决于混合色。如果混合色（光源）比 50%的灰色亮，则图像变亮，如同过滤后的效果，这对于向图像中添加高光非常有用；如果混合色（光源）比 50%的灰色暗，则图像变暗，如同复合后的效果，这对于向图像中添加阴影非常有用。用纯黑色或纯白色绘图时会产生纯黑色或纯白色。

“强光”模式下的色彩浓度更大，对比更为强烈，对改善画面阴影色调有着很大的作用。在原图像上添加一个洋红色图层，设置图层混合模式为“强光”，并适当调整不透明度的效果，如图 7-53 所示。

图 7-53 “强光”模式

4．“亮光”模式

“亮光”模式就是通过增加或减少对比度来加深或减淡颜色，具体取决于混合色。如果混合色（光源）比 50%的灰色亮，则减小对比度，使图像变亮；如果混合色（光源）比 50%的灰色暗，则增加对比度，使图像变暗。

“亮光”模式对于相同图像之间的互叠会产生极大的对比反差，而色彩的覆盖随着其浓度和明暗而变化，会赋予图像清亮或焦灼、低沉的色调，影响画面的气氛和感觉，如图 7-54 所示。

图 7-54 “亮光”模式

5．“线性光”模式

选择“线性光”模式，将通过减小或增加亮度来加深或减淡颜色，具体取决于混合色。如果混合色比 50%的灰色亮，则通过增加亮度使图像变亮；如果混合色比 50%的灰色暗，则通过减小亮度使图像变暗。

使用“线性光”模式后，相同图像之间互叠在中灰层次色调的大部分图像会被底色（背景色）代替，只有亮部和暗部不会受到底色的太多影响，造成画面的色彩层次受到很大的影响，并不利于照片效果的改善。因此该模式在实际运用中并不常用，主要是得不到良好效果的实现。不过，它在图像色彩的铺垫上还是有用武之地的，只需稍为加工即可呈现出别样的色调，如图 7-55 所示。

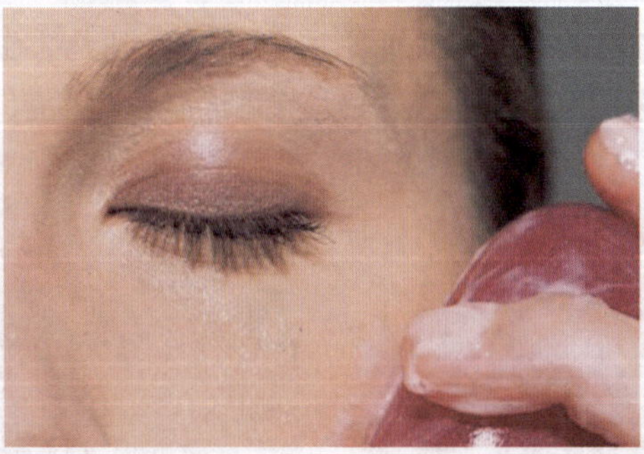

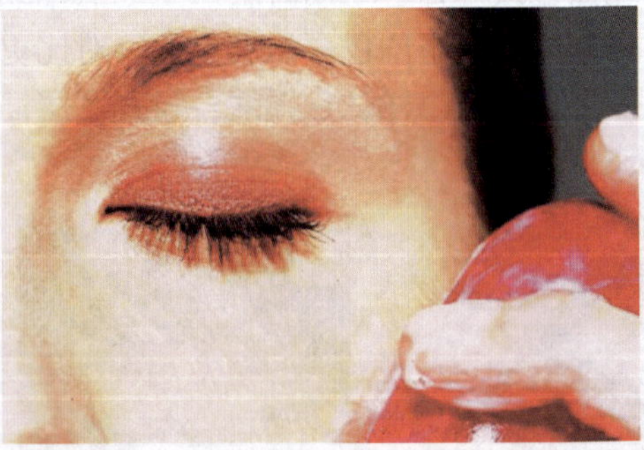

图 7-55 “线性光”模式

6．“点光”模式

选择“点光”模式，将根据混合色替换颜色。如果混合色（光源）比 50%的灰色亮，则替换比混合色暗的像素；如果混合色比 50%的灰色暗，则替换比灰褐色暗的像素，而比混合色暗的像素则保持不变。

“点光”模式对于相同图像之间的互叠不产生直接效果，没有互融性，但应用于色彩的重叠可以得到直观而丰富的变调效果，如图 7-56 所示。

图 7-56 “点光”模式

7. “实色混合”模式

选择该模式，再配合图层填充不透明度的设置，可以使下面的图层产生色调分离效果。

设置填充不透明度高会产生极端的色调分离，而设置填充不透明度低则会产生较光滑的图层。如果图层的亮度接近 50%的灰色，则下面的图像亮度不会改变。

“实色混合”模式对于相同图像之间的互叠会产生与色彩混合一样如同版画的效果，如果没有特殊的需要，基本不会用到该图层混合模式来体现画面特效。

图 7-57 所示为在原图像上添加一个填充为黄色的图层，并将填充不透明度设置为 30%的前后对比效果。

图 7-57 “实色混合”模式

7.2.5　运用“特殊图层模式”制作特殊混合效果

除了前面介绍的图层模式外，还有一组比较特殊的图层模式，分别为“差值”“排除”“减去”和“划分”，使用它们可以创建一些特殊的混合效果。

1. “差值”模式

选择“差值”模式，Photoshop 会自动检测“红”“绿”“蓝”3 个通道的颜色信息，从基色中减去混合色，结果取决于哪一个颜色的亮度值更大。“差值”模式会造成图像色彩的反相效果，如同底版胶版一般。图 7-58 所示为原图像添加了填充蓝绿色的图层，通过“差值”模式叠加在图像上所产生的前后对比效果。

图 7-58 “差值”模式

2. “排除”模式

选择“排除”模式，将创建一种与“差值”模式相似、对比度更低的效果。通常情况下“排除”模式的使用频率不是很高。

3. “减去”模式

选择“减去”模式，将从基色中相应的像素上减去混合色中的像素值。使用“减去”模式可以减去图像中的某种颜色，创建一种特殊效果。图 7-59 所示为原图像添加了填充蓝色的图层，通过“减去”模式叠加在图像上所产生的前后对比效果。

图 7-59 “减去”模式

4. “划分”模式

使用“划分”模式可以查看每个图层的颜色，并从基色中分离出混合色。图 7-60 所示为原图像添加了填充绿色的图层，通过“划分”模式叠加在图像上所产生的前后对比效果。

图 7-60 “划分”模式

7.2.6　运用“上色模式”为图像上色

“色相”“饱和度”“颜色”与“亮度”模式是将上层图像中的一种或两种特性应用到下层图像中。它们是比较实用和显著的几种模式，可以为图像上色。

1.“色相”模式

“色相”模式使用基色的亮度和饱和度以及混合色的色相创建结果色。这种模式查看活动图层所包含的基本颜色，并将它们应用到下面图层的亮度和饱和度信息中。

“色相”模式对于相同图像之间的互叠不产生直接效果，没有互融性。但应用于色彩的叠加可以得到直观的变调效果，不影响图像的明暗及层次变化。适当调节填充色彩图层“色相”模式的不透明度，可以减淡覆盖颜色的浓度。图 7-61 所示为在原图像图层上添加了一个填充绿色的图层，并将填充图层混合模式设置为“色相”的前后对比效果。

通过填充新建图层为黑色或白色可以生成灰度图像，这种转换方式可以更好地保留原图像的层次，让其得到较好的黑白图像效果，如图 7-62 所示。

图 7-61　“色相”模式

图 7-62　生成灰度图像

2.“饱和度”模式

“饱和度”模式用基色的亮度和色相以及混合色的饱和度创建结果色，在饱和度为 0 的灰色上应用此模式不会产生任何变化。饱和度决定图像显示出多少色彩，如果没有饱和度就不会存在任何颜色，只会留下灰色。饱和度越高，区域内的颜色就越鲜艳。当所有的对象都饱和时，最终得到的几乎都是荧光色。

“饱和度”模式对于相同图像之间的互叠也不产生直接效果，同样没有互融性。但应用于色彩的叠加不区分于色相的变化，得到同样的结果色，只影响图像的饱和度变化。适当调节填充色彩图层“饱和度”模式的不透明度，可以减淡覆盖颜色的鲜艳度。

图 7-63 所示为在原图像图层上添加了一个填充蓝色的图层，并将填充图层混合模式设置为“饱和度”、图层“不透明度”为 50%的前后对比效果。

图 7-63 “饱和度”模式

3.“颜色”模式

“颜色”模式用基色的亮度以及混合色的色相与饱和度创建结果色，这样可以保留图像中的灰阶，对于给单色图像上色和给彩色图像着色都非常有用。总体来说，它将图像的颜色应用到了下面图像的亮度信息上。

“颜色”模式对于相同图像之间的互叠同样不产生直接效果，没有互融性。但应用于色彩的叠加可以得到直观的变调效果，不影响图像的明暗及层次变化。适当调节填充色彩图层“颜色”模式的不透明度，会使附着图像的颜色浓淡相宜。

图 7-64 所示为在原图像图层上添加了一个渐变图层，并设置图层混合模式为“颜色”的前后对比效果。

图 7-64 “颜色”模式

4.“明度”模式

“明度”模式用基色的色相与饱和度以及混合色的亮度创建结果色。该模式与“颜色”模式正好相反，可以将图像的亮度信息应用到下面图像中的颜色上。它不能改变颜色，也不能改变颜色的饱和度，只能改变下面图像的亮度。

比较前面的“色相”“饱和度”与“颜色”模式，“明度”模式的实用性不是很高，即使降低了不透明度，只会给原图像增加极大的灰度，不能起到改善的作用。

任务 3　应用调整图层调整图像

任务概述

创建调整图层以后，颜色和色调调整就存储在调整图层中，并影响它下面的所有图层。如果要对多个图层进行相同的调整，可以在这些图层上面创建一个调整图层，通过调整图层来影响这些图层，而不必分别调整每个图层。本任务主要介绍如何应用调整图层调整图像。

任务重点与实施

单击“图层”面板底部的“创建新的填充或调整图层”按钮，在弹出的下拉菜单中选择相应的选项，即可创建不同类型的调整图层。此时，不但会在“图层”面板中创建一个调整图层，而且会弹出一个调整图层参数设置面板，在其中调整参数即可影响下面的图层，如图 7-65 所示。

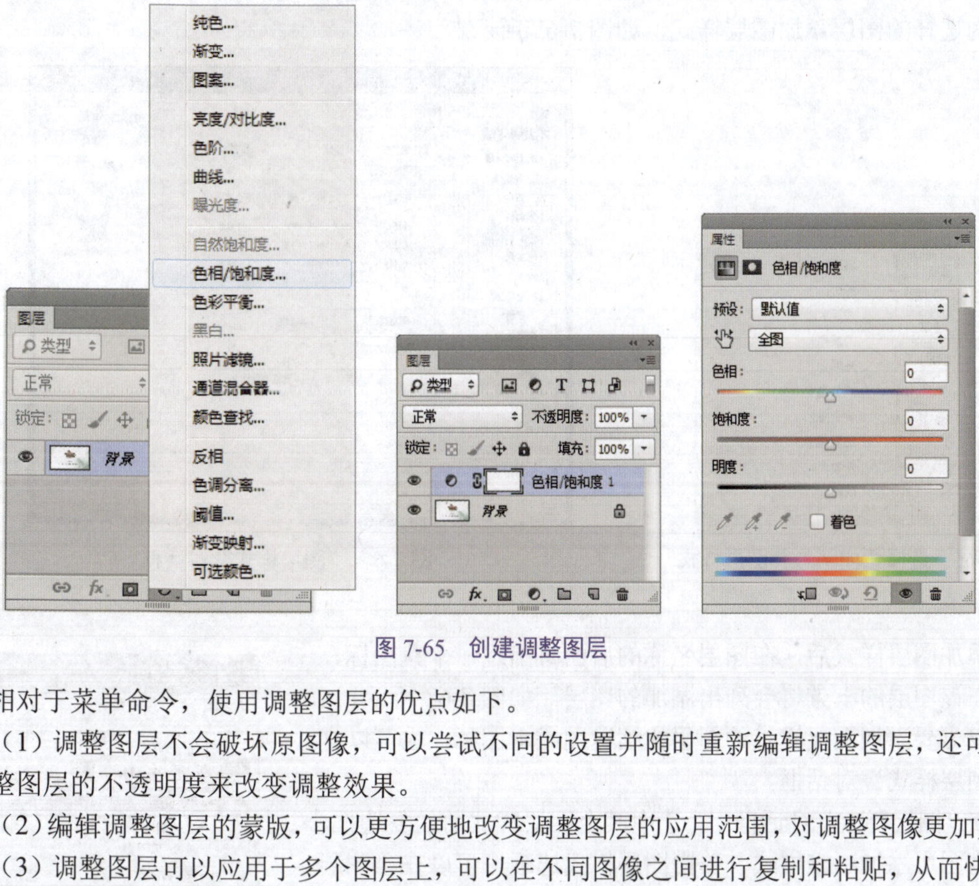

图 7-65　创建调整图层

相对于菜单命令，使用调整图层的优点如下。

（1）调整图层不会破坏原图像，可以尝试不同的设置并随时重新编辑调整图层，还可以通过调整图层的不透明度来改变调整效果。

（2）编辑调整图层的蒙版，可以更方便地改变调整图层的应用范围，对调整图像更加方便。

（3）调整图层可以应用于多个图层上，可以在不同图像之间进行复制和粘贴，从而快速地调整出相同的颜色和色调。

任务 4 图层样式的应用

任务概述

图层样式是 Photoshop 中的一项图层处理功能，是制作图片效果的重要手段之一。为图层中的对象添加合适的图层样式，有助于增强图像的表现力。本任务主要介绍如何应用图层样式制作特殊的图像效果。

任务重点与实施

7.4.1 添加图层样式

若要为某个图层添加图层样式，可以选择这个图层，单击“图层”面板下方的“添加图层样式”按钮fx，在弹出的下拉菜单中选择要添加的图层样式，如图 7-66 所示。

此时，将弹出“图层样式”对话框，对图层样式参数进行设置，然后单击“确定”按钮，即可为选择的图层添加图层样式，如图 7-67 所示。

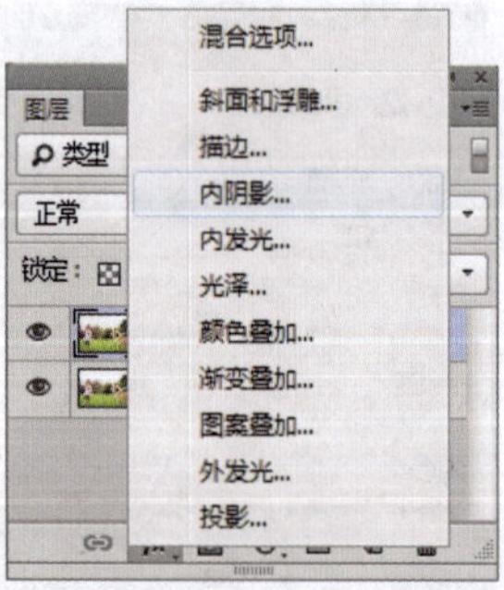

图 7-66 选择“内阴影”图层样式

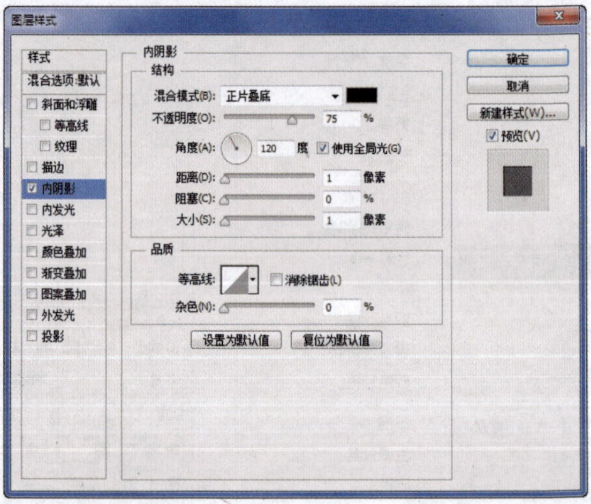

图 7-67 “图层样式”对话框

添加图层样式后，在图层名称的后面将出现一个fx图标，同时在该图层的下方将会列出添加的图层，如图 7-68 所示。

双击要添加图层样式的图层的缩览图或fx图标，也可以打开“图层样式”对话框。

在“图层样式”对话框中，选中某个图层样式前的复选框，表示为图层添加了该样式。单击图层样式选项，可以在“图层样式”对话框中切换到该选项，然后对其参数进行设置。

图 7-68 添加图层样式

7.4.2　运用“投影”与“内阴影”选项为图像添加投影

投影是在图层内容背后添加阴影，图 7-69 所示为添加投影的前后对比效果。

图 7-69　添加投影前后对比效果

在“图层样式”对话框左侧选中“投影”选项，即可在右侧设置各项投影参数，如图 7-70 所示。

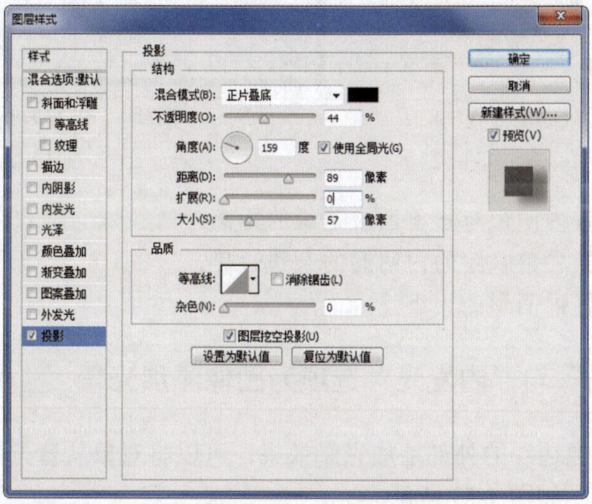

图 7-70　设置投影参数

其中，各选项的含义如下。

- **混合模式**：用于设置阴影与下方图层的色彩混合模式，系统默认为“正片叠底”模式，这样能够得到比较暗的阴影颜色。单击右侧的颜色块，还可以设置阴影的颜色。
- **不透明度**：用于设置投影的不透明度，数值越大，阴影的颜色就越深。
- **角度**：用于设置光源的照射角度，光源角度不同，阴影的位置也不同。选中“使用全局光”复选框，可以使图像中所有图层的图层效果保持相同的光线照射角度。
- **距离**：用于设置投影与图像的距离。数值越大，投影就越远。
- **扩展**：默认情况下阴影的大小与图层相当，如果增大扩展值，可以加大阴影。
- **大小**：用于设置阴影的大小。数值越大，阴影就越大。
- **等高线**：用于设置投影边缘的轮廓形状。
- **消除锯齿**：选中该复选框，可以消除投影边缘的锯齿。

- **杂色**：用于设置颗粒在投影中的填充数量。
- **图层挖空投影**：用于控制半透明图层中投影的可见或不可见效果。“投影”效果是从图层背后产生阴影，而“内阴影”则是在前面内部边缘位置产生柔化的阴影效果，如图7-71 所示。

在“图层样式”对话框左侧选中“内阴影”选项，在右侧即可设置各项内阴影参数，如图7-72 所示。

图 7-71　添加内阴影效果

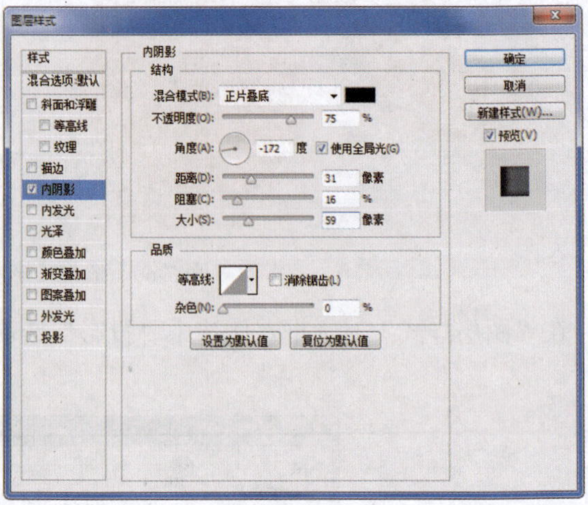

图 7-72　设置内阴影参数

其中，部分选项的含义如下。

- **距离**：用于设置内阴影与当前图层边缘的距离。
- **阻塞**：用于模糊之前收缩的内阴影的杂边边界。
- **大小**：用于设置内阴影的大小。

7.4.3　运用“外发光”与“内发光”选项为图像添加光晕

外发光指的是在图像边缘的外部增加光晕效果，可以将对象从背景中分离出来，从而达到醒目和突出主体的作用，如图 7-73 所示。

图 7-73　添加外发光效果

在“图层样式”对话框左侧选中“外发光”选项，在右侧即可设置各项外发光参数，如图7-74 所示。

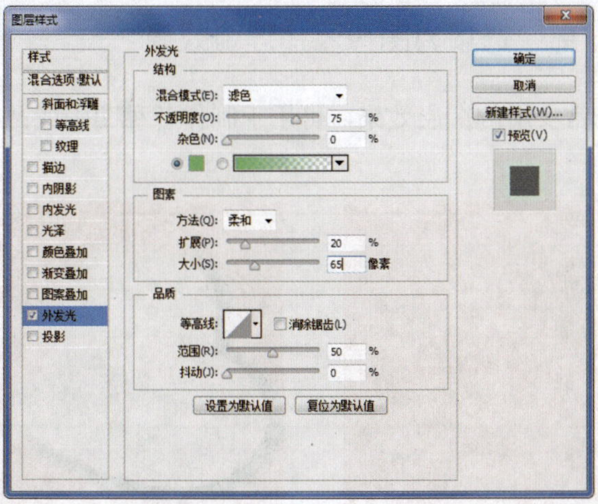

图 7-74 “外发光”设置面板

其中，外发光主要选项的作用如下。

➢ **杂色**：用于设置颗粒在外发光中的填充数量。数值越大，杂色越多；数值越小，杂色越少。
➢ **方法**：用于设置边缘元素的模型。选择“精确”选项，光线沿图像的边缘精确分布；选择“柔和”选项，光线将自由发散。
➢ **扩展**：用于设置发光效果的发散程度。
➢ **大小**：用于设置发光范围的大小。

内发光效果是在文本或图像的内部产生光晕的效果，如图 7-75 所示。在“图层样式”对话框左侧选中“内发光”选项，即可在右侧设置各项内发光参数，如图 7-76 所示。

图 7-75 添加内发光效果

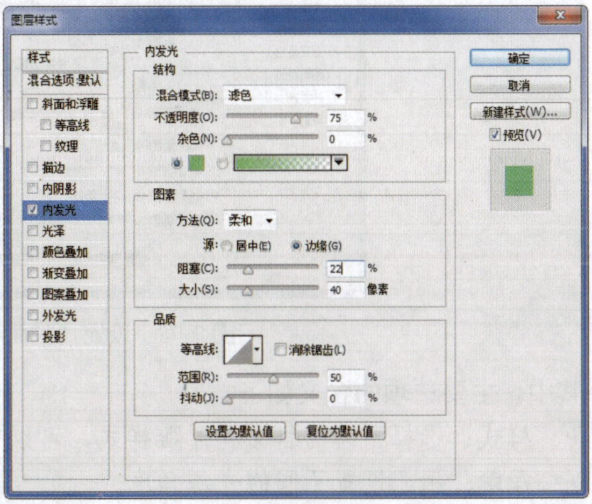

图 7-76 设置内发光参数

其中，主要选项的含义如下。

➢ **源**：在该选项区中包含两个选项，分别是“居中”和“边缘”。选中“居中”单选按钮，将从图像中心向外发光；选中“边缘”单选按钮，将从图像边缘向中心发光。
➢ **阻塞**：用于设置光源向内发散的大小。
➢ **大小**：用于设置内发光的大小。

7.4.4 运用“斜面和浮雕”选项为图像添加浮雕效果

斜面和浮雕是一个非常实用的图层效果，可用于制作各种凹陷或凸出的浮雕图像或文字，如图 7-77 所示。

图 7-77 添加斜面和浮雕效果

在“图层样式”对话框左侧选中“斜面和浮雕”选项，即可在右侧设置各项“斜面和浮雕”参数，如图 7-78 所示。

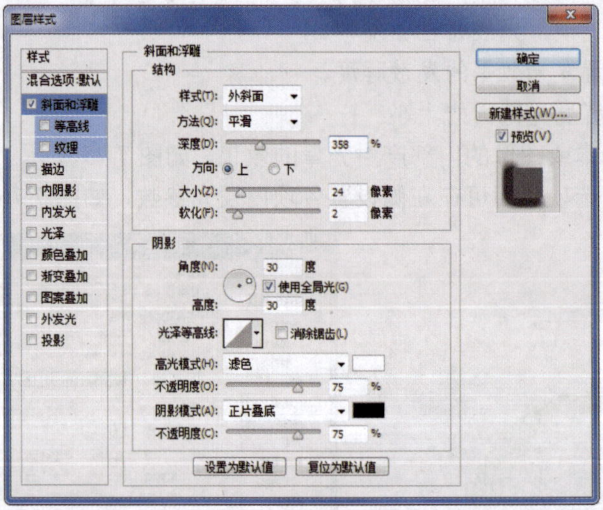

图 7-78 设置“斜面和浮雕”参数

其中，主要选项的含义如下。

➢ **样式**：选择不同的斜面和浮雕样式，可以得到不同的效果。

➢ **角度**：用于设置不同的光源角度。

在“图层样式”对话框左侧选中“斜面和浮雕”下的“等高线”选项，在右侧可以设置等高线参数，如图 7-79 所示。其中，“图素”选项区用于设置具有清晰层次感的斜面和浮雕参数。

在“图层样式”对话框左侧选中“斜面和浮雕”下的“纹理”选项，在右侧可以设置各项纹理参数，如图 7-80 所示。

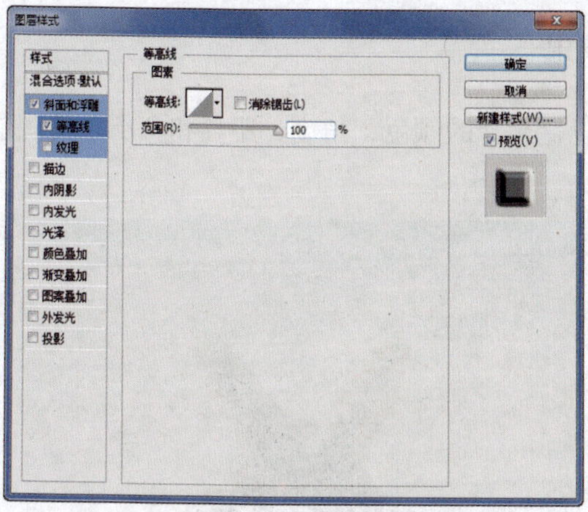

图 7-79　设置等高线参数

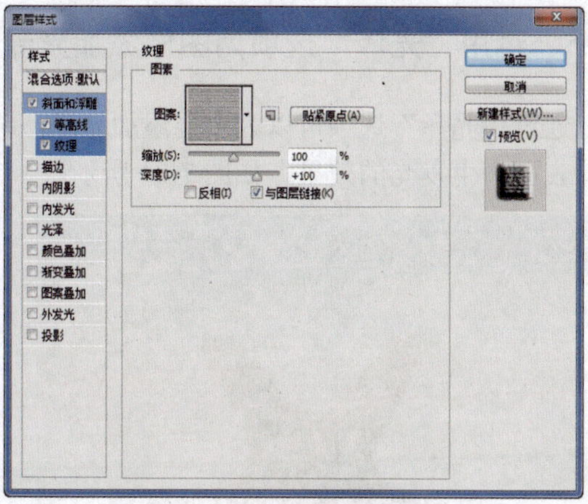

图 7-80　设置纹理参数

例如，设置等高线参数如图 7-81 所示。

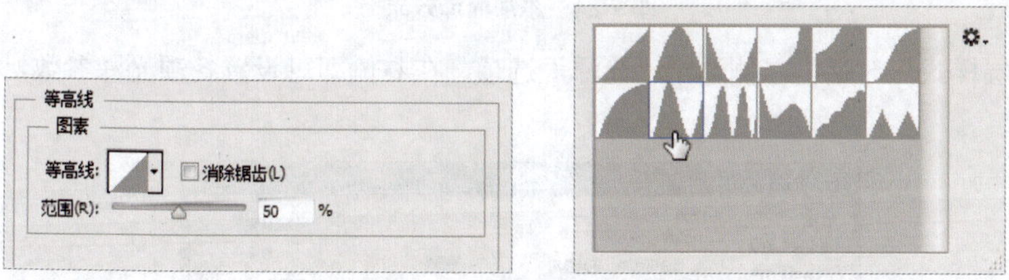

图 7-81　设置等高线参数

设置纹理参数如图 7-82 所示。

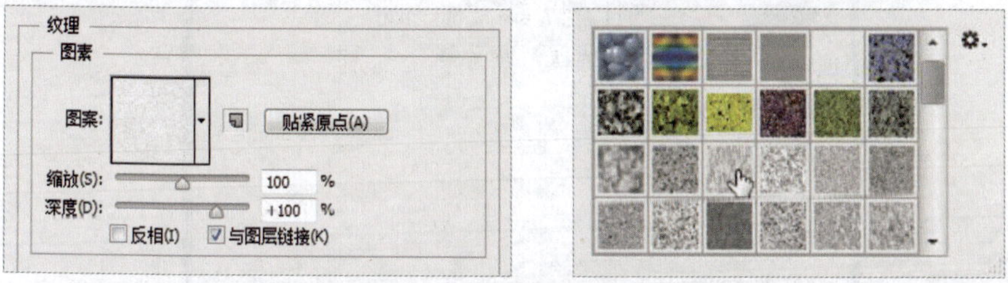

图 7-82　设置纹理参数

此时，得到的图像对比效果如图 7-83 所示。

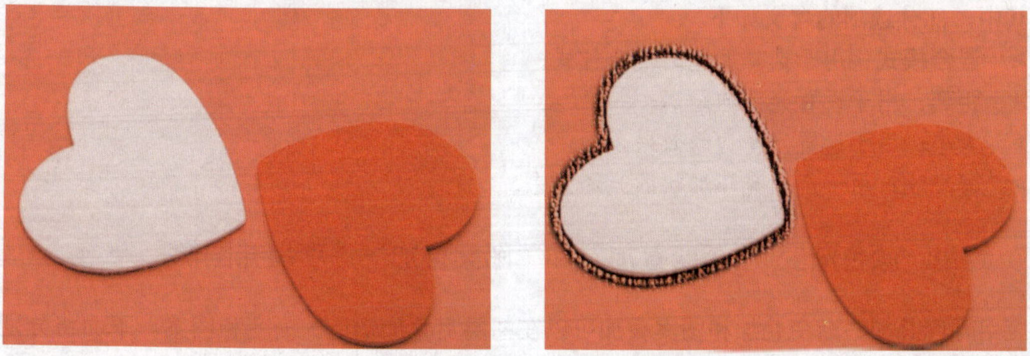

图 7-83　图像对比效果

7.4.5 运用“光泽”选项为图像添加光泽效果

通过“光泽”选项可以为图层添加光泽，并设置光泽的颜色、角度、距离和大小，使图层中的表面产生发光的效果，如图 7-84 所示。

图 7-84 添加光泽效果

在“图层样式”对话框左侧选中“光泽”选项，在右侧即可设置各项光泽参数，如图 7-85 所示。

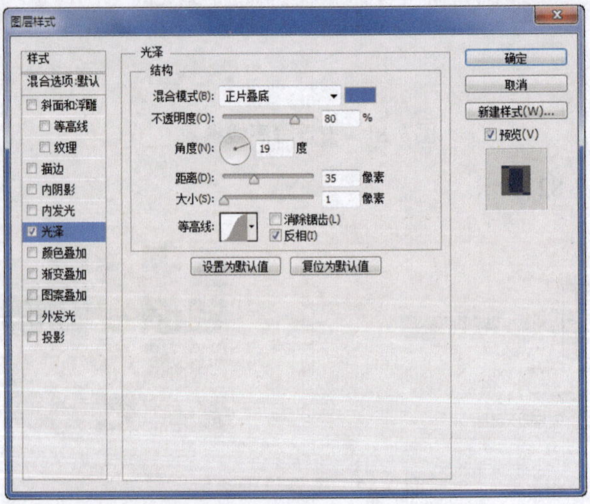

图 7-85 设置光泽参数

其中，部分选项的含义如下。

- **混合模式**：用于选择颜色的混合样式。
- **距离**：用于设置光照的距离。
- **大小**：用于设置光泽边缘效果范围。
- **等高线**：用于产生光环形状的光泽效果。

7.4.6 运用“颜色渐变”“渐变叠加”和“图案叠加”选项填充图像

应用颜色叠加、渐变叠加和图案叠加可以在图层上叠加颜色、渐变和图案。下面将分别对其进行详细介绍。

1．颜色叠加

应用颜色叠加样式可以使图像上产生一种颜色叠加效果，如图 7-86 所示。

图 7-86　添加颜色叠加效果

在“图层样式”对话框左侧选中“颜色叠加”选项，在右侧即可设置“颜色叠加”参数，如图 7-87 所示。

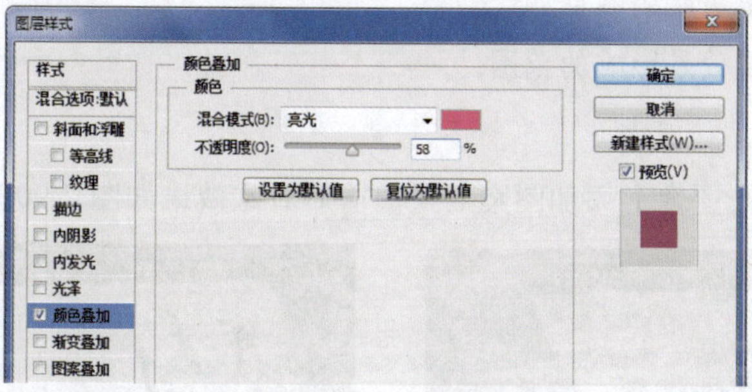

图 7-87　设置“颜色叠加”参数

其中，部分选项的含义如下。

- **混合模式**：用于选择颜色的混合样式。
- **不透明度**：用于设置效果的不透明度。

2．渐变叠加

渐变叠加样式用于使图像产生一种渐变叠加效果，前后对比效果如图 7-88 所示。

图 7-88　添加渐变叠加图像前后对比效果

在“图层样式”对话框左侧选中“渐变叠加”选项，在右侧即可设置各项“渐变叠加”参数，如图 7-89 所示。

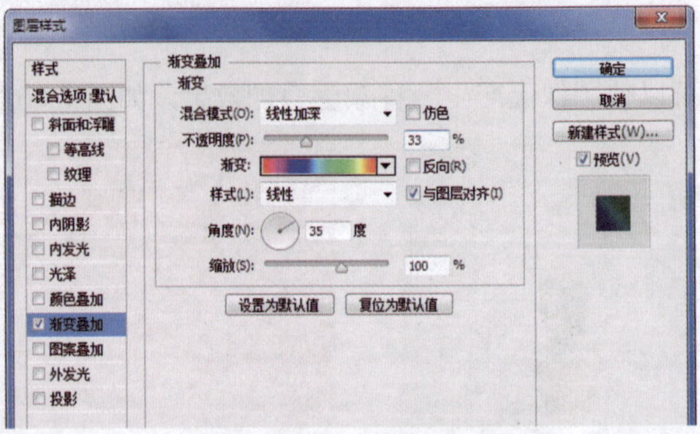

图 7-89 设置“渐变叠加”参数

其中，部分选项的含义如下。

- **渐变**：用于设置渐变颜色。选中“反向”复选框，可以改变渐变颜色的方向。
- **样式**：用于设置渐变的形式。
- **角度**：用于设置光照的角度。
- **缩放**：用于设置效果影响的范围。

3. 图案叠加

图案叠加样式用于在图像上添加图案效果，前后对比效果如图 7-90 所示。

图 7-90 添加图案叠加图像前后对比效果

在“图层样式”对话框左侧选中“图案叠加”选项，在右侧即可设置各项“图案叠加”参数，如图 7-91 所示。

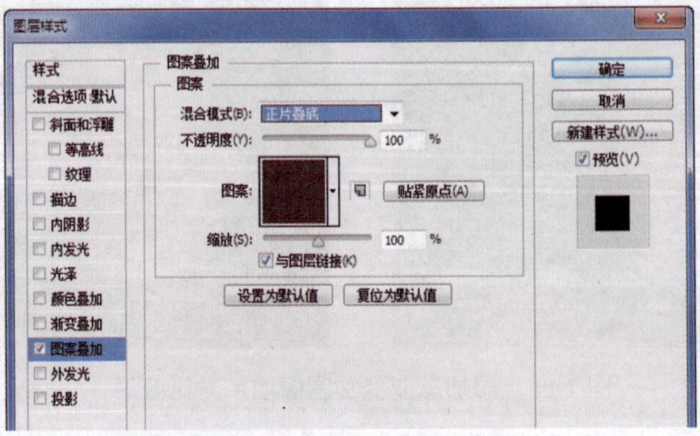

图 7-91 设置“图案叠加”参数

其中，部分选项的含义如下。

- **图案**：用于设置图案效果。
- **缩放**：用于设置效果影响的范围。

7.4.7　运用“描边”图层样式为图像描边

“描边”样式用于在图层边缘产生描边效果，前后对比效果如图 7-92 所示。

图 7-92　添加描边图像前后对比效果

在“图层样式”对话框左侧选中“描边”选项，在右侧即可设置各项描边参数，如图 7-93 所示。

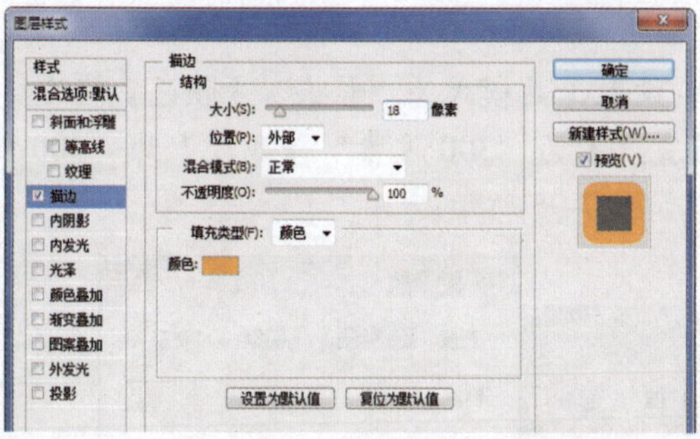

图 7-93　设置描边参数

其中，部分选项的含义如下。

- **大小**：用于设置描边的宽度。
- **填充类型**：用于选择描边效果以何种方式显示。
- **颜色**：用于设置描边颜色。

任务 5　实战应用：制作拟物化按钮

任务概述

本任务将运用本项目所学的图层相关的基础知识与功能，掌握图层的基本操作，学会运用图层样式和图层混合模式，制作图标基本图形，为其添加图层样式得到立体的拟物化图标效果。下面将通过实例介绍如何制作拟物化按钮，具体操作方法如下。

任务重点与实施

7.5.1 新建文档

Step 01 在菜单栏中执行“文件”|“新建”命令或者按【Ctrl+N】快捷键新建文档，参数设置：【宽度】为“1 920 像素”，【高度】为“1 920 像素”，【分辨率】为“72 像素/英寸”，【颜色模式】为“RGB”，【背景内容】为“白色”，如图 7-94 所示。

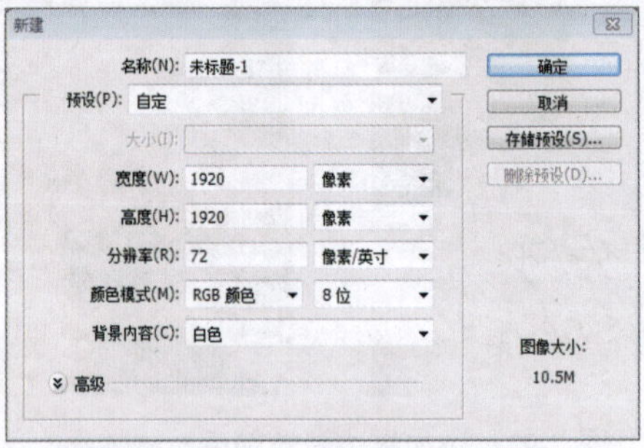

图 7-94 新建文件

7.5.2 绘制按钮底层

Step 01 选择“矩形工具”，设置工具模式为“形状”，【颜色】值为“#cad6b7”，在画布任意空白处单击，绘制【宽度】为“300 像素”，【高度】为“300 像素”，【半径】为“50 像素”的圆角矩形。如图 7-95 所示。

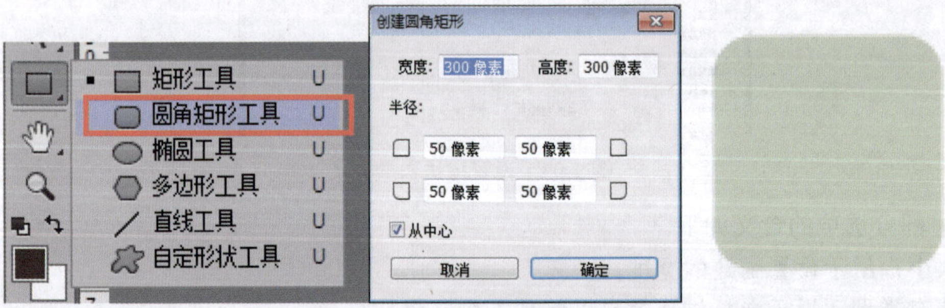

图 7-95 新建圆角矩形

Step 02 选中这个圆角矩形，执行“自由变换”命令按【Ctrl+T】快捷键，在属性栏点击【在自由变换和变形模式中切换】，点击【变形】命令参数“膨胀”，【弯曲】设置为“10%”。如图 7-96 所示

图 7-96 形状变形

Step 03 双击图层名称处，给该形状图层重新命名为“按钮底层”，如图 7-97 所示。

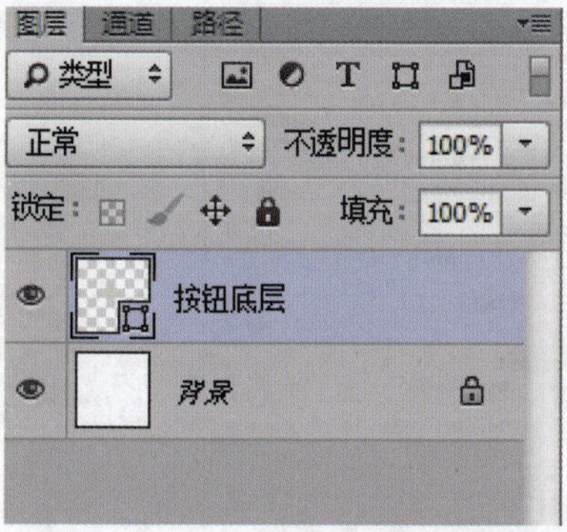

图 7-97　图层重命名

7.5.3　添加按钮底层效果

Step 01　单击图层面板下方的【图层样式】按钮，为图层“按钮底层”添加图层样式。在弹出的对话框中设置参数：勾选【投影】选项，【混合模式】为“正常”，【颜色】为“#607d33”，【不透明度】为“53%”，【角度】为“90 度”，【距离】为“56 像素”，【扩展】为“2%”，【大小】为“38%”，【等高线】设置和最后效果如图 7-98 所示。

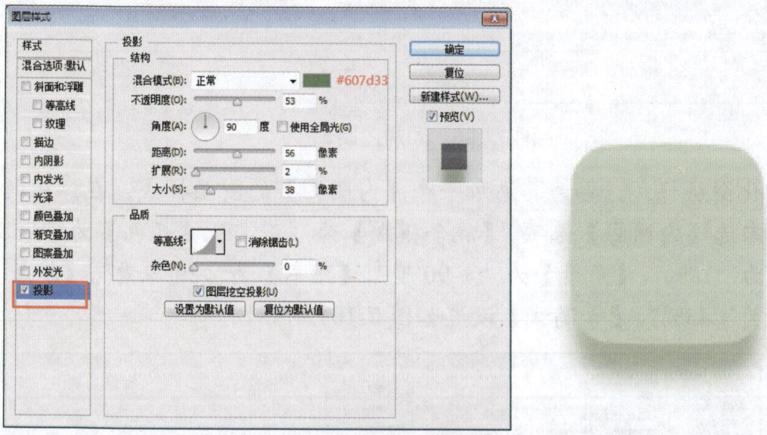

图 7-98　制作投影

Step 02　在该图层空白处点击鼠标邮件，选择“栅格化图层样式”。再这个投影样式的基础上，继续添加一个【投影】的图层样式。在弹出的对话框中设置参数：勾选【投影】选项，【混合模式】为“柔光”，【颜色】为“#d2e2b9”，【不透明度】为“31%”，【角度】为“90 度”，【距离】为“31 像素”，【扩展】为“2%”，【大小】为“38%”，【等高线】设置和最后效果如图 7-99 所示。

Step 03　再为其添加一个【内阴影】的图层样式。在弹出的对话框中设置参数：勾选【内阴影】选项，【混合模式】为“正常”，【颜色】为“#6e7a45”，【不透明度】为“40%”，【角度】为“-90 度”，【距离】为“50 像素”，【扩展】为“42%”，【大小】为“70%”，【等高线】设置和最后效果如图 7-100 所示。

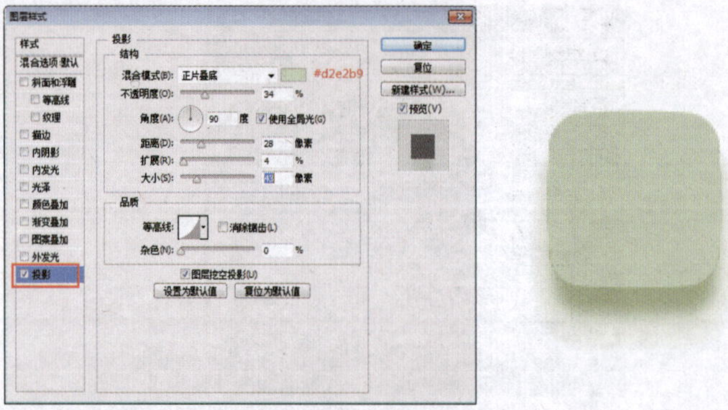

图 7-99　制作投影

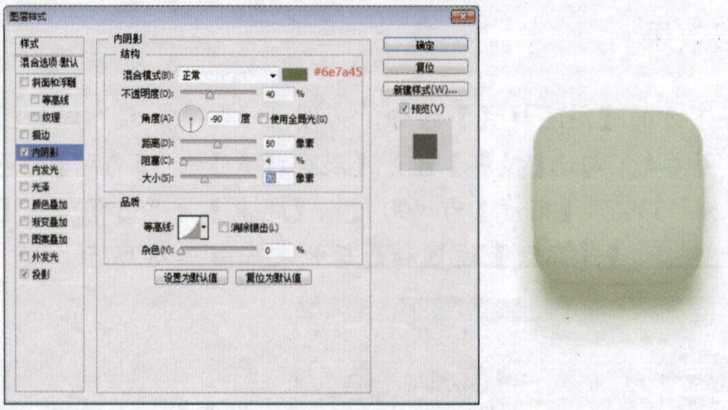

图 7-100　添加内阴影

Step 04 继续栅格化图层样式，再为其添加一个【内阴影】的图层样式。在弹出的对话框中设置参数：勾选【内阴影】选项，【混合模式】为“正常”，【颜色】为“#68723e”，【不透明度】为“19%”，【角度】为“- 90 度”，【距离】为“29 像素”，【扩展】为“0%”，【大小】为“43%”，【等高线】设置如图 7-101 所示。

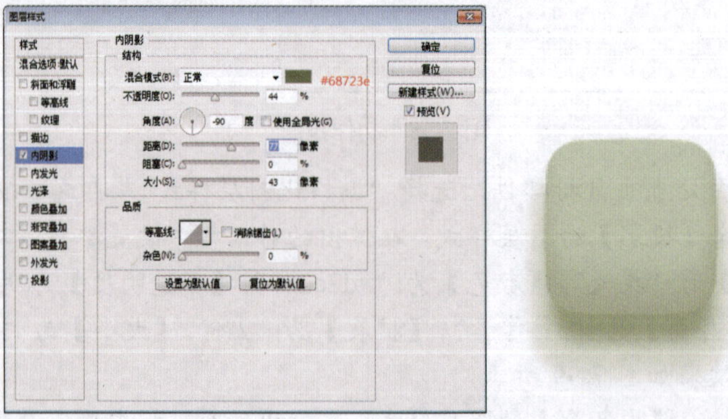

图 7-101　添加内阴影

Step 05 重复之前的操作，为其添加第三个内阴影。在弹出的对话框中设置参数：勾选【内阴影】选项，【混合模式】为“正常”，【颜色】为“#68723e”，【不透明度】为“19%”，【角度】为“- 90 度”，【距离】为“29 像素”，【扩展】为“0%”，【大小】为“43%”，制作出按钮的光影立体的感觉，最后效果如图 7-102 所示。

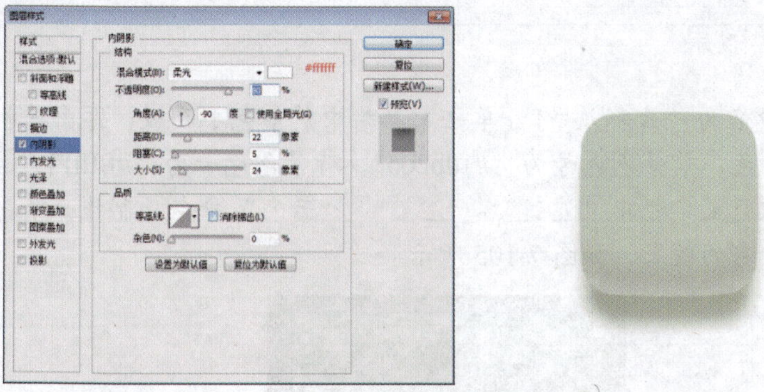

图 7-102　添加内阴影

Step 06 单击图层面板下方的【添加图层样式】按钮，或者在图层面板空白处单击，再次为形状图层“按钮底层”添加【内斜面】和【内发光】样式。在弹出的对话框中设置参数：勾选【斜面与浮雕】选项，【样式】选择“内斜面”，【方法】为“平滑”，【深度】为“100%”，【方向】为“上”，【大小】为“43 像素”，【软化】为“0 像素”，【等高线】设置如图 7-103 所示。

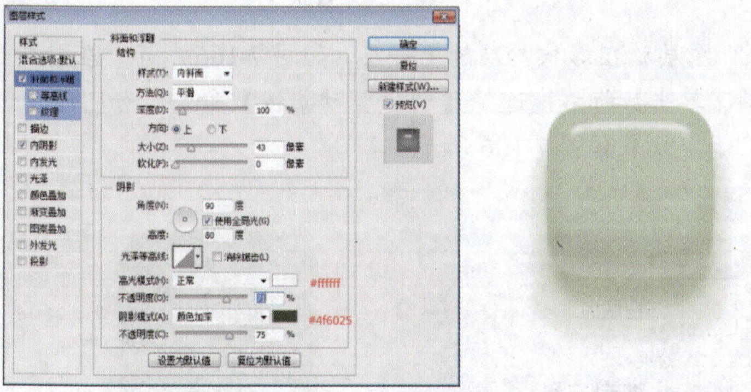

图 7-103　添加内斜面

Step 07 再勾选【内发光】选项，【混合模式】选择“叠加”，【不透明度】为“58%”，【颜色】为“#303428”，最后图标按钮底层效果如图 7-104 所示。

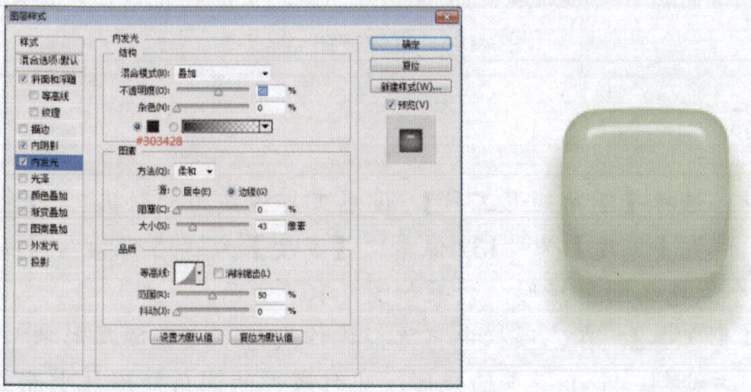

图 7-104　按钮立体效果

7.5.4 添加按钮底层效果

Step 01 新建图层，命名为“云彩效果”。单击工具栏中前景色小面板，弹出拾色器，分别设置前景和背景色，前景色色号为“#1db205”，背景色色号为“#ffffff”。选择“云彩效果”图层，执行菜单栏中“滤镜”-“渲染”-“云彩”命令，制作一个白色绿色晕染感觉的渲染云彩的效果，如图 7-105 所示。

图 7-105 绿色云彩效果

Step 02 将“云彩效果”图层放在形状图层的上一层，如图 7-106 所示。在图层面板中选择“云彩效果”图层，单击鼠标右键选择【创建剪贴蒙板】命令，如图所示，使云彩只在图标形状部分显示，效果如图 7-106 所示。

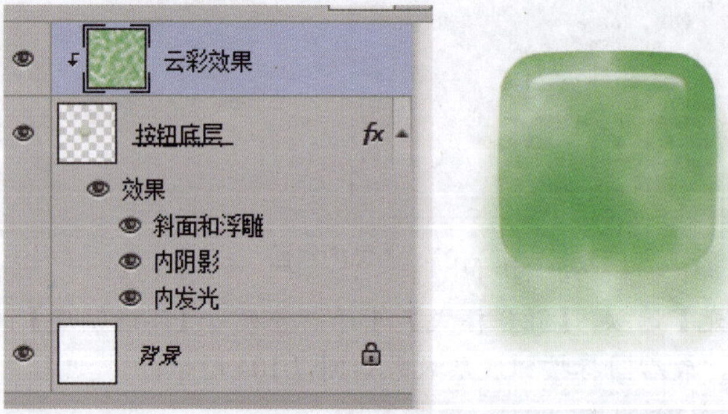

图 7-106 立体按钮

7.5.5 绘制底部图标

Step 01 绘制图标形状。选择【圆角矩形工具】，设置工具模式为“形状”，颜色为“#000000”，在画布单击，设置【宽度】为“132 像素”，【高度】为“75 像素”，【半径】为“10 像素”，创建一个黑色的圆角矩形，效果如图 7-107 所示。

Step 02 选择【圆角矩形工具】，在选项栏中将路径操作设为“减去顶层形状”，如图 7-108 所示，在矩形上方绘制一个小一点的矩形，此时底部的圆角矩形被上面的圆角矩形减去一部分图形，图标的底端绘制完成。使用多边形工具，设置工具模式为“形状”，【颜色】值为“#00000”，【边数】设置为“3”，绘制一个三角形。

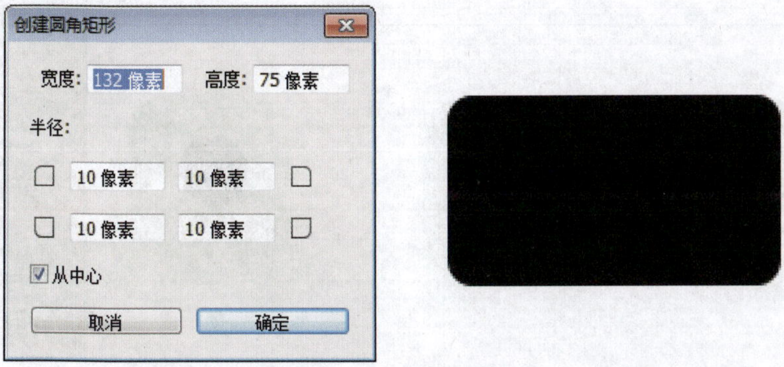

图 7-107　绘制图标

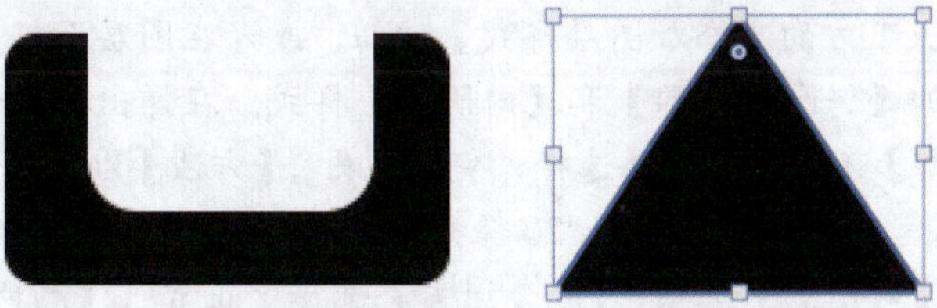

图 7-108　绘制底部图标

Step 03　选择【移动工具】，将圆角三角形图层和底座图层同时选中，在属性栏中点击【水平居中对齐】命令，将图形对齐。最后效果如图所示，按住【Ctrl】键同时选中三角形图层和底端图层，【Ctrl+E】合并这两个图层，第一个图标绘制完成，效果如图 7-109 所示。

Step 04　用同样的方法绘制出剩下两个图标，最终三个图标如图 7-110 所示。

图 7-109　绘制底部图标

图 7-110　图标最终效果

7.5.6　绘制最终效果

Step 01　鼠标左键选中“按钮底层”，按【Ctrl+J】快捷键复制两个玉石按钮底层。将图标图层分别放在按钮图层上方，单击鼠标右键选择【创建剪贴蒙板】命令将图标置于方块玉石图层里，如图 7-111 所示。

图 7-111　置入图标

Step02 单击图层面板下方的【添加图层样式】按钮，或者在图层面板空白处单击，依次　为图标图层添加【斜面与浮雕】和【内阴影】样式。在弹出的对话框中设置参数：勾选【斜面与浮雕】选项，【样式】选择“浮雕效果”，【方法】为“平滑”，【深度】为“74%”，【方向】为“上”，【大小】为“20 像素”，【软化】为“0 像素”，【等高线】设置如图所示。勾选【内阴影】选项，【混合迷失】选择“正常”，【颜色】为“#4f6025”，【角度】为“-90”，【阻塞】为“0”，【大小】为“70 像素”，具体参数设置如图 7-112 所示。

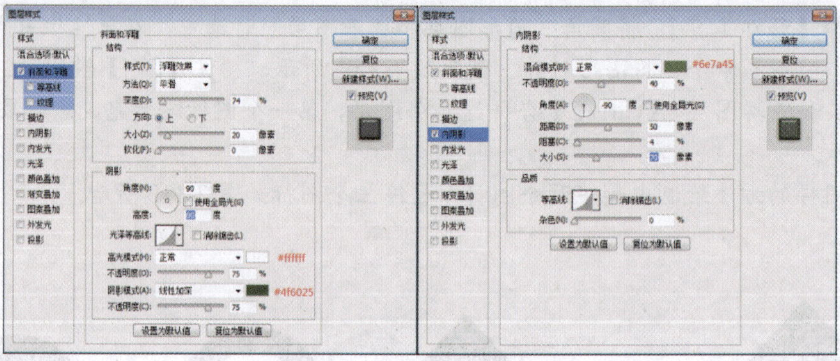

图 7-112　添加图层样式

Step03 选中图标图层，将其图层填充设置为“0%”，效果如图 7-113 所示。

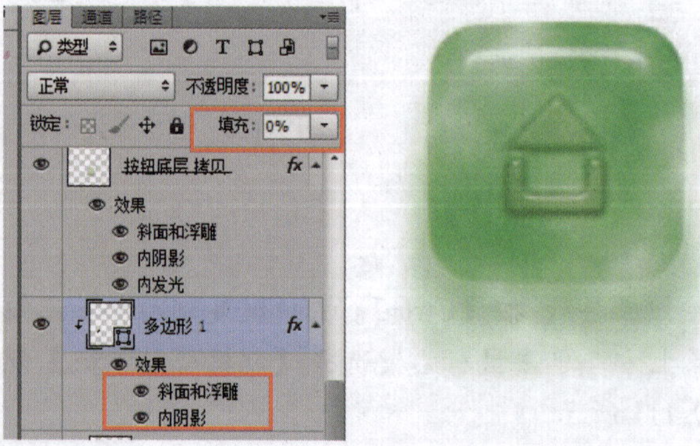

图 7-113　添加图层样式

最后用同样的操作完成剩下两个图标的样式制作，最后完成效果如图 7-114 所示。

图 7-114　最后完成效果

Step 04　将这三个图标进行排列和分布操作。按住【Ctrl】键，在图层面板单击这三个图标图层以及背景层将其同时选中，在【移动工具】状态下，在工具属性栏选择【水平居中对齐】，使三个图层水平居中对齐，属性栏如图 7-115 所示。

图 7-115　水平居中对齐

Step 05　最后，按住【Ctrl】键，在图层面板单击将这三个图标图层同时选中，在【移动工具】状态下，在工具属性栏选择【水平居中分布】，调整单个图标的排列。属性栏如图 7-116 所示。最后成品效果如图 7-117 所示。

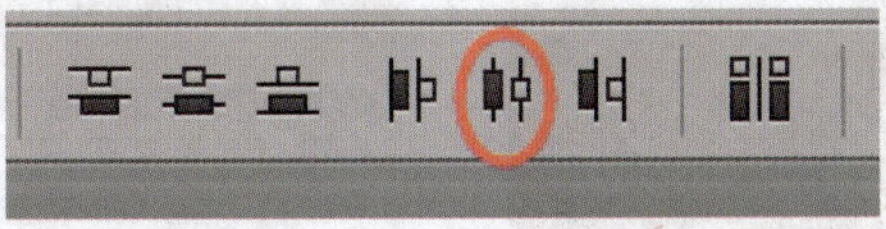

图 7-116　属性栏

图 7-117　成品效果

项目小结

本项目主要讲述了在 Photoshop 中图层应用与管理的操作方法。首先介绍了图层的基本操作，主要包括图层的选择、重命名、复制锁定、链接、合并等内容；其次介绍了图层混合模式的应用，主要包括运用“正常”模式与“溶解”模式混合图像、运用“压缩图像模式”压暗图像色彩、运用“加亮图像模式”提高图像亮度、运用“叠图模式”加强图像对比度、运用“特殊图层模式”制作特殊混合效果、运用“上色模式”为图像上色；再次介绍了应用调整图层调着图像和图层样式的应用，主要包括添加图层样式、运用“投影”与“内阴影”选项为图像添加投影、运用“外发光”与“内发光”选项为图像添加光晕、运用“斜面和浮雕”选项为图像添加浮雕效果、运用“光泽”选项为图像添加光泽效果、运用“颜色渐变”“渐变叠加”和“图案叠加”选项填充图像、运用“描边”图层样式为图像描边；最后介绍了制作拟物化按钮的实战应用。通过本章的学习，读者能掌握图层的应用与管理方法。

项目习题 7

下面运用本项目所学的知识，通过复制并设置图层混合模式，然后调整图像色阶和亮度与对比度，最后添加晕影的方法来制作 Lomo 色调效果。

操作提示：

① 打开“素材\项目七\花海.jpg”文件，按【Ctrl+J】组合键复制“背景”图层，得到“图层 1”，设置其图层混合模式为“正片叠底”，“不透明度”为 60%，如图 7-118 所示。

② 单击“创建新图层”按钮，新建“图层 2”。设置前景色为 RGB(0, 0, 50)，按【Alt+Delete】组合键进行填充。设置“图层 2”的图层混合模式为“排除”，如图 7-119 所示。

图 7-118　复制并设置图层混合模式

图 7-119　新建并填充图层

③ 单击“创建新的填充或调整图层”按钮，选择“色阶”选项，在弹出的调整面板中设置各项参数，如图 7-120 所示。

④ 单击“创建新的填充或调整图层”按钮，选择“亮度/对比度”选项，在弹出的调整面板中设置各项参数，如图 7-121 所示。

图 7-120　调整色阶

图 7-121　调整亮度与对比度

⑤ 按【Ctrl+A】组合键全选图像，单击“选择”|“修改”|“边界”命令，在弹出的对话框中设置“宽度”为 10 像素，单击“确定”按钮，如图 7-122 所示。

⑥ 按【Shift+F6】组合键，弹出“羽化选区”对话框，设置“羽化半径”为 50 像素，单击“确定”按钮，如图 7-123 所示。

图 7-122　调整选区边界

图 7-123　羽化选区

⑦ 单击“创建新图层”按钮，新建“图层 3”。设置前景色为黑色，按【Alt+Delete】组合键填充图层，如图 7-124 所示。

⑧ 按【Ctrl+D】组合键取消选区，将“图层 3”的图层混合模式设置为“叠加”，即可得到 Lomo 色调的最终效果，如图 7-125 所示。

图 7-124　新建并填充图层

图 7-125　设置图层混合模式

项目 8　路径的创建与应用

项目概述

使用路径不仅可以精确地创建选区，还可以按照自己的想法绘制各种图形，是使用 Photoshop 进行图像处理所必须熟练掌握的重要工具之一。本项目将讲述路径创建与应用的方法与技巧。

项目目标

- 掌握使用路径工具绘制多种路径的方法。
- 熟练掌握编辑路径的方法。
- 掌握形状工具绘制各种形状的操作方法。

素质目标

- 培养学生的思维创造力和创新的思维技能，提高学生整体设计思维。
- 培养学生求真务实，开拓进取的精神。

任务 1　路径的绘制工具

任务概述

利用路径工具可以绘制各种形状的矢量图形，并可以精确地创建选区。与路径有关的绝大部分操作都可以在“路径”面板中完成。在 Photoshop 中，绘制路径的工具主要包括钢笔工具、自由钢笔工具、添加锚点工具、删除锚点工具和转换点工具。本任务主要介绍路径绘制工具的操作方法。

任务重点与实施

8.1.1　路径和“路径”面板

路径是指在屏幕上表现为一些不可打印、不活动的矢量图形，无论是缩小或放大图像，都不会影响其分辨率和平滑直线路径程度，均会保持清晰的边缘。路径由一个或多个直线段路径或曲线段路径组成，用于连接线锚点段的点叫锚点，如图 8-1 所示。

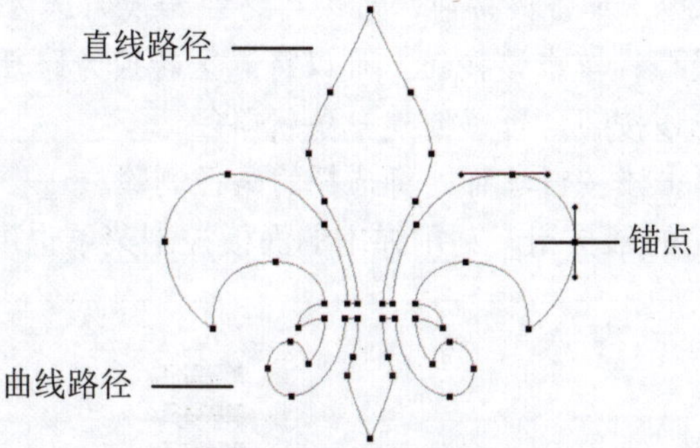

图 8-1　路径的组成元素

曲线路径曲线路径上的锚点都包含有方向线，方向线的端点为方向点，如图 8-2 所示。

方向线和方向点的位置决定了曲线的曲率和形状，移动方向点能够改变方向线的长度和方向，从而改变曲线的形状，如图 8-3 所示。

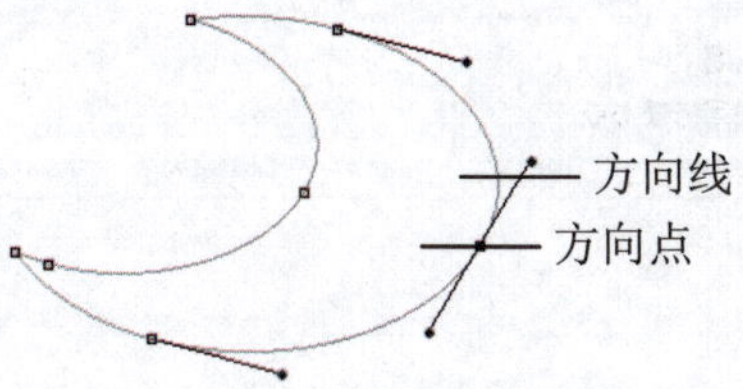

图 8-2　曲线路径

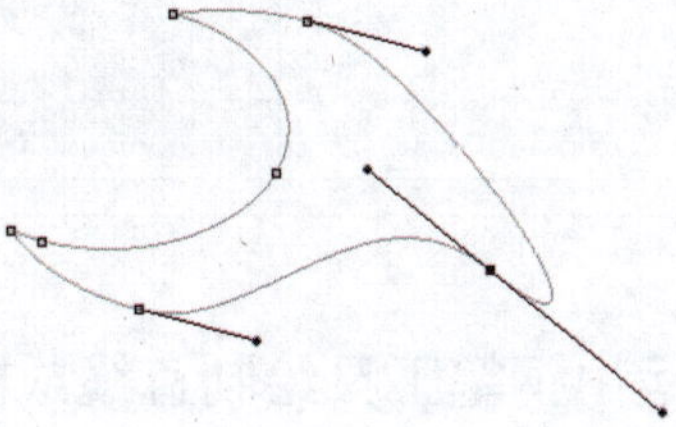

图 8-3　移动方向点

“路径”面板是用于保存和管理路径的工具，在其中显示了当前工作路径、存储的路径和当前矢量蒙版的名称及缩览图。路径的基本操作和编辑大部分都可以通过该面板来完成。单击“窗口”|“路径”命令，即可打开“路径”面板，如图 8-4 所示。

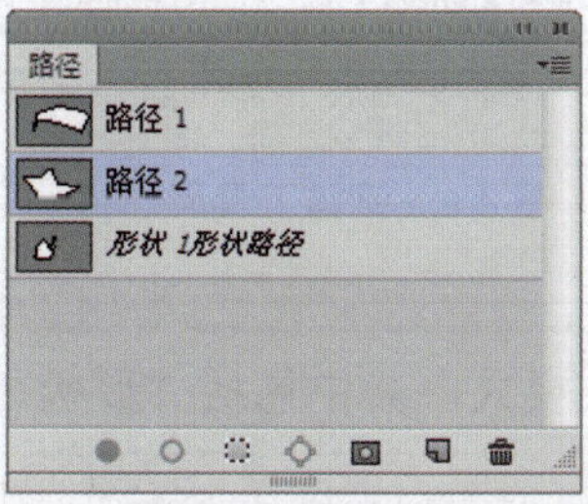

图 8-4　“路径”面板

其中，各选项的含义如下。

- **路径**：当前文件中包含的路径。
- **工作路径**：当前文件中包含的临时路径。工作路径是出现在“路径”面板中的临时路径，如果没有存储便取消了对该路径的选择，再绘制新的路径时原工作路径将被新的工作路径所替代。
- **矢量蒙版**：当前文件中包含的矢量蒙版。

➢ **用前景色填充路径**：单击该按钮，可以用前景色填充路径。
➢ **用画笔描边路径**：单击该按钮，将以画笔工具和设置的前景色对路径进行描边。
➢ **将路径作为选区载入**：单击该按钮，可以将路径转换为选区。
➢ **从选区生成工作路径**：单击该按钮，可以将选区转换为路径。
➢ **创建新路径**：单击该按钮，可以创建一条新路径。
➢ **删除当前路径**：单击该按钮，可以将选择的路径删除。

单击“路径”面板右上角的按钮，利用弹出的面板控制菜单也可以实现与路径相关的操作，如图 8-5 所示。

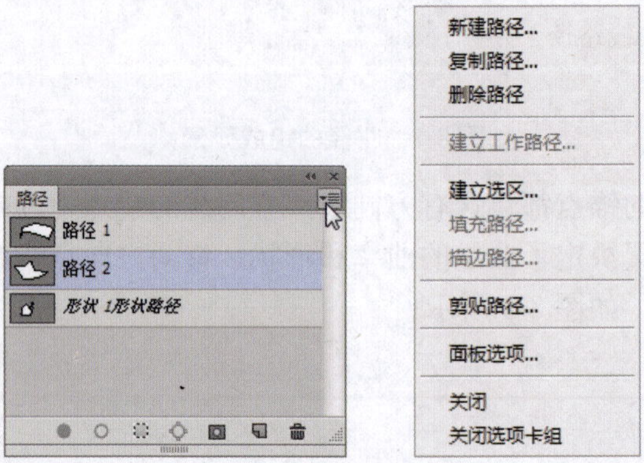

图 8-5　面板控制菜单

8.1.2　运用钢笔工具绘制直线或曲线路径

钢笔工具是绘制路径的基本工具，使用钢笔工具可以绘制出各种各样的路径。下面将详细介绍如何使用钢笔工具绘制直线和曲线。

1. 认识钢笔工具

选择工具箱中的钢笔工具，其工具属性栏如图 8-6 所示。

图 8-6　钢笔工具属性栏

其中，各选项的含义如下。

➢ 路径：用于选择钢笔工具模式，其中包括“形状”“路径”和“像素”3 种钢笔工具模式。
➢ **选区**：单击该按钮，可以建立选区，设置选区的羽化半径像素。
➢ **蒙版**：单击该按钮，可以新建矢量蒙版。
➢ **形状**：单击该按钮，可以新建形状图层。
➢ ：单击该按钮，可以选择“新建图层”“合并形状”“减去顶层形状”“与形状区域相交”“排除重叠形状”和“合并形状组件”等 6 种路径操作模式。
➢ ：单击该按钮，可以选择路径对齐方式。
➢ ：单击该按钮，可以选择“将形状置为顶层”“将形状前移一层”“将形状后移一层”和“将形状置为底层”等 4 种路径排列方式。

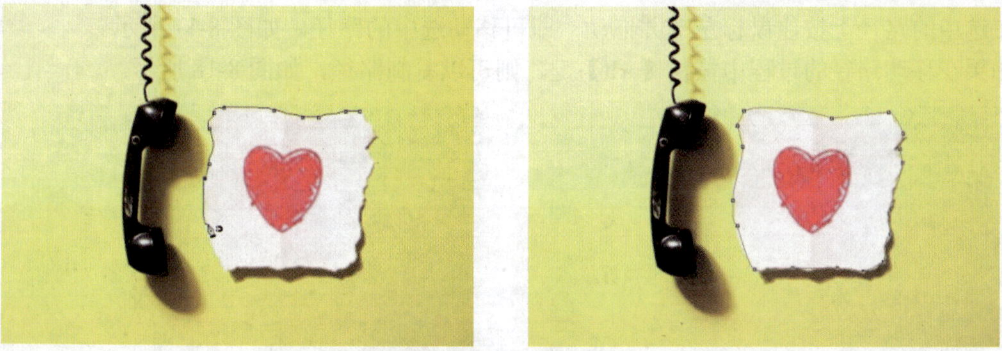

图 8-15　自动创建路径

任务 2　路径的编辑

任务概述

在绘制路径时，往往一次绘制的路径并不能完全符合用户的需求，这时就需要对路径进行编辑。本任务主要介绍在 Photoshop 中编辑路径的操作方法。

任务重点与实施

8.2.1　路径的选择与移动

选择和移动路径主要通过使用路径选择工具和直接选择工具来完成。下面将分别对其进行介绍。

1．路径选择工具

路径选择工具主要用于选择整条路径。选择工具箱中的路径选择工具，在路径上的任意位置单击鼠标左键，此时，路径上的所有锚点呈黑色实心显示，即选择了整条路径，如图 8-16 所示。

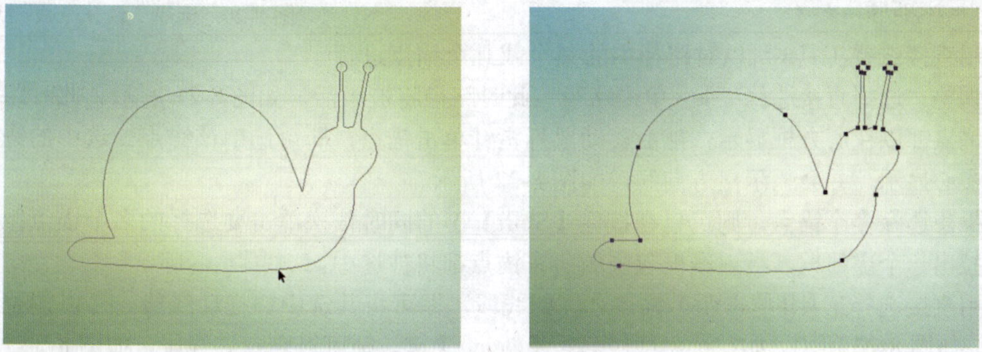

图 8-16　选择整条路径

在选中的路径上按住鼠标左键并拖动，即可移动选中的路径，如图 8-17 所示。

如果在移动路径的过程中按住【Alt】键，则可以复制路径，如图 8-18 所示。

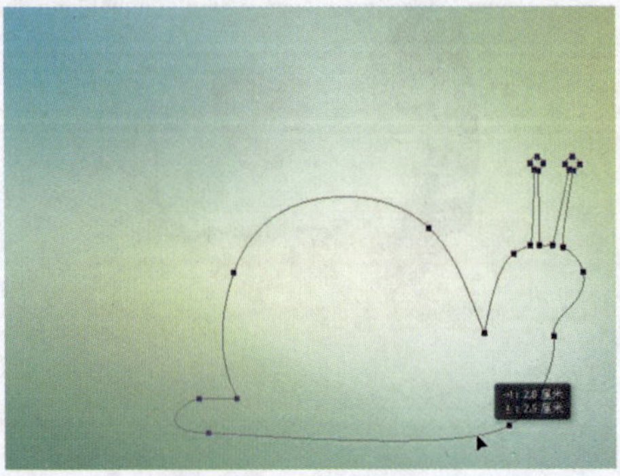

图 8-17　移动路径

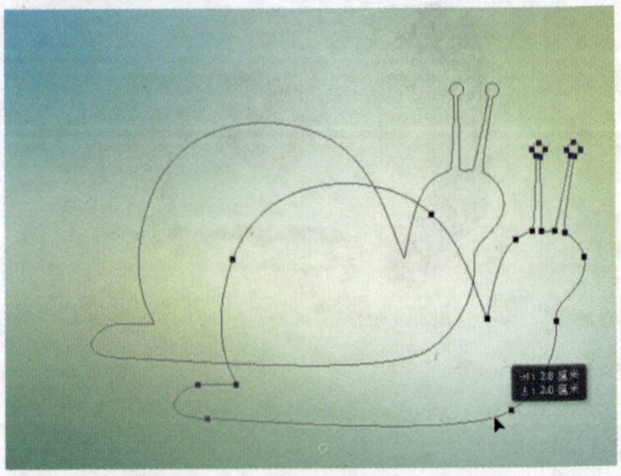

图 8-18　复制路径

如果当前有多条路径，则可以在按住【Shift】键的同时依次单击要选择的路径，将其全部选中。或拖动鼠标拉出一个虚线框，与虚线框交叉或被虚线框包围的所有路径都将被选中，如图 8-19 所示。

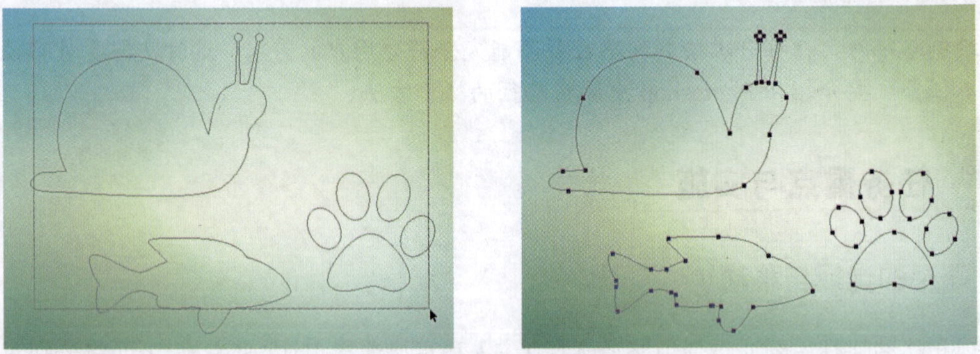

图 8-19　选择多条路径

选中多条路径后，利用路径选择工具选项栏中的路径对齐方式可以对路径进行组合和分布操作。选择路径操作中的“合并形状”选项，可以将选择的路径组合在一起，作为一个整体进行操作，如图 8-20 所示。

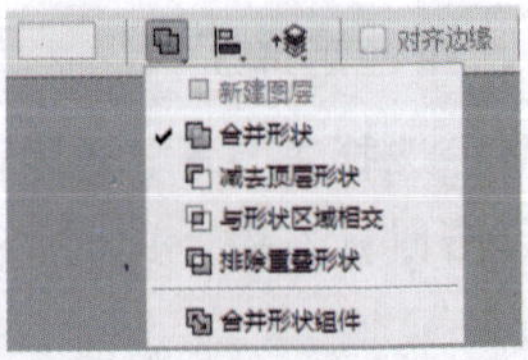

图 8-20　选择“合并形状”选项

2．直接选择工具

使用直接选择工具可以对路径中的某个或几个锚点进行选择和调整。选择直接选择工具单击路径，此时路径将被激活，如图 8-21 所示。此时路径上的所有锚点都以空心方框显示，然后移动鼠标指针单击锚点，即可选中该锚点。选中的锚点将以黑色实心显示，并会显示出方向线，如图 8-22 所示。

如果想选择多个锚点，则可以在按住【Shift】键的同时依次单击要选择的多个锚点；或拖动鼠标拉出一个虚线框，被虚线框包围的所有锚点都将被选中。

使用直接选择工具单击两个锚点之间的线段，即可将其选中。拖动线段，可以调整线段的形状，如图 8-23 所示。如在选中线段后按【Delete】键，则可以删除该线段，如图 8-24 所示。

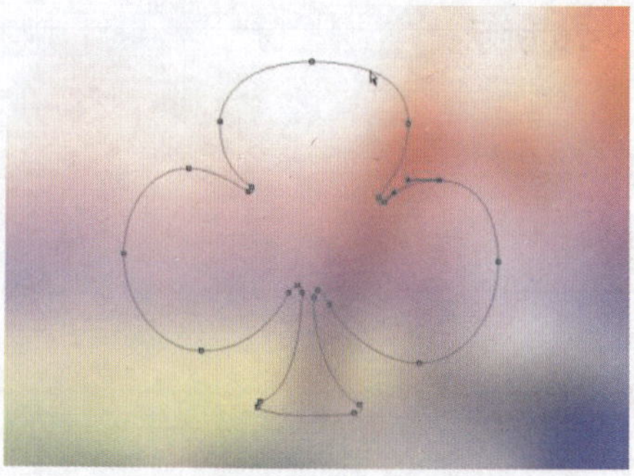

图 8-21　激活路径

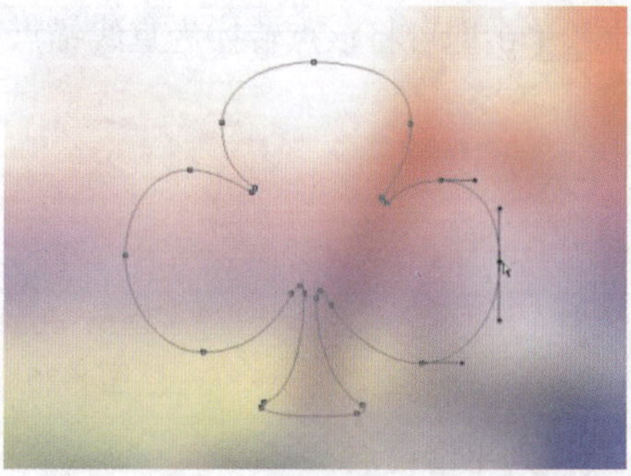

图 8-22　选中锚点

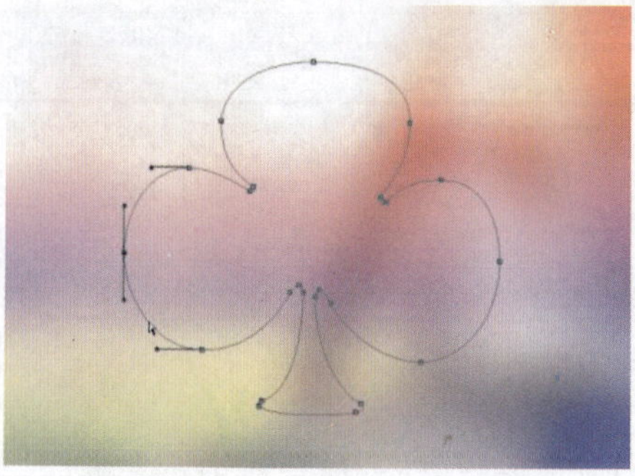

图 8-23　选中锚点之间的线段

图 8-24　删除线段

8.2.2　转换锚点类型

在路径中，锚点和方向线决定了路径的形状。锚点共有 4 种类型，分别为直线锚点、平滑锚点、拐点锚点和复合锚点。改变锚点的类型可以改变路径的形状。

- **直线锚点**：直线锚点没有调整柄，用于连接两个直线段。
- **平滑锚点**：平滑锚点有两个调整柄，且调整柄在一条直线上。
- **拐点锚点**：拐点锚点有两个调整柄，但调整柄不在一条直线上。
- **复合锚点**：复合锚点只有一个调整柄。

图 8-25 所示为 4 种锚点的示意图。

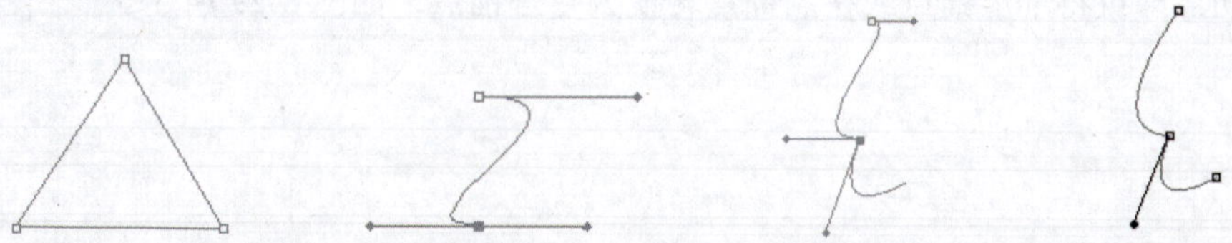

图 8-25　4 种锚点示意图

使用工具箱中的转换点工具可以实现各锚点之间的转换。下面将对其进行简单介绍。

1．转换为直线锚点

选择工具箱中的转换点工具，将鼠标指针移至路径中任意一个平滑锚点、拐点锚点或复

合锚点上，单击即可将该点转换为直线锚点，如图 8-26 所示。

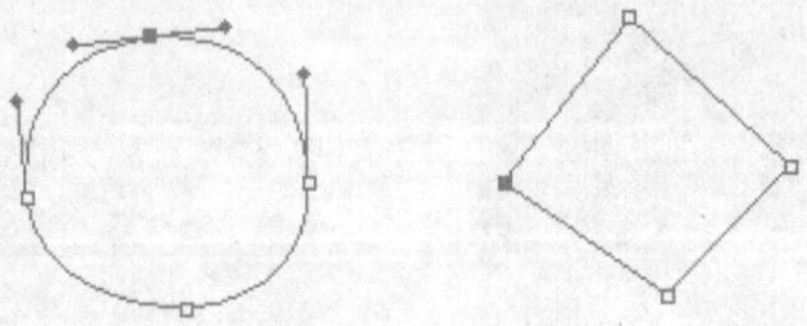

图 8-26　4 种锚点示意图

2．转换为平滑锚点

选择工具箱中的转换点工具，将鼠标指针移至图像中路径的角点处，按住鼠标左键并拖动，即可将角点转换为平滑锚点，如图 8-27 所示。

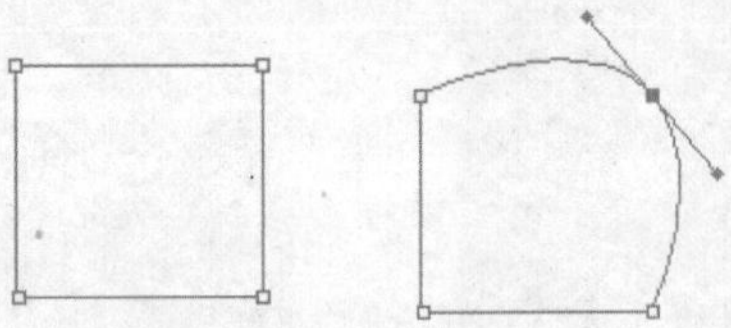

图 8-27　转换为平滑锚点

3．转换为拐点锚点

选择工具箱中的转换点工具，将鼠标指针移至要转换的路径上，拖动锚点上的调整柄改变其方向，使其与另一个调整柄不在一条直线上，可以将平滑锚点转换为拐点锚点，如图 8-28 所示。

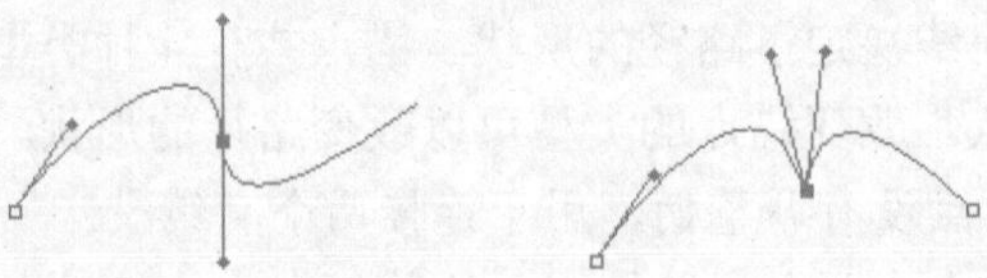

图 8-28　转换为拐点锚点

4．转换为复合锚点

选择工具箱中的转换点工具，按住【Alt】键，将鼠标指针移至要转换的锚点上，按住鼠标左键并拖动，即可将平滑锚点或拐点锚点转换为复合锚点，如图 8-29 所示。

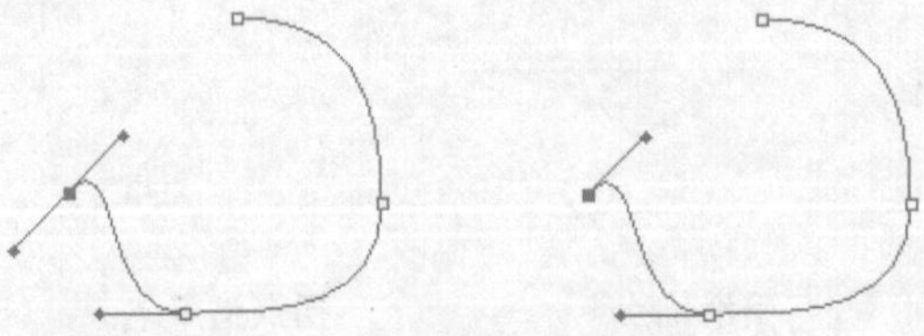

图 8-29　转换为复合锚点

8.2.3　路径的复制、删除、显示与隐藏

复制、删除、显示与隐藏路径是在图像处理过程中常用的操作。下面将详细介绍其操作方法。

1. 复制路径

在图像处理的过程中，如果要复制路径，方法主要有以下几种。

➢ **方法 1**：在“路径”面板中选择要复制的路径，将其拖到“创建新路径”按钮上，即可复制路径，如图 8-30 所示。

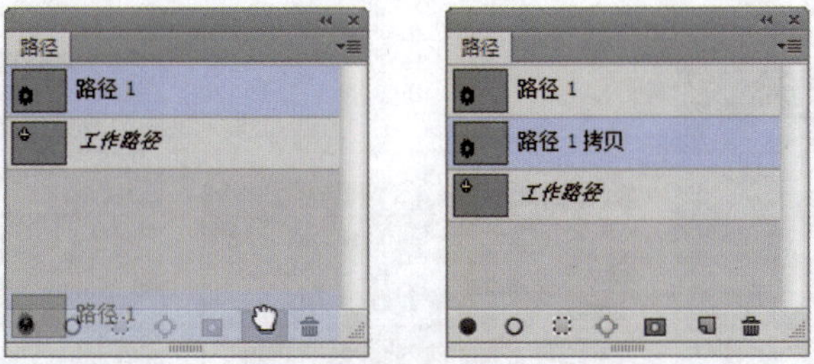

图 8-30　使用“创建新路径”按钮复制路径

➢ **方法 2**：在要复制的路径上右击，在弹出的快捷菜单中选择“复制路径”命令，弹出“复制路径”对话框，在其中为复制的路径命名，单击“确定”按钮即可复制路径，如图 8-31 所示。

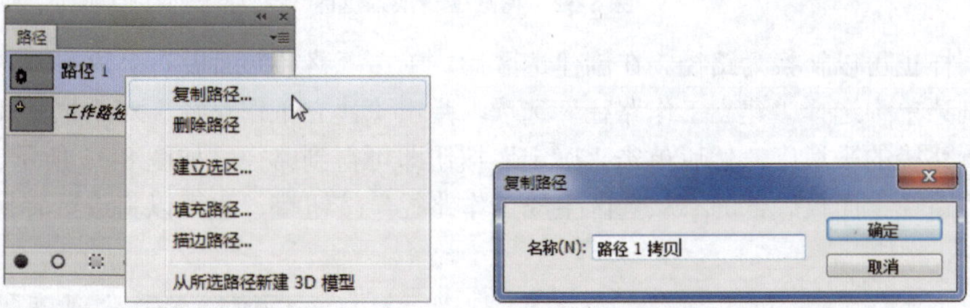

图 8-31　使用快捷菜单命令复制路径

➢ **方法 3**：用路径选择工具选择要复制的路径，然后按住【Alt】键拖动路径，即可复制路径。

➢ **方法 4**：用路径选择工具选择要复制的路径，单击“编辑”|“拷贝”命令，可以将路径复制到剪贴板中；单击“编辑”|“粘贴”命令，可以粘贴路径。使用此方法，可以在不同的图像之间复制路径。

2. 删除路径

在“路径”面板中选择需要删除的路径，然后单击“删除当前路径”按钮或直接将路径拖到该按钮上，即可删除路径。用路径选择工具选择要删除的路径，按【Delete】键也可以将其删除。

3. 显示与隐藏路径

选择路径选择工具，在“路径”面板中单击某个路径，该路径即成为当前路径，并显示在图像窗口中，任何编辑路径的操作只对当前路径有效。如果想隐藏当前路径，则只需在“路径”面板的空白处单击鼠标左键即可。

8.2.4 路径与选区的转换

在 Photoshop 中，路径与选区是可以相互转换的。要将当前选择的路径转换为选区，可单击“路径”面板底部的“将路径作为选区载入”按钮，或直接按【Ctrl+Enter】组合键，如图 8-32 所示。

图 8-32　将路径转换为选区

选区同样也可以转换为路径。在创建选区后，单击“路径”面板右上角的按钮，在弹出的面板控制菜单中选择“建立工作路径”选项，弹出“建立工作路径”对话框。在“容差”文本框中设置路径的平滑度，然后单击“确定”按钮即可得到路径，如图 8-33 所示。

单击“路径”面板底部的“从选区生成工作路径”按钮，也可以将选区转换为路径，如图 8-34 所示。

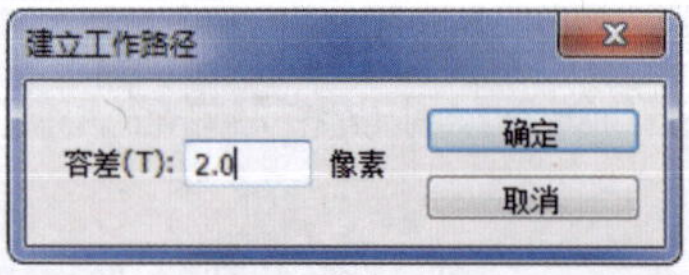

图 8-33　“建立工作路径”对话框

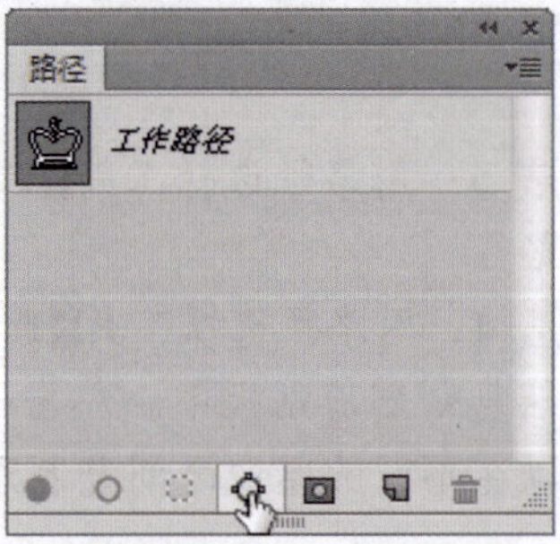

图 8-34　单击“从选区生成工作路径”按钮

任务 3　形状工具的应用

任务概述

在创建路径时，除了可以使用钢笔工具和自由钢笔工具外，还可以使用工具箱中提供的形状工具绘制形状。本任务主要介绍如何应用形状工具绘制各种形状。

任务重点与实施

8.3.1　运用矩形工具绘制矩形

使用矩形工具■可以绘制矩形和正方形。选择该工具后，直接在图像窗口中按住鼠标左键并拖动，即可绘制矩形，如图 8-35 所示；按住【Shift】键并拖动鼠标，可以绘制正方形，如图 8-36 所示。

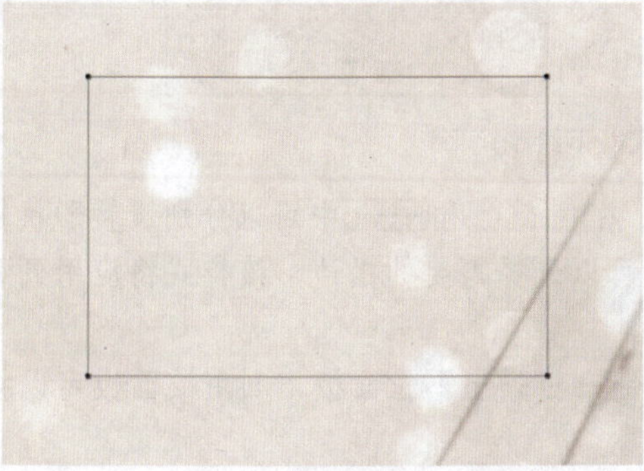

图 8-35　绘制矩形图形

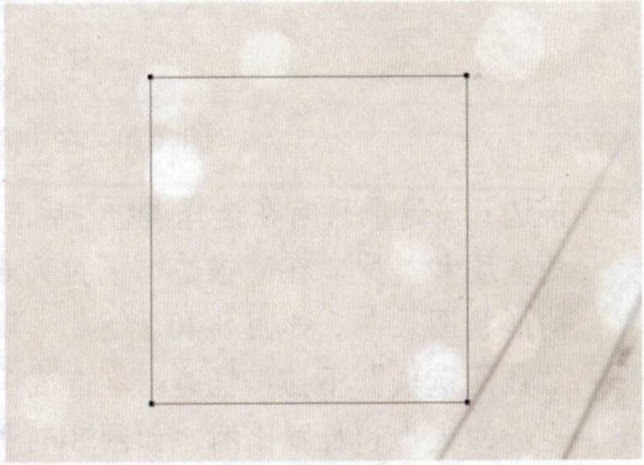

图 8-36　绘制正方形

选择工具箱中的矩形工具■，其工具属性栏如图 8-37 所示。

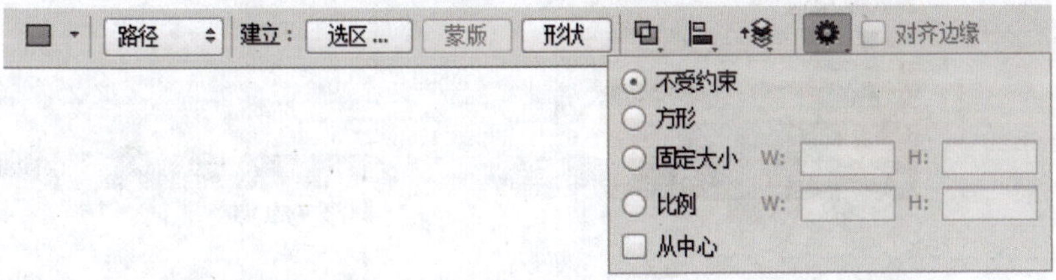

图 8-37　矩形工具属性栏

其中，各选项的含义如下。

➢ 形状：形状模式，使用矩形工具将创建矩形形状图层，填充的颜色为前景色，如图 8-38 所示。

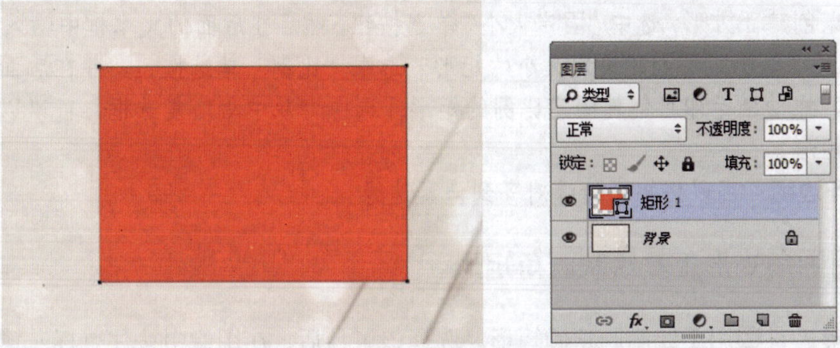

图 8-38　在"形状模式"下绘制矩形

➢ 路径：路径模式，使用矩形工具将创建矩形路径。

➢ 像素：像素模式，使用矩形工具将在当前图层中绘制一个填充前景色的矩形区域，如图 8-39 所示。

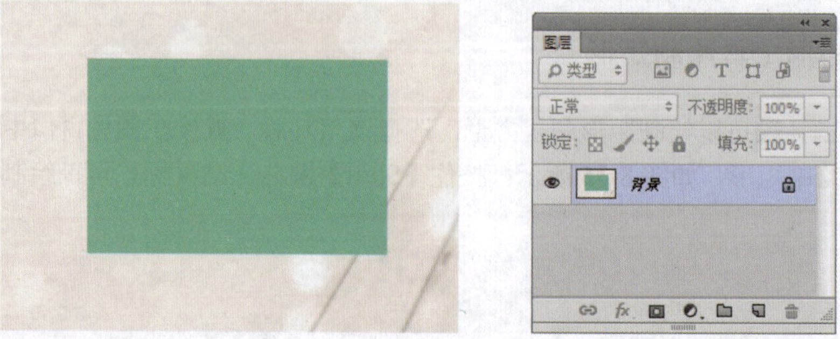

图 8-39　在“像素模式”下绘制矩形

➢ **描边**：该选项只有在选择形状后才可用。在3点和中可以分别设置形状描边的宽度和类型，在“描边”下拉列表框中可以选择需要的描边，该样式将应用到绘制的形状图层中，如图 8-40 所示。

➢ **“几何选项”下拉按钮**：单击该下拉按钮，将弹出下拉面板，利用该面板可以控制矩形的大小和长宽比例，如图 8-41 所示。

图 8-40　描边设置面板

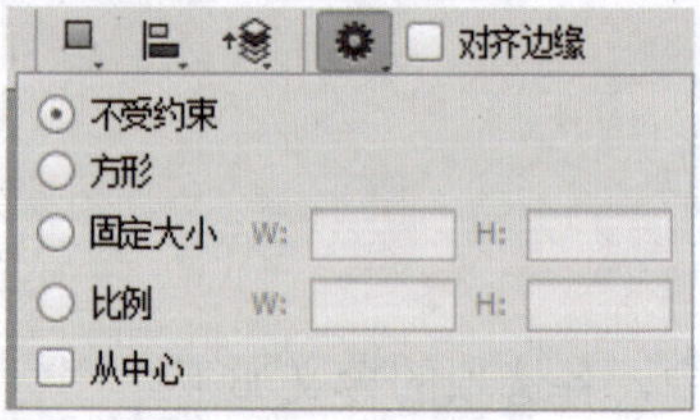

图 8-41　几何选项面板

选中“不受约束”单选按钮，拖动鼠标可以创建任意大小的矩形；选中“方形”单选按钮，拖动鼠标可以创建正方形；选中“固定大小”单选按钮，然后在后面的文本框中输入宽度值（W）和高度值（H），单击即可创建设定大小的矩形；选中“比例”单选按钮，并在后面的数值框中输入宽高比，拖动鼠标即可创建固定比例的矩形；选中“从中心”复选框，可以以鼠标按下点为中心创建矩形。

➢ **对齐边缘**：可以将矩形边缘对齐到像素边缘。

8.3.2　运用圆角矩形工具绘制圆角矩形

圆角矩形工具用于绘制圆角的矩形。选择该工具后，在图像中按住鼠标左键并拖动，即可绘制圆角矩形，如图 8-42 所示。按住【Shift】键并拖动鼠标，可以绘制圆角正方形，如图 8-43 所示。

图 8-42　绘制圆角矩形

图 8-43　绘制圆角正方形

选择工具箱中的圆角矩形工具，其工具属性栏如图 8-44 所示。

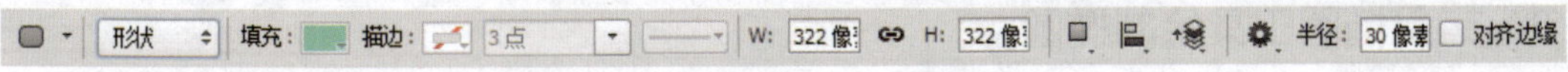

图 8-44　圆角矩形工具属性栏

在“半径”文本框中可以设置圆角的半径大小，数值越大，矩形的边角就越圆滑，如图 8-45 所示。

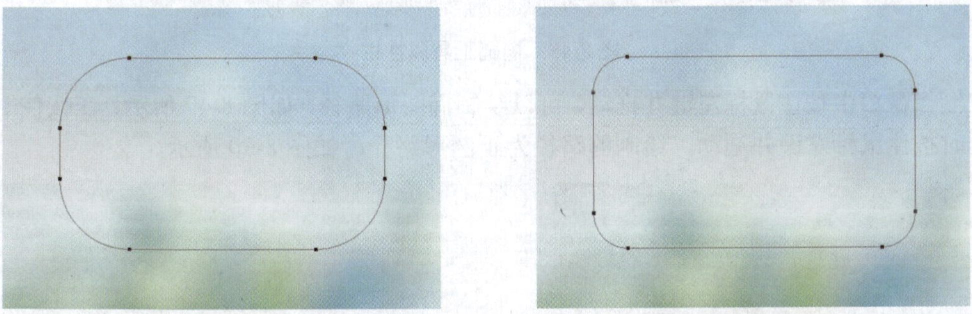

半径为 100 像素　　半径为 50 像素

图 8-45　设置圆角半径大小

在 Photoshop 中绘制圆角矩形图形后，可以单独调整每个圆角，并同时对多个图层上的矩形进行调整。在图像上使用圆角矩形工具绘制一个圆角矩形，打开“属性”面板，如图 8-46 所示。

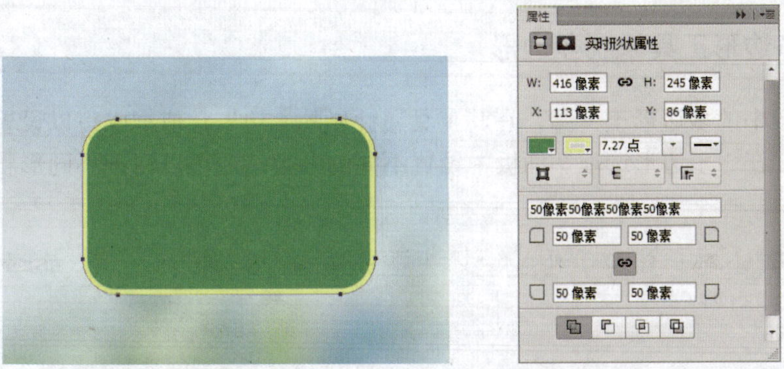

图 8-46　绘制圆角矩形并打开“属性”面板

在“属性”面板中的“所有角半径值”文本框中输入数值，可以分别调整角半径，如图 8-47 所示。

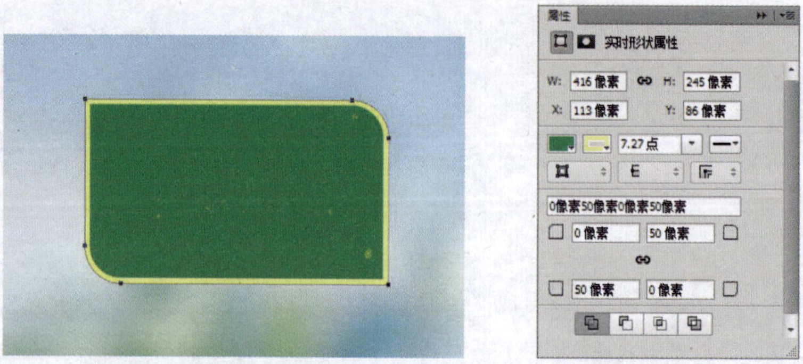

图 8-47　分别调整角半径

8.3.3　运用椭圆工具绘制椭圆

椭圆工具与矩形工具的工具属性栏基本相同，所不同的是使用椭圆工具绘制的路径是椭圆形，如图 8-48 所示。

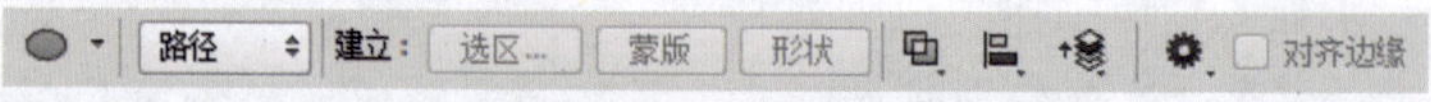

图 8-48　椭圆工具属性栏

在图像窗口中按住鼠标左键并拖动，可以绘制椭圆形路径，如图 8-49 所示；在按住【Shift】键的同时按住鼠标左键并拖动，绘制的路径为正圆形路径，如图 8-50 所示。

图 8-49　绘制椭圆形路径

图 8-50　绘制正圆形路径

8.3.4　运用多边形工具绘制多边形

选择工具箱中的多边形工具，在其工具属性栏的“边”数值框中可以设置边的数值，即多边形的边数。在“多边形选项”面板中设置不同的参数，还可以得到不同形状的星形路径，如图 8-51 所示。

图 8-51　多边形工具属性栏

其中，各选项的含义如下。

➢ **半径**：用于设置多边形或星形的中心与外部点之间的距离。
➢ **平滑拐角**：选中该复选框，可以绘制边缘平滑的多边形。
➢ **星形**：选中该复选框，可以绘制星形路径。
➢ **缩进边依据**：在该文本框中可以输入 1%¯99%之间的数值，用于设置星形半径被占据的部分。
➢ **平滑缩进**：选中该复选框，绘制的星形在缩进的同时平滑边缘。

选择工具箱中的多边形工具，设置“边”为 7，绘制多边形路径，如图 8-52 所示。

未做设置　　选中“平滑拐角”和“星形”复选框　　“缩进边依据”为 20%

“缩进边依据”为 80%　　取消选择“平滑缩进”复选框　　选中“平滑缩进”复选框

图 8-52　创建多边形路径

8.3.5　运用直线工具绘制直线和箭头

选择工具箱中的直线工具，在其工具属性栏中设置直线粗细的数值，可以绘制不同粗细的直线。单击“形状”按钮，在弹出的“箭头”面板中设置各项参数，还可以绘制不同类型的箭头路径，如图 8-53 所示。

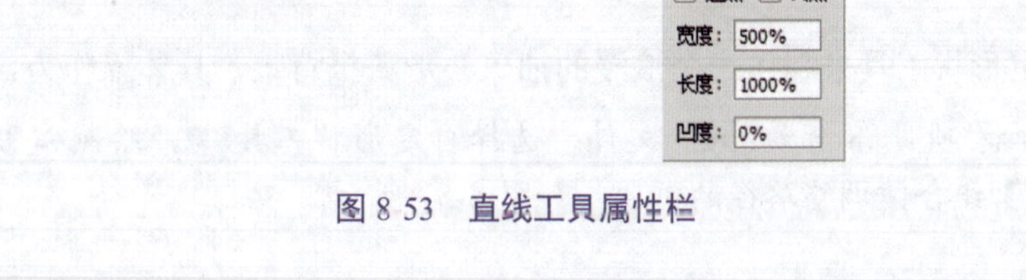

图 8-53　直线工具属性栏

其中，各选项的含义如下。

- **起点和终点**：选中“起点”复选框，绘制线段时将在起点处带有箭头；选中“终点”复选框，绘制线段时将在终点处带有箭头。
- **宽度**：用于设置箭头宽度和线段宽度的百分比。
- **长度**：用于设置箭头长度和线段长度的百分比。
- **凹度**：用于设置箭头中央凹陷的程度。

图 8-54 所示为用直线工具绘制的各种图形。

图 8-54　使用直线工具绘制图形

8.3.6　运用自定形状工具绘制多种形状

使用自定形状工具，可以绘制 Photoshop 预设的各种图形。选择工具箱中的自定形状工具，其工具属性栏如图 8-55 所示。单击“形状”右侧的下拉按钮，在弹出的下拉面板中选择所需的形状，在图像窗口中按住鼠标左键并拖动，即可绘制图形。

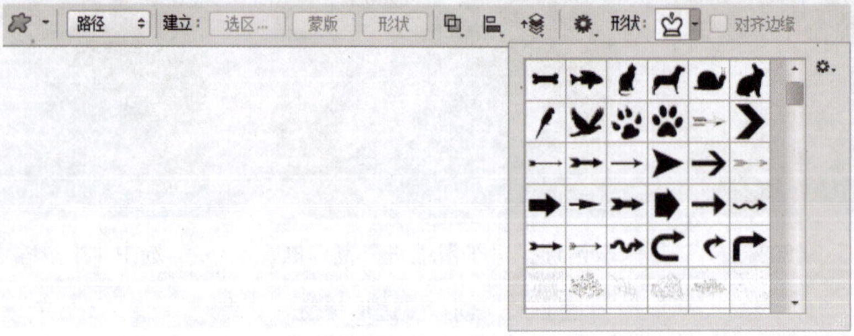

图 8-55　自定形状工具属性栏

单击形状面板右上角的按钮，在弹出的面板菜单底部包含了 Photoshop 提供的预设形状库。选择一个形状库后，将弹出提示信息框，如图 8-56 所示。单击“确定”按钮，可以用载入的形状替换面板中原有的形状；单击“追加”按钮，可以在面板中原有形状的基础上添加载入的形状；单击“取消”按钮，可以取消替换操作。

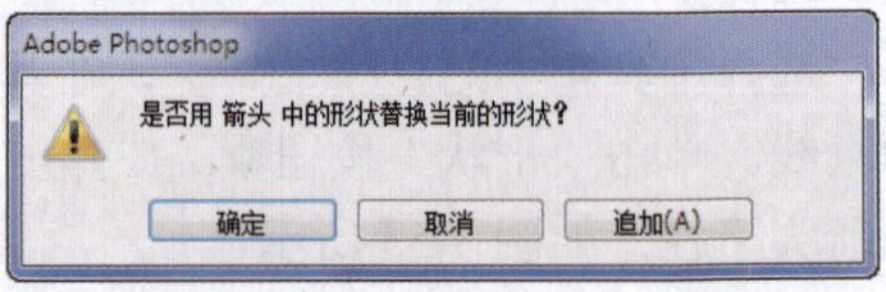

图 8-56　提示信息框

下面使用自定形状工具来制作一个浪漫的抽象心形海报背景，具体操作方法如下。

Step 01 打开“素材\项目 8\背景.jpg”文件，选择自定形状工具，绘制心形路径，然后按【Ctrl+T】组合键调整路径的角度，如图 8-57 所示。

Step 02 按【Ctrl+Enter】组合键，将路径转换为选区。单击“创建新图层”按钮，新建“图层 3”，填充白色后设置其图层“不透明度”为 10%，如图 8-58 所示。

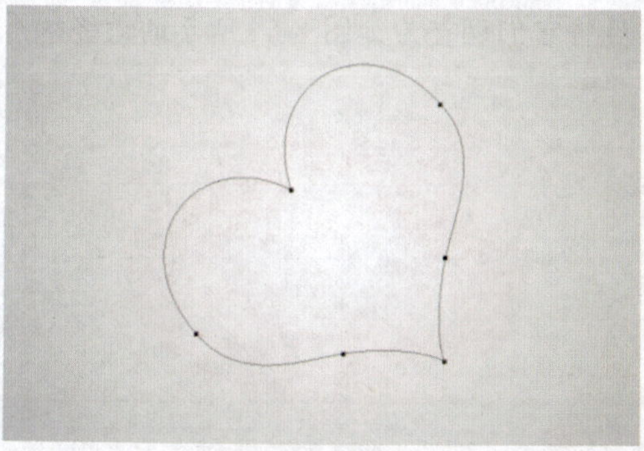

图 8-57　绘制路径

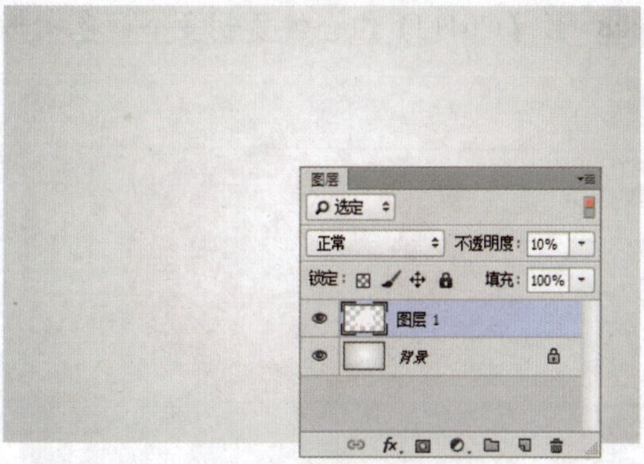

图 8-58　填充选区

Step 03 单击“添加图层样式”按钮 *fx*，选择“渐变叠加”选项，在弹出的对话框中设置各项参数，然后单击“确定”按钮，如图 8-59 所示。

Step 04 按【Ctrl+J】组合键复制心形，按【Ctrl+T】组合键调整图像的大小和角度，如图 8-60 所示。

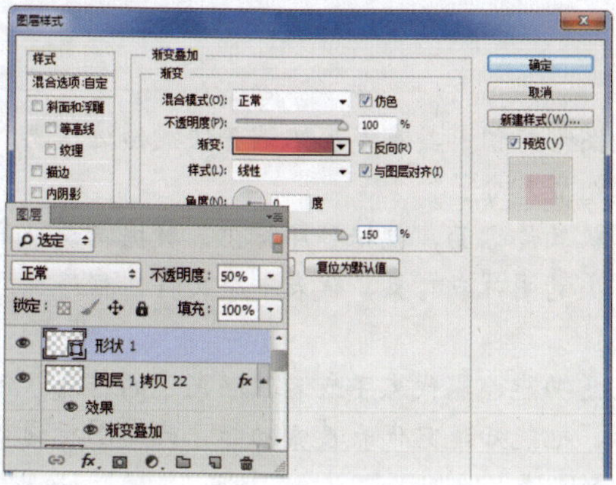

图 8-59　“图层样式”对话框

图 8-60　复制形状

Step 05 按【Ctrl+J】组合键复制多个心形，然后调整它们的位置、大小、角度和图层不透明度，如图 8-61 所示。

Step 06 继续复制一些小的心形作为装饰，如图 8-62 所示。

图 8-61　变换形状

图 8-62　继续复制形状

Step 07 使用自定形状工具重新绘制出一个心形，将颜色设置为白色，设置图层“不透明度”为 50%，如图 8-63 所示。

Step 08 按【Ctrl+J】组合键复制多个白色心形，然后将它们调整为如图 8-64 所示的最终效果。

图 8-63　绘制形状

图 8-64　最终效果

任务 4　实战应用：设计哆食点餐小程序图标

任务概述

图标是指图形化的标识，源自于生活中的各种图形标识，具有高度浓缩并快捷传达信息、便于记忆的特性。图标是计算机应用图形化的重要组成部分。

狭义上的图标通常是指启动图标，应用于计算机软件方面，包括程序标识、数据标识、命令选择、切换开关、状态指示等。一个图标是一个小的图片或对象，代表一个文件、程序、网页或命令。图标有助于快速执行命令和打开程序文件。

功能图标是指承担着某种功能的图标，起到表意功能、取代文字或者辅助文字的作用。例如搜索栏中的放大镜图标，即使不用文字信息表示，也能知道它代表搜索功能。此类图标通常出现在 APP 应用程序的标签栏、菜单栏、导航栏等区域。

任务重点与实施

下面将使用钢笔工具与形状工具完成哆食点小程序线性图标设计，线性图标效果图如图 8-65 所示，标签栏图标效果图如图 8-66 所示。具体操作方法如下。

图 8-65　线性图标效果图

图 8-66　标签栏图标效果图

8.4.1　制作背景

Step 01 单击“文件”|“新建”命令，新建按组合键【Ctrl+N】新建文档，参数设置：“文档名称”图标设计、“宽度”750 像素、“高度”282 像素、“分辨率”150 像素/英寸、“颜色模式”RGB、“背景内容”为白色，如图 8-67 所示。

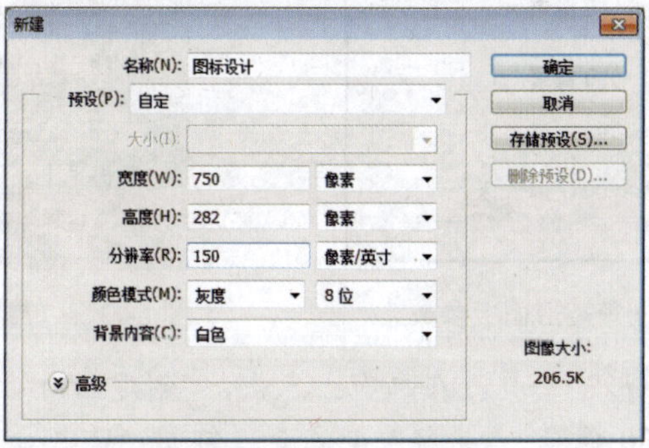

图 8-67　新建文件

Step 02 单击“图层面板”中“背景图层”右边的小锁，将“背景图层”转换成普通图层，图层名称自动更名为“图层 0”，“图层面板”如图 8-68 所示。

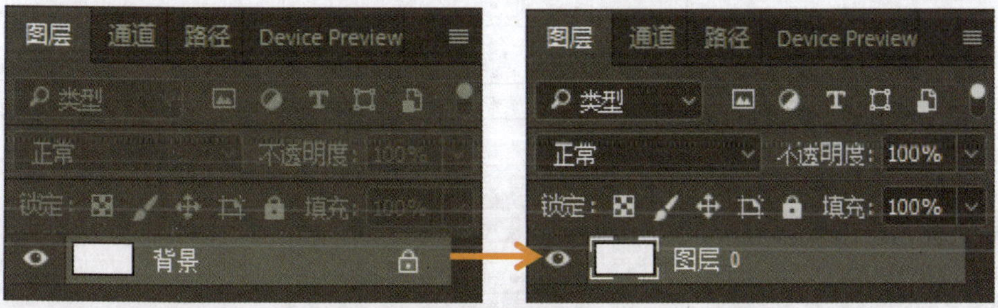

图 8-68　图层样式

Step 03 单击“视图”中“新建参考线”，“取向”垂直、“位置”250 像素，再次新建参考线，“取向”垂直、“位置”500 像素，“新建参考线”面板参数如图 8-69 所示。

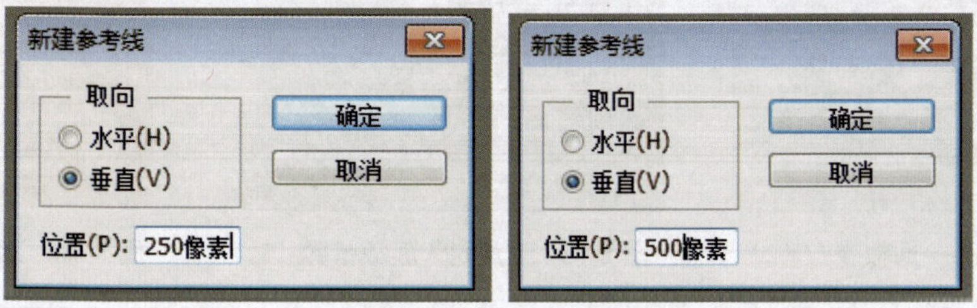

图 8-69　新建参考线

8.4.2 制作扫码点单图标

Step 01 单击选择“圆角矩形”工具，在画布上点击，、“创建圆角矩形”面板中输入“宽度”210 像素、“高度”220 像素，“半径”10 像素，勾选“从中心”，点击确定。在弹出的“属性”面板中点击“设置形状填充类型”“颜色”#f1ab62，“设置形状描边类型”无描边。“创建圆角矩形”面板参数如图 8-70 所示，“属性”面板参数如图 8-71 所示。

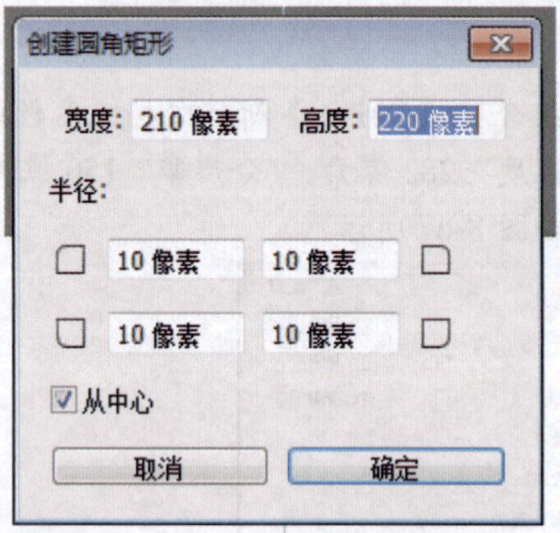

图 8-70 创建圆角矩形面板参数

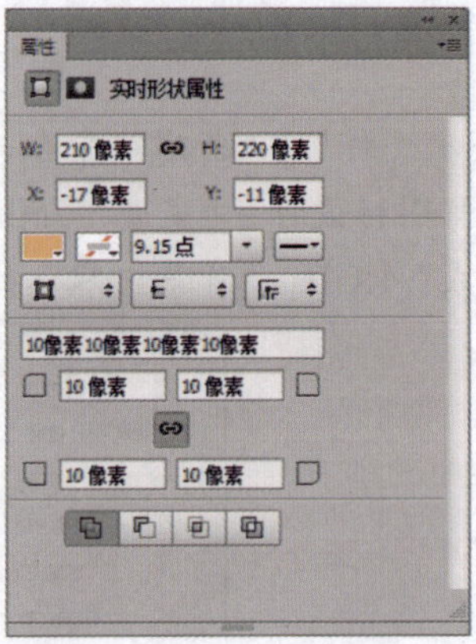

图 8-71 “属性”面板参数（1）

Step 02 单击选择“圆角矩形”工具，在画布上点击，“创建圆角矩形”面板中输入“宽度”30 像素、“高度”30 像素，“半径”4 像素，勾选“从中心”，点击确定创建“圆角矩形 2”图层。在弹出的“属性”面板中点击“设置形状填充类型”“颜色”#f1ab62，“设置形状描边类型”选白色 1.5 像素。“属性”面板参数如图 8-72 所示。

Step 03 单击选择“圆角矩形”工具，在画布上点击，、“创建圆角矩形”面板中输入“宽度”10 像素、“高度”10 像素，“半径”2 像素，勾选“从中心”，点击确定创建“圆角矩形 3”图层。在弹出的“属性”面板中点击“设置形状填充类型”“颜色”选白色，“设置形状描边类型”选白色 1.5 像素。“属性”面板参数如图 8-73 所示，绘制出的形状如图 8-74 所示。

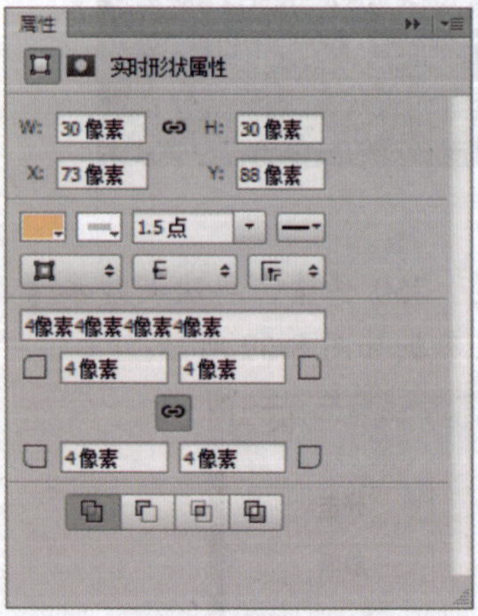

图 8-72 “属性”面板参数（2）

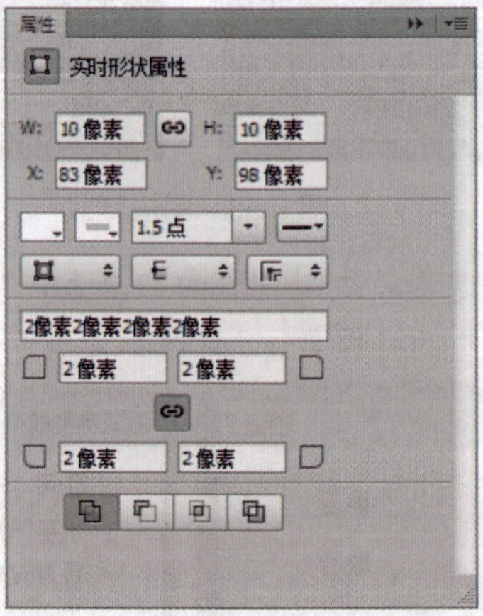

图 8-73 “属性”面板参数（3）

图 8-74 绘制出的形状（1）

Step 04 按【Ctrl】键同时选择“圆角矩形 2”“圆角矩形 3”图层。按住【Alt + Shif】组合键，鼠标选择向右拖动复制，再次选择“圆角矩形 2”“圆角矩形 3”同时按住【Alt + Shif】组合键，鼠标选择向下拖动复制图层。绘制出的形状如图 8-75 送所示，“属性”面板如图 8-76 所示。

图 8-75　绘制出的形状（2）

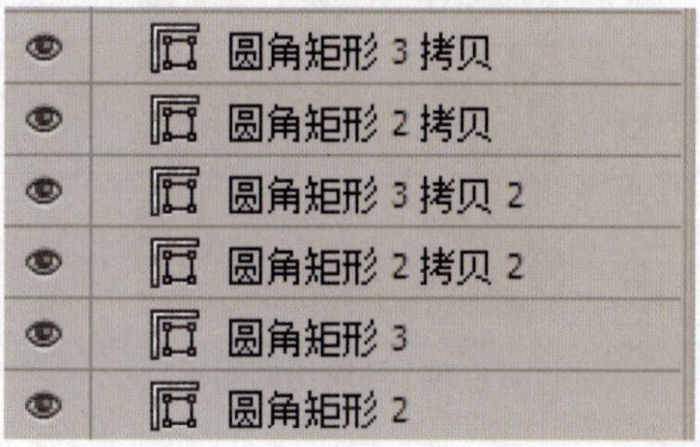

图 8-76　图层面板

Step 05 单击选择“圆角矩形”，在画布上点击，“创建圆角矩形”面板中输入“宽度”4 像素、“高度”10 像素，“半径”3 像素，勾选“从中心”，点击确定创建“圆角矩形 4”图层。在弹出的“属性”面板中点击“设置形状填充类型”“颜色”选白色，“设置形状描边类型”选白色 1.5 像素。继续绘制“宽度”4 像素、“高度”18 像素，“半径”3 像素，点击确定创建“圆角矩形 5”图层，绘制断线效果。将“圆角矩形 4”与“圆角矩形 5”图层同时选中，按【Alt + Shif】键拖动到最右进行复制。重复第一步，绘制“宽度”4 像素、“高度”13 像素，“半径”3 像素，点击确定创建“圆角矩形 6”图层，绘制“宽度”4 像素、“高度”15 像素，“半径”3 像素，点击确定创建“圆角矩形 7”图层.调整位置，绘制出的形状如图 8-77 所示。将“圆角矩形 2”到“圆角矩形 7”同时选中，按【Ctrl + G】组合键将图层成组，更名为扫码点单，如图 8-78 所示。

图 8-77　绘制出的形状（3）

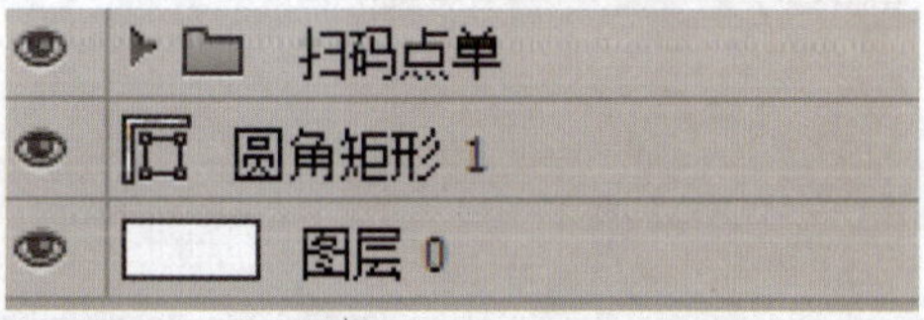

图 8-78　扫码点单

Step 06 选择横排文字工具，点击空白处，输入文字“扫码点单”，在上方属性栏选择“黑体”，字号“13 点”，同时选中“文字图层”与“圆角矩形 1”在上方选属性栏中点“水平居中对齐”，再次选择横排文字工具，点击空白处，输入文字“DIN　IN”，在上方属性栏选择“黑体”，字号“12 点”，同时选中“DIN　IN”与“圆角矩形 1”在上方选属性栏中点“水平居中对齐”调整位置，绘制出的图标如图 8-79 所示。将除“图层 0”之外的图层编组为“组 1”，如图 8-80 所示。

Step 07 复制“组 1”中“圆角矩形 1”为“圆角矩形 1 拷贝”，置于顶层后，将图形拖动到背景中间区域，选择形状工具，在属性栏中将填充色更改为“颜色”#e77e3f。

图 8-79　绘制出的图标

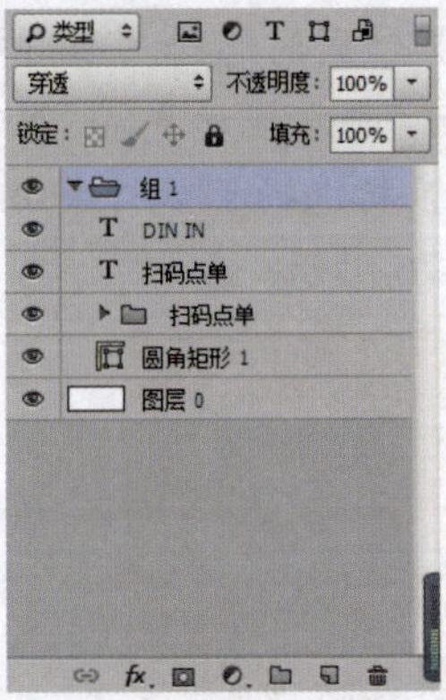

图 8-80　将图层编组为“组 1”

8.4.3　制作第自取图标

Step 01　单击选择“圆角矩形”，在画布上点击，“创建圆角矩形”面板中输入“宽度”68 像素、“高度”68 像素，上半部分“半径”0 像素，下半部分“半径”15 像素，点击确定创建“圆角矩形 8”图层。在弹出的“属性”面板中点击“设置形状填充类型”“颜色”#e77e3f，“设置形状描边类型”选白色 1.5 像素，绘制出的形状如图 8-81 所示，“属性”面板参数如图 8-82 所示。

图 8-81　绘制出的形状

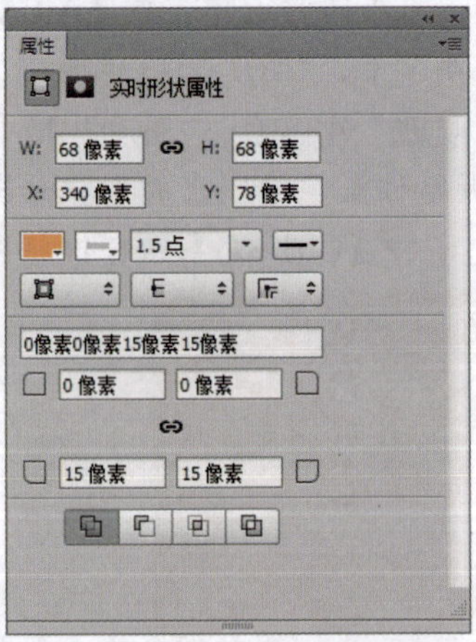

图 8-82　“属性”面板参数（1）

Step 02　单击选择“矩形工具”，在画布上点击，“创建矩形”面板中输入“宽度”68 像素、“高度”3 像素，点击确定创建“矩形 1”图层。在弹出的“属性”面板中点击“设置形状填充类型”“颜色”白色，调整线条位置。选择“圆角矩形工具”，在画布上点击，“创建矩形”面板中输入“宽度”34 像素、“高度”65 像素，“圆角”16.5 像素，“设置形状描边类型”“颜色”白色，1.5 像素，点击确定创建“圆角矩形 9”图层，“属性”面板参数如图 8-83 所示。为该图层添加图层蒙版，选择“矩形选框工具”将“圆角矩形 9”的上半部分框选出来，在蒙版上将该区域填充黑色，效果如图 8-84 所示。“图层”面板参数如图 8-85 所示。

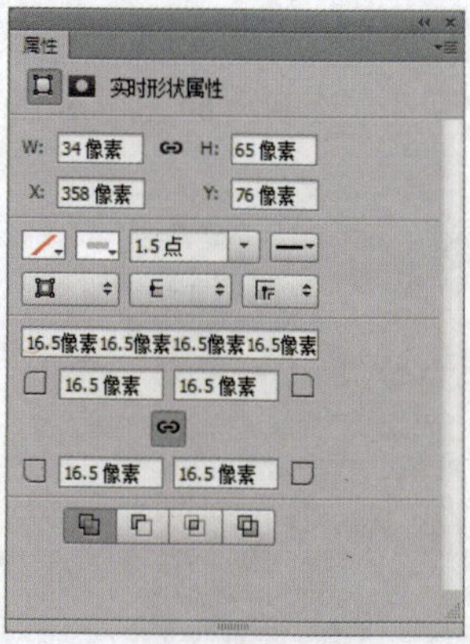

图 8-83　“属性”面板参数（2）

图 8-84　效果

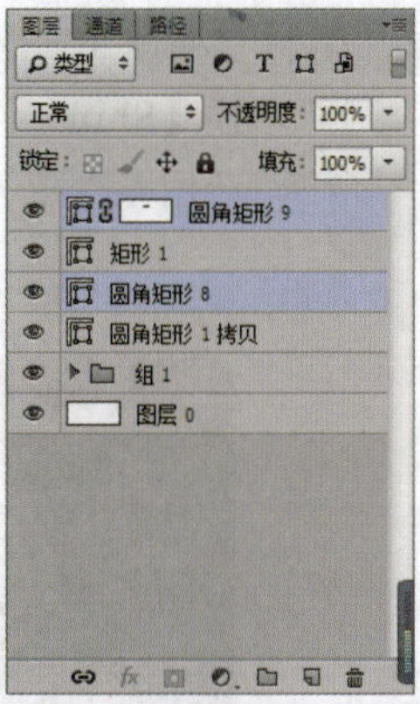

图 8-85　“图层”面板参数

Step 03　选择横排文字工具，点击空白处，输入文字“自取”，在上方属性栏选择“黑体”，字号“13 点”，同时选中“文字图层”与“圆角矩形 1 拷贝”在上方选属性栏中点“水平居中对齐”，再次选择横排文字工具，点击空白处，输入文字“PICK UP”，在上方属性栏选择“黑体”，字号“12 点”，同时选中“DIN　IN”与“圆角矩形 1 拷贝”在上方选属性栏中点“水平居中对齐”调整位置，绘制出的图标如图 8-86 所示。将除“图层 0”与“组 1”之外的图层编组为“组 2”，如图 8-87 所示。

图 8-86　绘制出的图标

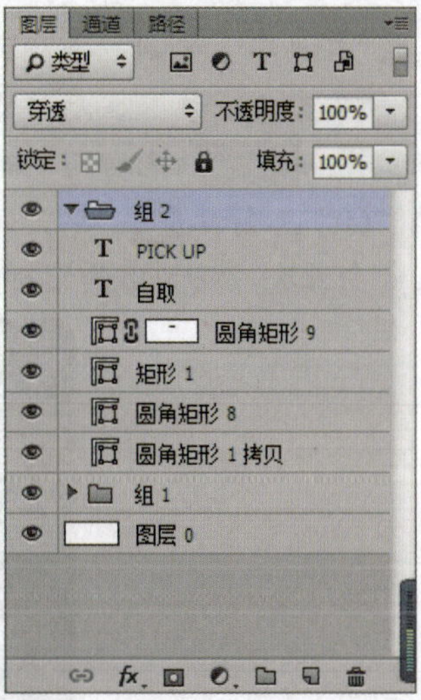

图 8-87　将图层编组为“组 2”

Step 04　复制“组 1”中“圆角矩形 1”为“圆角矩形 1 拷贝 2”，置于顶层后，将图形拖动到背景右侧间区域，选择形状工具，在属性栏中将填充色更改为“颜色”#473020。

8.4.4　制作配送图标

Step 01　单击选择“椭圆工具”，在画布上点击，“创建椭圆”面板中输入“宽度”68 像素、“高度”68 像素，点击确定创建“椭圆 1”图层。在弹出的“属性”面板中点击“设置形状填充类型”“颜色”#473020，“设置形状描边类型”选白色 1.5 像素。

Step 02 复制“椭圆 1”图层“椭圆 1 拷贝”图层，按【Ctrl + T】组合键自由变换“椭圆 1 拷贝”，按【Shift + Alt】组合键向内等比例缩放“椭圆 1 拷贝”，绘制出的图标如图 8-88 所示，“图层”面板参数如图 8-89 所示。

图 8-88 绘制出的图标（1）

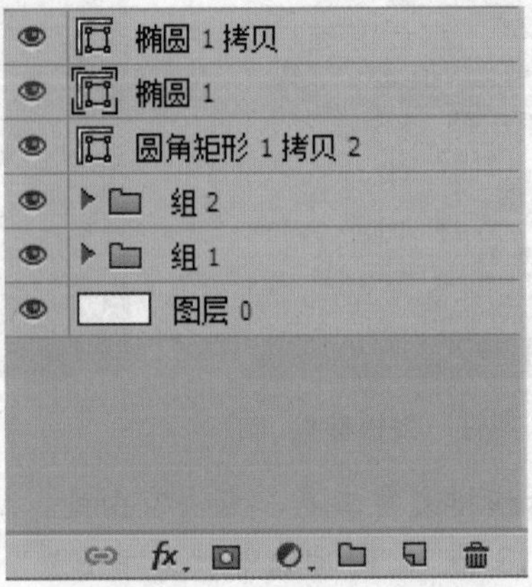

图 8-89 “图层”面板参数

Step 03 单击选择“椭圆工具”，在画布上点击，“创建椭圆”面板中输入“宽度”45 像素、“高度”45 像素，点击确定创建“椭圆 2”图层。在弹出的“属性”面板中点击“设置形状填充类型”“颜色”白色，“设置形状描边类型”选白色 1.5 像素。单击选择“矩形工具”，在画布上绘制一条“高度”为 3 像素的直线连接“椭圆 2”与“椭圆 1 拷贝”，命名为“矩形 2”，后按【Ctrl + T】组合键自由变换，按着【Alt】键将“矩形 2”的中心锚点拖动到“椭圆 2”的中心位置后，按【Shift】键顺着圆角拖动“60° ”停止，单击回车键。同时按【Ctrl + Shift + Alt + T】组合键进行重复复制命令五次，绘制出的图标如图 8-90 所示。

图 8-90 绘制出的图标（2）

Step 04 选择横排文字工具，点击空白处，输入文字“配送”，在上方属性栏选择“黑体”，字号“13 点”，同时选中“文字图层”与“圆角矩形 1 拷贝”在上方选属性栏中点“水平居中对齐”，再次选择横排文字工具，点击空白处，输入文字“DELVERY”，在上方属性栏选择“黑体”，字号“12 点”，同时选中“DIN IN”与“圆角矩形 1 拷贝”在上方选属性栏中点“水平居中对齐”调整位置，绘制出的图标如图 8-91 所示。将除“图层 0”与“组 1”“组”之外的图层编组为“组 3”，如图 8-92 所示。

Step 05 至此，本案例完成，最终效果如图 8-93 所示。

图 8-91　绘制出的图标

图 8-92　将图层编组为“组 3”

图 8-93　最终效果

项目小结

本项目主要讲述了路径创建与应用的操作方法。首先介绍了路径的绘制工具，主要包括路径和“路径”面板、运用钢笔工具绘制直线或曲线路径、运用自由钢笔工具随意绘制路径；其次介绍了路径的编辑，主要包括路径的选择与移动、复制、删除、显示与隐藏、转换，以及转换锚点类型；再次介绍了形状工具的应用，主要包括运用矩形工具绘制矩形、运用圆角矩形工具绘制圆角矩形、运用椭圆工具绘制椭圆、运用多边形工具绘制多边形、运用直线工具绘制直线和箭头、运用自定形状工具绘制多种形状；最后介绍了设计哆食点餐小程序图标的实战应用。通过本章的学习，读者应掌握路径的具体应用方法。

项目习题 8

下面运用本项目所学的知识，通过使用形状工具绘制想要的形状，然后为其添加“斜面和浮雕”“内发光”和“渐变叠加”图层样式，最后使用钢笔工具绘制路径并填充选区，练习制作蓝色水晶按钮。

操作提示：

① 打开“素材\项目八\梦幻.jpg”文件，选择圆角矩形工具，绘制一个蓝色圆角矩形，如图 8-94 所示。

② 单击“添加图层样式”按钮，为图像添加“斜面和浮雕”“内发光”和“渐变叠加”图层样式，如图 8-95~图 8-97 所示。

图 8-94　绘制圆角矩形

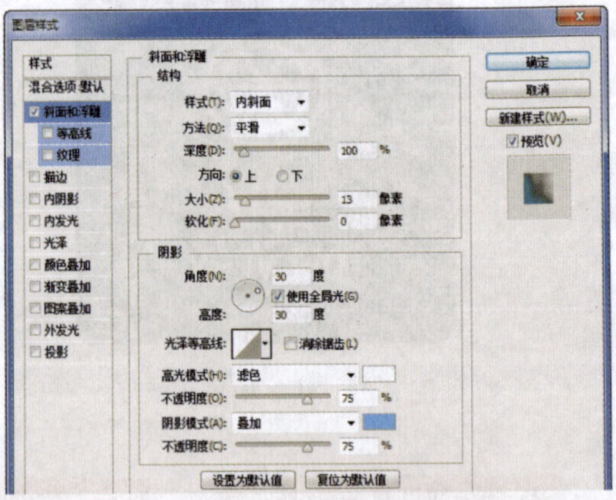

图 8-95　添加“斜面和浮雕“样式

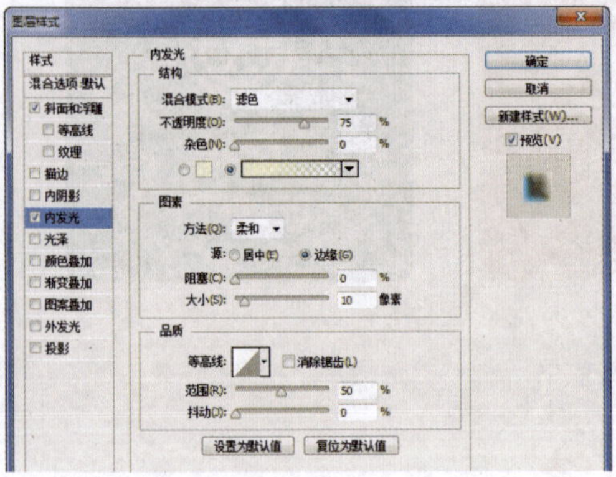

图 8-96　添加“内发光“样式

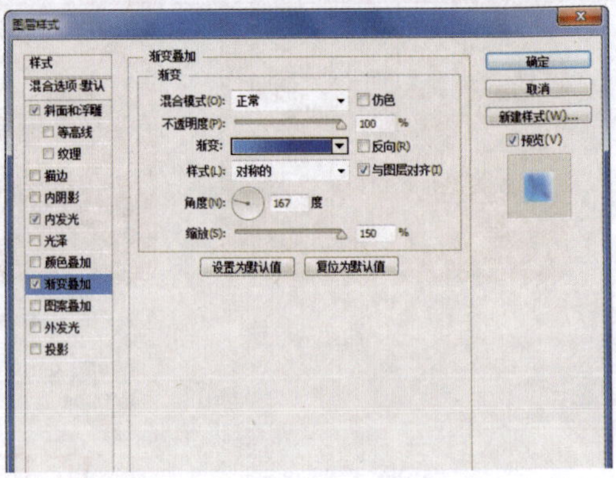

图 8-97　添加“渐变叠加“样式

③ 选择钢笔工具，绘制路径，然后按【Ctrl+Enter】组合键将路径转换为选区，如图 8-98 所示。

④ 单击“创建新图层”按钮，新建“图层 1”，填充白色后设置其图层“不透明度”为 15%，最终效果如图 8-99 所示。

图 8-98　绘制路径并转换为选区

图 8-99　最终效果

项目 9 蒙版的编辑与应用

项目概述

蒙版是 Photoshop 一项十分强大的功能，是 Photoshop 用户从初级向中级迈进的重要门槛。在蒙版的作用下，Photoshop 中的各项调整功能才能真正发挥到极致。本项目将讲述蒙版的编辑与应用方法。

项目目标

- 掌握图层蒙版、矢量蒙版的编辑与应用方法。
- 掌握剪贴蒙版、快速蒙版的编辑与应用方法。

素质目标

- 培养学生的设计素养以帮助其解决实际问题，提高专业技能。
- 培养学生责任心和实干精神。

任务 1 图层蒙版的编辑与应用

任务概述

在使用 Photoshop 处理图像的过程中，当对图像的某一特定区域运用颜色变化、滤镜和其他效果时，应用蒙版的区域就会受到保护和隔离而不被编辑。本任务主要介绍图层蒙版的编辑与应用方法。

任务重点与实施

图层蒙版可以理解为在当前图层上面覆盖一层玻璃片，这种玻璃片有白色透明和黑色不透明两种。白色透明玻璃可以显示全部，黑色不透明玻璃可以隐藏全部。然后用各种绘图工具在蒙版（即玻璃片）上涂色，只能涂黑、白、灰色。涂黑色的地方，蒙版变为不透明，看不见当前图层中的图像；涂白色则使涂色部分变为透明，可以看到当前图层上的图像；涂灰色则使蒙版变为半透明，透明的程度由涂色的灰度深浅决定。

9.1.1　创建图层蒙版

单击“图层”面板中的“添加图层蒙版”按钮，即可为当前图层添加一个白色的蒙版。在添加蒙版时，首先应该确定当前图层不是“背景”图层，因为“背景”图层不能添加蒙版。如果必须给“背景”图层添加一个蒙版，可以先将“背景”图层转换为普通图层。

在为图层添加蒙版时，蒙版会被添加到当前图层中，一次只能为一个图层添加蒙版。如果希望将一个蒙版应用于多个图层，需先将这些图层组成组，然后给该组添加蒙版。若在按住【Alt】键的同时单击“图层”面板中的“添加图层蒙版”按钮，则可以添加一个黑色的蒙版。

下面将通过实例来介绍如何通过创建图层蒙版来合成图像，具体操作方法如下。

Step 01 单击“文件”|“打开”命令，打开“素材\项目 9\女孩.jpg、草原.jpg”两个图像文件，如图 9-1 所示。

图 9-1　打开素材文件

Step 02 将“草原”图像拖到“女孩”文件窗口中，在“图层”面板中可以看到“草原”图像自动生成“图层 1”，如图 9-2 所示。

Step 03 按【Ctrl+T】组合键调出变换控制框，调整图像的大小和位置，然后双击确认变换操作，如图 9-3 所示。

图 9-2　拖入素材

图 9-3　变换图像大小

Step 04 单击“添加图层蒙版”按钮，为“图层 1”添加图层蒙版。选择渐变工具，设置黑色到白色的渐变色，如图 9-4 所示。

Step 05 单击“线性渐变”按钮，在图像窗口中按住【Shift】键由上向下拖动鼠标，绘制渐变色，如图 9-5 所示。

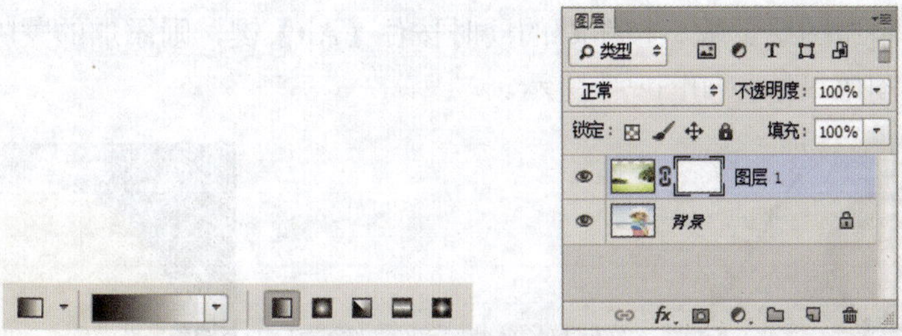

图 9-4　添加图层蒙版

图 9-5　绘制渐变色

在蒙版编辑状态下，单击图层图像的缩览图，可以切换到图像编辑状态下。再次单击蒙版缩览图，可以切换回蒙版编辑状态。当哪个缩览图周围出现一个白色边框时，表示当前编辑的是哪个对象。

按住【Alt】键单击蒙版缩览图，可以在窗口中显示蒙版，以方便观看蒙版的细节；再次按住【Alt】键单击蒙版缩览图，可以恢复到原来的状态。

9.1.2　从选区生成图层蒙版

如果当前图像中已经创建了选区，则单击“图层”面板中的“添加图层蒙版”按钮，可以将选区转换为蒙版。选区内的图像是显示的，而选区外的图像则是被蒙版隐藏的，如图 9-6 所示。

图 9-6　显示选区内图像

如果在单击“添加图层蒙版”按钮的同时按住【Alt】键，则添加的蒙版是选区内的图像隐藏，而选区外的图像显示，如图 9-7 所示。

图 9-7　显示选区外图像

9.1.3　复制与移动图层蒙版

图层蒙版可以在不同图层之间进行移动或复制，方法如下。要将图层蒙版移至另一个图层上，只需单击图层蒙版的缩览图将其选中，然后将其拖到其他图层的上方松开鼠标即可，如图 9-8 所示。

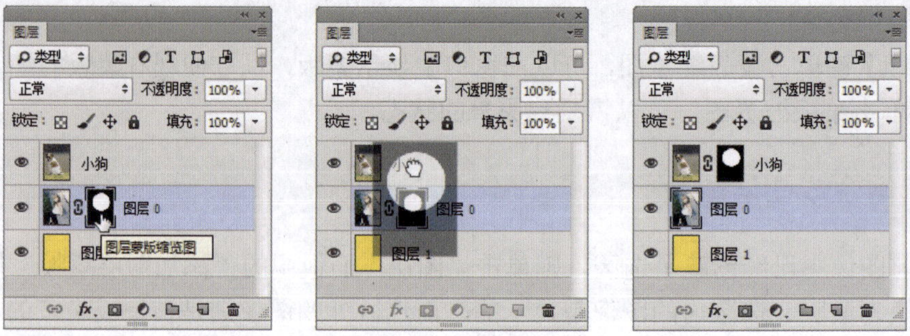

图 9-8　移动图层蒙版

如果在拖动图层蒙版的同时按住【Alt】键，则可以复制图层蒙版，如图 9-9 所示。

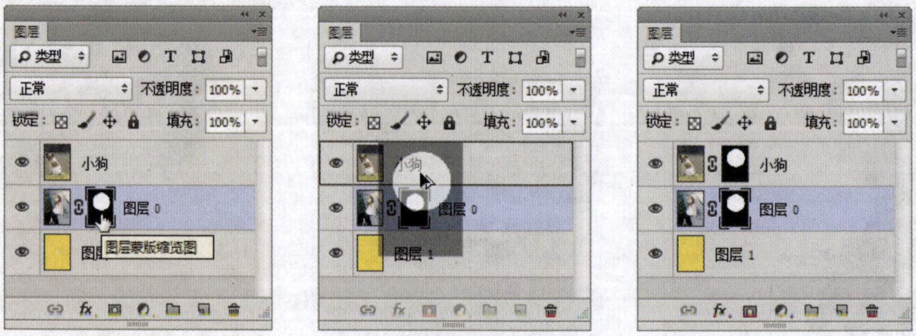

图 9-9　复制图层蒙版

9.1.4　应用与删除图层蒙版

在图像中添加的蒙版会增加文件的大小，所以当确定蒙版无需改动时，可以将蒙版应用到图层中，以减小文件的大小。

所谓应用蒙版，就是将蒙版隐藏的图像删除，将蒙版显示的图像保留，然后删除图层蒙版。在“图层”面板中选中添加了蒙版的图层，单击“图层”|“图层蒙版”|“应用”命令，即可应用蒙版，如图 9-10 所示。

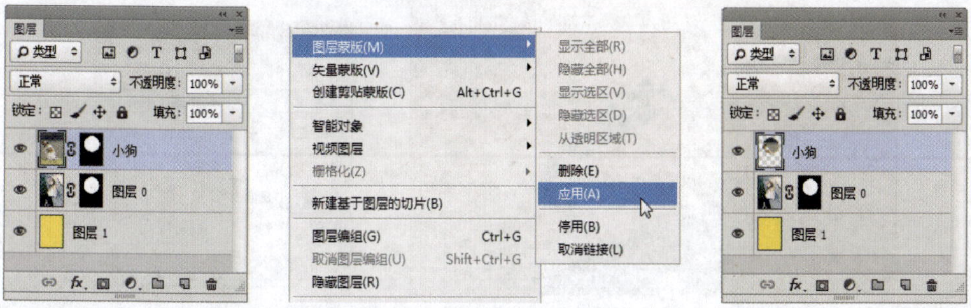

图 9-10　应用图层蒙版

如果想删除图层蒙版，可先选中图层蒙版，然后将其拖到“图层”面板下方的“删除图层”按钮上，此时将弹出提示信息框，如图 9-11 所示。单击“应用”按钮，即可把图层蒙版应用于图层；单击“删除”按钮，则不应用而直接删除图层蒙版。

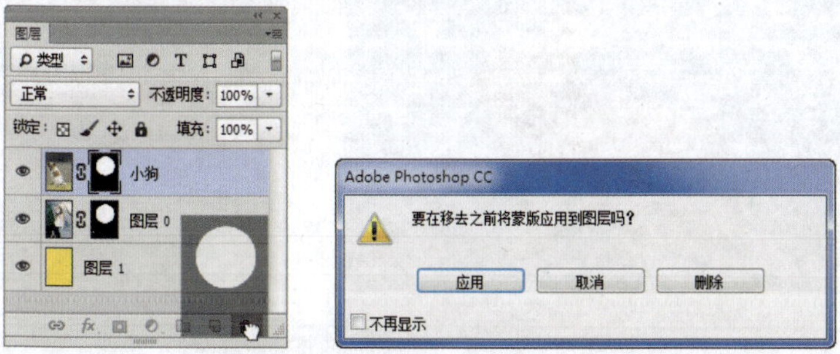

图 9-11　删除图层蒙版

在图层蒙版中，白色所代表的区域是用于显示图像的，黑色所代表的区域是用于隐藏图像的。而在矢量蒙版中用于界定显示和隐藏区域的不是颜色，而是边界。

任务 2　矢量蒙版的编辑与应用

任务概述

在矢量蒙版中，将通过一个矢量边界来决定哪一部分图像是被显示的，哪一部分图像是被隐藏的。这些边界可以由矢量图形工具中的任何一个工具来绘制，也可以用钢笔工具来创建一个自由形状的矢量边界。矢量蒙版与分辨率无关，可以在图像中创建锐化的、无锯齿的边缘形状。本任务主要介绍矢量蒙版的编辑与应用方法。

任务重点与实施

9.2.1 创建矢量蒙版

单击“图层”|“矢量蒙版”|“显示全部”命令，或按住【Ctrl】键的同时单击“添加图层蒙版”按钮，可以为当前图层创建一个显示全部的矢量蒙版，如图 9-12 所示。

图 9-12 创建矢量蒙版

选中该矢量蒙版，即可在矢量蒙版中绘制路径，蒙版外的图像将隐藏，蒙版内的图像将显示，如图 9-13 所示。

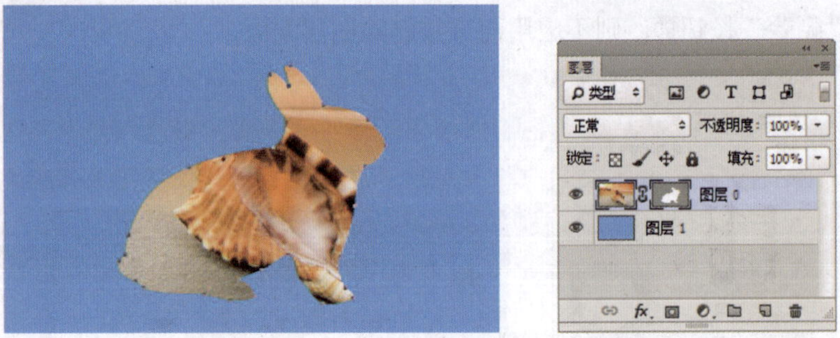

图 9-13 绘制路径

如果单击“图层”|“矢量蒙版”|“隐藏全部”命令，或按住【Ctrl+Alt】组合键的同时单击“添加图层蒙版”按钮，可以为当前图层创建一个隐藏全部图像的矢量蒙版。

如果当前图像中存在路径，则单击“图层”|“矢量蒙版”|“当前路径”命令，或按住【Ctrl】键的同时单击“添加图层蒙版”按钮，即可以当前路径为基准创建矢量蒙版，如图 9-14 所示。

图 9-14 以当前路径为基准创建矢量蒙版

9.2.2　变换矢量蒙版

单击“图层”面板中矢量蒙版的缩览图，按【Ctrl+T】组合键调出变换控制框，即可对矢量蒙版进行各种变换操作，如图 9-15 所示。

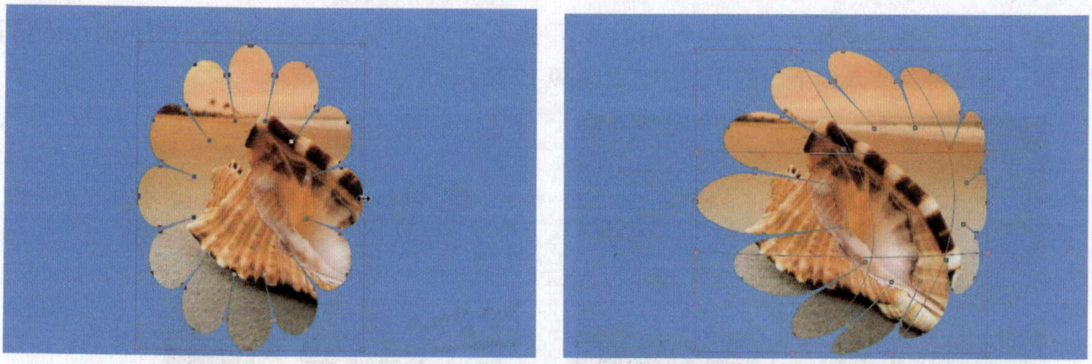

图 9-15　变换矢量蒙版

9.2.3　矢量蒙版转换为图层蒙版

在创建矢量蒙版后，单击“图层”|“栅格化”|“矢量蒙版”命令，或在矢量蒙版的缩览图上右击，在弹出的快捷菜单中选择“栅格化矢量蒙版”命令，可以将矢量蒙版转换为图层蒙版，如图 9-16 所示。

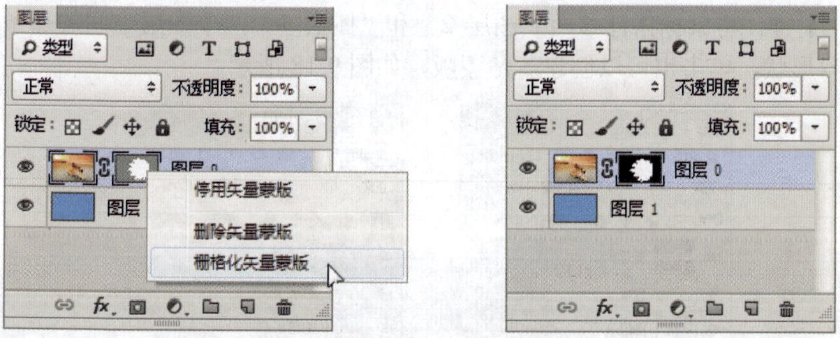

图 9-16　选择“栅格化矢量蒙版”命令

任务 3　剪贴蒙版的编辑与应用

任务概述

所谓剪贴蒙版，就是将上面图层中的对象内容以下面图层对象的形状显示出来。可以用一个图层来控制多个可见图层，但这些图层必须是相邻且连续的。本任务主要介绍剪贴蒙版的编辑与应用方法。

任务重点与实施

9.3.1 创建剪贴蒙版

在“图层”面板中选择一个或多个图层，单击“图层”|“创建剪贴蒙版”命令或按【Alt+Ctrl+G】组合键，即可将其装入到下面的图层中，如图 9-17 所示。

图 9-17 使用菜单命令创建剪贴蒙版

在剪贴蒙版中，箭头指向的图层为基准图层，下面带有下画线，上面的图层为内容图层。可以将其理解为将“图层 2”装到了“图层 1”中。“图层 1”中不透明的地方将作为显示的区域来使用，而透明的地方将作为隐藏原区域来使用。

按住【Alt】键，将鼠标指针移至“图层 2”和“图层 1”两个图层中间的那条线上，这时指针将变成形状，单击也可以创建剪贴蒙版，如图 9-18 所示。

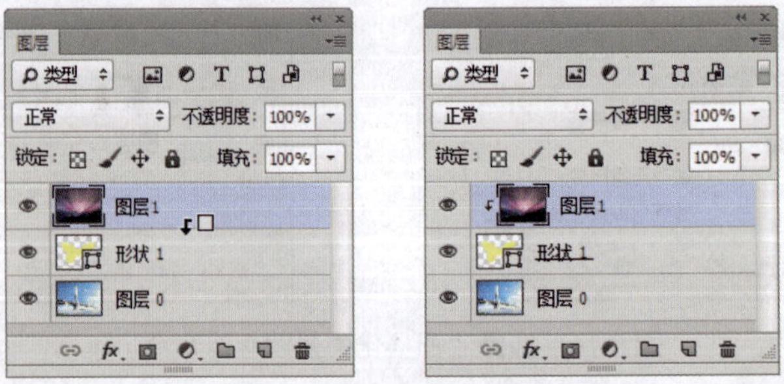

图 9-18 使用快捷键创建剪贴蒙版

如果不再需要某个剪贴蒙版，可以再次按住【Alt】键，并在两个图层之间的交界线上单击鼠标左键，这时后退的图层缩览图又回到了原来的位置，剪贴蒙版也就被取消了。

9.3.2 运用剪贴蒙版为人物换服装

下面将使用剪贴蒙版来编辑图像，通过剪贴蒙版为人物衣服添加图案，具体操作方法如下。

Step 01 单击“文件”|“打开”命令，打开“素材\项目九\美女.jpg”文件，如图 9-19 所示。

Step 02 选择快速选择工具，在人物的衣服上拖动鼠标创建选区。按【Ctrl+J】组合键，复制选区内的图像，如图 9-20 所示。

图 9-19　打开素材文件（1）

图 9-20　复制选区内的图像

Step 03 单击“文件”|“打开”命令，打开“素材\项目九\花布.jpg”文件，如图 9-21 所示。

Step 04 拖动花布图像到“微笑”文档窗口中，按【Ctrl+T】组合键，调整其至合适的大小和位置，如图 9-22 所示。

图 9-21　打开素材文件（2）

图 9-22　调整图像大小和位置

Step 05 按住【Alt】键，将鼠标指针移至“图层 2”和“图层 1”中间，当指针变成↲□形状时单击鼠标左键，即可创建剪贴蒙版，如图 9-23 所示。

Step 06 设置“图层 2”的图层混合模式为“变暗”，可以得到更加真实的服装效果，如图 9-24 所示。

图 9-23　创建剪贴蒙版

图 9-24　设置图层混合模式

任务 4　快速蒙版的编辑与应用

任务概述

快速蒙版是在 Photoshop 图像处理中经常使用的选择工具之一，使用它可以创建与修改选区，而且可以利用画笔和滤镜在它上面创建自己想要的选区。本任务主要介绍快速蒙版的编辑与应用方法。

任务重点与实施

在编辑图像时，单击工具箱下方的“以快速蒙版模式编辑”按钮或按【Q】键，即可进入快速蒙版编辑状态。在快速蒙版状态下，可以使用各种绘画工具和滤镜来编辑蒙版。

在编辑快速蒙版时，要注意前景色和背景色的颜色。当前景色为黑色时，使用画笔工具在图像窗口中进行涂抹，就会在蒙版上添加颜色；当前景色为白色时，涂抹时就会清除鼠标涂抹处的颜色。默认涂抹的颜色为不透明度为 50%的红色，如图 9-25 所示。

再次单击按钮或按【Q】键，即可退出快速蒙版编辑状态，涂抹红色以外的区域将转换为选区。按【Ctrl+Shift+I】组合键反选选区，即可选中要选取的图像，如图 9-26 所示。

图 9-25　创建快速蒙版

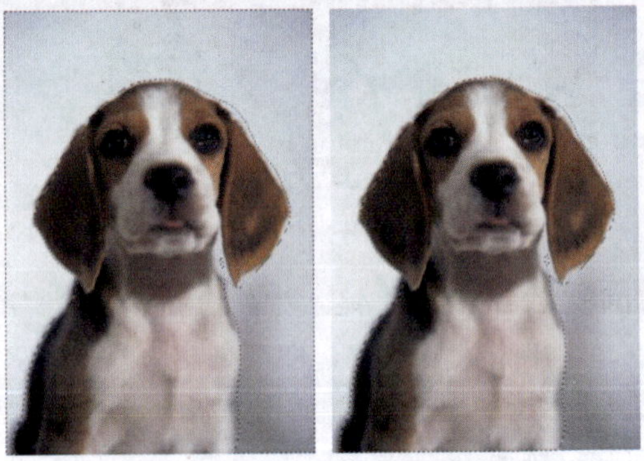

图 9-26　选取图像

在编辑蒙版的过程中，只能使用黑色、白色、灰色来进行编辑操作：使用黑色可以添加蒙版，使用白色可以取消蒙版，使用灰色将创建半透明的选区效果。如果采用带有柔边的画笔进行编辑，则可以创建选区羽化效果。

双击工具箱中的“以快速蒙版模式编辑”按钮，弹出“快速蒙版选项”对话框，如图 9-27 所示。在该对话框中可以根据自己的意愿设置色彩指示的是选区还是非选区，并可以根据需要更改蒙版的颜色。

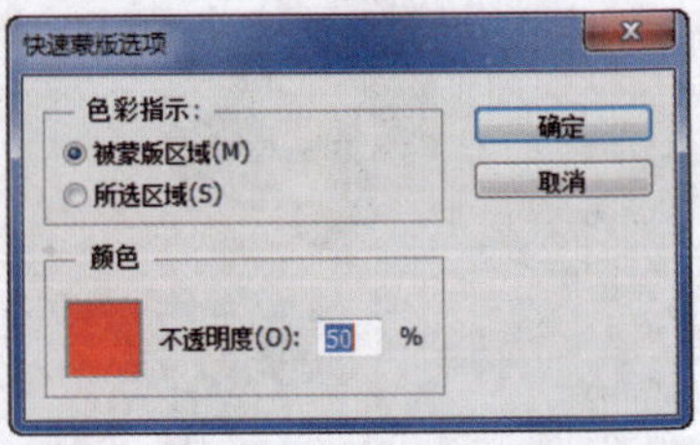

图 9-27　“快速蒙版选项”对话框

任务 5　实战应用：合成唯美婚纱照片

任务概述

图像合成在图像后期处理制作中经常用到，也是检验设计人员水平的重要方面。本任务主要介绍如何使用图层蒙版和剪贴蒙版来编辑合成婚纱照片。

任务重点与实施

下面将详细介绍合成婚纱照片的步骤，具体操作方法如下。

Step 01 打开“素材\项目 9\婚纱模板.jpg、婚纱 1.jpg”文件，将素材照片拖入模板文档窗口中。按【Ctrl+T】组合键调出变换框，调整图像的大小。将“图层 2”拖到“背景”图层的上方，如图 9-28 所示。

Step 02 单击“添加图层蒙版”按钮，设置前景色为黑色，选择画笔工具，并随时调整其不透明度，对蒙版进行涂抹，如图 9-29 所示。

图 9-28　拖入素材文件（1）

图 9-29　添加并编辑图层蒙版

Step 03 打开“素材\项目九\婚纱 2.jpg”文件，将其拖入模板文档窗口中。在“图层”面板中将其拖到“图层 1 拷贝”的上方，如图 9-30 所示。

Step 04 按【Ctrl+Alt+G】组合键创建剪贴蒙版，按【Ctrl+T】组合键调出变换框，调整图像的大小，如图 9-31 所示。

图 9-30　拖入素材文件（2）

图 9-31　创建剪贴蒙版

Step 05 打开“素材\项目 9\婚纱 3.jpg”，将其拖入模板文档窗口中。在“图层”面板中将其拖到“图层 1”上方，如图 9-32 所示。

Step 06 按【Ctrl+Alt+G】组合键创建剪贴蒙版，按【Ctrl+T】组合键调出变换框，调整图像大小，即可得到最终效果，如图 9-33 所示。

图 9-32　拖入素材文件（3）

图 9-33　最终效果

项目小结

本项目主要介绍了如何在 Photoshop 中蒙版的编辑与应用。首先介绍了图层蒙版的编辑与应用，主要包括图层蒙版的创建、复制、应用与删除；其次介绍了矢量蒙版的编辑与应用，主要包括矢量蒙版的创建、变换、矢量蒙版转换为图层蒙版；再次介绍了剪贴蒙版的编辑与使用，主要包括剪贴蒙版的创建、运用剪贴蒙版为人物换服装；接着介绍了快速蒙版的编辑与应用；最后介绍了合成唯美婚纱照片的实战应用。通过本章的学习，读者应掌握蒙版的核心技能，制作出更加精彩的平面设计作品。

项目习题 9

下面运用本项目所学的知识，通过创建图层蒙版为图像添加背景，然后创建矢量蒙版为图像添加装饰图案，最后拖入素材创建剪贴蒙版，练习制作可爱卡通壁纸。

操作提示：

① 打开“素材\项目 9\卡通.jpg”文件，新建“图层 1”，然后填充淡紫色，如图 9-34 所示。

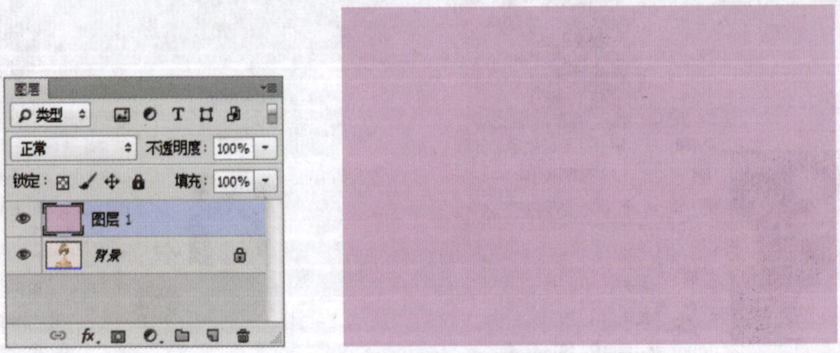

图 9-34　新建图层并填充

② 单击“添加图层蒙版”按钮，设置前景色为黑色，选择画笔工具，并随时调整其不透明度，对蒙版进行涂抹，如图 9-35 所示。

图 9-35　添加并编辑图层蒙版

③ 新建“图层 2”并填充为白色，按住【Ctrl】组合键的同时单击“添加图层蒙版”按钮，创建矢量蒙版，如图 9-36 所示。

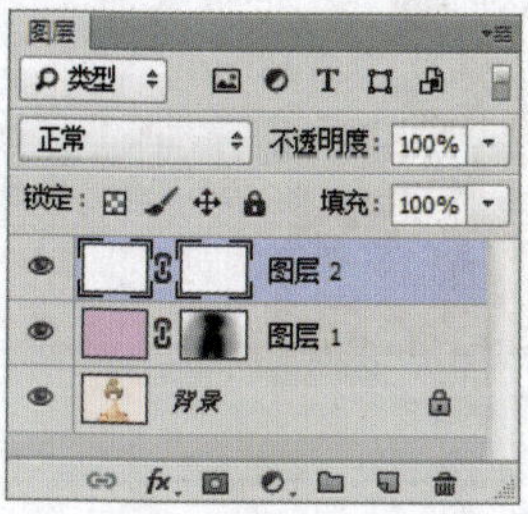

图 9-36　创建矢量蒙版

④ 选择自定形状工具，选择“五角星”形状，在图像上绘制多个路径，如图 9-37 所示。

图 9-37　绘制路径

⑤ 打开“素材\项目 9\蓝色.jpg”文件，将其拖入卡通文档窗口中。按【Ctrl+T】组合键调出变换框，调整图像大小，如图 9-38 所示。

图 9-38　拖入并调整素材图像

⑥ 按【Ctrl+Alt+G】组合键创建剪贴蒙版，即可得到最终效果，如图 9-39 所示。

图 9-39　创建剪贴蒙版

项目 10　通道的编辑与应用

项目概述

通道是 Photoshop 应用中十分重要的技术，业内人称“通道是核心，蒙版是灵魂”，足以说明通道在 Photoshop 中的重要地位。本项目将讲述通道的应用方法和技巧。

项目目标

- 掌握颜色通道、Alpha 通道的应用。
- 掌握分离与合并通道的方法。
- 掌握“应用图像”命令、“计算”命令的应用方法。

素质目标

- 培养学生分析问题、解决问题，提升思政素养。
- 培养学生动手操作能力，促进学生自主学习和提高创新的能力。

任务 1　颜色通道的应用

任务概述

在 Photoshop 中，通道是用于保存图像颜色和选区信息的重要功能之一。颜色通道对于图像色彩的编辑具有重要的意义。本任务主要介绍“通道”面板的功能与分类、颜色通道的分类，以及如何使用颜色通道进行图像处理。

任务重点与实施

10.1.1　“通道”面板

“通道”面板是创建和编辑通道的主要场所，单击“窗口”|“通道”命令，即可调出“通道”面板，如图 10-1 所示。其中，各选项的含义如下。

图 10-1　“通道”面板

- **眼睛图标**：用于控制各通道的显示和隐藏。
- **缩览图**：用于预览各通道中的内容。
- **通道组合键**：各通道右侧显示的专色通道组合键用于快速选择所需的通道。
- **将通道作为选区载入**：单击该按钮，可以将选择的通道作为选区载入。
- **将选储为通道**：单击该按钮，可以将图像中创建的选区存储为通道。
- **创建新通道**：单击该按钮，可以新建一个 Alpha 通道。
- **删除当前通道**：单击该按钮，可以删除当前选择的通道。

1．通道的分类

通道作为图像的组成部分，与图像的格式是密不可分的。图像颜色、格式的不同决定了通道的数量和模式，在“通道”面板中可以直观地看到。

在 Photoshop 中，涉及的通道主要有如下几种。

（1）复合通道。复合通道不包含任何信息，实际上它只是同时预览并编辑所有颜色通道的一个快捷方式。它通常被用于在单独编辑完一个或多个颜色通道后，使“通道”面板返回到它的默认状态。对于不同模式的图像，其通道的数量是不一样的。

在 Photoshop 中，通道一般涉及 3 个模式：对于 RGB 模式的图像，有 RGB、R、G、B 4 个通道；对于 CMYK 模式的图像，有 CMYK、C、M、Y、K 5 个通道；对于 Lab 模式的图像，有 Lab、L、a、b 4 个通道。

（2）颜色通道。当在 Photoshop 中编辑图像时，实际上就是在编辑颜色通道。这些通道把图像分解成一个或多个色彩成分，图像的模式决定了颜色通道的数量。RGB 模式有 3 个颜色通道，CMYK 模式有 4 个颜色通道，灰度图只有一个颜色通道，它们包含了所有将被打印或显示的颜色。

（3）Alpha 通道。Alpha 通道是计算机图形学中的术语，指的是特别的通道，意思是“非彩色”通道，主要用来保存选区和编辑选区。

通常情况下，单独创建的新通道就是 Alpha 通道，这个通道并不存储图像的色彩，而是将选择域作为 8 位灰度图像存放并被加入到图像的颜色通道中。因而 Alpha 通道的内容代表的不是图像的颜色，而是选择区域，其中的白色表示完全选取区域，黑色为非选取区域，不同层次的灰度代表不同的选取百分率，最多可有 256 级灰阶。

对 Alpha 通道内容的操作即是创建、存储、修改所需要的选取区域，例如，在目标图层上载入该选区（即运用该 Alpha 通道），便可实现任意层次的选取。通过多个 Alpha 通道之间的计算或 Alpha 通道与图层的合成，便能产生许多特殊的效果。

（4）专色通道。专色通道用来给图片添加专色，丰富图像信息，主要用于印刷方面，如烫金、烫银等专色。专色通道可以保存专色信息——即可作为一个专色版应用到图像和印刷当中，这是它区别于 Alpha 通道的明显之处。同时，专色通道具有 Alpha 通道的一切特点：保存选区信息、透明度信息等。每个专色通道以灰度图形式存储相应的专色信息。

2．颜色通道的分类

颜色通道用于保存图像颜色的基本信息，每个图像都有一个或多个颜色通道，图像中默认的颜色通道数取决于其颜色模式。

每个颜色通道都存放着图像中某种颜色的信息，所有颜色通道中的颜色叠加混合即产生图像中像素的颜色。以 RGB 图像为例，其默认有 3 个颜色通道，以及一个用户编辑图像的复合通道，如图 10-2 所示。

图 10-2　RGB 颜色通道

当 R、G、B 颜色通道合成在一起时，才会得到色彩最真实的图像。如果图像缺少了某一个颜色通道，则合成的图像就会偏色。

图 10-3 所示为隐藏蓝色通道，仅红色和绿色叠加的效果。

图 10-4 所示为隐藏绿色通道，仅红色和蓝色叠加的效果。

图 10-3　隐藏蓝色通道

图 10-4　隐藏绿色通道

图 10-5 所示为隐藏红色通道，仅绿色和蓝色叠加的效果。当仅显示“通道”面板中的一个通道时，看到的是灰色图像，如图 10-6 所示。这是在 Photoshop 中做了不同设置的缘故。

图 10-5　隐藏红色通道

图 10-6　只显示一个通道

单击“编辑”|“首选项”|“界面”命令，在弹出的“首选项”对话框中选中“用彩色显示通道”复选框，单击“确定”按钮，如图 10-7 所示。此时，即可看到图像以彩色显示，如图 10-8 所示。

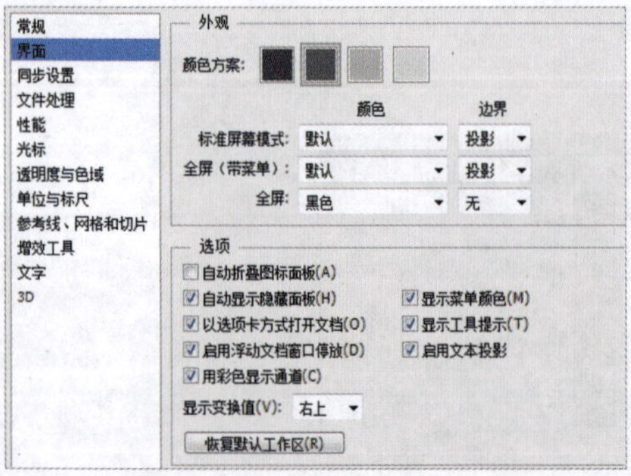

图 10-7 “首选项”对话框

图 10-8 用彩色显示通道

Lab 模式则由“明度”、a、b 3 个通道组成，但与 RGB 模式不同的是，它把颜色分配到 a、b 两个通道，“明度”则由黑白灰组成。a 通道管理着洋红与绿色，而 b 通道则管理着黄色与蓝色。图 10-9 所示为一幅 Lab 模式的图像和其 3 个通道都显示的效果。

图 10-9 Lab 模式

图 10-10 所示为隐藏 b 通道，仅“明度”通道和 a 通道叠加的效果。

图 10-11 所示为隐藏 a 通道，仅“明度”通道和 b 通道叠加的效果。

图 10 10 隐藏 b 通道

图 10-11 隐藏 a 通道

10.1.2　运用颜色通道调出唯美色调

下面将通过编辑颜色通道来制作具有唯美色调的图像效果，具体操作方法如下。

Step 01　单击“文件”|“打开”命令，打开“素材\项目 10\唯美色调.jpg”文件，如图 10-12 所示。

图 10-12　打开素材文件

Step 02　单击“图像”|“模式”|“Lab 颜色”命令，将图像转换为 Lab 模式，如图 10-13 所示。

Step 03　在“通道”面板中选择 a 通道，按【Ctrl+A】组合键全选图像，按【Ctrl+C】组合键复制图像，如图 10-14 所示。

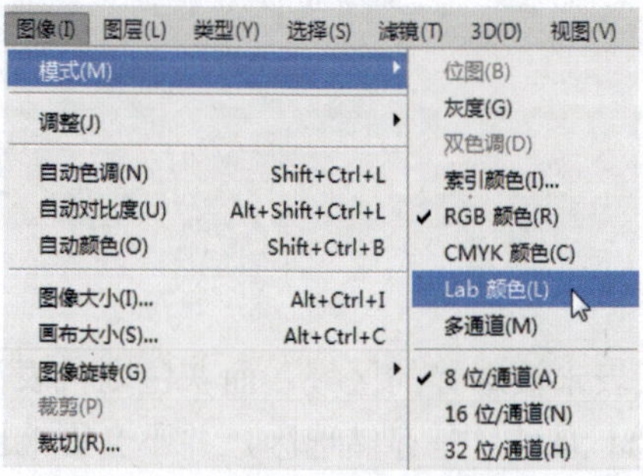

图 10-13　选择“Lab 颜色”命令

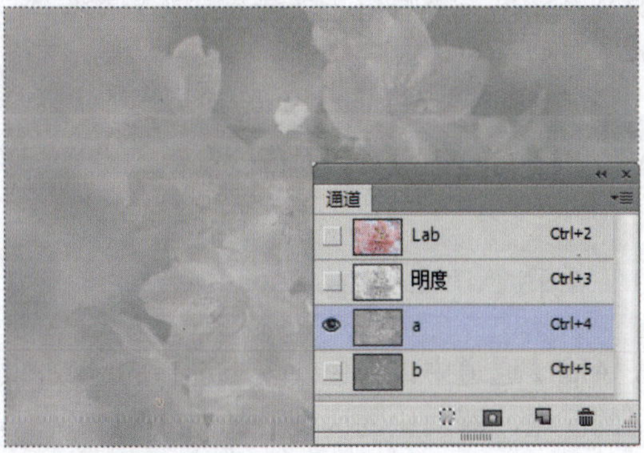

图 10-14　选择 a 通道

Step 04　选择 b 通道，按【Ctrl+V】组合键粘贴图像，按【Ctrl+D】组合键取消选区，如图 10-15 所示。

图 10-15　选择 b 通道

Step 05 按【Ctrl+2】组合键显示 Lab 通道，即可得到调整后的图像效果，如图 10-16 所示。

图 10-16　显示 Lab 通道

任务 2　Alpha 通道的编辑与应用

任务概述

通过 Alpha 通道可以将选区存储为灰度图像，在 Photoshop 中经常使用 Alpha 通道来创建和存储蒙版，这些蒙版用于处理和保护图像的某些特定区域。本任务主要介绍 Alpha 通道为图像创建选区的方法。

任务重点与实施

10.2.1　编辑 Alpha 通道

在 Alpha 通道中，白色代表被选择的区域，黑色代表未被选择的区域，而灰色则代表被部分选择的区域，即羽化的区域，如图 10-17 所示。Alpha 通道只是存储选区，并不会影响图像的颜色。

图 10-17　Alpha 通道

单击“通道”面板中的“创建新通道”按钮，即可新建一个 Alpha 通道。如当前文档中创建了选区，则单击“将选区存储为通道”按钮，可以将选区保存为 Alpha 通道，如图 10-18 所示。

图 10-18　将选区保存为 Alpha 通道

在“通道”面板中，在按住【Ctrl】键的同时单击某个通道，可以将该通道作为选区载入。选择某个通道后，单击“将通道作为选区载入”按钮，也可以载入选区。

10.2.2　运用 Alpha 通道抠取人物

使用 Alpha 通道创建选区的功能非常强大，尤其是在选择人物凌乱的发丝时更是技高一筹。下面将通过实例介绍如何使用通道抠取人物，具体操作方法如下。

Step 01 单击“文件”|“打开”命令，打开“素材\项目十\抠图.jpg”文件，如图 10-19 所示。

Step 02 打开“通道”面板，“绿”通道的反差效果最明显，所以选择“绿”通道，将其拖到“创建新通道”按钮上，得到“绿 拷贝”通道，如图 10-20 所示。

图 10-19　打开素材文件

图 10-20　复制通道

Step 03 按【Ctrl+2】组合键显示 RGB 通道，返回“图层”面板。选择钢笔工具，对人物及其头发主体绘制路径，如图 10-21 所示。

Step 04 按【Ctrl+Enter】组合键，将路径转换为选区。按【Shift+F6】组合键，弹出对话框，设置“羽化半径”为 5 像素，单击“确定”按钮，如图 10-22 所示。

Step 05 选择“绿 拷贝”通道，设置背景色为黑色，按【Alt+Delete】组合键进行填充，按【Ctrl+D】组合键取消选区，如图 10-23 所示。

Step 06 按【Ctrl+L】组合键，弹出“色阶”对话框。设置各项参数，增加“绿 拷贝”通道中的对比度，单击“确定”按钮，如图 10-24 所示。

图 10-21 绘制路径

图 10-22 羽化选区

图 10-23 填充选区

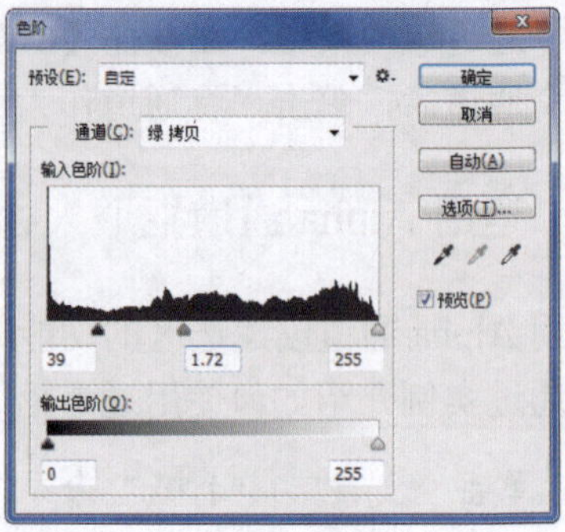

图 10-24 “色阶”对话框

Step 07 单击“图像”|“调整”|“亮度/对比度”命令，在弹出的对话框中设置各项参数，单击“确定”按钮。选择画笔工具，将背景部分涂抹为白色，如图 10-25 所示。

Step 08 在“通道”面板中复制“绿 拷贝”通道，按【Ctrl+I】组合键，将“绿 拷贝”通道图像进行反相，如图 10-26 所示。

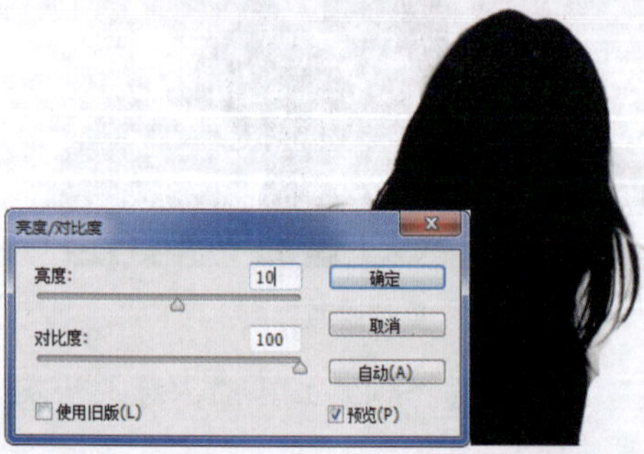

图 10-25 调整亮度/对比度

图 10-26 复制通道并反相

Step 09 按【Ctrl+M】组合键，弹出“曲线”对话框，设置“输入”数值为 169，然后单击“确定”按钮，如图 10-27 所示。

Step 10 按住【Ctrl】键的同时单击“绿 拷贝”通道，载入选区。按【Ctrl+Shift+I】组合键反选选区，显示 RGB 通道。返回“图层”面板，按【Ctrl+J】组合键得到“图层 1”。同样，载入“绿 拷贝 2”通道的选区。隐藏“背景”图层，即可看到最终效果，如图 10-28 所示。

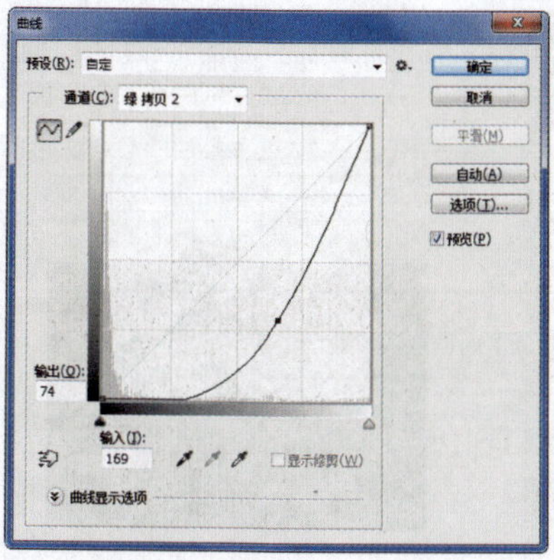

图 10-27 “曲线”对话框

图 10-28 选取图像效果

任务 3　通道的分离与合并

任务概述

在 Photoshop 中，分离与合并通道可以制作出非常奇特的图像效果，是常用的创作手法之一。本任务主要介绍通过分离与合并通道制作特殊图像效果的方法。

任务重点与实施

10.3.1　分离与合并通道

单击“通道”面板右上角的按钮，在弹出的下拉菜单中选择“分离通道”选项，可以将各个通道分离成单独的灰度文件，如图 10-29 所示。

图 10-29 分离通道

图 10-30 所示为将 RGB 颜色模式的图像分离成 3 个独立的文件，分离的通道中分别存储了各自的颜色信息。

分离出的 R 图像　　　　分离出的 G 图像　　　　分离出的 B 图像

图 10-30　分离出的图像

在分离出的通道文件中，单击“通道”面板右上角的按钮，在弹出的下拉菜单中选择“合并通道”选项，将弹出如图 10-31 所示的“合并通道”对话框，可以在其中设置颜色模式和通道数量，单击“确定”按钮。

此时，将弹出“合并多通道”对话框，可以将分离的通道重新合并为指定颜色模式的图像文件，如图 10-32 所示。

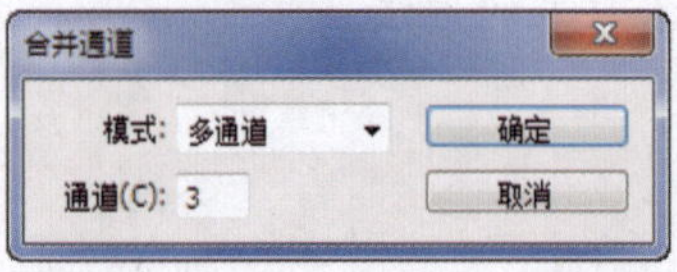

图 10-31　“合并通道”对话框

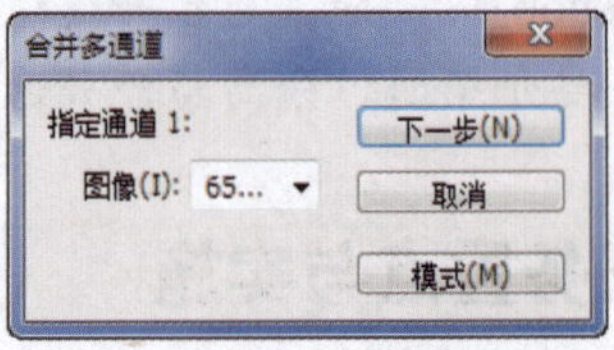

图 10-32　“合并多通道”对话框

10.3.2　运用合并通道制作艺术效果

下面将通过分离和合并通道操作来制作图像的特殊效果，具体操作方法如下。

Step 01　单击“文件”|“打开”命令，打开“素材\项目 10\荷花.jpg”文件，如图 10-33 所示。

Step 02　打开“通道”面板，单击按钮，选择“分离通道”选项，在窗口中原图像消失，同时出现 3 个单独的灰度图像，如图 10-34 所示。

图 10-33　打开素材文件

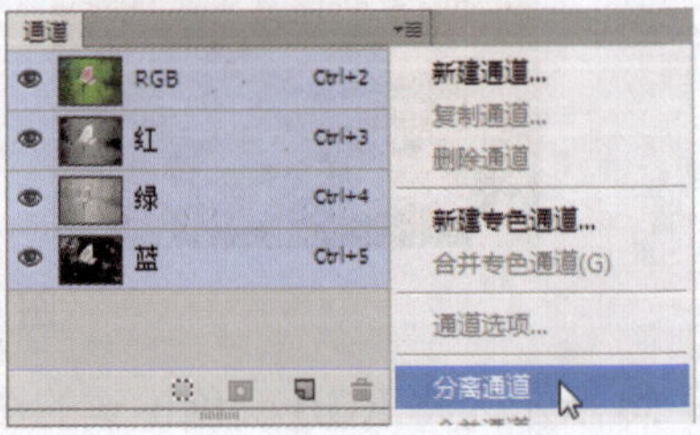

图 10-34　选择“分离通道”选项

Step 03 选择其中的一个图像，单击“通道”面板右上角的按钮，在弹出的下拉菜单中选择“合并通道”选项，如图 10-35 所示。

Step 04 弹出“合并通道”对话框，设置“模式”为 Lab 颜色模式，然后单击“确定”按钮，如图 10-36 所示。

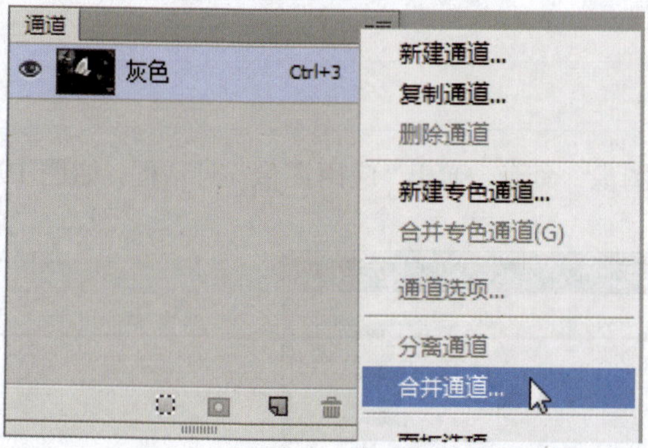

图 10-35　选择“合并通道”选项

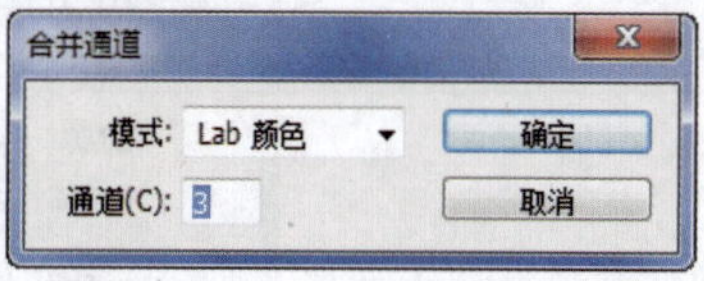

图 10-36　“合并通道”对话框

Step 05 弹出“合并 Lab 通道”对话框，分别指定合并图像的通道位置，然后单击“确定”按钮，如图 10-37 所示。

Step 06 此时查看图像效果，选中的通道合并为指定类型的新图像，如图 10-38 所示。

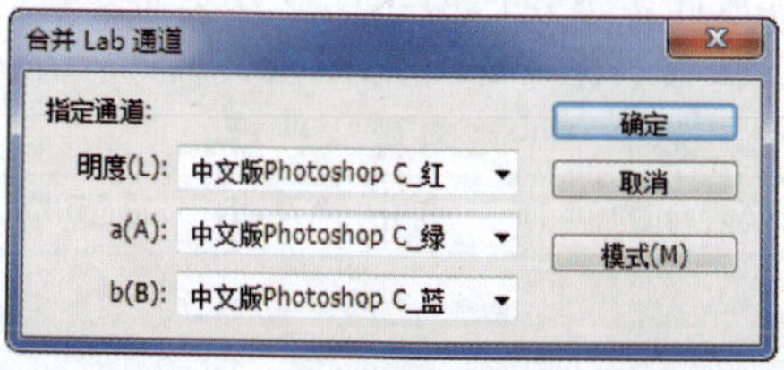

图 10-37　“合并 Lab 通道”对话框

图 10-38　最终效果

任务 4　“应用图像”与“计算”命令的应用

任务概述

使用“应用图像”命令可以将一个图像的图层或通道与现有图像的图层或通道相混合，制作出一些特殊的图像合成效果。“计算”命令的工作原理与“应用图像”命令相同，它可以混合来自一个或多个源图像的单个通道。应用该命令可以创建新的通道和选区，也可以创建新的黑白图像。本任务主要介绍“应用图像”“计算”命令的应用方法。

任务重点与实施

10.4.1 “应用图像”命令的应用

打开一个图像文件，单击“图像”|“应用图像”命令，弹出“应用图像”对话框，如图 10-39 所示。

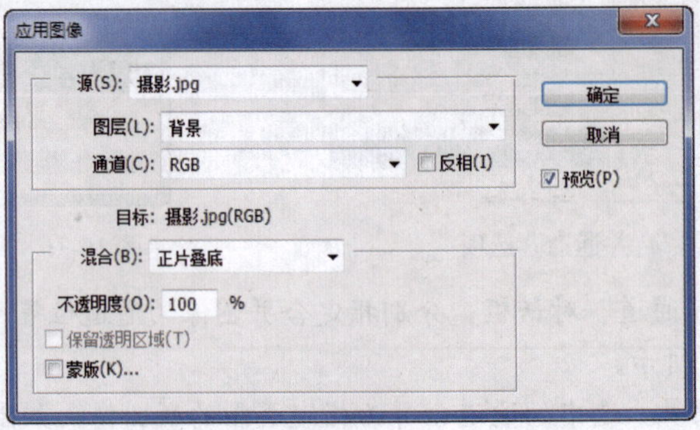

图 10-39 “应用图像”对话框

在该对话框中，“源”是指用于混合的对象，“目标”是指被混合的对象，而“混合”则用于控制源对象与目标对象进行混合的方式。

- **源**：默认设置为当前文件。在该下拉列表框中也可以选择使用其他文件来与当前图像进行混合。选择的文件必须是打开的，且与当前文件具有相同的尺寸和分辨率。
- **图层**：如果源文件中包含多个图层，可以在该下拉列表框中选择源图像文件的一个图层来参与混合。要使用源图像中的所有图层，可以选择“合并图层”选项。
- **通道**：在该下拉列表框中可以选择源文件中参与混合的通道。选中“反相”复选框，可以将通道反相后再进行混合。
- **混合**：在该下拉列表框中可以选择混合的模式。
- **保留透明区域**：选中该复选框，可以将混合效果限定在图像的不透明区域内。
- **蒙版**：选中该复选框，可以扩展对话框，如图 10-40 所示，在其中可以选择包含蒙版的图像和图层。选中“反相”复选框，可以翻转通道的蒙版区域和非蒙版区域。

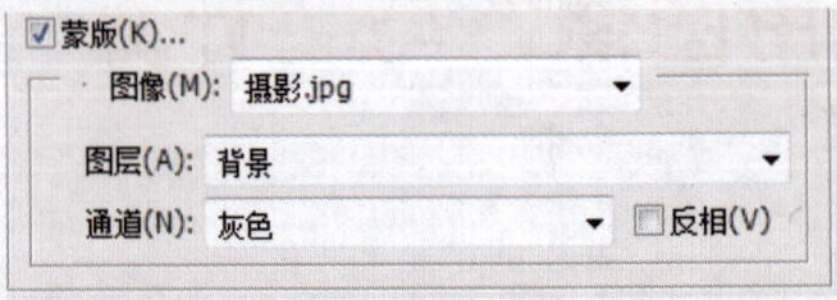

图 10-40 “蒙版”扩展选项

下面通过使用“应用图像”命令来制作数码照片鲜艳的色彩，具体操作方法如下。

Step 01 单击“文件”|“打开”命令，打开“素材\项目 10\鲜艳效果.jpg”文件，如图 10-41 所示。

Step 02 单击“图像”|“模式”|“Lab 颜色”命令，按【Ctrl+2】组合键复制“背景”图层，得到“图层 1”，如图 10-42 所示。

图 10-41　打开素材文件

图 10-42　转换颜色模式

Step 03 在“通道”面板中选择 a 通道，然后单击“图像”|“应用图像”命令，在弹出的对话框中设置各项参数，单击“确定”按钮，如图 10-43 所示。

Step 04 按【Ctrl+2】组合键显示出 Lab 通道，即可得到执行“应用图像”命令后的图像效果，如图 10-44 所示。

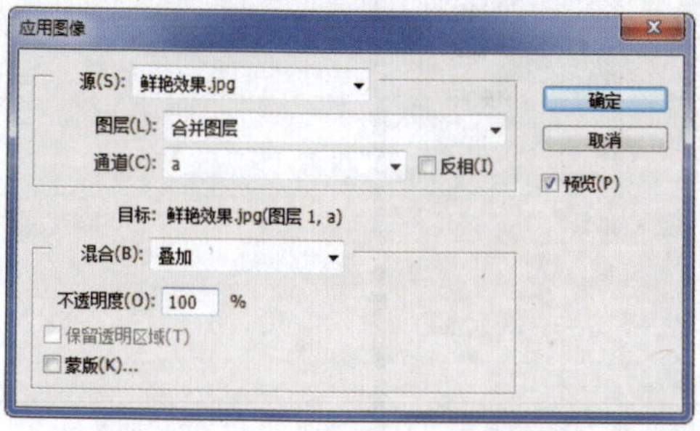

图 10-43　“应用图像”对话框

图 10-44　图像效果

Step 05 在“通道”面板中选择 b 通道，然后单击“图像”|“应用图像”命令，在弹出的对话框中设置各项参数，单击“确定”按钮，如图 10-45 所示。

Step 06 按【Ctrl+2】组合键显示出 Lab 通道，即可得到执行“应用图像”命令后的图像效果，如图 10-46 所示。

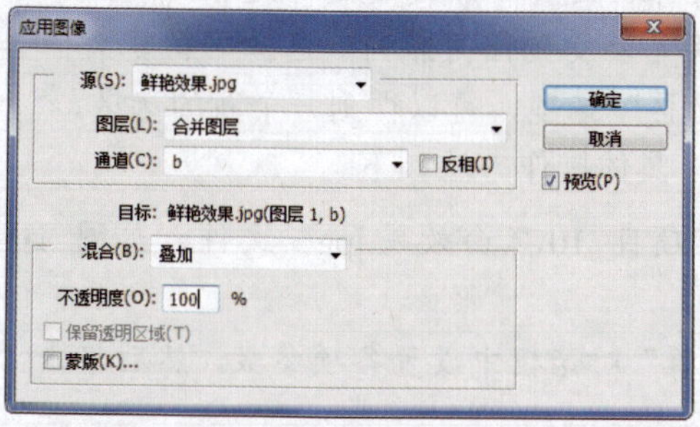

图 10-45　“应用图像”对话框

图 10-46　图像效果

Step 07 单击“图层”面板中的“添加图层蒙版”按钮，然后选择画笔工具，设置前景色为黑色，在人物和狗狗皮肤上进行涂抹，即可得到最终效果，如图 10-47 所示。

图 10-47 应用图层蒙版

10.4.2 “计算”命令的应用

打开一个图像文件，单击“图像”|“计算”命令，弹出“计算”对话框，如图 10-48 所示。

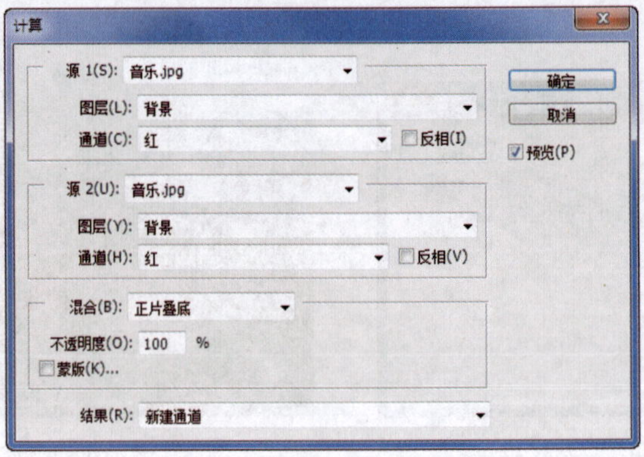

图 10-48 “计算”对话框

在该对话框中，主要选项的含义如下。

- **源 1**：用于选择第一个源图像、图层和通道。
- **源 2**：用于选择第二个源图像、图层和通道。该文件必须是打开的，且与“源 1”的图像具有相同的尺寸和分辨率。
- **结果**：在该下拉列表框中可以选择计算的结果。选择“新建通道”选项，计算结果将应用到新的通道中，参与混合的两个通道将不会受到任何影响；选择“新建文档”选项，可以得到一个新的黑白图像；选择“选区”选项，可以得到一个新的选区。

下面将使用“计算”命令来制作黑白图像效果，具体操作方法如下。

Step 01 单击“文件”|“打开”命令，打开“素材\项目 10\黑白效果.jpg”文件，如图 10-49 所示。

Step 02 单击“图像”|“计算”命令，在弹出的“计算”对话框中设置各项参数，然后单击“确定”按钮，如图 10-50 所示。

图 10-49　打开素材文件

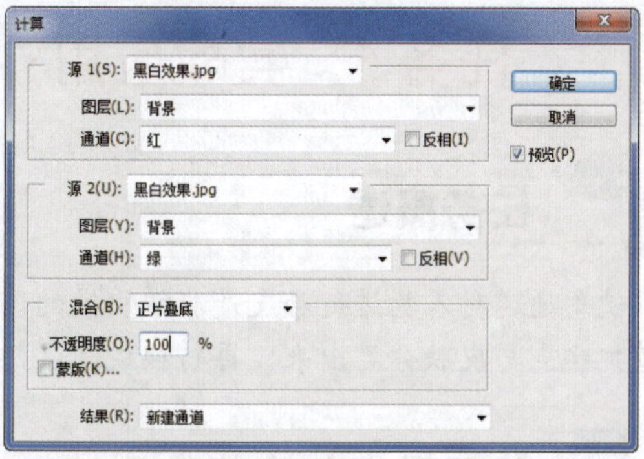

图 10-50　“计算”对话框

Step 03　此时，即可得到黑白效果的图像。在“通道”面板中选择新建的 Alpha 1 通道，如图 10-51 所示。

Step 04　单击“图像”|“模式”|“灰度”命令，在弹出的提示信息框中单击“确定”按钮，如图 10-52 所示。

图 10-51　选择 Alpha 1 通道

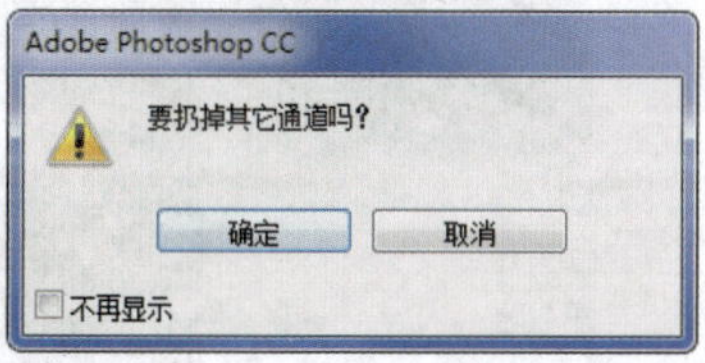

图 10-52　确认扔掉其他通道

Step 05　单击“图像”|“调整”|“色阶”命令，在弹出的“色阶”对话框中设置各项参数，单击“确定”按钮，如图 10-53 所示。

Step 06　此时，即可得到调整色阶后的最终图像效果，如图 10-54 所示。

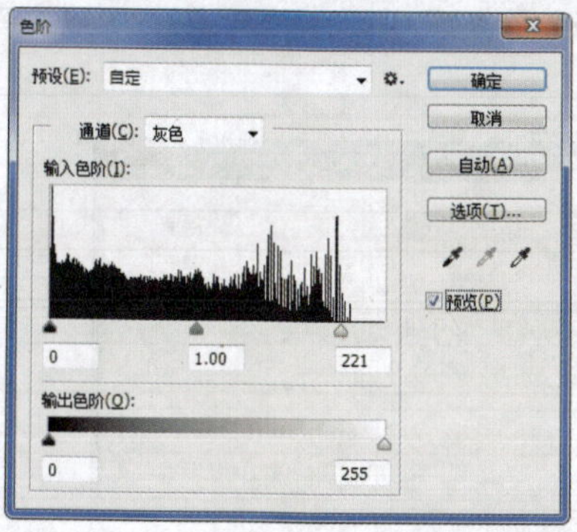

图 10-53　“色阶”对话框

图 10-54　最终效果

任务 5　实战应用：利用通道给人物磨皮

任务概述

使用通道对人物进行磨皮是非常快捷的，同时也可以保留皮肤原有的细节。本任务将使用通道把斑点与皮肤分离出来，再转换成选区，然后用曲线调色工具将图像调亮。

任务重点与实施

下面将利用通道给人物进行磨皮，制作出光滑的皮肤效果，具体操作方法如下。

Step 01 打开“素材\项目 10\磨皮.jpg”文件，在“通道”面板中选择“蓝”通道，将其拖到“创建新通道”按钮上，得到“蓝 拷贝”通道，如图 10-55 所示。

Step 02 单击“滤镜”|“其他”|“高反差保留”命令，在弹出的对话框中设置“半径”为 10 像素，然后单击“确定”按钮，如图 10-56 所示。

图 10-55　复制通道

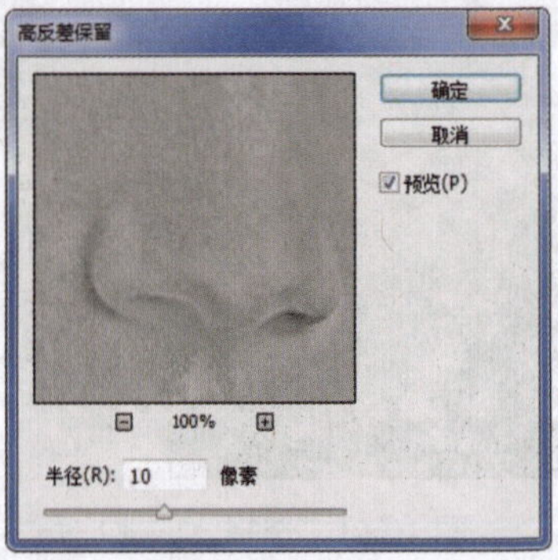

图 10-56　“高反差保留”对话框

Step 03 单击“滤镜”|“其他”|“最小值”命令，在弹出的对话框中设置“半径”为 1 像素，然后单击“确定”按钮，如图 10-57 所示。

Step 04 单击“图像”|“计算”命令，在弹出的对话框中设置各项参数，然后单击“确定”按钮，如图 10-58 所示。

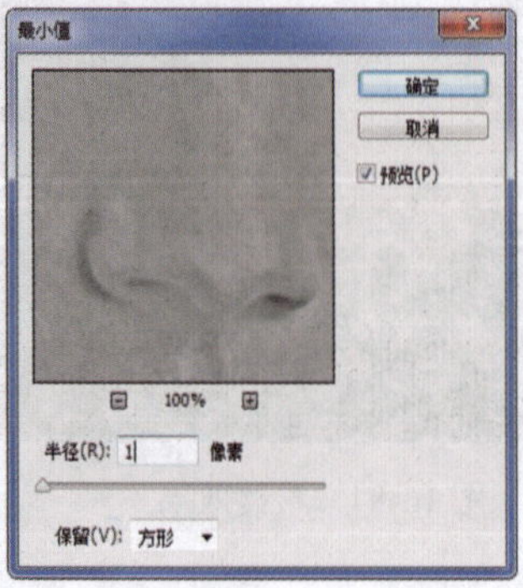

图 10-57　“最小值”对话框

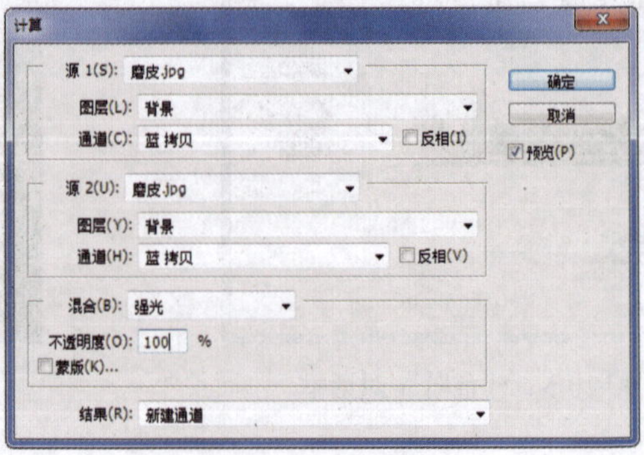

图 10-58　“计算”对话框

Step 05　此时，即可得到执行“计算”命令后的图像效果，如图 10-59 所示。

Step 06　采用同样的参数再执行两次“计算”命令，然后查看图像效果，如图 10-60 所示。

图 10-59　执行“计算”命令后效果

图 10-60　再执行两次“计算”命令后效果

Step 07　单击“将通道作为选区载入”按钮，将创建的 Alpha 3 通道作为选区载入，如图 10-61 所示。

Step 08　单击“选择”|“反向”命令，将创建的选区进行反选，然后按【Ctrl+2】组合键选择 RGB 通道，如图 10-62 所示。

图 10-61　将通道作为选区载入

图 10-62　反选选区

Step 09　在“图层”面板中单击“创建新的填充或调整图层”按钮，选择“曲线”选项，在弹出的面板中调整曲线，如图 10-63 所示。

Step 10　按【Ctrl+Shift+Alt+E】组合键，盖印可见图层。选择加深工具，对人物的头发、眼睛、眉毛和嘴唇进行加深处理，即可得到具有立体感的图像效果，如图 10-64 所示。

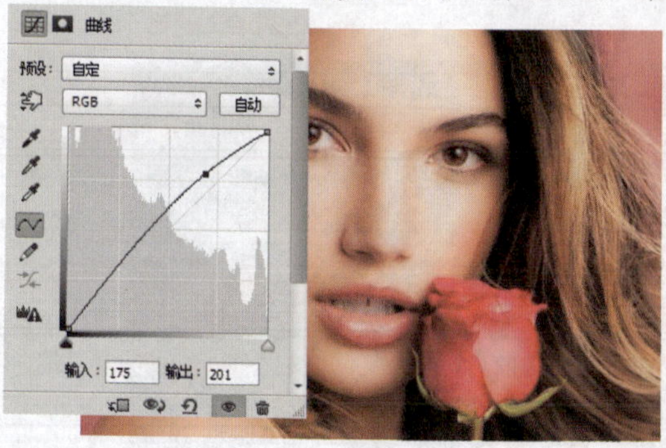

图 10-63　调整曲线

图 10-64　处理图像细节

项目小结

本项目主要讲述了在 Photoshop 中通道的编辑与应用方法。首先介绍了颜色通道的应用，主要包括“通道”面板、运用颜色通道调出唯美色调；其次介绍了 Alpha 通道的编辑与应用。主要包括编辑 Alpha 通道、运用 Alpha 通道抠取人物；再次介绍了通道的分离与合并、“应用图像”“计算”命令的应用；最后介绍了利用通道给人物磨皮的实战应用。通过本章的学习，读者应掌握通道的核心技能，制作出更加精彩的平面设计作品。

项目习题 10

下面运用本项目所学的知识，在素材图像中通过分离与合并通道制作出特殊效果，再使用“应用图像”和“计算”命令选取图像，最后反选选区并去色的方法，练习制作艺术插画效果。

操作提示：

① 打开“素材\项目十\插画.jpg”文件，打开“通道”面板，单击☰按钮，选择“分离通道”选项，如图 10-65 所示。

② 选择其中的一个图像，单击☰按钮，选择“合并通道”选项，在弹出的对话框中设置参数，然后单击“确定”按钮，如图 10-66 所示。

图 10-65　选择“分离通道”选项

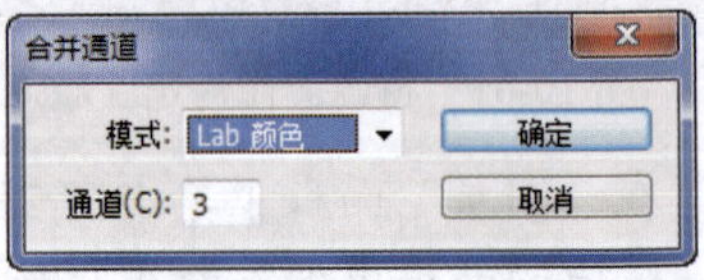

图 10-66　“合并通道”对话框

③ 在弹出的“合并 Lab 通道”对话框中使用默认设置，单击“确定”按钮，如图 10-67 所示。

图 10-67　“合并 Lab 通道”对话框

④ 单击“图像”|“应用图像”命令，在弹出的对话框中设置各项参数，然后单击“确定”按钮，如图 10-68 所示。

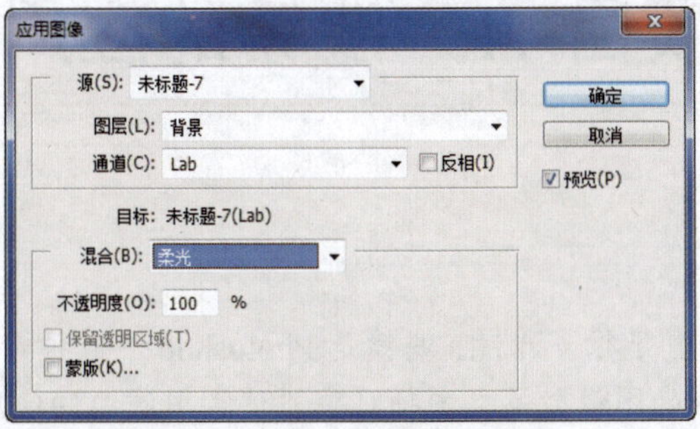

图 10-68 “应用图像”对话框

⑤ 单击“图像”|“计算”命令，在弹出的“计算”对话框中设置各项参数，然后单击“确定”按钮，如图 10-69 所示。

⑥ 按【Shift+Ctrl+I】组合键反选选区，单击“图像”|“调整”|“去色”命令，即可得到最终的艺术插画图像效果，如图 10-70 所示。

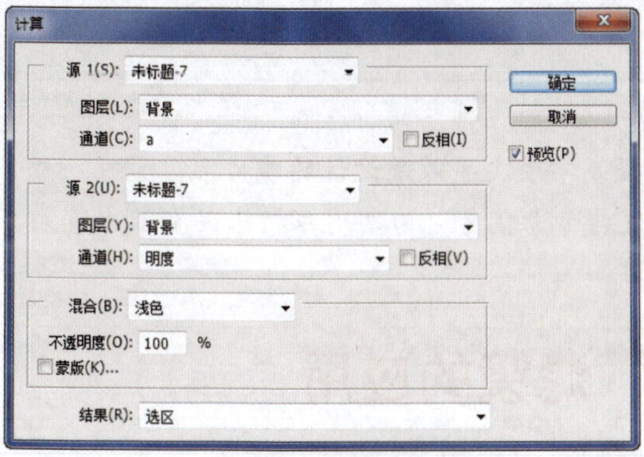

图 10-69 “计算”对话框

图 10-70 艺术插画图像效果

项目 11　滤镜的应用

项目概述

在 Photoshop 中内置了很多滤镜。滤镜是 Photoshop 中最神奇的功能之一，利用它可以创作出许多意想不到的图像效果。本项目将讲述常用滤镜的使用方法和技巧。

项目目标

➢ 掌握“液化”滤镜、“防抖”滤镜的应用方法。
➢ 了解 Camera Raw 滤镜和其他常用滤镜的应用方法。

素质目标

➢ 引导学生树立正确的社会责任观念，提高学生文字效果设计的能力。
➢ 增强学生乡村振兴的意识和责任感，发挥专业优势，为实现乡村振兴贡献力量。

任务 1　“液化”滤镜的应用

任务概述

滤镜是 Photoshop 的一大特色，使用滤镜可以快速地制作一些特殊效果，如风格化效果、模糊效果、扭曲效果、光晕效果、杂色效果等。使用“液化”滤镜可以对图像进行任意扭曲，还可以定义扭曲的范围和强度。本任务主要介绍“液化”滤镜应用的方法。

任务重点与实施

11.1.1　滤镜与滤镜库

1．滤镜

滤镜原本是一种摄影器材，摄像师将它们安装在照相机的前面来改变照片的拍摄方式，可以影响色彩或者产生特殊的拍摄效果。Photoshop 中的滤镜是一种插件模块，它们能够操纵图像中的像素。位图（如照片、图像素材等）是由像素构成的，每一个像素都有自己的位置和颜色值，滤镜就是通过改变像素的位置或颜色来生成各种特殊效果的。

在 Photoshop 中，滤镜主要分为两部分：一部分是 Photoshop 的内置滤镜；另一部分是第三方开发的外挂滤镜。内置滤镜是指 Photoshop 程序自带的滤镜，外挂滤镜是指由第三方厂商为 Photoshop 所生产的滤镜。外挂滤镜不但数量庞大，种类繁多，功能强大，且版本和种类都在不断地升级和更新。用户可以选择使用不同的滤镜，轻松地创作各种艺术效果。

滤镜主要是用来实现图像的各种特殊效果，在 Photoshop 中具有非常神奇的作用。所有的滤镜都按分类放置在菜单中，使用时只需从菜单中执行相应的命令即可。滤镜的操作非常简单，真正用起来却很难恰到好处，通常需要与通道、图层等结合使用才能获得最佳的艺术效果。

2．滤镜库

使用滤镜库可以使滤镜的浏览、选择和应用变得直观和简单。滤镜库中包含了大部分比较常用的滤镜，可以在同一个对话框中完成添加多个滤镜操作。

单击“滤镜”|“滤镜库”命令，可以打开“滤镜库”对话框，如图 11-1 所示。

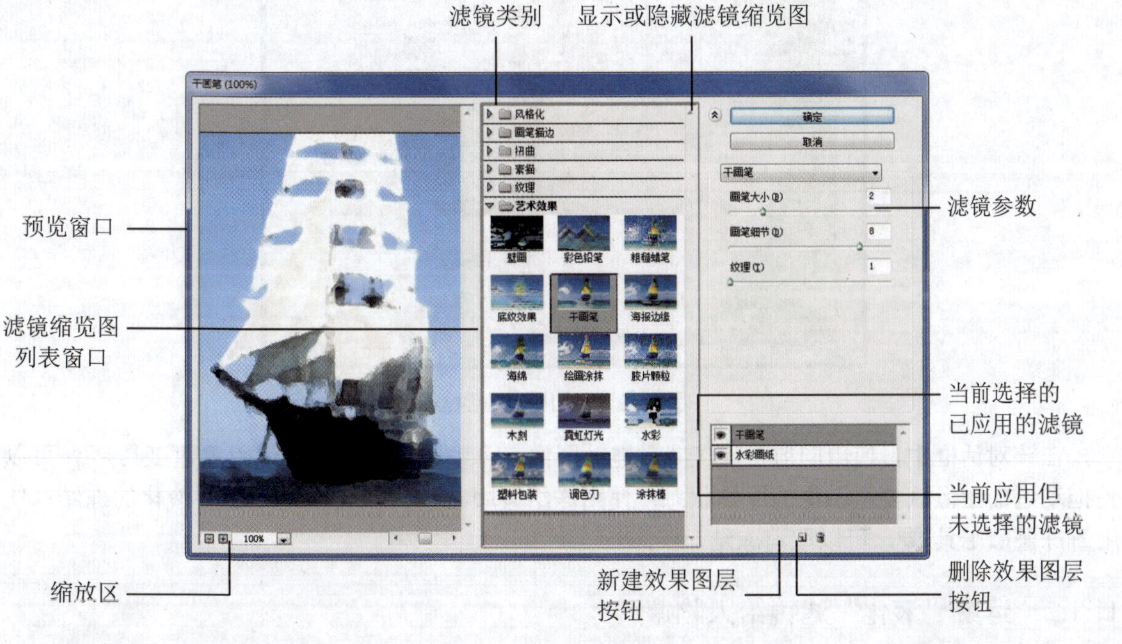

图 11-1　“滤镜库”对话框

其中，各选项的功能如下。

➢ **预览窗口**：用于预览所使用的滤镜效果。
➢ **滤镜缩览图列表窗口**：以缩略图的形式列出了一些常用的滤镜。
➢ **缩放区**：可以缩放预览窗口中的图像。
➢ **显示/隐藏滤镜缩览图按钮**：单击该按钮，对话框中的滤镜缩览图列表窗口会隐藏，以使图像预览窗口扩大，从而可以更方便地观察图像；再次单击该按钮，滤镜缩览图列表窗口就会再次显示出来。
➢ ：在该下拉列表框中，以列表形式显示了滤镜缩览图窗口中的所有滤镜。

- **滤镜参数**：当选择不同的参数时，该位置就会显示出相应的滤镜参数，以供用户进行设置。
- **应用到图像上的滤镜**：在其中按照先后顺序列出了当前所有应用到图像上的滤镜列表。选择其中的某个滤镜，可以对其参数进行修改，或单击其左侧的眼睛图标，隐藏该滤镜效果。
- **“新建效果图层”按钮**：单击该按钮，可以添加新的滤镜。
- **“删除效果图层”按钮**：单击该按钮，可以删除当前选择的滤镜。

3．“液化”滤镜

单击“滤镜”|“液化”命令，可以打开“液化”对话框。该对话框中包含了多个变形工具，可以对图像进行推、拉、膨胀等操作，如图 11-2 所示。

图 11-2 “液化”对话框

在该对话框中，使用向前变形工具拖动图像，可以使图像变形；使用重建工具，可以使拖动过的图像恢复至图像的原始状态；使用冻结蒙版工具，可以将不需要液化的冻结；使用解冻蒙版工具，可以取消冻结。

11.1.2 运用“液化”滤镜给人物瘦脸

下面将使用“液化”滤镜给人物图像进行瘦脸操作，使宽大的脸型瞬间变得俏丽动人，具体操作方法如下。

Step 01 单击“文件”|“打开”命令，打开“瘦脸.jpg”文件，如图 11-3 所示。按【Ctrl+J】组合键，复制“背景”图层。

Step 02 单击“滤镜”|“液化”命令，弹出“液化”对话框。选择缩放工具，将预览窗口中的人物放大，如图 11-4 所示。

Step 03 选择左侧的冻结蒙版工具，在人物的眼睛、鼻子、嘴上进行涂抹，以防止后面的变形操作对其产生影响。如图 11-5 所示。

Step 04 选择左侧向前变形工具，在右侧的“工具选项”选项区中设置各项参数，如图 11-6 所示。

图 11-3　打开素材文件

图 11-4　“液化”对话框

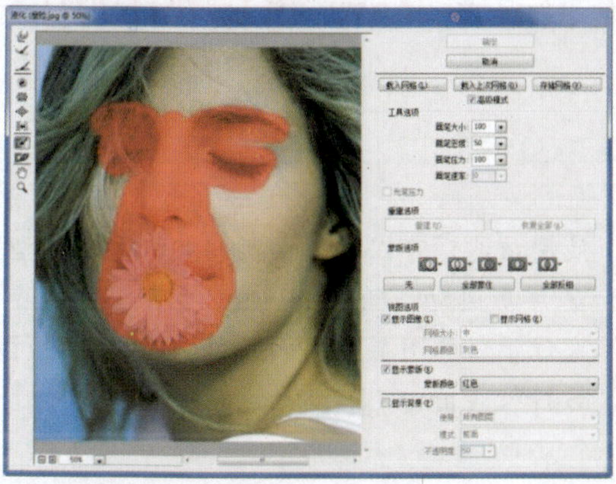

图 11-5　冻结五官局部区域

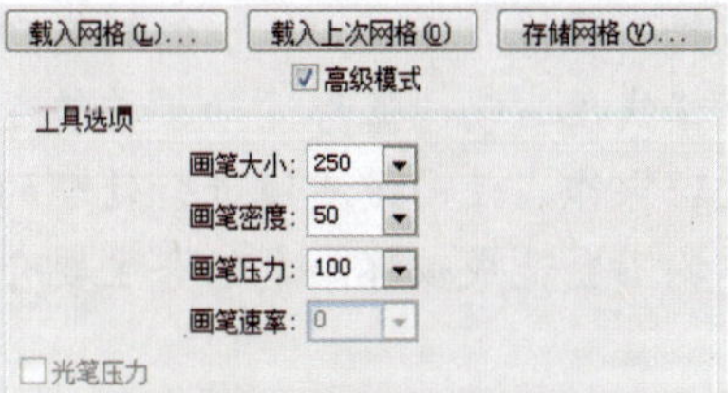

图 11-6　设置工具选项

Step05　移动鼠标指针到人物右脸边缘，利用向前变形工具拖动鼠标进行变形操作，如图 11-7 所示。

Step06　选择左侧的解冻蒙版工具，在冻结的区域涂抹进行解冻，然后单击“确定”按钮，如图 11-8 所示。

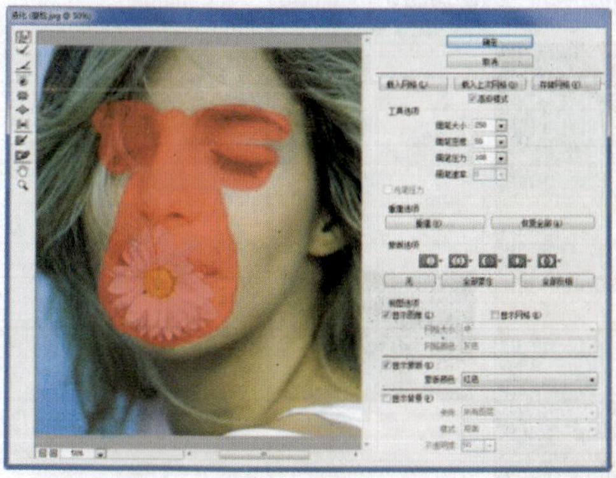

图 11-7　进行变形操作

图 11-8　解冻五官局部区域

Step07　单击“图像”|“调整”|“亮度/对比度”命令，在弹出的对话框中设置各项参数，然后单击“确定”按钮，如图 11-9 所示。

Step08　此时，即可查看人物瘦脸后的最终效果，如图 11-10 所示。

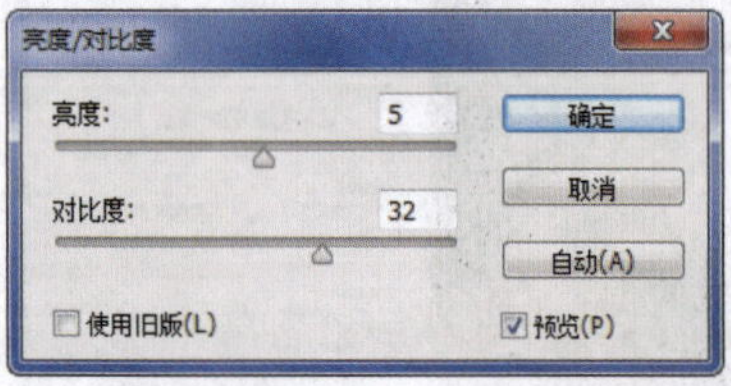

图 11-9 “亮度/对比度”对话框

图 11-10 瘦脸效果

任务 2 “防抖”和 Camera Raw 滤镜的应用

任务概述

“防抖”滤镜是 Photoshop 的新增功能，使用该滤镜可以减少由某些相机运动类型产生的模糊，包括线性运动、弧形运动、旋转运动和 Z 字形运动。Camera Raw 也可以作为滤镜对图像进行处理操作。使用该滤镜进行处理的图像可位于任意图层上，而且对图像类型进行的所有编辑操作均不会造成破坏。本任务主要介绍“防抖”、Camera Raw 滤镜的应用方法。

任务重点与实施

11.2.1 “防抖”滤镜的应用

单击“滤镜”|“锐化”|“防抖”命令，将弹出“防抖”对话框，如图 11-11 所示。

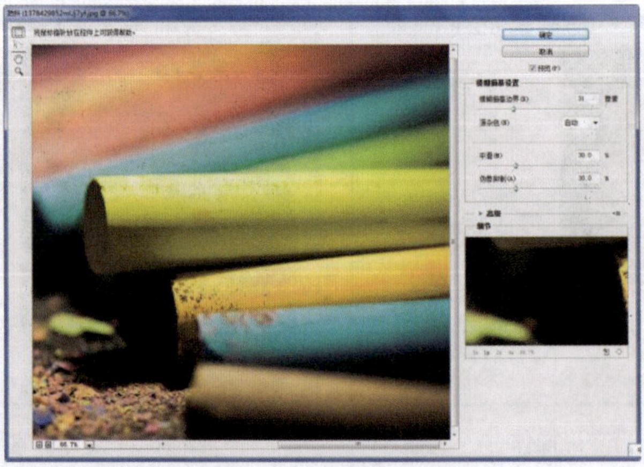

图 11-11 “防抖”对话框

在该对话框中，各选项的作用如下。

➢ **模糊描摹边界**：用于设置模糊描摹的边界大小。

➢ **源杂色**：用于估计图像中的杂色量，根据需要可选择不同的值（自动/低/中/高）。

➢ **平滑**：用于减少高频锐化杂色。

➢ **伪像抑制**：在锐化图像的过程中，可能会观察到一些明显的杂色伪像，此选项用于抑制伪像。

➢ **高级**：模糊描摹设置可以对相机防抖进行进一步微调。

下面通过实例介绍如何使用“防抖”滤镜对模糊的图像进行锐化处理，具体操作方法如下。

Step 01 单击“文件”|“打开”命令，打开“小猫.jpg”文件，如图 11-12 所示。按【Ctrl+J】组合键，复制“背景”图层。

Step 02 单击“滤镜”|“锐化”|“防抖”命令，弹出“防抖”对话框，选择缩放工具，将预览窗口中的图像放大，如图 11-13 所示。

图 11-12　打开素材文件

图 11-13　“防抖”对话框

Step 03 拖动预览窗口中的控制框至合适的位置，在对话框右侧设置各项参数，然后单击“确定”按钮，如图 11-14 所示。

Step 04 此时图像中原来模糊的图像已经变得非常清晰，并添加了锐化效果，如图 11-15 所示。

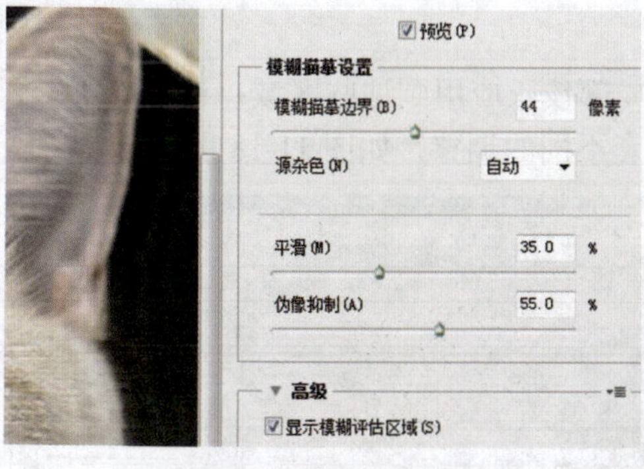

图 11-14　设置滤镜参数

图 11-15　图像锐化效果

11.2.2　Camera Raw 滤镜的应用

单击“滤镜”|“Camera Raw 滤镜”命令，将弹出 Camera Raw 对话框，如图 11-16 所示。

图 11-16　Camera Raw 对话框

1．全新的污点去除工具

污点去除工具的功能与 Photoshop 中的修复画笔工具类似。使用污点去除工具在照片的某个元素上进行涂抹，选择要应用在所选区域上的源区域，该工具会帮助用户完成剩下的工作，如图 11-17 所示。

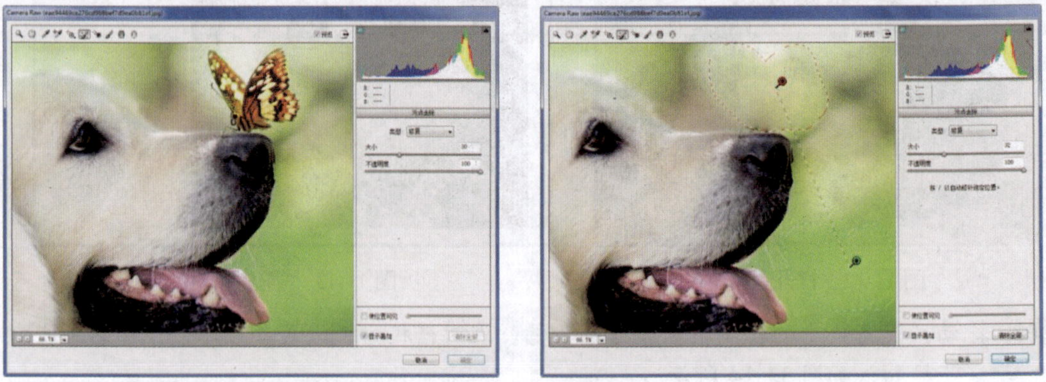

图 11-17　使用污点去除工具

2．全新的径向滤镜工具

径向滤镜工具可以自定义椭圆选框，然后将局部校正应用到这些区域；也可以在一张图像上放置多个径向滤镜，并为每个径向滤镜应用一套不同的调整，如图 11-18 所示。

图 11-18　使用径向滤镜工具

3. 全新的镜头校正工具

Camera Raw 滤镜中的镜头校正工具可以自动校正照片中元素的透视。该功能具有四个设置，可以根据不同的需要进行选择，如图 11-19 所示。

原图像

单击“自动”按钮A

单击“水平”按钮

设置“镜头晕影”

图 11-19　镜头校正工具

任务 3　其他滤镜的应用

任务概述

Photoshop 中常用的滤镜组还包括“风格化”滤镜组、“模糊”滤镜组、“扭曲”滤镜组、“扭曲”滤镜组、“渲染”滤镜组，以及“杂色”滤镜组等。本任务介绍使用这些滤镜制作各种图像效果。

任务重点与实施

11.3.1　“风格化”滤镜组的应用

“风格化”滤镜组中一共包括 9 个滤镜，可以生成各种绘画或印象派的效果。下面将介绍常用的两个风格化滤镜。

1．“查找边缘”滤镜

“查找边缘”滤镜可以自动搜索图像的主要颜色区域，将高反差区域变亮，低反差区域变暗，其他区域则介于两者之间。硬边变为线条，柔边变粗，可以自动形成一个清晰的轮廓，突出图像的边缘。

单击“滤镜”|“风格化”|“查找边缘”命令，会自动将图像区域转换为清晰的轮廓，前后对比效果如图 11-20 所示。

图 11-20　应用“查找边缘”滤镜图像前后对比效果

2．“拼贴”滤镜

“拼贴”滤镜可以将图像分解为瓷砖方块，并使其偏离原来的位置。单击“滤镜”|“风格化”|“拼贴”命令，将弹出“拼贴”对话框。在该对话框中可以设置图像拼贴的数量和间隙，在“填充空白区域用”选项区中设置填充间隙的颜色，如图 11-21 所示。

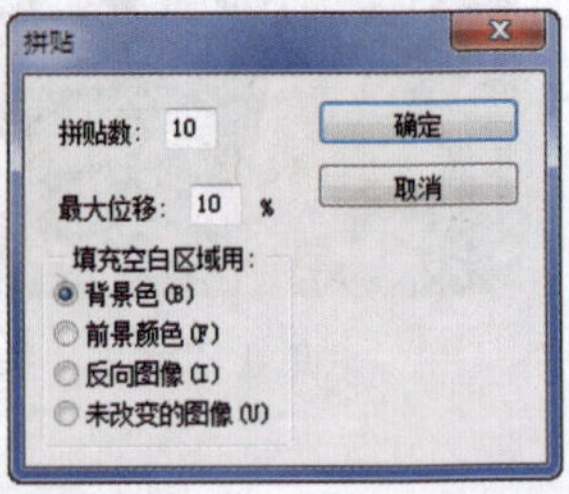

图 11-21　“拼贴”对话框

如图 11-22 所示为使用“拼贴”滤镜制作的图像前后对比效果。

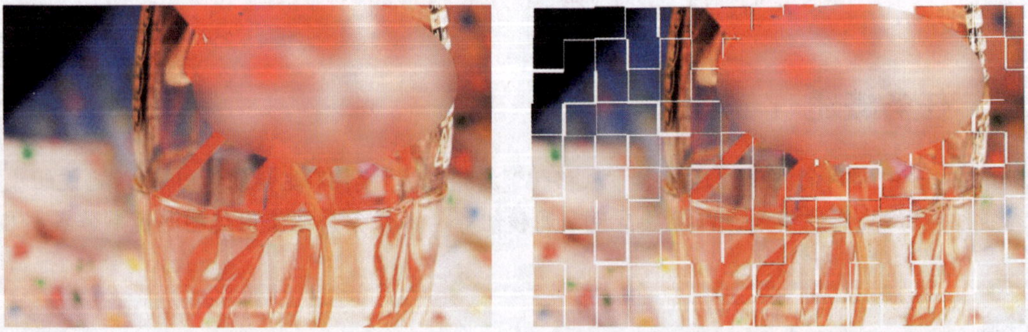

图 11-22　应用“拼贴”滤镜图像前后对比效果

11.3.2　“模糊”滤镜组的应用

“模糊”滤镜组中包含 11 种模糊滤镜，它们可以柔化图像，降低相邻像素之间的对比度，使图像产生柔和、平滑的过渡效果。下面将介绍常用的两个模糊滤镜。

1．“表面模糊”滤镜

“表面模糊”滤镜可以在模糊图像的同时保留图像边缘的清晰度，经常被用于消除人物照片上的杂色和颗粒，也可以对皮肤进行光滑处理。

单击“滤镜”|“模糊”|“表面模糊”命令，将弹出“表面模糊”对话框，如图 11-23 所示。

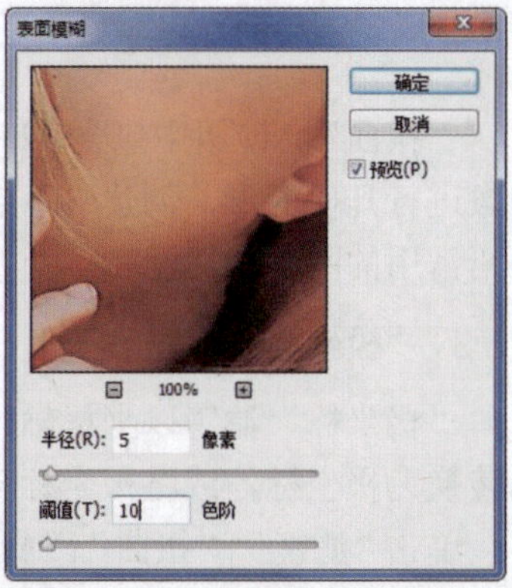

图 11-23　“表面模糊”对话框

在“半径”数值框中可以指定模糊取样区域的大小；“阈值”则可以控制相邻像素色调值与中心像素值相差多大时才能成为模糊的一部分，色调值差小于阈值的像素将不被模糊。

图 11-24 所示为使用“表面模糊”滤镜处理人物图像的前后对比效果。

图 11-24　应用“表面模糊”滤镜图像前后对比效果

2．“径向模糊”滤镜

“径向模糊”滤镜可模拟缩放或旋转的相机所产生的模糊效果。单击“滤镜”|“模糊”|“径向模糊”命令，弹出“径向模糊”对话框。

在该对话框中，“数量”用于设置模糊的强度，数值越大，模糊效果越强烈。“模糊方法”中包括两个选项：如果选中“旋转”单选按钮，将沿同心圆环线模糊图像，然后指定旋转的角度；如果选中“缩放”单选按钮，则沿径向线模糊，产生放射状的图像效果。图 11-25 所示为使用“径向模糊”滤镜处理图像的前后对比效果。

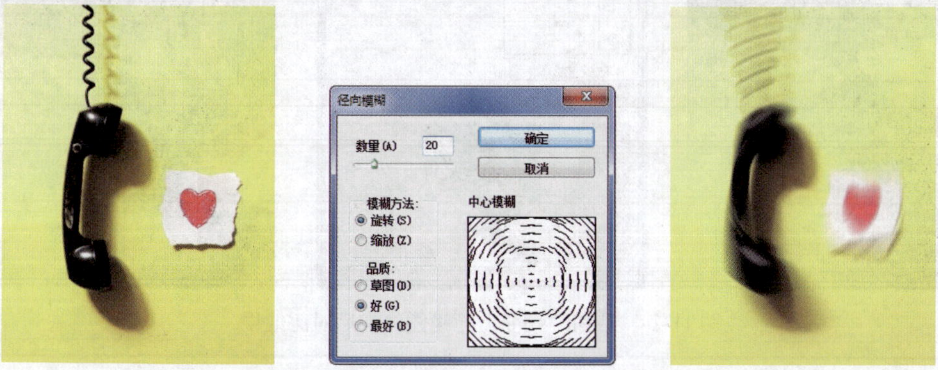

图 11-25　应用“径向模糊”滤镜图像前后对比效果

11.3.3 “扭曲”滤镜组的应用

“扭曲”滤镜组中包含 12 个滤镜，使用它们可以对图像进行几何变形，创建 3D 或其他扭曲效果。下面将介绍常用的两个扭曲滤镜。

1. “极坐标”滤镜

“极坐标”滤镜以坐标轴为基准，将图像从平面坐标转换为极坐标，或将极坐标转换为平面坐标。

单击“滤镜”|“扭曲”|“极坐标”命令，将弹出“极坐标”对话框，如图 11-26 所示。

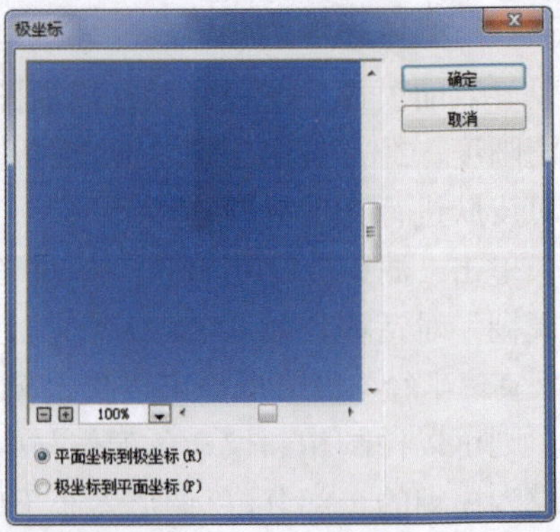

图 11-26 “极坐标”对话框

图 11-27 所示为使用“极坐标”滤镜将平面坐标转换为极坐标的图像前后对比效果。

图 11-27 应用“极坐标”滤镜图像前后对比效果

2. “切变”滤镜

“切变”滤镜可以通过调整曲线使图像产生扭曲效果。单击“滤镜”|“扭曲”|“切变”命令，弹出“切变”对话框。图 11-28 所示为使用“切变”滤镜前后的图像对比效果。

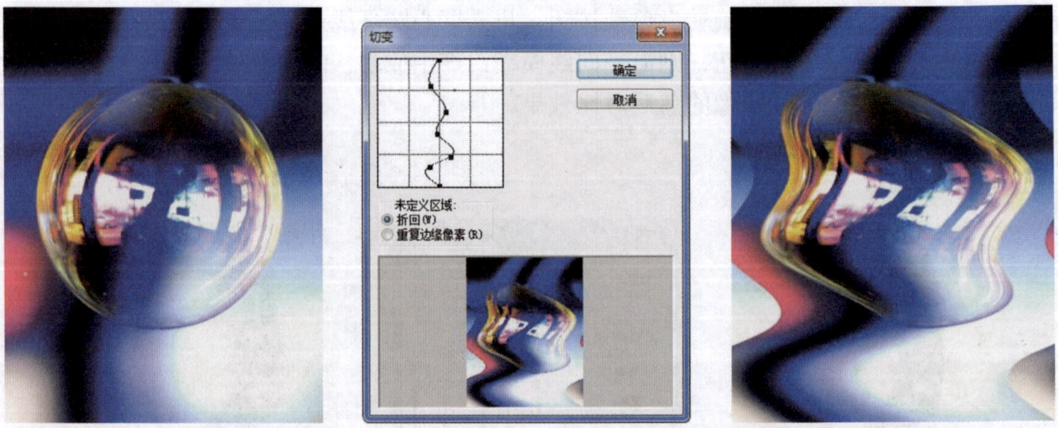

图 11-28 应用“切变”滤镜图像前后对比效果

11.3.4　“渲染”滤镜组的应用

“渲染”滤镜组中包括 5 个滤镜，可以使图像产生三维、云彩或光照效果，以及添加模拟的镜头折射和反射效果。下面将介绍常用的两个渲染滤镜。

1．“镜头光晕”滤镜

“镜头光晕”滤镜可以模拟亮光照射到相机镜头所产生的折射效果。单击“滤镜”|“渲染”|“镜头光晕”命令，将弹出“镜头光晕”对话框，如图 11-29 所示。

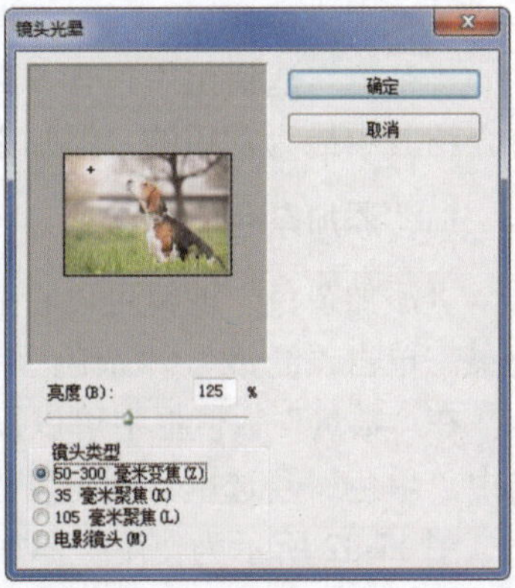

图 11-29　“镜头光晕”对话框

在该对话框中，通过单击图像缩览图或直接拖动十字线可以指定光晕中心的位置；拖动“亮度”滑块可以控制光晕的强度；在“镜头类型”选项区中可以选择不同的镜头类型。图 11-30 所示为使用“镜头光晕”滤镜前后的图像对比效果。

图 11-30　应用“镜头光晕”滤镜图像前后对比效果

2．“光照效果”滤镜

使用“光照效果”滤镜可以为图像添加好像有外部光源照射的艺术效果。单击“滤镜”|“渲染”|“光照效果”命令，将打开“属性”和“光源”面板。在“属性”面板中可以设置光照的属性参数，在“光源”面板中可以对光源进行删除、显示或隐藏等操作。

图 11-31 所示为使用“光照效果”滤镜前后的图像对比效果。

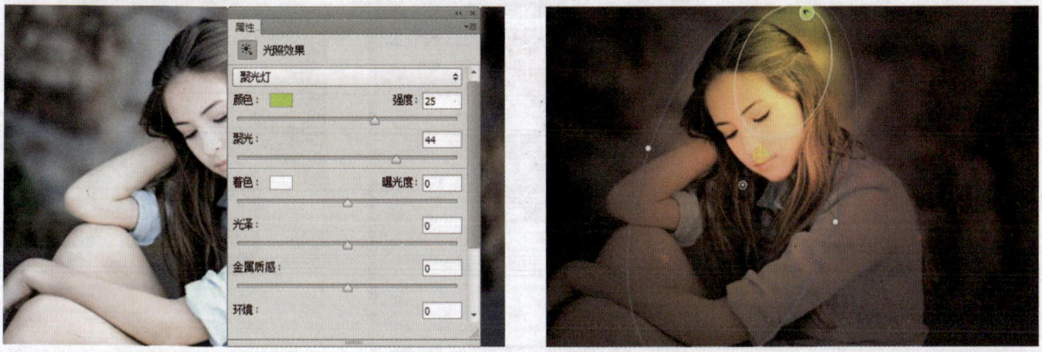

图 11-31　应用“光照效果”滤镜图像前后对比效果

11.3.5 “杂色”滤镜组的应用

“杂色”滤镜组中包含 5 种滤镜，它们可以添加或去除杂色，创建特殊的图像效果。下面将介绍其中最为常用的“添加杂色”滤镜和“蒙尘与划痕”滤镜。

1.“添加杂色”滤镜

“添加杂色”滤镜可以将随机的像素应用于图像，以模拟在高速胶片上拍摄所产生的颗粒效果。单击“滤镜”|“杂色”|“添加杂色”命令，将弹出“添加杂色”对话框。

在“数量”数值框中可以设置杂色的数量；在“分布”选项区中可以选择杂色分布的方式；选中“单色”复选框，则可以添加单色的杂色。

图 11-32 所示为使用“添加杂色”滤镜前后的图像对比效果。

图 11-32　应用“添加杂色”滤镜图像前后对比效果

2.“蒙尘与划痕”滤镜

“蒙尘与划痕”滤镜通过更改图像中有差异的像素来减少杂色、灰尘和瑕疵等。单击“滤镜”|“杂色”|“蒙尘与划痕”命令，将弹出“蒙尘与划痕”对话框。在该对话框中拖动“半径”滑块，可以调整模糊的程度；拖动“阈值”滑块，可以调整模糊的范围。

图 11-33 所示为使用“蒙尘与划痕”滤镜前后的图像对比效果。

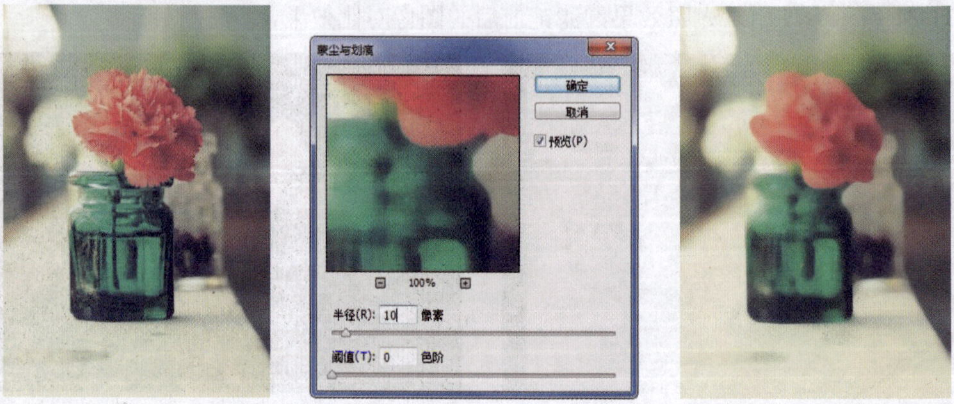

图 11-33　应用“蒙尘与划痕”滤镜图像前后对比效果

任务 4　实战应用：制作大理石材质

任务概述

在本次实战应用中，使用了 Photoshop 中常用的滤镜组，包括“分层云彩”滤镜、“风格化”查找边缘滤镜、及图像调整组等命令。本任务主要介绍使用这些滤镜制作大理石材质。

任务重点与实施

11.4.1　创建新文档及设置基础色调

Step 01　设置宽度为 1000 像素、高度 800 像素，设置分辨率（建议 300DPI），颜色模式选为 RGB，前景色为黑色，背景内容设置为白色，如图 11-34 所示。

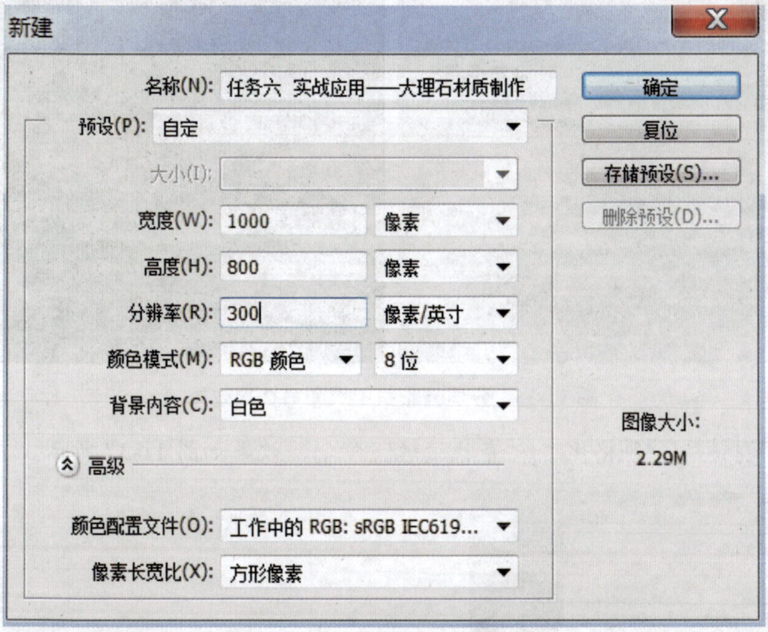

图 11-34　设置参数

Step 02　设置好参数后，单击“确定”按钮，即可创建新文档。

11.4.2　添加效果

Step 01　选择“滤镜”|“渲染”|“分层云彩”命令，第一遍效果不明显，可再执行一次，为纹路增加复杂性，效果如图 11-35 和图 11-36 所示，为基底添加自然随机的纹路。

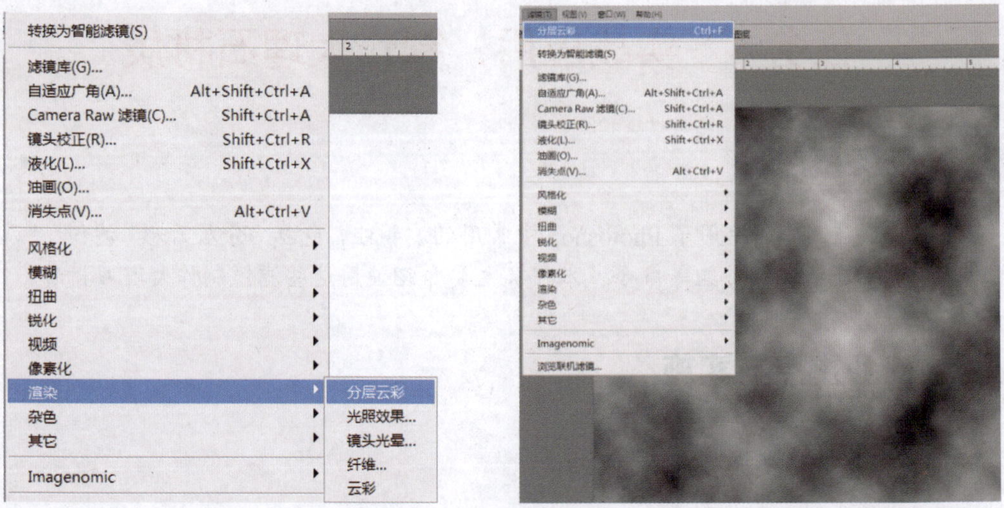

图 11-35　分层云彩效果

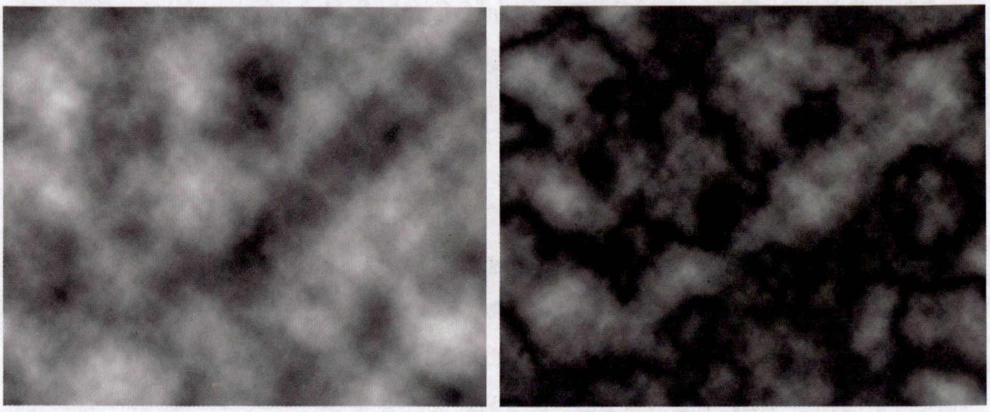

图 11-36　分层云彩第 1 次和第 2 次效果

Step 02　选择“滤镜”|“风格化”|“查找边缘”命令，效果如图 11-37 所示。

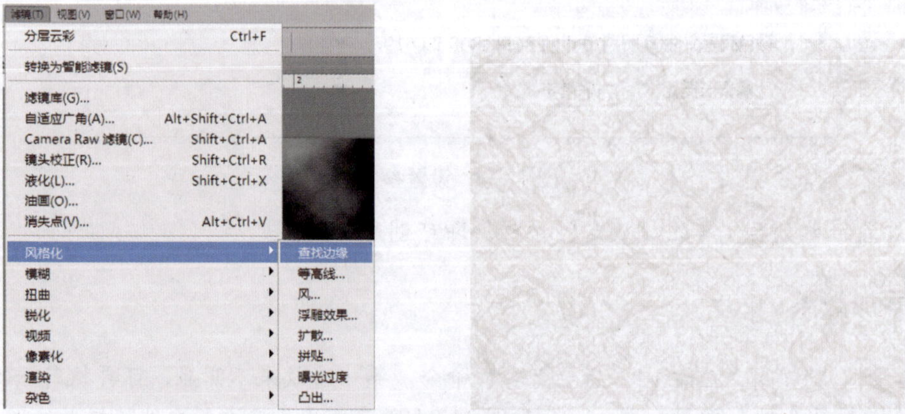

图 11-37　查找边缘效果

Step 03　执行“图像”|“调整”|“反相”命令，效果如图 11-38 所示。

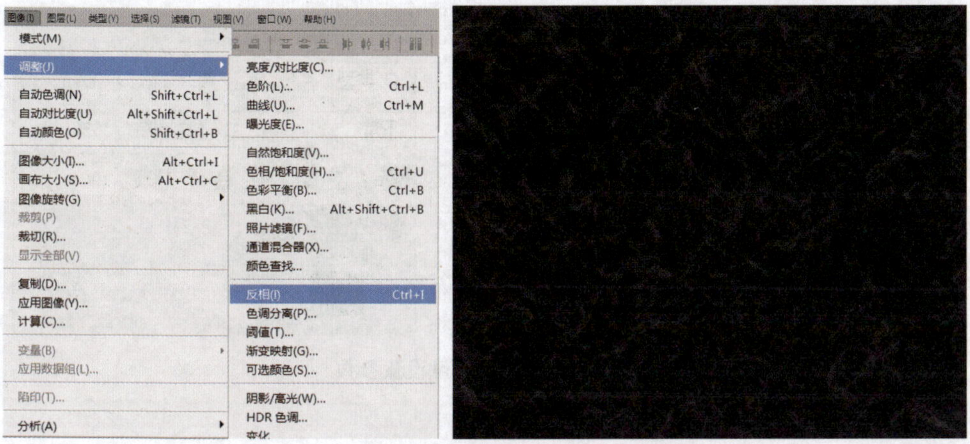

图 11-38　反相效果

Step 04 选择“图像”｜“调整”｜“色阶”命令，按照图 11-39 所示设置，设置好后单击“确定”按钮。

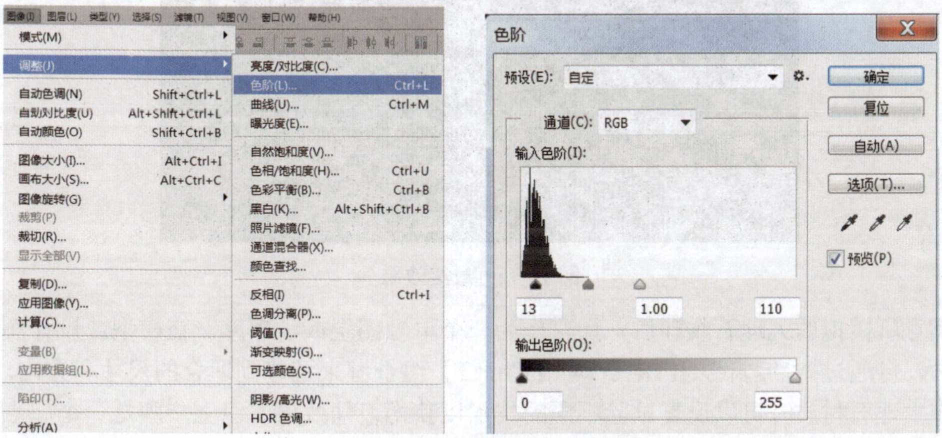

图 11 39　色阶设置参数

Step 05 选择“图像”｜“调整”｜“色相｜饱和度”命令，选中“着色”复选框，按照图 11-40 所示设置，单击"确定"按钮，效果如图所示。

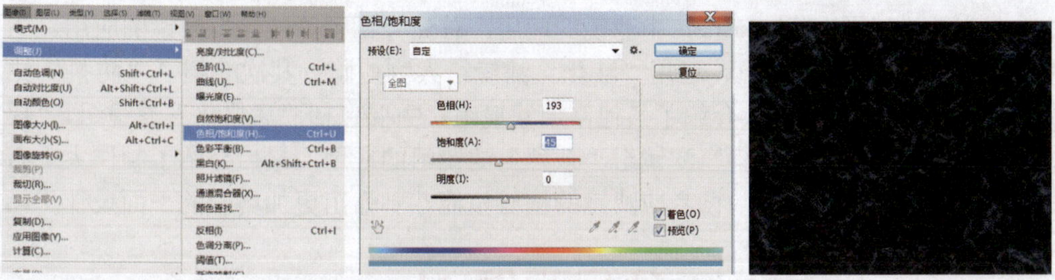

图 11-40　色相饱和度设置参数

Step 06 新建一图层，然后用将前景色设为 R:84，G:102，B:114，用该颜色填充新建的图层，然后将图层的不透明度设为 10-20 均可。到此，大理石的效果就制作完成，如图 11-41 所示。

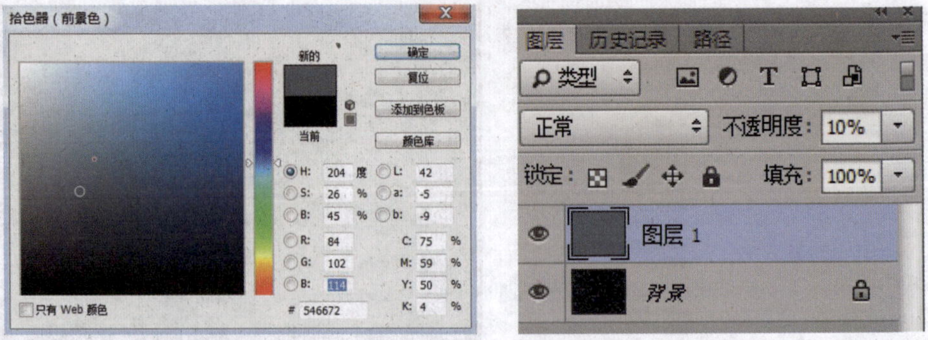

图 11-41　色相饱和度设置参数

最终效果如图 11-42 所示。

图 11-42　最终效果

当满意所模拟的大理石纹理后，保存作为一个单独图层或纹理库。在模型或设计图中使用该纹理时，可通过“编辑”|自由变换【Ctrl+T】组合键来调整到适合的尺寸和方向。

制作大理石材质时可以反复试验不同的技术以获得最佳效果。以上步骤是一个起点，而具体的调整需根据你的视觉目标和大理石的特性进行调整。

项目小结

本项目主要讲述了在 Photoshop 中滤镜的应用。首先介绍了“液化”滤镜的应用，主要包括滤镜与滤镜库、“液化”滤镜、运用“液化”滤镜给人物瘦脸；其次介绍了“防抖”滤镜和 Camera Raw 滤镜的应用；再次介绍了其他常用滤镜组，主要包括“风格化”滤镜组、“模糊”滤镜组、“扭曲”滤镜组、“渲染”滤镜组“杂色”滤镜组的应用；最后介绍了制作大理石材质的实战应用。通过本章的学习，读者应滤镜的核心技能，制作出更加精彩的平面设计作品。

项目习题 11

下面将运用本章所学知识，在“梦幻”图像中使用“动感模糊”滤镜和“叠加”图层混合模式来增强整体画面的梦幻感，前后对比效果如图 11-43 所示。

图 11-43　原图像与制作效果

操作提示：

① 打开“素材\项目十二\梦幻.jpg”文件，按【Ctrl+J】组合键复制“背景”图层，得到“图层 1”，如图 11-44 所示。

图 11-44　复制图层

② 单击“滤镜”|“模糊”|“动感模糊”命令，在弹出的对话框中设置各项参数，然后单击“确定”按钮，效果如图 11-45 所示。

图 11-45　“动感模糊”对话框

③ 将“图层 1”的图层混合模式设置为“叠加”，“不透明度”设置为 50%，效果如图 11-46 所示。

图 11-46　设置图层混合模式

④ 选择“背景”图层，按【Ctrl+J】组合键复制图层，得到“背景 拷贝”图层，并将其拖至“图层 1”的上方，效果如图 11-47 所示。

图 11-47　复制并拖动图层

⑤ 单击“滤镜”|“模糊”|“动感模糊”命令，在弹出的对话框中设置各项参数，然后单击“确定”按钮，如图 11-48 所示。

⑥ 设置“背景 拷贝”的图层混合模式为“叠加”，设置“不透明度”为 50%。按【Ctrl+Alt+Shift+E】组合键盖印可见图层，得到“图层 2”，如图 11-49 所示。

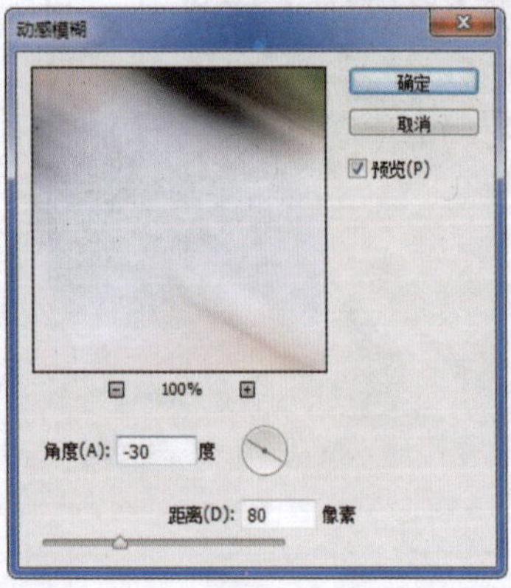

图 11-48　“动感模糊”对话框

图 11-49　设置图层混合模式

⑦ 单击“滤镜”|“滤镜库”|“艺术效果”|“底纹效果”命令，在弹出的对话框中设置各项参数，然后单击“确定”按钮，如图 11-50 所示。

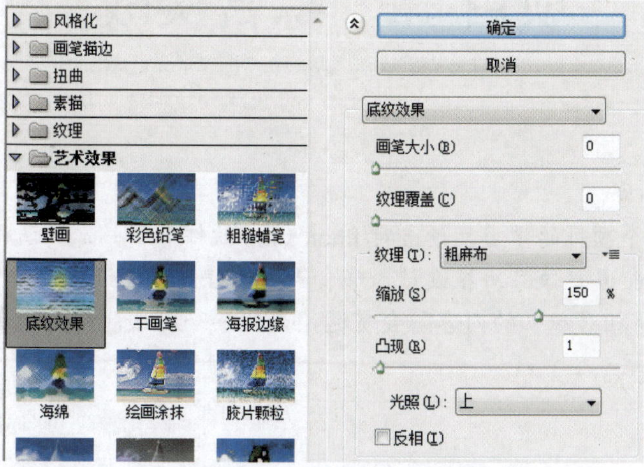

图 11-50　“底纹效果”对话框

⑧ 单击“编辑”|“渐隐”命令，在弹出的对话框中设置各项参数，单击“确定”按钮，即可得到梦幻艺术照片的最终效果，如图 11-51 所示。

图 11-51　设置渐隐效果

项目 12　综合实战

项目概述

通过前面 11 个项目的学习，读者对 Photoshop 软件有了一定的认识。本项目将使用 Photoshop 软件进行夏日饮品海报设计、哆食点餐小程序首页设计，对 Photoshop 的主要功能作个回顾，将相对独立的内容融会贯通，达到举一反三，帮助读者制作出更加精美的平面设计作品。

项目目标

- 在 Photoshop 软件中制作出目标效果。
- 运用所学知识熟练制作出章节中的实训项目。

素质目标

- 提高学生 UI 界面设计的能力，促进学生主动学习和创新。
- 培养学生在学习和工作过程中，提高审美能力和务实工作的态度。

任务 1　设计夏日饮品海报

任务概述

本任务为夏季饮品海报设计与制作，整个画面给人感觉简洁、清爽的感觉。整个海报是以清凉饮品作为主要展示图形，背景是炎热的沙漠，与前景中的饮品形成巨大反差，让人一看到就感觉到酷热，想要喝到冰凉的饮品。

海报的主要颜色是黄色、绿色和蓝色，并且是较高明度与纯度色彩基调，这样的色彩搭配使整个版面弥漫着青春的气息，符合目标受众的广告诉求；用色简单，对比强烈，有益于公众的理解与记忆。海报的主题文字被设计在海报上方中间位置，恰好位于形成视觉引导效果，宣传效果明显。

本海报主要分为海报背景部分制作、海报主体部分制作和海报文字部分制作三步，制作过程中采用的是比较常见和实用的方法，比如使用图层样式命令制作蓝色背景，添加新建调整图层和渐变工具来处理沙漠素材，用魔棒工具对素材进行抠选，文字的变形工具使文字变形等。

任务重点与实施

12.1.1　海报背景部分制作

下面将在 Photoshop 软件中制作海报的背景部分，具体操作方法如下。

Step 01 按【Ctrl+N】组合键新建文档，将文档名称命名为“夏日饮品海报设计”，文档大小设置为：“宽度”为 21 厘米；“高度”为 29.7 厘米；“分辨率”为 300 像素/英寸，具体参数如图 12-1 所示。

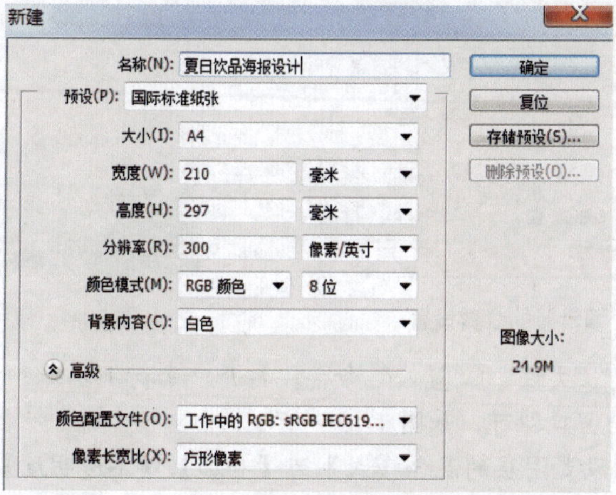

图 12-1　参数设置（1）

Step 02 在菜单栏中执行“图层”|“新建”|“图层背景”，生成“图层 0”；在图层面板下方点击“添加图层样式”按钮fx，选择“渐变叠加”，创建一个由色彩值“ffffff”到色彩值为“00b38f”的径向渐变，渐变参数如图 12-2 所示，“样式”选择“径向”，“缩放”设置为 143%。

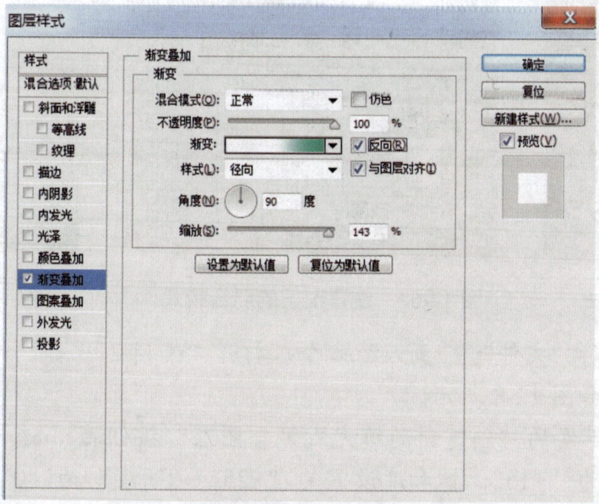

图 12-2　渐变参数

Step 03 渐变编辑器的参数设置如图 12-3 所示。

Step 04 点击“确定”按钮，最终效果如图 12-4 所示。

图 12-3　渐变编辑器的参数设置

图 12-4　最终效果（1）

Step 05 在菜单栏中执行“文件”|“置入”命令，打开“素材 1-水珠”文件，将其缩放到合适大小，铺满文档窗口即可，如图 12-5 所示。

Step 06 在图层面板中【设置图层的混合模式】为【叠加】,【不透明度】为 60%，如图 12-6 所示；最终效果如图 12-7 所示。

图 12-5　缩放文件大小

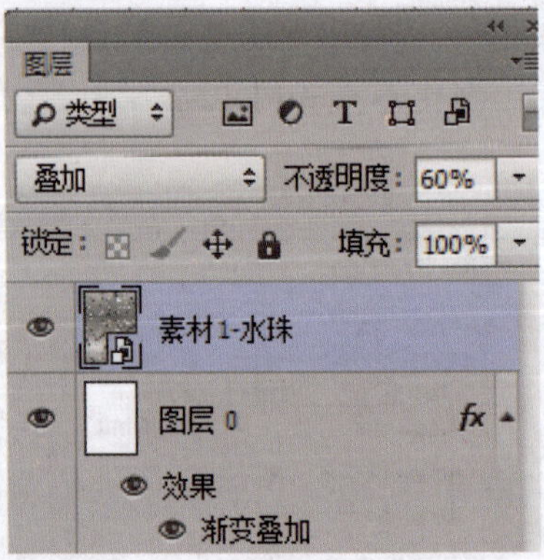

图 12-6　设置图层的混合模式

图 12-7　最终效果（2）

Step 07 在菜单栏中执行“文件”|“置入”命令，打开“素材 2-沙漠”文件，将图片放置于文档下方区域，如图 12-8 所示。

Step 08 点击图层面板下发的“创建新的填充或调整图层”按钮，选择“色相/饱和度”，将“色相”设置为“+15”；饱和度设置为“+25”；“明度”为“0”，具体参数如图 12-9 所示，调整后效果如图 12-10 所示。

图 12-8 将图片放置于文档下方区域

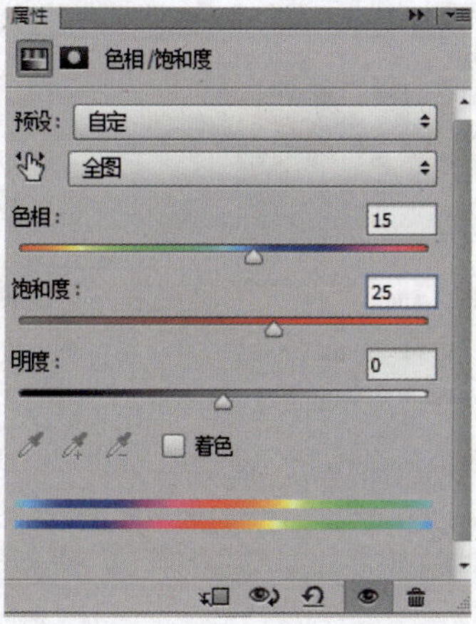

图 12-9 参数设置（2）

图 12-10 调整后效果

Step 09 在图层面板中点击“创建新的填充或调整图层”按钮，在弹出的菜单栏选项中选择“亮度/对比度”，将“亮度”设置为“38”，参数设置如图 12-11 所示。

Step 10 调整后画面如图 12-12 所示。

Step 11 在图层面板同时选中图层“色相/饱和度 1”和图层“亮度/对比度 1”，为其创建剪贴蒙版，将其只在“素材 2-沙漠”图层中显示，如图 12-13 所示。

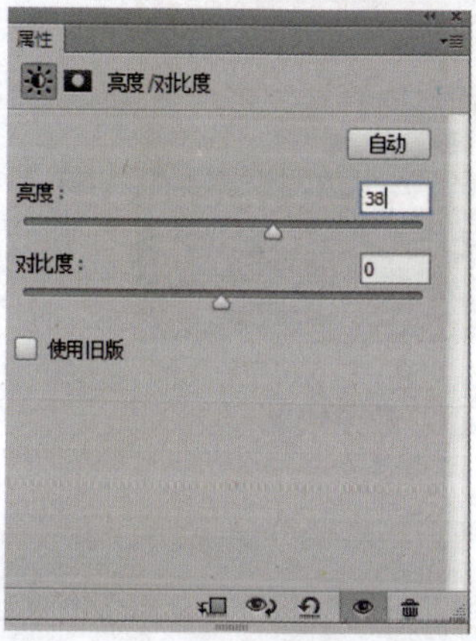

图 12-11 参数设置（3）

图 12-12 调整后画面

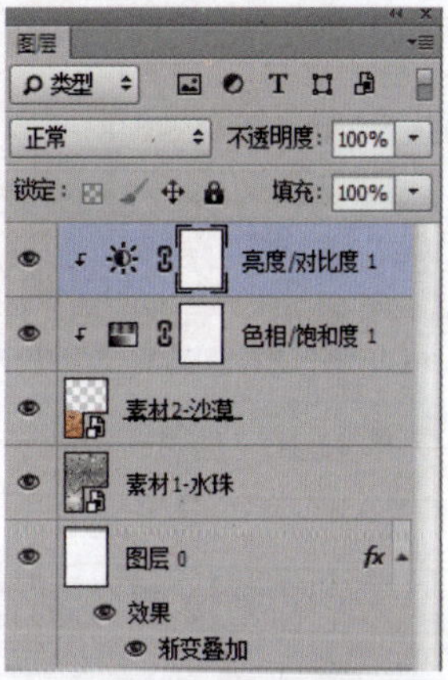

图 12-13 在图层中显示

Step 12 按【D】快捷键恢复默认前景色为黑色，背景色为白色；按【Ctrl+Shift+N】组合键创建新图层，生成“图层 1”；选择“渐变工具”或按【G】快捷键，在属性栏中设置渐变模式为“线性渐变”，如图 12-14 所示。

图 12-14 设置渐变模式为“线性渐变”

Step 13 在属性栏中点按“可编辑渐变”弹出“渐变编辑器”，在预设栏中选择“由前景色到透明”的渐变，点击黑色“不透明度色标”按钮，将不透明度设为 45%，点击“确定”按钮，如图 12-15 所示。

图 12-15 “渐变编辑器”设置

Step 14 在沙漠上创建一个由下至上的透明渐变，如图 12-16 所示。最终效果如图 12-17 所示。

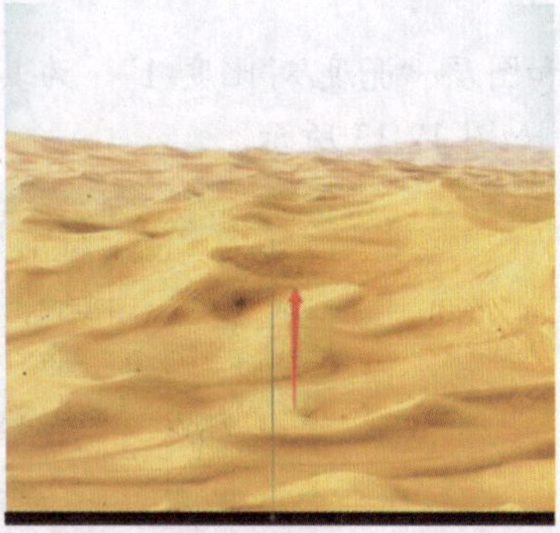

图 12-16 创建一个由下至上的透明渐变

图 12-17 最终效果

12.1.2 海报主体部分制作

Step 01 在菜单栏中执行“文件”|“置入”命令，置入“素材 3-玻璃杯”文件，按【Ctrl+D】组合键的同时按【Shift】键，用鼠标拖动其中一个控制节点，对玻璃杯进行等比例缩小，缩到合适大小后将玻璃杯放置在画面中间，如图 12-18 所示。

Step 02 按【Ctrl+O】组合键打开“素材 4-柠檬”，在菜单栏中执行“图层”|“新建”|“图层背景”，将背景图层转换为普通图层；选择“魔棒工具”或按【W】快捷键，在属性栏中选择“添加到选区”，将“容差”设置为 30，具体参数如图 12-19 所示。

图 12-18 对玻璃杯进行等比例缩小

图 12-19 具体参数

Step03 在画面中点击白色区域，直至选中所有白色，如图 12-20 所示。

Step04 按【Delete】键删除白色部分，按【Ctrl+D】组合键取消选择；用“移动工具拖动柠 檬至“夏日海报设计”文档中，缩放到合适的位置，如图 12-21 所示。

Step05 在菜单栏中执行“文件”|“置入”命令，置入“素材 5-树叶”文件，将树叶放置到柠檬上层位置；继续置入“素材 6-树叶”“素材 7-橙子”，将素材 6 放置在玻璃杯右侧，素材 7 放置在素材 6 前面，最终效果如图 12-22 所示。

图 12-20 选中所有白色

图 12-21 缩放到合适的位置

图 12-22 最终效果（1）

Step06 在菜单栏中执行“文件”|“置入”命令，置入“素材 8-猕猴桃”文件，按【Shift】键同时拖动四个角节点进行等比例缩小，在画面中点击鼠标右键弹出选项框，选择“水平翻转”，如图 12-23 所示。

Step07 按【Enter】键确定操作，按【Ctrl+[】组合键调整图层至玻璃杯下方，使猕猴桃置于玻璃杯后方位置，如图 12-24 所示；当前图层面板如图 12-25 所示。

图 12-23 选择“水平翻转”

图 12-24 调整图层

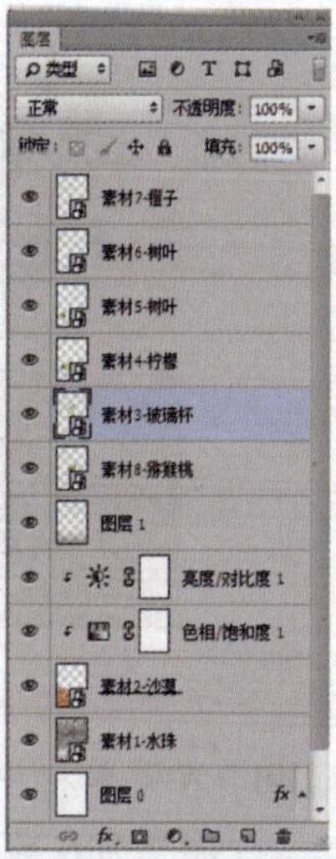

图 12-25 当前图层面板

Step 08 在菜单栏中执行“文件”|“置入”命令，置入“素材 9-棕榈”文件，将棕榈叶放置在玻璃杯左后方；继续置入“素材 10-棕榈 2”，将其放置在玻璃杯右后方，并且调整图层顺序，将棕榈叶放置在猕猴桃后方，效果如图 12-26 所示，图层面板如图 12-27 所示。

图 12-26　调整图层顺序（1）

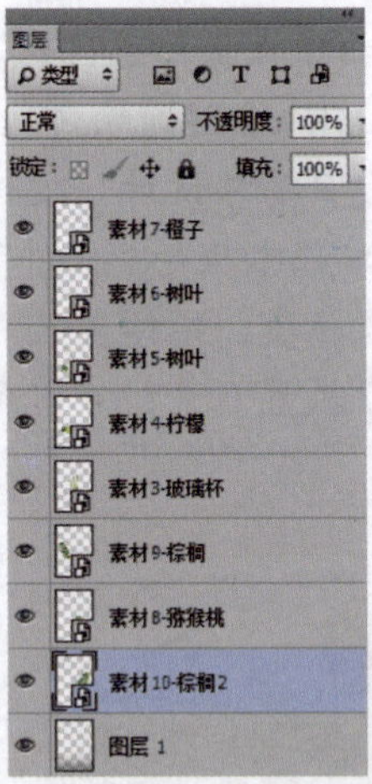

图 12-27　图层面板

Step 09 在菜单栏中执行“文件”|“置入”命令，置入“素材 11-棕榈 3”文件，将棕榈叶缩小到合适大小，在图层面板中调整图层顺序，然后将其放置在猕猴桃后，大棕榈叶之前；在图层面板中选择“素材 11-棕榈 3”图层，点击鼠标右键，选择“复制图层”命令，复制图层“素材 11-棕榈 3”，生成图层“素材 11-棕榈 3 副本”，在菜单栏中执行“编辑”|“变换”|“水平翻转”命令，按【Ctrl+T】组合键对其进行“自由变换”，将棕榈叶进行等比例缩小，对其进行适当旋转，调整图层顺序，放置在玻璃杯后左侧，大棕榈叶之前，最终效果如图 12-28 所示，当前图层顺序如图 12-29 所示。

图 12-28　最终效果（2）

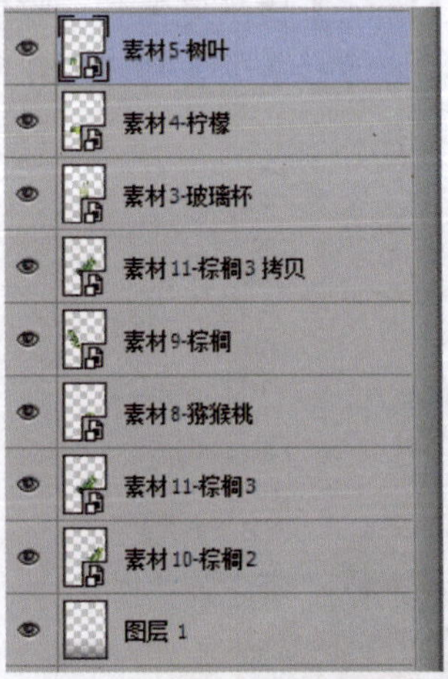

图 12-29　当前图层顺序

Step 10 在菜单栏中执行“文件”|“置入”命令，置入“素材 11-椰树”文件，将其图层顺序调整为在玻璃杯之后，棕榈叶之前；复制图层“素材 11-椰树”，生成图层“素材 11-椰树 副本”，按【Ctrl+T】组合键对椰树进行缩小和旋转处理，如图 12-30 所示。

Step 11　调整图层顺序到玻璃杯后方，如图 12-31 所示。

Step 12　在图层面板中将小椰树的“不透明度”设置为 80%，效果如图 12-32 所示。

图 12-30　缩小和旋转处理

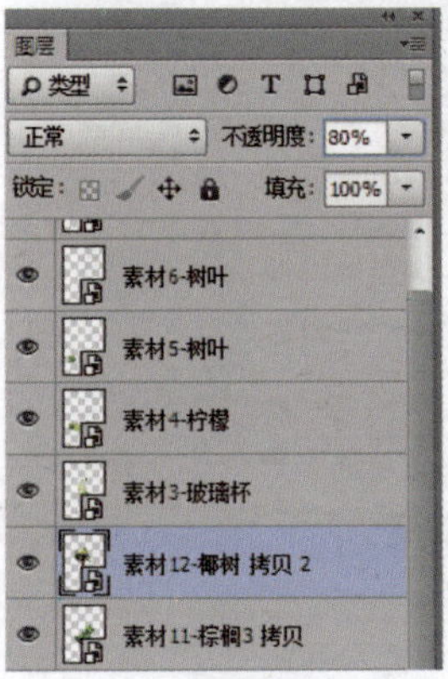

图 12-31　调整图层顺序（3）

图 12-32　“不透明度”设置

Step 13　在菜单栏中执行“文件”|“置入”命令，置入“素材 12-海鸥”文件，将其放置在玻璃杯和椰树之间，如图 12-33 所示。

Step 14　按【Ctrl+Shift+N】组合键创建新图层，生成“图层 2”，在菜单栏中执行“图层”|“重命名图层”，将图层 2 重命名为“阴影”，调整图层顺序，将图层“阴影”放于“图层 1”上一层，如图 12-34 所示。

图 12-33　置入文件

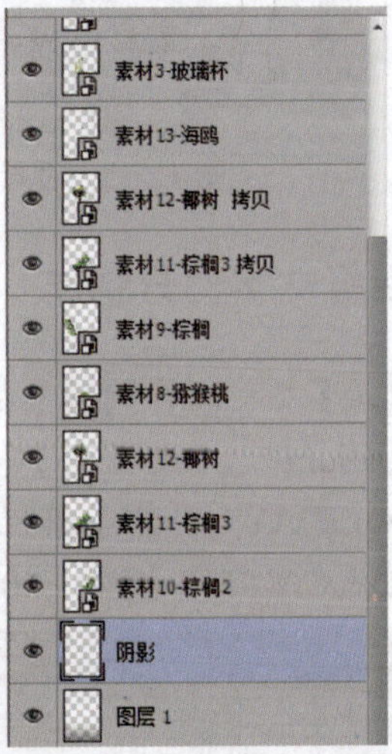

图 12-34　调整图层顺序（4）

Step 15　在“设置前景色”面板处将“前景色”设置为“#312d25”；选择“画笔工具”，或按【B】快捷键，在其属性栏中设置画笔参数，将“画笔大小”设置为“137 像素”，“硬度”为“0”，其它参数设置如图 12-35 所示。

Step 16　在画面中沿着主体物下方边缘地方绘制阴影，如图 12-36 所示。

Step 17　按【Ctrl+O】组合键打开“素材 14-光”文件，将光放置在椰树和棕榈叶之上，在图层面板处将图层模式设置为“滤色”，如图 12-37 所示。

Step 18　至此，完成主体物的合成，完成效果如图 12-38 所示。

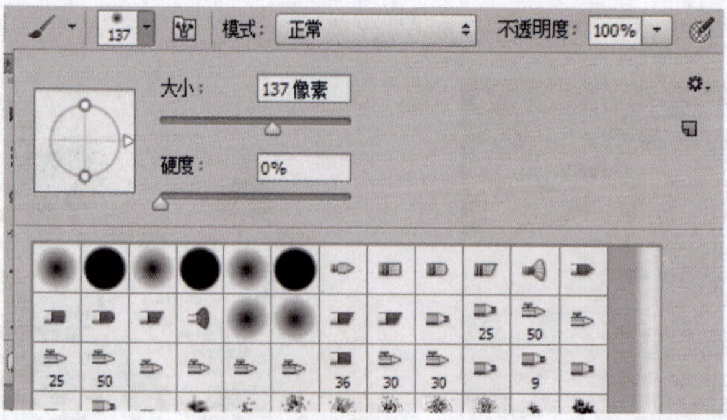

图 12-35　其他参数设置

图 12-36　绘制阴影

图 12-37　设置为“滤色”

图 12-38　完成效果

12.1.3　海报文字部分制作

Step 01　选择【文字工具】T 或按快捷键【T】，在属性栏中，将“字体”设置为“Franklin Gothic Medium”，“设置字体大小”为 110 点左右，在画面上方输入文字“SUMMER HOLIDAY”，；在菜单栏中执行“窗口”|“字符”，在弹出的调整框里将“行距”设为 95 点，“字距”设为 - 50，具体参数设置如图 12-39 所示，设置后效果如图 12-40 所示。

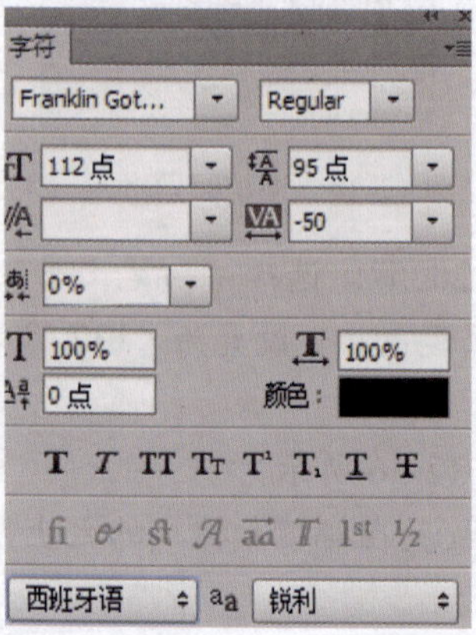

图 12-39　具体参数设置

图 12-40　设置后效果

Step 02 在属性栏中，点击【创建文字变形】按钮，在样式下拉菜单中选择“下弧”，“弯曲”值设为-13%，点击“确定”按钮，如图 12-41 所示，最终效果如图 12-42 所示。

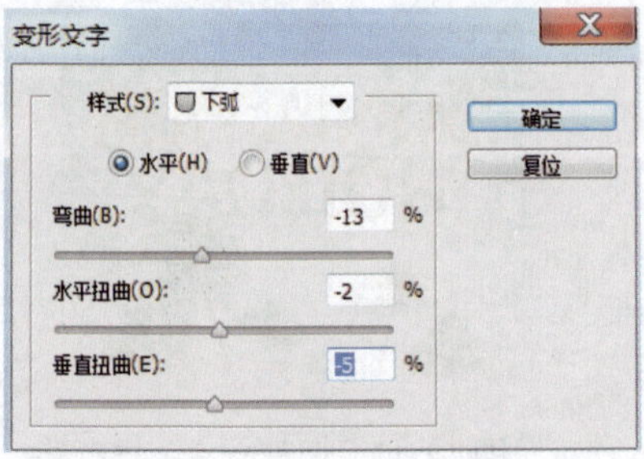

图 12-41　变形文字设置

图 12-42　最终效果

Step 03 在图层面板处点击【添加图层样式】按钮，选择“描边”，设置参数如下。“大小”为 13 像素；“位置”为“外部”，“填充类型”为“颜色”，“颜色”设为白色，图层样式设置如图 12-43 所示。

Step 04 在图层样式调整框里点击“渐变叠加”，创建由色彩值“#009398”到色彩值“ffd71d”的渐变，在渐变编辑器里将黄色色标的的“位置”设置为 55%，如图 12-44 所示。

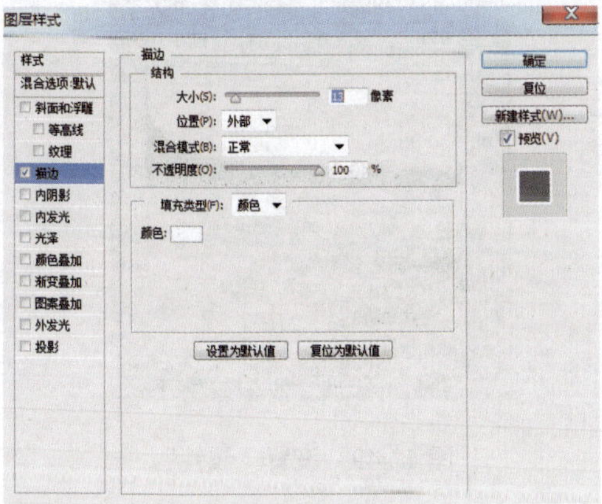

图 12-43　图层样式设置

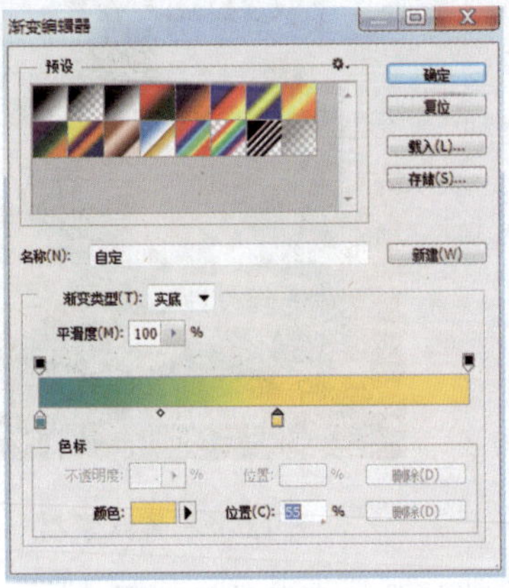

图 12-44　渐变编辑器设置

Step 05 “渐变叠加”的参数设置如下：“样式”为“线性”，“角度”为 90 度，“缩放”设置为 143%，如图 12-45 所示。

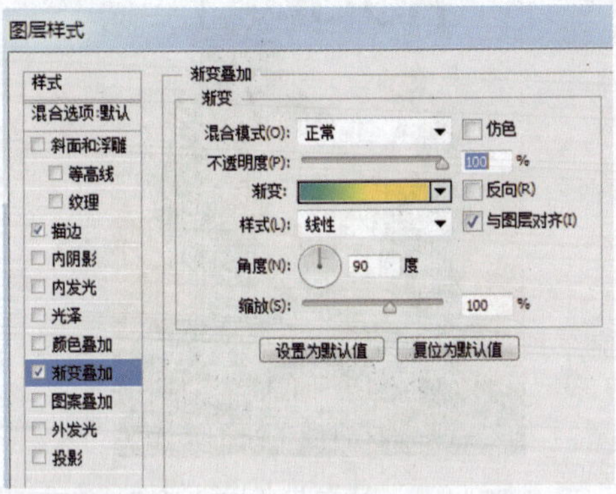

图 12-45　“渐变叠加”的参数设置

Step 06　点击“确定”操作，效果如图 12-46 所示。

Step 07　调整文字图层顺序，将其放置在主体物后方，效果如图 12-47 所示。

图 12-46　效果

图 12-47　调整文字图层顺序

Step 08　置入“素材 15-装饰文字”，将其放置在画面下方，如图 12-48 所示；

Step 09　在图层面板下方点击“创建新的填充或调整图层”，选择“色阶”选项，调整“阴影”“中间调”“高光值”分别为 20、1.00、235，如图 12-49 所示。

图 12-48　置入素材

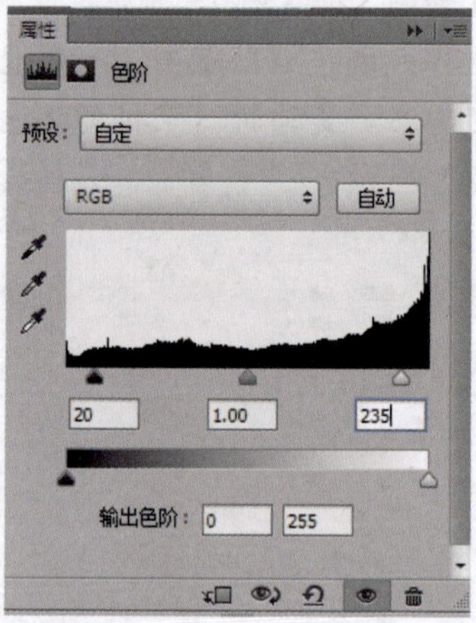

图 12-49　设置“属性”

Step 10　海报最终完成效果如图 12-50 所示。

图 12-50　海报最终完成效果

任务 2 设计哆食点餐小程序首页

任务概述

“哆食点餐小程序首页设计”是 Photoshop 应用于 UI 界面设计的案例之一。Photoshop 在 UI 界面设计中发挥着至关重要的作用，它强大的图像编辑和处理能力、灵活的原型设计功能使得设计师能够高效、准确地完成 UI 设计工作。

点餐小程序界面设计需要综合考虑用户体验、功能性和美观性。界面设计保持简洁明了，避免过多的复杂元素，以减轻用户的认知负担。操作流程应直观易懂，用户能够轻松上手并快速完成点餐。界面设计具有吸引力，色彩搭配和谐，符合品牌形象和目标用户审美。

本任务主要分为三步，状态栏、导航栏、home 栏的制作；标签栏的制作；推荐菜品的制作，制作过程中学习 iOS 设计规范，练习常用的工具，比如设置手机界面对应尺寸的画布大小，新建参考线辅助设计，规定各板块的高度尺寸，设置界面内各个板块字号大小，调整整体布局等。

任务重点与实施

12.2.1 新建文件

Step 01 单击“文件”|“新建”命令，弹出“新建”对话框，如图 12-51 所示。

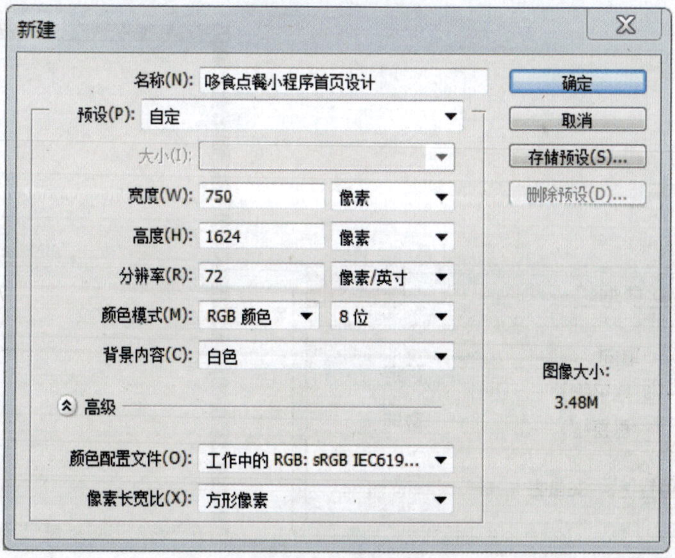

图 12-51 新建文件

Step 02 在该对话框输入新图像的名称“哆食点餐小程序首页设计”，并设置图像的大小、分辨率、颜色模式和背景内容，然后单击“确定”按钮，即可新建一个图像文件。

12.2.2 状态栏、导航栏、home 栏的制作

Step 01 点击“编辑”|“首选项”|“单位与标尺”，单位改为“像素”，点击“确定”按钮，如图 12-52 所示。

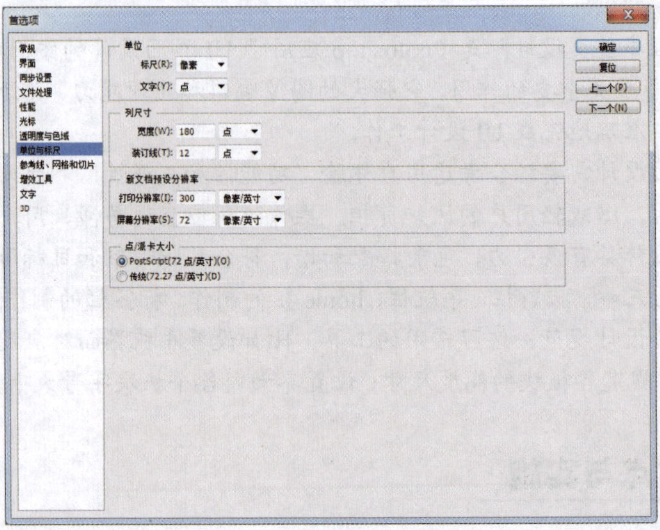

图 12-52 “首选项”面板

Step 02 点击“视图”|“新建参考线”，选择“水平”，位置 88 像素，点击确定，如图重复步骤新建另外两根参考线，位置分别为 176 像素、1 556 像素，如图 12-53 所示。

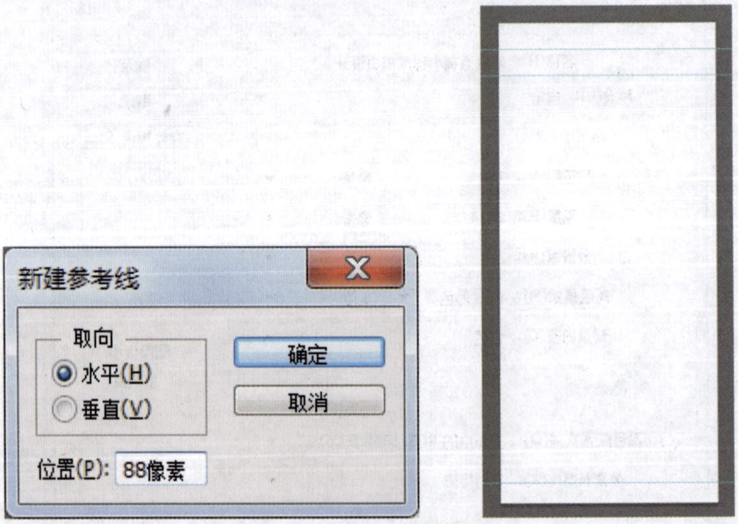

图 12-53 新建参考线

Step 03 点击新建图层，在新图层置入界面顶部的“状态栏”|“导航栏”和底部的“home 栏”，将素材直接用鼠标拖拽进入绘制界面即可，并按照参考线的尺寸从上往下一次摆放状态栏、导航栏、home 栏，如图 12-54 所示。

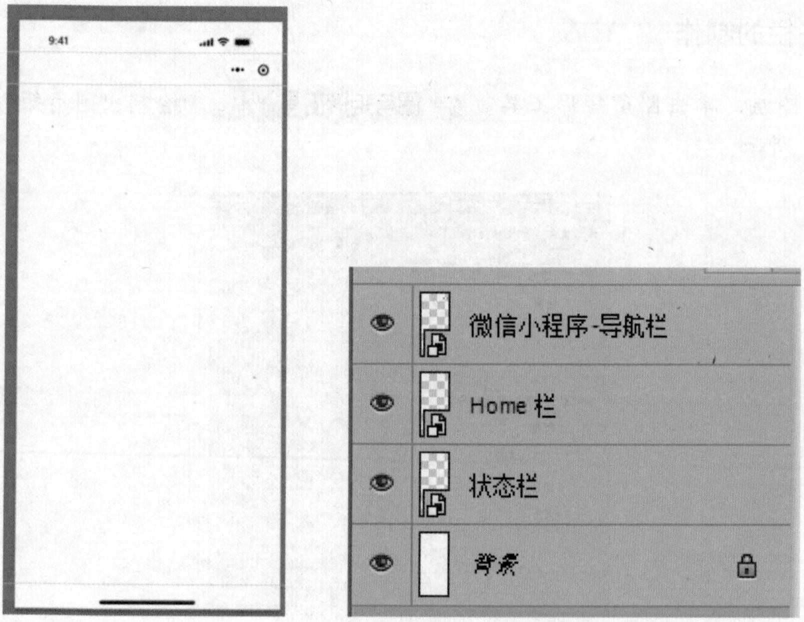

图 12-54　新建“栏”

Step 04　将鼠标放置在状态栏上方，点击“状态栏”，按下【Shift】键，鼠标再点击“微信小程序-导航栏”，再按【Ctrl+G】组合键组合这三个图层，并且双击图层名称处，修改命名为“栏”，如图 12-55 所示。

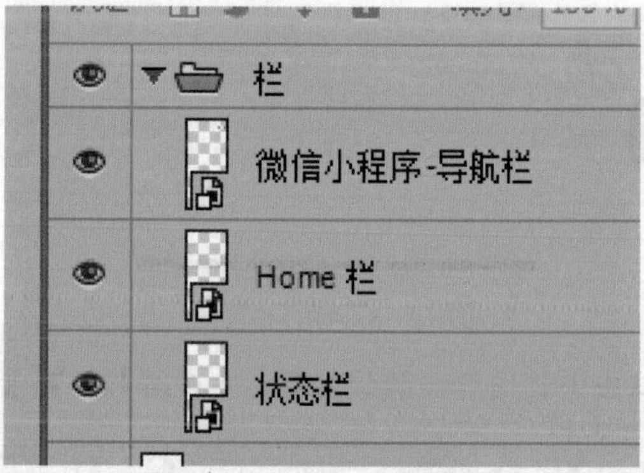

图 12-55　图层组合

Step 05　新建图层，点击“文字工具”输入“DoEat|哆食”，更改字号为 32pt，黑体加粗，调整位置画布居中，与“微信小程序-导航栏”同一水平线，如图 12-56 所示。

图 12-56　导航栏

12.2.3 标签栏的制作

Step 01 新建图层，单击圆角矩形工具 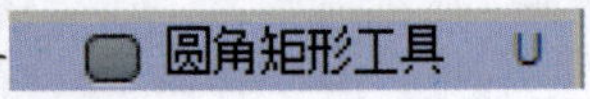

，绘制出圆角矩形，尺寸如图 12-57 所示。

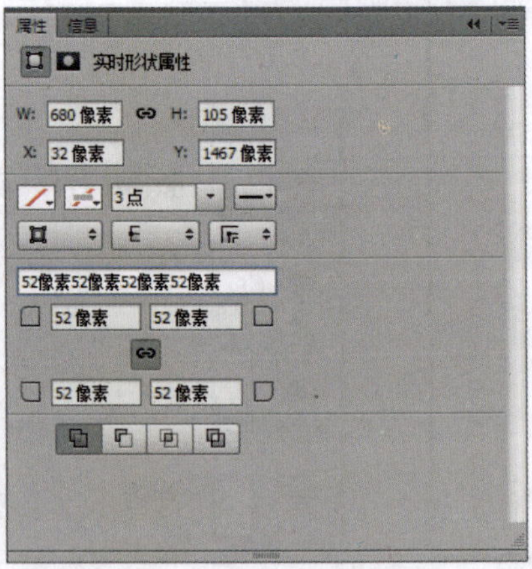

图 12-57 矩形尺寸

Step 02 再将素材包内的三个标签栏图标置入该文件，如图 12-58 所示，调整其布局，字号为黑体 20pt，加粗，“首页”文字色值 “#2e3138”，“菜单”“我的”色值为 “#797b80”。

图 12-58 标签栏图标

Step 03 选中背景图层，双击小锁图标，解锁图层，更改名称为背景图层，如图 12-59 所示。

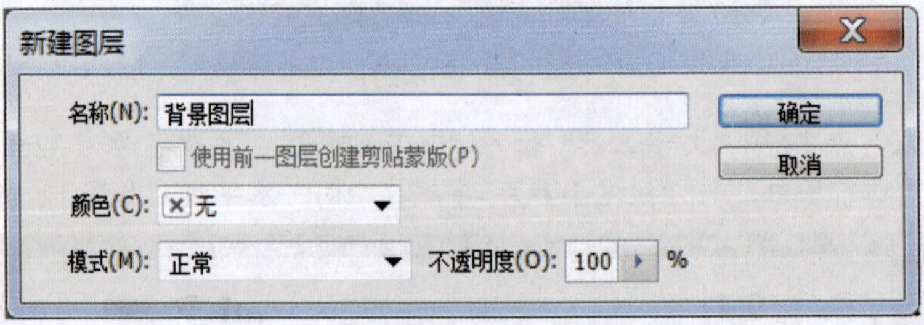

图 12-59 修改新建图层名称为“背景图层”

Step 04 双击图层小窗口，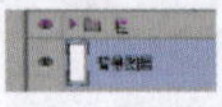，选择“渐变叠加”，将背景图层改为白色到浅灰色的渐变色，色值参考如图 12-60 所示，颜色修改完成的效果如图 12-61 所示，并将标签栏图标与圆角矩形组合，命名为标签栏。

图 12-60　颜色参数

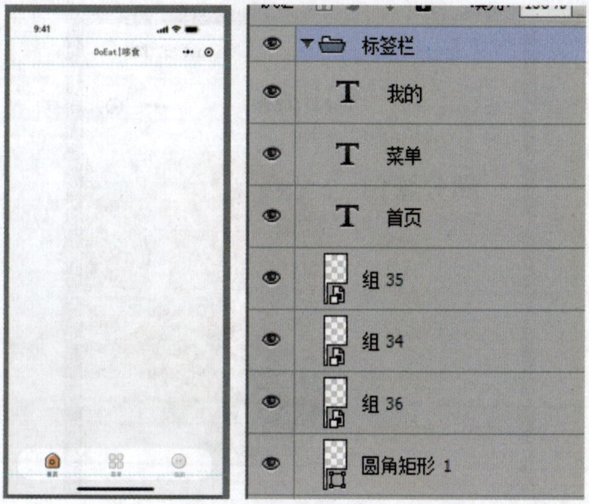

图 12-61　标签栏

12.2.4　推荐菜品的制作

Step 01　输入文字“满分蛋白三文鱼能量碗”，黑体，字号 50pt 和 36pt，加粗，编辑副标题英文，字号，字体，文字色值“#2e3138”，如图 12-62 所示。“字符”效果如图 12-63 所示。

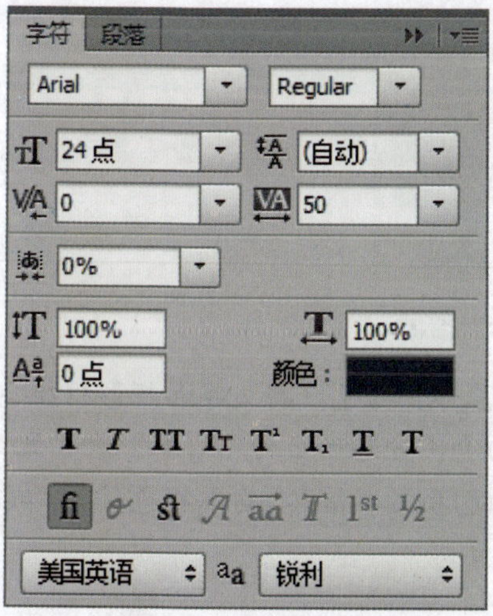

图 12-62　“字符”面板设置

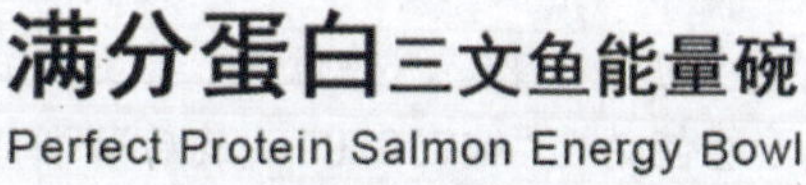

图 12-63　“字符”效果

Step 02　单击椭圆工具，按住【Shift】键，绘制圆形，更改颜色，色值，绘制圆角矩形，填充橙色，色值“#fceedf”，输入文字“立即查看”，黑体加粗，字号 32pt，色值“#f1ab62”，置入菜品图片素材，调整图层顺序，如图 12-64 所示。

Step 03　最后将此环节的所有图层选中，组合命名为推荐菜品，如图 12-65 所示。

Step 04　单击矩形工具，绘制矩形，尺寸如图 12-66 所示，填充颜色“#f1ab62”。

图 12-64　推荐菜品

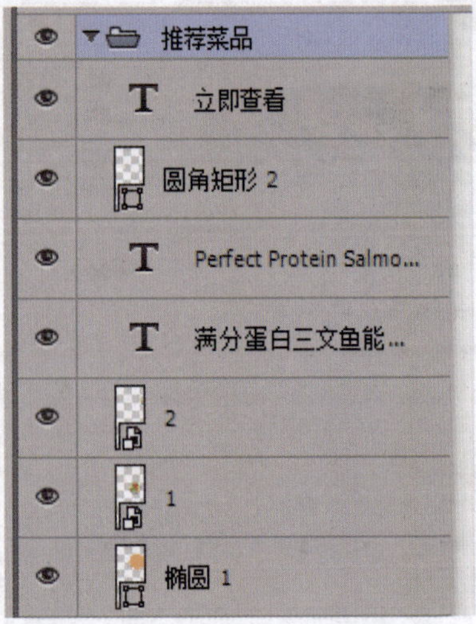

图 12-65　推荐菜品图层

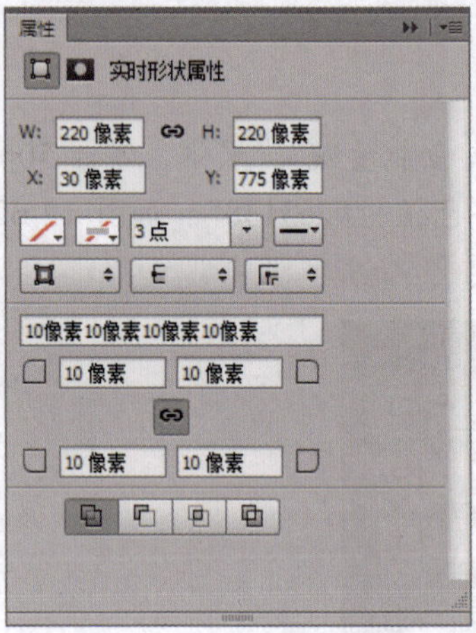

图 12-66　矩形“属性”面板

Step 05　置入扫码点单图标，输入文字，字号 28pt，黑体，白色，将文字和矩形框组合，命名为“扫码点单”，鼠标右键，复制组，复制两次，分别命名为“自取”和“配送”，再运用均匀分布，调整位置，再更改矩形框颜色和文字信息，自取框色值为“#e77e3f”，配送色值为　“#473020”，最后如图 12-67 所示。

图 12-67　扫码点单

Step 06 在背景图层之上新建一个图层，新建参考线，水平距离 1 030 像素，再用矩形选框工具，绘制选框，宽 812 像素，高 1 030 像素，填充白色，如图 12-68 所示。

Step 07 置入会员卡素材图片，文字工具输入文字，“白色会员”字号 34pt，“White love”字号 30pt，色值“#3a3b3c”，横线使用横线工具绘制，颜色为“#999999”，“可用积分 138 分”字号 30pt，颜色“#3a3b3c”，会员号文字色值“#a3a3a3”，具体参数如图 12-69 所示。

图 12-68 推荐菜品与扫码点单完成界面

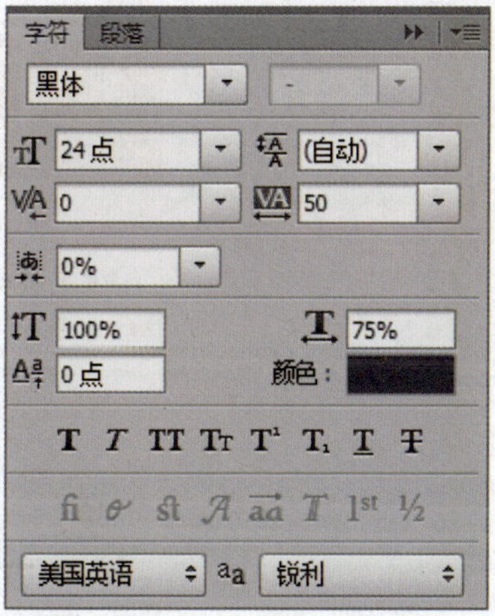

图 12-69 “字符”面板

Step 08 所有文字和横线左对齐，并调整布局，效果如图 12-70 所示。

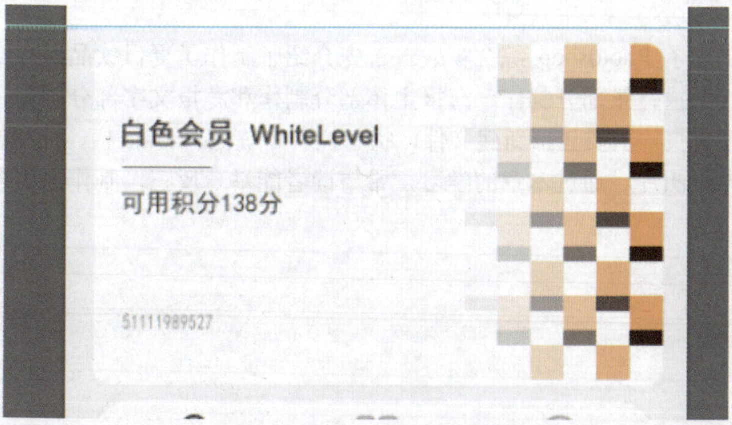

图 12-70 会员卡界面

12.2.5 导出图片

Step 01 点击“文件”|“存储为”|“jpg 格式”图片，图片命名“哆食点餐小程序-首页”，保

存至相关文件夹。

Step 02 至此，完成首页界面的设计，如图 12-71 所示。

图 12-71　首页界面

项目小结

本项目主要讲述了 Photoshop 综合实战。首先介绍了制作了夏日饮品海报，海报设计与制作主要分成三步，海报背景部分制作、海报主体部分制作和海报文字部分制作；然后介绍了设计哆食点餐小程序首页，主要包括新建文件，状态栏、导航栏、home 栏、标签栏的制作，推荐菜品的制作以及导出图片。通过本章的学习，希望读者能举一反三，制作出更多专业、漂亮的平面设计作品。